叢書主編：蕭新煌教授

叢書策畫：臺灣第三部門學會

本書由臺灣第三部門學會及巨流圖書公司共
同策劃出版

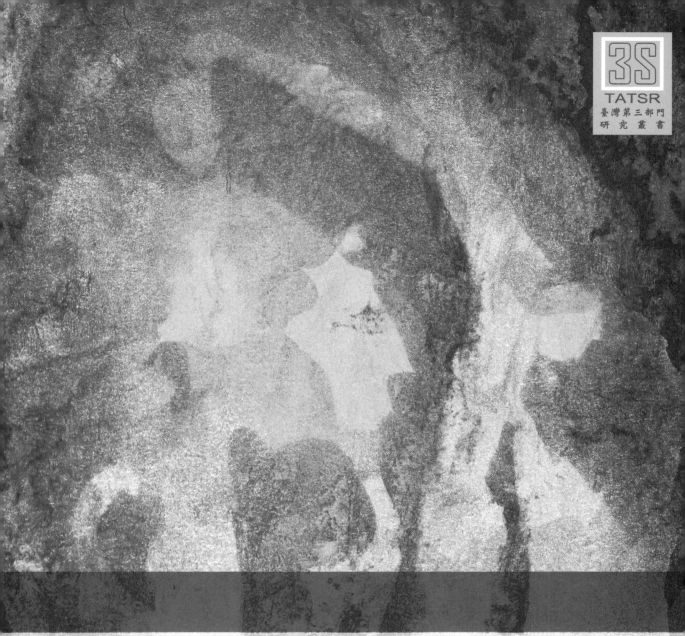

3S
TATSR
臺灣第三部門
研究叢書

非營利部門
組織與運作（第三版）

蕭新煌｜官有垣｜陸宛蘋 主編

巨流圖書公司印行

臺灣第三部門研究叢書

非營利部門

組織與運作

國家圖書館出版品預行編目（CIP）資料

非營利部門：組織與運作／蕭新煌，官有垣，
　陸宛蘋主編. -- 三版. -- 高雄市：巨流，
　2017.01
　　面；　公分

ISBN 978-957-732-531-0（平裝）

1. 非營利組織　2. 企業管理

494　　　　　　　　　　　105022710

主　　　　編	蕭新煌、官有垣、陸宛蘋
責 任 編 輯	邱仕弘
封 面 藝 術	Yu-Hyang Lee
封 面 設 計	毛湘萍

發 　行 　人	楊曉華
總 　編 　輯	蔡國彬

出　　　　版　巨流圖書股份有限公司
　　　　　　　80252 高雄市苓雅區五福一路 57 號 2 樓之 2
　　　　　　　電話：07-2265267
　　　　　　　傳眞：07-2233073
　　　　　　　e-mail: chuliu@liwen.com.tw
　　　　　　　網址：http://www.liwen.com.tw

編 　輯 　部　10045 臺北市中正區重慶南路一段 57 號 10 樓之 12
　　　　　　　電話：02-29222396
　　　　　　　傳眞：02-29220464

劃 撥 帳 號　01002323 巨流圖書股份有限公司
購 書 專 線　07-2265267 轉 236

法 律 顧 問　林廷隆律師
　　　　　　　電話：02-29658212

出版登記證　局版台業字第 1045 號

ISBN／978-957-732-531-0（平裝）
三版一刷・2017 年 1 月
三版四刷・2024 年 8 月

定價：520 元

作者簡介
（按章次排序）

蕭新煌 ｜ 美國紐約州立大學（Buffalo）社會學博士
現任中央研究院社會學研究所特聘研究員、台灣大學與中山大學社會學系教授、中央研究院亞太區域研究專題中心合聘特聘研究員、中央大學客家學院講座教授

王仕圖 ｜ 中正大學社會福利博士
現任國立屏東科技大學社會工作學系教授

官有垣 ｜ 美國密蘇里大學（UM-St. Louis）政治學博士
現任中正大學社會福利學系教授

李宜興 ｜ 中正大學社會福利博士
現任慈濟大學社會工作學系助理教授

杜承嶸 ｜ 中正大學社會福利博士
現任長榮大學社會工作學系助理教授

康峰菁 ｜ 中正大學社會福利學系博士

陸宛蘋 ｜ 澳門科技大學工商管理博士
現任財團法人海棠文教基金會顧問、台北大學公共行政暨政策學系兼任副教授

何明城 ｜ 政治大學企業管理研究所碩士
現任西雅圖極品咖啡策略顧問

涂瑞德 ｜ 美國印第安那大學公共與環境事務學院博士
現任南華大學企業管理學系助理教授

呂朝賢 ｜ 中正大學社會福利博士
現任東海大學社會工作學系教授

鄭清霞 | 中正大學社會福利博士
現任中正大學社會福利學系副教授

池祥麟 | 台灣大學財務金融博士
現任台北大學金融與合作經營學系教授

劉淑瓊 | 台灣大學國家發展研究所博士
現任台灣大學社會工作學系副教授

馮　燕 | 美國伊利諾大學香檳校區社會工作學院博士
現任台灣大學社會工作學系教授

許崇源 | 美國曼菲斯大學會計博士
現任政治大學會計學系教授、台灣財務報導準則委員會委員

陳正芬 | 中正大學社會福利博士
現任中國文化大學社會福利學系教授

邱瑜瑾 | 東海大學社會學博士
屏東科技大學社會工作學系退休副教授

顧忠華 | 德國海德堡大學（Heidelburg）社會學博士
現任政治大學社會學系兼任教授

王順民 | 中正大學社會福利博士
現任中國文化大學社會福利學系教授

韓意慈 | 美國凱斯西儲大學（Case Western Reserve University）社會福利博士
現任中國文化大學社會福利學系副教授

林淑馨 | 日本名古屋大學法學研究科法學博士（行政學專攻）
現任台北大學公共行政暨政策學系教授

陳錦棠 | 英國布魯內爾大學（Brunel University）行政哲學博士
現任香港理工大學應用社會科學系副教授、第三部門研究中心主任

Contents

目 錄

第一篇 非營利部門的理論與台灣現狀

第二篇 非營利組織的治理與管理

第三篇 非營利組織外部的經濟與政治脈絡

第五篇 非營利組織的跨國比較

導論：本書定位與綜述

蕭新煌

前言

　　本書定名爲《非營利部門：組織與運作》（第三版），顧名思義，是繼2000年以相同書名出版的2009年版（第二版）的最新修訂。本版的篇章安排和內容已有部分更動，除更新資料和調整文字外，也爲了顧及全書論述的緊湊和集中，刪除兩章，本版本一共有20章，除本篇導論外，共有19章本文，全書共28萬6千多字。作者共22位，包括了台灣專研非營利部門此一學術領域的21位教授，另加一位爲香港的學者。

　　本書有意與當今在英文學術界非營利部門研究領域中，具經典著作地位，由 Walter W. Powell 與 Richard Steinberg 主編的 *The Nonprofit Sector: A Research Handbook*（2006年新版，Yale University Press）作對照。該書有六篇，27章，本書則有五篇，19章。該書的六篇分別是一、非營利部門的歷史與範疇（4章）；二、非營利組織與市場（4章）；三、非營利組織與政府（5章）；四、非營利部門的主要活動（7章）；五、非營利部門的參與者（3章）；六、非營利組織的宗旨與治理（3章）。

　　本書的篇章安排與該書有同有異，同的是本書也著重一、非營利部門的理論評介和台灣經驗的綜述，共2章；二、非營利組織的治理與管理，達5章；三、非營利組織的政治與經濟脈絡，5章；四、非營利組織的功能與類型，也有5章。Powell 那本以單篇討論非營利部門的民間參與者，本書則以募款和志願服務兩章收入治理與管理篇之下。此外，該書未凸顯跨國非營利組織的比較觀點，本書則以2章分析和比較了台灣與日本、香港和中國這3個國家和社會的經驗。跨國比較可說是本書的特色之一。當然，本書另一個最大的特色就是各章均大量引述本土台灣經驗的相關現象、資料、文獻，作爲論述的經驗依據。

第一篇　非營利部門的理論與台灣現狀

　　本書第一章由王仕圖、官有垣、李宜興三位執筆，旨在介紹非營利組織的相關經濟學和社會學理論。在經濟學領域裡，有「組織財源類型理論」、「公共財理論」、「政府失靈論」、「消費者控制論」、「創業者論」和「利他主義與意義行為論」，分別解釋 NPO 的起源、功能、類型和運作。在社會學領域裡，則有「組織生態論」、「資源依賴論」、「制度理論」、「歷史論」、「社會資本」以及「公民社會論」，依序探討 NPO 與不同部門組織之間的互動、變遷的可能性和方向、之所以會出現以滿足社會功能和目標的理由、NPO 與社會結社所累積網絡和互信的關係、以及 NPO 向國家、市場兩個部門挑戰和求變的內在社會趨力和外在社會政治經濟衝擊和影響。

　　上述這 12 個有關 NPO 的理論，值得讀者反覆細讀，並與台灣現有的 NPO 做印證，以求理論與現實的對照。

　　接下來的第二章就是想勾勒 NPO 在台灣發展歷程的關鍵歷史背景和已形成的特色，由蕭新煌執筆。本章從社會與政府「兩部門對立」的視野切入，直指非政府組織、非營利組織中的社會運動部門所形成，就是針對不民主、不重視全民福祉的政府進行挑戰，等一旦進入民主化後，所謂「三部門分工」的態勢才逐漸明顯化，也因此才從威權時代的對立關係演變到民主時代的分工關係，而非一開始就能引用西方民主國家經驗的分工論述來理解台灣特殊個案，這從台灣民間社會與威權國家體制的三部曲，1950 年代至 1960 年代威權政治主義主宰、到 1970 年代的民間經濟力興起與政治力求平起平坐，再到 1980 年代以來的社會力上場，更進一步訴求與政府和企業求權力均衡，求社會整體的正常發展。

　　台灣的 NPO 或第三部門從 1980 年代以來，已為台灣倡導了包括自由、民主、平等、福利、人權、永續在內的六種新價值、新典範，同時也建構了三個新的社會目標，如社會改革、社會服務和社會信任。

　　本章同時也描述了台灣 NPO「小而美、窮而有志」的組織特色，以及在自主、倡導和影響三個組織性格和作用的現狀。最後也提醒讀者正視民間社會第三部門在 2000 年第一次政黨輪替所扮演的作用，以及自 2008 年第二次政黨輪替以來所面臨的困境和挑戰，以及未來幾年可能演變的去從大勢。

第二篇　非營利組織的治理與管理

　　第二篇有 5 章，都集中在探討非營利組織的治理與管理面向。治理著重的是組織層級內部的決策責任和推動組織運作的核心行動者角色，即董事會和執行長。管理則著眼在組織內部為實現宗旨而必須有的規劃、管制和具體執行面的作

業規範等。這就是本書第三章和第五章分別的重點。

　　第三章由官有垣、杜承嶸和康峰菁合寫。作者整理和回顧不同非營利組織董事會的不同決策角色和組織功能。文中指出，全國性基金會和地方基金會董事長、董事會和執行長之角色均有相雷同的特色；企業捐贈的慈善基金會也似乎有明顯的董事會組織保守性格，「私人擁有」的情結也不保留的透露出來；社區型基金會則以集體領導和建立決策圈見長；至於政府集資成立的基金會，亦即所謂 GONGO，則又暴露政府部會首長異動，董事會也被迫更易的干擾，以及官僚科員保守主義和不信任民間的心態，也時時讓這類 NPO 無法享有應有的完全自主性和發展格局。本章的類型分析法，顯示類型的確影響組織治理性格。本章也涉及執行長的角色有過於「內向」取向，對外的開拓性格和功能似乎並未充分發揮，若董事長也沒「外向」能力，那麼台灣的 NPO 就難免有無法「有效參與公共治理」之憾。

　　第五章由陸宛蘋主筆，與第三章不同的是，本章將焦點放在組織經營管理的具體機制和內涵，如人力資源、財務、行銷、生產管理以及對內對外的組織評估等管理事項，本章都有詳細的討論。文末還提到「管理」已成為 NPO 必須面對的組織課題，「社會企業」的模式似乎也成為 NPO 要去思索的未來發展方向之一，財務管理更是 NPO 在今後要特別注意的嚴苛組織挑戰。

　　第四章、第六章和第七章則分別注意到 NPO 另外三個與組織治理／管理相關的議題，即組織的使命定位與策略（第四章），募款計畫和捐贈管理（第六章），以及志願服務的動員與運用（第七章）。

　　第四章由陸宛蘋和何明城撰寫，作者談到 NPO 使命的定位與價值、宗旨的創導和自許息息相關。使命或宗旨一旦明確，接下來的發展策略才能可行、有效。好的組織策略必須滿足四個條件，一是清楚界定組織為什麼要存在，二是訂出組織的發展優先順序，三是維持組織內外在的合理關係，四是維持組織的長期競爭優勢。文中還特別區分「總體策略」、「事業策略」、「功能性策略」和「網絡定位策略」，以讓讀者清楚認識到設立、經營和發展 NPO，這些都是不能不知的策略思慮。

　　第六章寫的是非營利組織的募款和捐贈管理，由涂瑞德執筆，本章把主動募款和被動獲取捐贈都視為 NPO 組織的管理課題。要有成功的募款就必須先要有有效的募款活動規劃、策略和人力配置，甚至績效評估，以及注意到募款有關的倫理和法律規範。本章舉出豐富的範例作為闡述的說明，有趣的一個對照是2006 年美國人的慈善捐款總額是 2,950 億美元，而在 2003 年的台灣有 525 萬人捐出善款給各類 NPO，其金額也達 427 億台幣。比較台美兩國的民眾捐款行為當是甚有意義的社會學課題，NPO 經營者如何善用這些來自社會的捐款更是今後 NPO 研究的核心問題。

　　第七章談的是 NPO 的志願服務動員與管理，作者是呂朝賢和鄭清霞。在本

章，志願服務被視爲台灣重要的公民集體行動之一，也是 NPO 長久以來得以遂行組織使命的重要資源。提供服務給 NPO 的志願者有不同類型，即自由意志的選擇型、期待潛在報酬型、執事機構影響型和潛在受益型等，作者並以這類型分析的思路去檢討台灣現行的《志願服務法》，發現其管制過多、保守有餘、鼓勵不足、激勵不出更多存在於民間社會的志願意願和行爲。本章還提出若干繼續研究和政策的建議，其中一項即是建立「台灣志願服務意向和行爲資料庫」。

第三篇　非營利組織外部的經濟與政治脈絡

第三篇旨在闡述非營利組織外部經濟、政治環境和脈絡，共有 5 章。外部經濟脈絡有兩章來探討，一是第八章的非營利組織與營利部門的互動關係（池祥麟執筆），二是第九章的非營利組織的就業（官有垣、鄭清霞撰寫）。外部政治脈絡則包括第十章的非營利組織與政府的互動關係（劉淑瓊執筆），第十一章的非營利組織的法律規範與責信（馮燕撰寫），以及第十二章非營利組織的租稅（許崇源執筆）。

第八章指出非營利組織與企業之間的跨界合作，其實是雙方都能各蒙其利的。對公司而言，一則可提升社會形象或改變名聲，提高員工道德倫理觀念，製造團隊合作與關懷社會的企業文化，以及藉此善盡企業社會責任，甚至「帶來新機會和競爭優勢」。

對 NPO 而言，除了財務資源的基本考量以利運作之外，還可藉此合作讓社會大眾來共同監督 NPO 做好事的績效。這種雙方的合作方式可以有多種，如慈善捐助、公司基金會的設立、許可協議、各種的贊助，而不同合作也可能帶來不同的利益和風險結果，值得 NPO 執事者在事先評估。本章更進一步分析 NPO 與企業的合作演進階段，從最原始單方面的公司慈善，到互益互利，再到雙方相互任命高階主管的組織整合。當然，最理想的模式就是第三類的整合，但這不是那麼容易做到，目前也還不多見。

第九章就經驗資料透視台灣的 NPO 爲台灣的勞力市場提供了多少就業機會。一言以蔽之，還相當小，但小不必然就只是「小眾就業市場」。依資料顯示，台灣 NPO 雖僱用女性多於男性，但主管職卻是男性多於女性；受僱於 NPO 以年輕人和有大專以上教育程度的就業者居多；但薪資級距扁平，調薪機制不明，福利保障也不足。

本章還指出，台灣 NPO 出現薪資結構男女有別現象，NPO 在主管專業人員方面是男高於女，但在事務人員方面，卻是女高於男。NPO 執行長的薪資待遇遠不及在企業的同階主管，而且大小型 NPO 的執行長薪資也有差別，這些就業／薪資輪廓很可以用來作進一步探索台灣 NPO 的組織性格及其回饋／激勵機制

之良窳。如何收集更詳實、精確的 NPO 就業條件資料，並建立資料庫，當是另一重要的研究工作。

第十章分析非營利組織與政府的互動關係，與第八章主題最大不同的是，NPO 與企業的關係可以是互利，但 NPO 與政府的關係卻未必是如此。兩者的根本真實面是：政府想管制 NPO，以維持政治穩定，而 NPO 卻想影響政府，以達到社會改革。但也有另一面向，那就是政府將公共服務下放，委外或分包給相關 NPO，此即所謂「官督民營」式的 NPO 承包政府服務事項。在第三種的關係裡，NPO 要多考慮的是是否會因此失去自主和獨立。本章最後則提出以「夥伴關係」來建構 NPO 與政府的建設性互動關係，進而提升整個社會的公共利益。

第十一章將焦點放在 NPO 的法律環境與責信。以台灣作為完全的個案分析對象。在台灣，一個 NPO 在成立或運作必須獲得事業主管機關核定設立許可，再由法院負責法人登記，若是財團法人，則又必須依循不同的主管機關所訂的「監督準則」。NPO 可以享有優惠賦稅待遇，組織結構與運作則又有明文規範其內部治理機構（董事會）的組成、職權和運作方式，一旦運作了，NPO 就會被要求建立對社會公眾的責信和透明度，因此要有定期報告。這些規範在民主國家裡，並沒有特別的奇特，只是法規多，機關雜，許可不易，但政府機關卻沒有什麼輔導和協助，結果落得只是一個「管」字，並未透過法律規範，求 NPO 的進步。在台灣 NPO 分兩類型，一是社團法人，以《人民團體法》作為規範依據，二是財團法人，因不同事業主管機關，而有不同的許可和監督準則，多頭馬車的弊病乃因此常發生。

第十二章討論的是 NPO 的租稅，這是一項非常實際，對所有 NPO 都有切身的關係。本書的這一章當可說是中文書籍中，很少見到的相關學術著作。第一個要問的問題當然就是為什麼 NPO 可以免稅？其理論根據又為何？本章介紹了「稅基定義理論」和「補助理論」兩個論點，且進一步提出台灣現行稅目，包括立法院通過，總統公布之國稅及地方稅共 18 種（及各地方政府所定之地方稅），租稅法律中綜合所得稅、營利事業所得稅、遺產稅、贈與稅、關稅、加值型及非加值型營業稅、貨物稅、特種貨物及勞務稅、菸酒稅、證券交易稅、期貨交易稅等 11 種屬國稅。地價稅、土地增值稅、房屋稅、印花稅、使用牌照稅、契稅、娛樂稅等 7 種屬直轄市及縣市稅（另有已停徵多年之田賦）。本章說明了各稅之主要規定，包括納稅主體、客體、繳納方式及期間等，涉及非營利組織減免稅之相關規定，當然就會特別指出。

第四篇　非營利組織的功能與類型

　　第四篇以 5 章的篇幅，分別討論 5 種非營利組織的功能與類型，即健康服務（第十三章，陳正芬執筆）、社會福利服務（第十四章，邱瑜瑾撰寫）、社區與社會改革（第十五章，顧忠華撰寫）、宗教（第十六章，王順民執筆）和政策倡導（第十七章，韓意慈撰寫）。上述這五大分類既可說是 NPO 的多元功能和對社會的貢獻，也可說是 NPO 的重要類型。

　　第十三章探討健康醫療服務類基金會，這是全球醫療產業的共同特色，即以「非營利」為屬性的醫院居大多數，其原因在於健康產業的不確定性、保險、資訊不對稱、外部性和政府干預這五個本質，必須以「非營利」醫院形式去回應和組成才行。從台灣的醫院發展史中，也可發現它與西方類似都有明顯的宗教背景。

　　自 1970 年代開始，非營利醫院更是大幅擴張，尤其是財團法人醫院如雨後春筍般紛立，其家數與床位數已超過公立醫院和私立醫院。這與政府《醫療法》對營利醫院的限制，以及對非營利醫院的租稅優惠政策息息相關。全民健保開辦的政策契機，也有藉社會保險制度取代對公立醫院的補助，來鼓勵非營利財團法人醫院去承擔主要的醫療服務角色。但不同型態和大小規模的非營利醫院之間也已有相互競爭的態勢，在未來是否會造成某些醫院因競爭力不佳而被迫退出，當是值得注意的另一個 NPO 現象。

　　第十四章探討福利型的 NPO 在台灣的歷史發展、在所有 NPO 結構內的重要性、所提供的多樣福利服務內容、所面臨的方案創新挑戰、責信要求、以及組織變革訴求等。本章對前述所提到的未來挑戰多所著墨；包括（1）如何透過自我革新以贏得更多公共信任和支持；（2）如何建立完整績效評估系統以提高服務使用者的信賴；（3）如何藉由領導統御的革新、董事會效能的加強、和福利倡導角色自我的增強等，去促進組織再造和活化；以及（4）如何期許開展多元資源管道和網絡連接策略，以增加組織資源和提高組織的生存競爭力。

　　第十五章討論的對象是社區／社會改革型的 NPO。本章開宗明義就指出身為民間公民社會組織，就被賦予倡導進步理念和落實改革行動的角色，小到草根社區組織，大到全球民間公民社會均然。

　　依最近數據，有六千多個自 1968 年開始推行的「社區發展協會」，但多半流於內部社會行政市鎮鄉里體系的行政官僚組織，1995 年後又另起爐灶，以「社區總體營造」為名，重新啟動以凝聚社區居民愛鄉意識，並進而推動由下而上參與的社區改造運動。之後 2002 年的「新故鄉社區營造計畫」和 2005 年的「新社區六星計畫」也都在期待能創造社區的生命共同體意識。這一波波的社區動員過程中，新的社區 NPO 也就陸續成立。其中 1998 年以來在台灣各縣市開辦的「社區大學」更是新潮流，目前共有 84 所社區大學、14 所部落社區大學，學員總數

超過32萬人，蔚爲台灣最普及的成人教育運動之一。

此外，社區改革之上的社會改革NPO，則又包括自1987年解嚴前後所風起雲湧似產生的社會運動訴求和團體，對過去台灣民主化有功，對當前民主的鞏固和深化，也被期許去扮演一定角色，如審議民主的實踐和國會監督的落實都是明顯的例子。

第十六章以宗教團體所設立的NPO作爲分析的對象。本章一開始就指出宗教和NPO存著某種選擇性的親近，尤其是其中宗教和福利、慈善更是存著不可分的功能關係。

本章針對宗教團體爲何被界定成非營利組織有根本的探究，對宗教團體附屬目的事業的組織型態、功能屬性、作業模式、經營管理、資源整合、服務績效、公共關係、法令規範也有進一步的釐清。最後，本章也指出，當宗教團體能將自己的「公益」目的不再限於宗教範疇時，「神靈性」的標準就不該無限上綱，而且，也該同樣以「透明管理」的準則去檢視這些宗教非營利組織。

第十七章檢視NPO的政策倡導功能及相關的組織特色。就源起而言，台灣自1980年代以來的社會政治變遷脈絡當是重要背景，若干以倡導爲目標和使命的NPO應運而生，且以之爲組織發展的依據。就過程而言，倡導型的NPO也有其特有的資源需求和策略運作。至於結果和影響方面，是否達成固然是最值得關切的重點，但其後續的社會效應和價值論述的建立，也更應被注意。

本章也以若干具體倡導NPO的個案作爲說明倡導的主要對象，如爭取弱勢族群的主體性，即是許多社運的核心訴求。而且NPO的倡導往往涉及與政府的對立，因此NPO爲了維持自主性，平時也就不太願與政府有太多的財務資源往來。最後，一個很值得再思的課題也在本章被提及：是不是NPO倡導訴求都能代表最大的「公共」利益？當代表不同公共利益的NPO之間發生衝突時，又該如何化解？

第五篇　非營利組織的跨國比較

本書的第五篇以NPO的跨國比較作主題，可以說是本書另一特色，共有2章分別比較台灣與日本、台灣與香港和中國的非營利組織之異與同。

第十八章由林淑馨執筆，比較台日非營利組織的概念、發展背景、現狀和相關法制規範，並進一步理解上述異同的原因。有別於歐美經驗，台日NPO在發展歷程上確實有較多相似點，但細看，卻又發現諸多有意義的差異。或許在台灣可以相互通用的「非營利組織」和「第三部門」，在日本，卻不能混爲一談，嚴格地只能列爲「最狹義的非營利組織」，其他的又可再細分「狹義的非營利組織」、「廣義的非營利組織」和「最廣義的非營利組織」這三類。換言之，本書探

取的是在日本的「廣義」的非營利組織。

　　兩國 NPO 的發展均在 1970 年代後期和 1980 年代中期中間有蓬勃的上揚趨勢，但台灣比日本的 NPO 規模要來得小得多，日本大致說是「中小型」，台灣則是「微型」。台灣 NPO 集中在「教育、社福和文藝」，日本卻是「保健、醫療、教育和文藝」，異中有同，同中有異。日本近年在 NPO 發展上，阪神大地震的影響相當大，這也才催生了上述的《非營利組織促進法》，該法嚴謹、細節化，對日本 NPO 的發展、功過均值得再分析。至於台灣雖已有 2006 年的《公益勸募條例》及其施行細則，但對 NPO 的健全化發展效果有限。

　　第十九章比較台灣、香港和中國的 NPO，範疇較前一章更廣，但分析架構有互補之處，本章由陳錦棠撰寫。開宗明義本章即指出要完整比較三個個案的經驗，有七方面該對照，即概念、法規、公共制度、與市場的關係、審計及監察制度、人事管理、內部治理與決策機制。

　　整體而言，台灣第三部門的民間自主獨立性最高，理想性也最高，香港經驗也凸顯與政府的區隔特色，但格局較小，而中國的民間自主性仍有相當疑慮。台港與西方 NPO 組織特性較接近，均由民間由下而上動員開始，但中國卻是政府主導由上而下宰制。台港相關的外部監督和內部治理法規較完整，但中國卻嚴重發生民間組織必須「掛靠」、「依附」政府單位的「官控民」奇特現象。毫無疑問地，這種「官控民」的中國特色，讓我們從中去判斷中國民間公民社會組織是否存在的真偽和虛實。如果只說當前中國有「NPO」，或許還對，但說有真的「NGO」，可能不成立，要論證已具獨立自主性格和倡議功能的民間公民社會本質的第三部門，那就更錯了。

Part 1

非營利部門的
理論與台灣現狀

Chapter 1

非營利組織的相關理論

王仕圖、官有垣、李宜興

非營利組織為跨學科整合之研究領域，不管從哪個面向進行分類，非營利組織多元發展面向之趨勢是不可能改變的，基於此一發展趨勢，不同專業領域之研究取向，必然會形塑出非營利組織的不同構面。本章整合三大領域的理論觀點，有關經濟學理論，從供需的角度討論非營利組織的作用。政治學理論方面，主要著重非營組織存在的必要性，探討其補充政府部門在相似的服務或財貨上的之不足，主要觀點將從搭便車問題進行討論，其次再就類目限制、多樣性、實驗與創新、以及科層化等五個觀點進行討論。有關社會學理論部分，則從鉅視觀點探討非營利組織與環境之間互動，因此特別著重在資源取得的議題；其次，非營利組織在社會中的功能角色，也是社會學理論的討論焦點之一，如公民社會觀點。

學習重點

- ▶ 瞭解經濟學、政治學與社會學在非營利組織研究之相關理論。
- ▶ 瞭解非營利組織所提供之公共財貨特性，及其與政府之間的差異性。
- ▶ 認識市場失靈理論與政府失靈理論之觀點。
- ▶ 瞭解消費者控制理論之內涵，以及其產生的原因。
- ▶ 瞭解企業家精神所從事之非營利組織特性。
- ▶ 瞭解利他主義與慈善行為之意義。
- ▶ 瞭解搭便車、類目限制、多樣性、實驗與創新、以及科層化觀點。
- ▶ 瞭解非營利組織所存在之生態環境，以及資源競爭之相關議題。
- ▶ 瞭解志願結社之公民社會與其對社會的影響意涵。

摘　要

　　本章之目的在於介紹非營利組織相關研究之理論。在經濟學觀點，首先從經濟學的角度進行非營利組織的分類；其次針對政府無法滿足消費者公共財貨與服務需求的「公共財理論」進行介紹；第三則就契約失效而導致「失靈理論」進行探討；第四部分則是討論「消費者控制理論」；第五部分為「企業家理論」；最後則是就「利他主義與慈善行為」進行分析。有關政治學理論方面，主要探討為何當今政府部門於許多公共財貨與服務已廣泛地納為本身的責任而予以提供之下，非營利部門仍有其存在的必要，以補充政府部門在相似的服務或財貨上之不足。主要觀點將從搭便車問題、類目限制、多樣性、實驗與創新、以及科層化等五個政治學觀點論述非營利部門存在的必要性。有關社會學的理論部分，本節首先探討「組織生態學觀點」，以瞭解組織與社會環境的關係；其次則是就「資源依賴理論」進行討論；第三部分針對「制度學派觀點」進行說明，以瞭解制度或政策對於非營利組織的影響；第四部分針對「社會資本理論」進行討論；最後，就「公民社會觀點」，探討非營利組織在當今社會的角色。

壹、前言

　　過去，有許多探討組織相關的理論，但多數均以政府或企業組織為主體，這些組織理論同時也被用來作為分析非營利組織的依據，同時，這些組織理論都有共同的目標，即增進對於非營利組織之決策與行動影響因素的瞭解（Ott, 2001: 269）。由於非營利組織之運用理論已經日益多元化、複雜化，本章將關注於非營利組織理論中，幾項較為具代表性的理論，如經濟學、社會學和政治學，進行討論。

　　本章針對非營利組織相關理論進行介紹的安排上，第二節為經濟學觀點，本節首先從經濟學的角度進行非營利組織的分類；其次針對「公共財理論」進行介紹；第三，就契約失效而導致的「失靈理論」（failure theory）進行探討；第四部分則是討論「消費者控制理論」；第五部分為「企業家理論」，此部分屬於創新性議題；最後針對「利他主義與慈善行為」進行分析。第三節為政治學觀點，本節首先將從搭便車問題進行分析；其次是介紹類目限制之問題；第三部分將就多樣性進行說明；第四部分探討實驗與創新；最後就科層化觀點進行相關之論述。第四節則是有關社會學的解釋，本節首先討論「組織生態學觀點」（ecology of organization）；其次就「資源依賴理論」（the resource dependence theory）進行討論；第三部分將針對「制度學派觀點」（institutionalism）進行說明；第四部分則從「社會資本理論」（social capital theory）進行討論；最後，就「公民社會觀點」

（civil society）探討非營利組織在當今社會之角色。

貳、經濟學觀點

　　非營利組織的經濟學理論在1970年代初期已經成形，主要導因於1960年代晚期，非營利部門開始產生顯著的轉變。然而早期的非營利部門主要是由傳統的慈善組織所構成，這些傳統部門的所得主要是來自慈善捐贈，所以非營利組織的經濟理論，最初僅針對私人慈善基金、組織的運作等行為面向加以探討（Hansmann, 1987）。但隨著非營利組織的結構、型態日益複雜，對於非營利組織的經濟理論的看法亦趨向多元化。再者，許多非營利組織在1970至1990年代期間，持續增加對政府契約補助款的依賴；同時，非營利組織也開始變得更為企業化，組織領導者發現在組織的營運策略上，學習企業組織具有競爭的企業精神，可獲得良好的成果。這種經費來源轉變的特質，劇烈地改變了非營利部門的組織認同、角色、活動以及特色。當越來越多非營利組織的行為相似於追求營利的企業組織時，經濟學者對該類組織研究的興趣也日益高漲（Ott, 2001）。

一、非營利組織的分類

　　對於型態各異的非營利組織，經濟學者們各有其不同的分類方式。Hansmann（1987）劃分非營利組織的角度係根據組織（1）「收入的來源」（source of income），以及（2）控管的方式（control）。非營利組織如果大部分的收入來源為捐贈，則屬於「捐贈型非營利組織」（donative nonprofits）；如果收入來源主要為販賣商品或服務，則屬於「商業型非營利組織」（commercial nonprofits）。就「控管」的方式而言，非營利組織如掌握在贊助者手上，則屬於「互益型非營利組織」（mutual nonprofits）；如掌握在董事會手上則屬於「企業型非營利組織」（entrepreneurial nonprofits）。這兩個向度交錯後，非營利組織可分為四種類型，但四類型非營利組織的界線是模糊的，且可說是理想型。相似於 Hansmann 的分類論點，Anthony（1987）將非營利組織區分「型 A」與「型 B」兩種類型。「型A」的非營利組織，主要是依賴組織本身的收入，就如 Hansmann 所提出的商業型與企業型的非營利組織；「型 B」的非營利組織，主要不靠收入作為財務之來源，就如同 Hansmann 的捐贈型與互益型的非營利組織（引自 Lohmann, 2001：202）。

二、公共財理論

Weisbrod（1974, 1988）認為非營利組織是一個公共財（public goods）或是近似公共財的私有生產者（Hansmann, 1987）。何謂公共財？公共財是一種商品或是一種服務，其產生的利益無法因為另一個額外的使用者而被大量消耗，且某一個人享受此公共財時，無法將其他人排除在其所產生的利益之外，即使這些人在享受公共財之餘卻不願意支付之。在大多數的例子中，很難去限制或是管理公共財的使用，因為公共財難以監控，也甚難避免「搭便車」（free rider）效應，因此公共財在自由市場中的供給經常遇到的結果，要不是不足就是過度地被濫用，而公共財的濫用會造成負面的外部性，導致市場失靈。因此，許多非營利組織之所以存在，是為了提供那些在市場供應不足的公共財或從事勸阻已經存在的公共財被濫用。

Weisbrod（1974, 1988）運用公共選擇的觀點，解釋非營利組織可以作為公共財的私人生產者以及政府在提供集體財貨之間的關係。他認為政府提供的財貨與服務，主要只是在於滿足中間選民的需求，這樣可以免除搭便車的問題，因為如此滿足了同質性較高的需求。然而當需求的異質性出現時，有些人就會對於公共財產生一種剩餘的需求，這種需求極可能是透過個人私底下去取得滿足。所以非營利組織的興起，是消費者對於公共財多樣性需求的結果。一般而言，民眾對於公共財無法滿足，主要的關鍵不在於數量的問題，而是在於品質上的要求，當一個團體希望或需要一項比中間選民的選擇更好的產品時，私人的替代產品就有可能被生產出來。這種情況在所得分配越分散的社會，其產生的可能性越高，例如教育的品質，高所得者對此需求的彈性會比較高（Kuan, 1995）。

歸納而言，公共財理論基本上描述 Hansmann 所提出的「捐贈型非營利組織」。此理論對捐贈者從事捐贈是為了支持非營利組織的公共財產出提供了一個有用的理論基礎。捐贈型非營利組織提供之公共財，是依賴捐贈者的利他主義動機。Kingma（1997）的研究顯示，財貨的消費者是典型的捐贈者，因為希望這些財貨能持續的提供給他們，且可能將捐贈視為對服務的付費，因此產生捐贈動機。

三、失靈理論

非營利組織與政府的作為都會因為「人為」影響與「自然」的市場運作而擾亂市場功能且降低其效率。因此到底什麼因素會導致非營利組織提供營利組織所無法或不願提供的產品或服務呢？數十年來，經濟學家在回答這個問題時，大都採用「失靈理論」（failure theory）（Ott, 2001）。

完全競爭的市場競爭下，價格是買賣雙方共同決定，此條件下，市場應能夠

達到其最佳效率的境界，也就是「帕列圖效率」（Pareto efficiency），但這是否表示市場的機能完全達到經濟效率呢？答案是否定的。因為許多時候市場並非是完全競爭，即便是完全競爭市場，也可能由於自然獨占、外部性、公共財、景氣循環、殊價財及資訊不對稱等問題而導致市場失靈。

在市場裡，產品或服務之價格原應由生產者與消費者共同決定，但是在市場失靈的情況，生產者與消費者之間發生所謂「資訊不對稱」（information asymmetry）的情形。資訊不對稱有三個基本的因素，第一，某些財貨與服務可能是複雜或是品質難以評價；第二，消費者本人可能沒有能力去評估所接受服務的好壞；第三，某些服務的購買者與消費者不是同一人或團體（購買者並非使用者）。一個特定的服務過程，只要存在這些條件的其中之一或更多，即會創造市場失靈的條件，轉而阻礙正常的市場功能與效率（Ott, 2001；Young, 2001）。

市場失靈的情況下，非營利組織因本身「不分配盈餘的限制」（non-distribution constraint），致使該類組織沒有動機去剝削他們的顧客或捐贈者，加以這個限制的執行如果可以有效被監督，非營利組織將會充分使用他們所有的資源以達成他們的使命，因而比較不會為了追求利潤而降低服務品質，故較值得信賴。所以非營利組織的產生，歸因於一種特殊型態之市場失靈現象，即在資訊不對稱的情況下，不能夠訂定一個對交易雙方均公平合理的契約，導致契約失效之問題。當契約發生失效的問題時，消費者較偏好由非營利組織來供應他們所需要的產品（Hansmann, 1987）。

四、消費者控制理論

某些非營利組織的形成，是為了讓消費者可以直接控制他們所購買的財貨與服務，例如互益型（mutual benefit）的非營利組織即是此類。由消費者直接控制的作法，可以避免非營利組織的所有者將私人捐贈或贊助資源獨占利用。不過，「非營利」的組織形式顯然只是捐贈者控制組織的一種手段而已（Hansmann, 1987: 33）。Ben-Ner（1986）指出這種由消費者直接控制組織的現象，不是單純的控制該組織而已，而是必須透過市場的機能。出現這種現象的可能環境有三種：

第一是因為契約失效，特別是產品的品質或數量上的資訊不對稱，非營利組織不是藉由不分配盈餘作為手段，卻是以消費者直接的控制作為手段。第二，可能出現的環境是獨占性的組織，雖然這類的產品（服務）品質是看得見的，但因為只有一個選擇，所以品質差異仍然值得存疑。第三，則是組織生產是一種具「價格排擠的集體消費財」（price-excludable collective consumption goods），消費者以差別訂價的方式來達到控制的目的，也就是對於加入組織的成員，給予優惠或完全免費的服務，對於非組織的成員，則須付費。這種由消費者直接控制的

組織，主要出現在 Hansmann（1987）所謂的互益型非營利組織，其中有兩種型態：第一類以提供會員財貨消費為主，例如消費合作社；第二類則是以收取會費提供服務為主，如一般社交聯誼性俱樂部、同鄉會或各種職業團體等。基本上，這種非營利組織均具有「排他性的社會俱樂部」（exclusive social clubs）的特質。

五、企業家理論

既然無法將其盈餘分配給組織相關的個人或團體，為什麼還是有人願意出錢出力去創辦非營利組織？Young（1983, 1998）認為具有某種人格特質的人會被某種非營利的組織或產業型態所吸引，這類非營利企業家追求非金錢的目標，且根據他們的偏好來帶領非營利組織。Badelt（2001）指出，企業家是一位具有朝向改變的特定態度之個人。企業家理論關注的是非營利組織的供給行為，並指出非營利組織是企業家行為的一種特定型態的結果。非營利組織具有特殊的創新特性，例如創新種類的服務、創新財貨或服務品質的能力。

非營利組織與其他公私部門組織之間效率比較的實證研究上，已經廣泛被討論（Badelt, 2001）。例如非營利組織比其他型態的組織採用更多的志工，這是與當前市場頻頻採用「非正規」或「非典型」勞工，以降低組織所需負擔勞動成本之發展趨勢相呼應，這樣的策略也可以被解釋為一種創新的企業家行為（Badelt, 2001）。再者，非營利組織因固守不追求利潤分配的原則，而時常受到專業不足與無效率批評之困擾，但是「企業家理論」強調創新與發展的特色，提供了非營利組織更多正向的概念，並且鼓勵非營利能與營利組織中的管理者相互學習。

根據企業家精神理論，企業家行為可解釋為何人們要創辦非營利組織，且為何這類組織會參與服務的提供。企業家理論不同於以「需求面」（demand-side）觀點為出發的理論，而是從「供給面」（supply-side）探討非營利組織的存在以提供理論基礎。以宗教屬性的私立學校之創辦為例，James（1987）即指出，大部分的私立學校創辦者的背景，都具有某種「意識型態」（ideological），尤其是宗教信仰。

宗教興辦的非營利組織有幾項有利之處（Kuan, 1995: 362）。首先，具有某種宗教信仰的父母通常會將他們的子女送到與他們信仰的宗教相關的學校。其次，有些父母完全信任這類學校的原因，是因為他們參與這些宗教團體，而不一定是因為學校具有非營利的法人地位。第三，過去宗教性的私立學校可以取得低成本的自願性勞力及捐贈的財源，這使他們的教學成本低於政府或營利性質的學校。第四，一旦非營利組織接受宗教團體的資助，勢必會發展出良好的聲望，如此會吸引更多學生入學。最後，宗教性的學校可能具有政治上優勢的地位與權力，使得政府會優先提供補助給該類機構。

六、利他主義與慈善行為

何謂利他主義？意指給別人帶來利益的行為，卻不預期獲得外在的報償。換言之，利他主義隱含一種不自私、為他人謀福利的精神。心理學家認為，具有「利他主義」特質者由於是發自內心來捐款助人，一旦他們面對別人需要協助的情況時，能體會受助者的感受，因此自己對別人的福祉有強烈的責任感，且不要求獲得回報。然而，新古典主義經濟學認為個人是理性的自利計算者，他們會理性地根據所獲得之充分資訊而追求個人的效益極大化。根據這個理論，自利極大化者無法在沒有獎酬的情況下捐贈，但這種預期結果卻與現實生活中仍有許多自願捐贈者的情形相互矛盾。經濟學家透過利他主義概念加以重新詮釋，試圖放寬新古典主義經濟學的分析條件。他們認為利他行為不只是單方面的贈與，而是一種捐贈者與受贈者之間的交易關係，在這個過程中，捐贈者可從中提升自己的福祉（官有垣、李如婷，2004）。

經濟學者 Rose-Ackerman（1996）認為捐贈者會從捐贈的行為本身中獲益，有幾種心理現象可解釋。第一，一個人可能僅從自己慈善行為中獲得滿足，卻不會從其他人的慈善行為中獲得，因此，要由自己促成的慈善行為才有意義。第二，由於來自於自己邊際的貢獻，捐贈者可能關心受益人的整體滿意水準，進而得到額外的刺激或「溫暖的情緒」（warm glow）。第三，捐贈者可能懷抱「買入」的心理狀態，他們認為值得對慈善方案捐款施善，只要他們能達到某些邊際貢獻即可。

參、政治學觀點

本節主要是從政治學的相關理論觀點論述，為何在今日政府部門於許多公共財貨與服務已廣泛地納為本身的責任而予以提供之下，非營利部門仍有其存在的必要，以補充政府部門在相似的服務或財貨上的「量」（quality）或「質」（quantity）之不足。此亦稱之為「政府失靈」理論，當市場面臨失靈時，消費者希望政府能提供可信任之產品或服務，但是政府也會面臨失靈的狀況。該理論可用來解釋何以政府所提供之公共財貨與服務是無效率的。Wolf（1979）指出，政府欲介入私有經濟部分、修正市場失靈，可能創造出新的無效率，政府在某些條件下，其公共服務可能過度生產或是生產不足，或是在過高的成本下提供公共服務。在 Weisbrod（1974, 1988）建構的政府失靈理論裡，其中一個重要的前提是，愈是在民主多元化發展的地區，非營利部門的發展愈是活躍，且該類型的組織對於政治上的少數者之需求滿足服務扮演了重要的角色。以下將從 James Douglas（1987）所論述的（1）搭便車問題、（2）類目限制、（3）多樣性、（4）

實驗與創新、以及（5）科層化等五個政治學觀點闡釋非營利部門存在的必要性[1]。

一、搭便車的問題

所謂搭便車的問題（free-rider problem）意指，一項公共財貨的提供，不論你有無對此有金錢或實物的貢獻，均可以享受之。久而久之，人們在白吃午餐的心理作祟下，認爲只要別人已付出、有貢獻，自己雖然不必拿出任何一毛錢，也可以享受同樣的服務或財貨，就樂得不必負擔成本而只需作一個搭便車者即可。然而如果這種集體財貨與服務的規模大到一定程度，譬如國防、中小學義務教育與社會福利措施等，社會上絕大多數的人都要求政府提供此服務，則政府爲了防止社會上產生搭便車效應，就會用強制徵稅的方式取得人們應盡的付出而提供服務。

然而，由政府提供財貨與服務是否就能使群眾的福祉與集體的效用達到極大化的目的呢？由雅樂（Kenneth Arrow）的「不可能理論」（impossibility theorem）強調集體意志（general will）實踐的虛幻（Arrow, 1963），可知有些財貨或服務基於服務多數人的目的，雖然由政府提供，但是否能實現集體的效用或是全體的意志是令人懷疑的。因此在這種情形下，最好是結合政府提供以及非營利／志願性部門提供的財貨與服務，如此可以滿足社群裡更多數人的偏好與需求。另，從多元民主的觀點，政府與非營利組織一起提供公共財貨與服務才是正軌，因此在西方社會裡，民間志願機構與政府肩並肩地提供或經營一些相似的服務，絕非奇特的現象，例如政府興建中低收入戶國宅，而民間也有專門爲窮人蓋房子而成立的慈善福利機構。

二、類目限制

由於法律具有強制性的權力，因此一般的民主國家在推行政務與提供公共服務時，必須根據一些規範性的原則如自由、公平與正義，而由這些原則衍生出來的限制，則不適用於那些純粹志願性的服務。根據 Douglas（1983, 1987）的說法，其中一項規範性的限制，其內容強調：「這項服務僅反映了相當小數目人口群的看法與觀點，換言之，此乃極少部分的人所要的；反之，大部分的人均不認爲這項服務是需要的，或是值得提供的。」在這種情況之下，對一個民主政府而言，顯然不太可能建立起這項服務輸送的機制，政府主事者可明確指出，政府若強迫那些占多數而又不同意這項服務的人們經由納稅來支付，那麼這項作法不但

[1] 本節論述內容主要是參考整理自 James Douglas（1987: 44-50）。

可議且站不住腳。在社群裡，政府固然要照顧與尊重少數人的願望，不過少數人的願望也不見得非要透過政府來實踐，營利或非營利志願性組織均是可替代政府的另一種選擇。

當服務或財貨是由政府來提供時，一些必要的限制無可避免會存在；然而，當同樣的服務或財貨是由非營利／志願性部門來提供時，則相同的限制就不存在。在後者，那些想要提供服務的人或團體可以自由地去行動，不過當這些服務具有傷害性，而法律也禁止這些服務的提供，則個人或團體就沒有這種自由。同樣地，當服務是志願性提供之時，人們要給付多少金額來支應這些服務的問題也不存在。顯然，在社群中有不少服務是有需求的，不過因為有絕大多數比例的人們並沒有被說服政府有必要提供如此的服務，然而那些服務對人們亦無害，則在這些服務的領域裡，非營利志願性組織可以自由地去探索與發揮。

再者，從服務提供的「誰得利」（who benefits ？）角度觀之，我們發現，與一個志願性組織比較起來，民主國家其實是相當受到利潤必須公正且平等分配給具有資格的對象之限制。民主國家必須以平等的方式來對待其所有的公民，這就是所謂法律之前，人人平等之意。不過志願性組織卻不必受到這種限制，譬如，蘋果園園主，他們可以隨心所欲從事其想作之事，他們也許沒有足夠的資源來提供相關的服務，譬如提供新鮮蘋果給所有想得到這種水果的人，但是他們絕對可以只服務一部分的人。政府分配利潤給受益對象時，不僅在實質上要公平，而且程序上也要求符合公平的原則。總而言之，政府的行為必須符合一定形式的法規；而非營利志願部門的行為則可以更具有自發性。自發性的行動可以散發出人性中溫暖與關愛的一面，而政府的行動則必須基於公平正義。國家的法律具有類目或範疇上的強制要求作為或不作為的限制，因此我們可以把政府是否要提供某一類的服務給其公民的限制性稱作「類目限制」（categorical constraints）。

三、多樣性

雖然一國之內人們對事務與議題有多樣性的觀點與社會價值，但是國家的法律一次只能採取一項措施，這也反映了不同觀點與團體之間的妥協。反之，私門部中，譬如以墮胎議題為例，「主張生命優先的團體」（prolife groups）反對墮胎，而「選擇優先的團體」（prochoice groups）贊成墮胎，雖然這兩方團體可以就此議題達成妥協，但是國家必須就此議題最終做出一個選擇。同樣地，國家不能同時反對學校傳授宗教課程，卻又鼓勵宗教課程的開設。在任何具有法令管轄權的領域內，必須避免發生針對相同的主題，卻是矛盾的政策現象。當政府採行一項政策，實質上反映了一定多數人的觀點；不過，這種「類別限制」層面的議題卻使得國家的政策與法律無法充分反映多樣的觀點與價值，但這又是強調容忍與尊敬不同意見的多元民主政體所要實踐的目標。

　　古典多元主義擁護者指出，與政府本身作一比較，一個非營利志願部門的存在能使社會更具有多樣性。Mavity 與 Ylvisaker（1977）認為，志願性部門促使社會達成一種多樣性，這種多樣性使得無特定宗教信仰者、天主教徒、基督新教徒、猶太教徒、回教徒，以及不管是右翼份子、左翼份子，以及走中間路線等的這一群人同時生活在一個領域內。多元主義提倡者擁護多樣性（diversity），從政治理論而言是最重要的，因為它處理民主政治的核心矛盾問題，亦即，人民是主權的本體，但有許多個人存在；沒有所謂單一的人民意志，而是一些意志，且有時候是彼此衝突與矛盾的意志。

　　基於以上論述的理由，一個健全的志願性部門的存在，是一個民主社會中的重要特質之一。反之，志願性組織在一個極權的政權之下，不論是右翼的或是左翼的政權，均是首先遭殃的對象。例如，James（1987, 1989）對斯里蘭卡的非營利組織做過仔細的分析，她認為非營利組織在這種族群分裂相當嚴重的地方並沒有成功地減緩族群的緊張關係。相同的情況也出現在北愛爾蘭（Northern Ireland），志願性組織對於天主教徒與新教徒的兩個社群之間長久存在的衝突與鴻溝之消弭也顯得無能為力。但是，另一方面，在一個族群或宗教衝突與緊張不是那麼嚴重的地方，一個志願性部門的出現卻提供了多元化與多樣性的觸媒。

　　教會興辦教育提供另一個多樣性的解釋。教育被視為是一種全民普及式享有的權利，而由國家透過強制性的稅收來提供教育服務，這種事情的發生僅僅是在一百年前左右。在那之前，教育是由非營利志願部門來提供（Levy, 1982）。然而，今日，在所有先進的工業國家裡，某種形式的教育，至少在中等教育層次，是由公私部門混和自由提供的。宗教教育的提供應該是基於一種志願的基礎，其經費來源一部分是來自就讀學生的學費，另一部分則來自人們的捐款。這種捐助的行為是對宗教教育的社會價值之肯定。人們捐款支助教會興辦教育，從另外一種角度而言，也是一種繳稅的方式，如此教會團體才有能力提供社會服務。

　　在一項教育機會平等的研究裡，Coleman, Hoffer 與 Kilgore（1982, 1987）舉證指出，私立學校，尤其是那些天主教興辦的學校教育出來的學生，其在學業上的「認知成績」要比公立學校的學生來的優異。因此，這項結果導致某些人大力支持教會學校。反之，人們也發現教會學校對於學生教育及其人格養成產生了不少些負面的影響。譬如，根據宗教信仰的差別而導致在社會、個人所得、以及種族界線上的隔閡。其實我們可以發現，一個志願性部門的存在允許不同的社會價值有表達的機會。因此，有些人會認為讓自己的子弟就讀與父母親相同宗教所辦的學校，具有積極正面的社會價值；不過，如此也有可能導致社會與種族之間隔離而出現負面的影響。

四、實驗與創新

　　從歷史演變觀之，志願部門一直在踐履實驗與創新的角色，幾乎沒有例外的是，每一項重大的社會服務，其緣起的發展都是由志願部門開始的，譬如，在歐美地區，學校、大學，以及醫院都是在中世紀時由非營利志願機構率先創立（Jordan, 1959）。民主國家的政府要進行任何一項行動或方案的推動之前，必須獲得絕大多數國民的接受才行。然而不論是民主理論，或是通俗的說法，政府均必須採行那些足以令人信服的方式來進行政策或方案的推動，而不是依靠暫時性途徑以實驗家嘗試錯誤的態度來施行政策。

　　然而，假使某種行動方案的進行程序與方法已被一個志願性組織實驗過，且提出可信的資料數據證明其可行性，則政府可以跟隨使用志願性組織的經驗與證據來行動。一個著名的例子是洛克斐勒基金會（The Rockefeller Foundation）從1950年代中期開始贊助進行的「綠色革命」實驗計畫，目的在於協助開發中國家的農業發展與糧食生產技術的增進（The Rockefeller Foundation, 1999）。這項計畫實驗極為成功，主持該計畫的科學家 Norman E. Borlaug 為此獲得1970年的諾貝爾和平獎。「綠色革命」後續的行動隨之有其他的私人基金會跟進贊助。如果洛克斐勒基金會當時沒有點燃這把實驗的火花，則一些已開發及開發中國家的政府也不大可能貿然贊助這項計畫。

　　再者，實驗不僅僅包含對尚未證實的事務進行研究與觀察，還包括當實驗的結果不理想或是因果關係無法合理解釋時，必須放棄實驗。此時，與營利及非營利機構相比較，政府再度處於不利的地位，因為一旦政府進行某項實驗，使用納稅人的大筆經費，最後的結果卻必須對外宣稱此項實驗不值得做下去，如何在投入一定的資本於某項政策方案，最後卻要收拾失敗的善後，這對政府機構而言，該如何向納稅人做出合理的解釋將是一項考驗。

五、科層化

　　多元論者強調當服務變成普及化而移轉為政府負責提供時，不可避免會犧牲一些服務的多樣性。「類別限制」觀點強調當服務移轉為政府提供時，一致性與規格化的缺點就不可避免，主要是因為政府必須向大眾負起責信的責任，且政府必須公平地對待每一個符合資格的人。因此，政府需要確保處遇的公平，同時在政治上必須合理化與合法化其行為，這些合起來就產生了典型的官僚繁文縟節的困境。換言之，即是一種所謂的「官僚化」或是「科層化」（bureaucratization）現象。

　　志願性組織的發展當然不能完全免於科層化的影響，因為他們也有需負起責信的對象，例如決策部門的董事與捐款者。但是，通常他們要比政府機關有更多

的自由與彈性，部分原因是其活動與運作的規模比較小，另一部分原因是其負責的對象在人數上不是那麼龐大，所以信任的關係較容易建立起來。不論如何，那些捐款給志願性組織的人們有一個安全閥的機制，亦即可以停止捐款。

以成本而言，公家機關採用愈多、愈複雜的行政程序，不可避免要支出更多的經費；而志願性部門因為在責信的要求上沒有公家機關那麼繁複，因此可以省下較多的資源，從而把這些資源移轉到機構目的事業的經營上。是故，非營利志願部門在免受科層化缺失與限制的相對自由度較高之下，使得政府機構經常會運用這種機制，以經費補助現有的志願性機構的方式，來執行公部門本應推動的一些公共服務。譬如，Kramer 與 Terrell（1984）曾在舊金山灣區進行一項政府機構使用志願組織的廣泛性研究調查，結果發現，在該區的社會福利服務有相當高的比例是由私人志願機構與政府簽訂契約後提供服務。

肆、社會學觀點

社會學者對於非營利組織的研究，有些論述會從組織社會學的觀點進行觀察，如從組織生態學、資源依賴理論，以及制度學派觀點等（DiMaggio and Anheier, 1990）；有些探討非營利組織之間所形成的網絡與信任關係，社會資本理論對於非營利組織之相關討論已相當豐富；最後，公民社會的觀點，強調社會團體的形成是回應人民對於社會的關懷（葉肅科，2004）。

一、組織生態學觀點

雖然生態學的觀點本身具有很大的差異性，他們的共同焦點都是注意選擇的過程，主張變遷模式是由選擇過程的行動所構成，這種分析的角度謂之為適應的觀點。根據適應的觀點，組織內的次級單位，會搜尋相關環境中的機會與威脅，採取應有的策略作為回應，並適當地調整組織內部結構（Hannan and Freeman, 1977: 930）。但是組織因應環境的變遷過程中，可能會遭遇到組織結構慣性（structural inertia）的壓力。在環境動態變遷的脈絡中，組織的學習和結構慣性均須加以考量。組織是不是能夠在他們的環境中學習，且因為環境的變化而迅速改變策略和結構？為了回答此一問題，Hannan 與 Freeman（1984）提出三項組織必須注意的事項：

（一）主要環境變化的時間模式：主要變化的時間是長或短、規則或不規則、是快或慢？

（二）學習機制的速度：要多久才能取得主要環境的變遷過程和資訊的評估？

（三）結構對所設計的變化的反應：即組織能多快就被重新建構起來？

　　組織的結構慣性並不等同於組織永遠都不會有所變化，而是組織對環境的威脅與機會的反應比較慢。所以當組織變遷的速度慢於環境條件變化的比率，就被認定爲組織具有高度的慣性。因此，慣性的概念就像是適合度（fitness），是組織和他們的環境之間的一種行爲能力（Hannan and Freeman, 1984: 151）。

　　從生態學的觀點，營利部門、非營利部門和公部門之間是處在既競爭又合作的關係（DiMaggio and Anheier, 1990），他們的每一項決策都會參考相關的環境因素，以便做出對組織本身最有利的決定。由於環境的不確定性與組織結構的特殊性，生態學的分析，可以獲悉隨著時間的演進，三個部門的存亡比率，而且也可以更深入的探討影響他們存亡比率的因素。

二、資源依賴理論

　　資源依賴理論的前提是「組織不能產生自身所需要的所有資源」，在這個假設之下，組織本身必須在它所處的環境中去獲取所需要的資源。組織資源不能完全自主的限制之下，必然會和環境中的其他組織產生依賴的關係。對組織而言，依賴關係雖然導致組織在自主的程度上受到限制，可是組織爲了自我的生存與發展，會導引發展出組織與組織之間的關係，以回應他們所處的環境。

　　Pfeffer（1982）認爲資源依賴理論有兩個要素：

（一）有關外在限制的問題，組織於環境之中，對於控制決定性資源的組織或團體的需求，會給予更多的回應。資源依賴理論對於組織之間權力的發展，主要是隨著組織對資源的控制能力而定。組織之間的權力大小決定於組織之間的依賴關係。

（二）組織的管理者會企圖去管理外在的依賴關係，除確保組織的生存之外，可能會更希望從外在限制之中獲得更多的自主性。

　　依賴關係可以區分爲兩種，一種是「結果的互賴關係」（outcome interdependence）；另一種是「行爲的互賴關係」（behavior interdependence）。所謂結果的互賴是指藉由一個社會行動者與另一個行動者的互賴關係，達成所要的結果；行爲的互賴則是活動本身是依賴另一個社會行動者的行動。結果的互賴又可區分爲「競爭的互賴關係」（competitive interdependence）和「共生的互賴關係」（symbiotic interdependence），在競爭的互賴關係中，競爭的兩者是處於同一個競爭地位之中，而且兩者的關係是一種零合（zero-sum）的狀態。至於共生關係的情況是一個行動者的產出是另一個行動者的輸入，共生關係對於維持組織的持續運作是必要的，主要的差異可能是在於依賴程度的多寡（Pfeffer, 1982）。

　　組織在競爭環境資源的過程中，組織是否擁有關鍵性資源，將伴隨著權力控制關係。因此，組織為了擴張其資源利基（niche），經常會採取各種策略，與其他組織進行合縱盟約的關係建構，形成各類型的組織網絡結構，而位居於網絡結構的集中性位置者，其權力的影響力也將愈大（Popielarz and McPherson, 1995）。

三、制度學派觀點

　　制度理論掌握現代社會高度制度化的特性，這樣的社會所形成的制度環境（institutional environments），對於組織的結構、運作、存活有顯著的影響。制度環境中的組織所追求的目標主要是合法性，所以對於組織運作的理解，不再侷限於理性組織模式所強調的工具與目標的成本效益關係，也不該只用資源有效使用作為指標來衡量組織的表現。

　　依據 Scott（1987）的說法，在組織的範疇內對於制度及制度化這些概念的運用可以區分為四類：

（一）制度化是在組織內部植入價值觀念的過程，組織內部的互動會形塑組織成員的共同價值規範，進而成為組織成員的共同信仰，主要發生在組織成員之間非正式的互動關係上。

（二）對於組織制度化概念的理解，這類主要強調社會秩序及合法性是由行動主體所建構，而行動主體在互動過程中接受規範並內化規範，因此其行為也受到限制。

（三）將制度系統當成一群元素的集合體，重點在於制度化產生的價值或信仰的討論。指出一般所謂的信仰系統並不一定是同質的，其影響組織的機制和組織結構的排列亦有所不同。因此組織必須以一種特殊的結構安排來順應不同甚至衝突的制度要求。

（四）將制度本身當成整體社會的一個範疇，如 Parsons 將社會體系區分成四個不同的部門：一個行動系統的四個要件為適應（adaptation）、目標達成（goal attainment）、整合（integration）、潛在模式（latency）。

　　從這樣的觀點分析，制度學派強調組織的存在意義、組織目標的設定和組織的結構都是在一個制度環境之中逐漸形成的，這種過程是一種社會建構的關係，所以組織的行動是和他所處的制度環境有著密不可分的關係。非營利組織的產生和行為即是一種制度因素與國家政策的反應，而非營利組織在現代工業化社會中之所以會如此普遍，跟三種制度結構有相當密切的關係，一個是「重要的決定」；其次是「公共政策」；第三是「觀念風潮」（DiMaggio and Anheier, 1990）。

（一）重要的決定

組織創始人的重要決定會成為該組織的制度；之後，組織的經營者依循傳統的制度，組織所付出的成本較小，若要創立新的組織形式，所付出的代價或成本會比較高。這種現象與組織「結構的惰性」（structural inertia）有關，對一群組織而言，結構變遷有很強的惰性壓力，這些壓力主要來自內部安排與環境配置兩部分。在內部安排方面，例如組織內部的制度、權力運作；環境方面，如公眾對組織活動正當性的評價（Hannan and Freeman, 1977）。

（二）公共政策

美國多數非營利組織的成立跟政府的政策方針有密切的關聯性，不少非營利的學校和護理之家，他們的成立與政府的租稅優惠政策有密切的相關；而稅率的訂定也會影響到人們捐款的意願。大學出版社會比較吸引作者將其著作交給他們印刷與發行，因為這樣可以減免一些稅額。再者，聯邦政府在社會福利及民權事務上擴大本身的權責，則原本在地方社區經營的政策倡導型非營利組織，也會興致勃勃想要改登記為全國性的組織，因為如此才符合聯邦政府經費補助的資格。

（三）觀念風潮

「信任」（trustworthy）的觀念塑造了消費者和政策制定者的決定。某些特定的財貨並不適合在市場上進行交換，或是需要特別的保障以避免因為獲利的動機而肇至組織的腐敗。通常每個時代對於何謂「公共財」以及「社會的需要」（community needs）會有所變化以及因應環境的變遷而有不同的解釋。

四、社會資本理論

社會資本理論晚近受到重視與強調，尤其是美國學者 Putnam 在 1993 年與 2000 年先後出版之《使民主運轉》（Making Democracy Work）與《孤獨地打保齡球》（Bowling Alone）兩書，更引起廣大的迴響與重視。Putnam 認為社會資本的概念主要由三個面向組成：網絡、規範（價值）與信任。亦即人們共同投身公共事務或形成團體，進而產生互動關係、連結網絡與共同價值規範，使參與者的行動有所依循，並由此基礎形成對彼此的信任。這不但有利於人們連結互惠，共同為集體目標合作，存在人與人之間的網絡互動、組織與組織間，甚至可構成整體社會的運作基石（王中天，2003；江明修、鄭勝分，2004；Putnam, 1993, 2000）。同時，Putnam（2000）對社會資本的強調，更著眼於當代諸多社會問題的產生，例如，傳統社會制度的崩潰、人際關係的冷漠、信任感的降低、低度的政治參與率、婚姻制度的不穩定、高犯罪率等；這些問題都是肇因於人們不願意有更活絡的社會參與及互動，以致社會資本無法持續積累，導致各種社會問題持

續惡化。

與此參與消褪的社會環境相對比，非營利組織在社會資本的產生與共享上，有其重要的正向意義與角色。其所具有的中介角色與公益性質，能讓人們有共同結社與討論的機會與管道，產生與凝聚活絡的網絡關係與共識。這些社會資本的產生與積累，也有公共財般的特性，由參與者共同分享，非個人所能獨自占有，使個人的私利有轉化為集體公共利益的可能。再者，在現代社會中，人們有著不同的背景與地位，不再是依循過去的封閉性血緣或地緣認同與信任。透過現代非營利組織的開放性參與及自發性社交，人們有較多元的互動關係與瞭解，參與者彼此的網絡關係將有交集幅合的可能，這將產生「橋樑」（bridging）般的效果。參與者能有更多的資訊交流與資源分享，使社會資本具有流動性，擴展信任的範圍與程度，如此將有利於更大規模的合作與集體行動產生，促成社會的和諧運作與繁盛發展（Fukuyama, 1994；Lin, 2001；林勝偉、顧忠華，2004）。

綜合上述所言，非營利組織可謂社會資本產生與流動的重要載具，並能使社會資本轉化為對更廣泛社會層面的公共信任。但是，我們對社會資本與非營利組織理論的運用仍要謹慎與注意，尤其應避免過度的將社會資本視為價值規範，而忽略其可能產生之負面效果。因此，Putnam（2000）將社會資本區分為「橋接式－包含性」（bridging, inclusive）社會資本與「鞏固式－排外性」（bonding, exclusive）社會資本。所謂「鞏固式社會資本」，關注的是團體內部的認同與同質性，這將傾向去排除其他團體，甚至產生團體爭鬥的惡果。相對地，「橋接式社會資本」則會注意到外部世界，顧及到人們不同的社會背景，而形成較廣泛地團體外連結與互惠關係。

五、公民社會觀點

在當代西方政治社會經濟的探討中，認為人們的生活有國家、市場與公民社會等三部門領域的區分。國家代表著公權力的行使，透過集體政治制度的運行，維繫社會的公平運作；市場強調個人的理性選擇，強調有效率的財貨流通與分配，促進經濟的繁榮與成長；公民社會代表人們自然的社會關係與生活，透過彼此的志願結合與結社，引發公共性的集體行動，而非是國家的強制力促成與市場冷漠的交易關係。

公民社會理論中，學者們所重視的便是在社會變遷的過程中，當國家與市場兩部門逐漸成長之際，人們最自然的社會關係與行動如何能夠持續發展與維繫。以18世紀蘇格蘭啓蒙運動先驅之一的佛格森（Adam Ferguson）為例，他發現隨著現代社會演進，勞動分工愈趨專殊與複雜，人們生活水準與文明也因此提升，他將此新的生活形態與發展稱之為「文明社會」（Ferguson, 1999；郭博文，2000）。他發現在這樣的文明社會生活中，雖有科技工藝進步帶來的利益與繁

榮，但這種文明社會卻有自我毀壞的特質。這當中極為重要的關鍵因素，即是高度的勞動分工，使人們不若以往原始社會從事類似的工作，在彼此不瞭解對方工作的情形下，社會解組成許多不同的部分，人們之間的連帶與互賴關係隨之逐漸瓦解，人們變成只專一考量自己的工作成效與收益，開始盲目追求物質財富的累積，種種人性劣行紛紛展現，著眼的盡是自身利益與慾望，這將使人們喪失公共精神（public spirit），不再團結以維護自身與公眾的自由。

佛格森的觀察與憂心，預視了今日社會所發生的疏離與利益衝突，以及國家強制與市場利益競爭的負面結果。他對此問題的解方，便是希望透過人們的公共精神發揮，形成公民結社，以君主立憲方式抗衡專制政體。在這當中，公民結社是佛格森極為強調的，因為人性是好成群的；在群體生活中，人們是最快樂，且能有最佳表現的，透過公民結社將能有效抑止專制政體發展。後續公民社會相關理論發展亦著眼於此，強調公民社會的保有與發展，可透過志願結社與參與，形構公共討論與共識達成的公共領域，進而展現人們自主的行動能量與互助行為規範，以對抗國家可能的過度干預，並節制市場的無情理性計算邏輯（Cohen and Arato, 1992；Polanyi, 2001；李孝悌，1989；張震東，1991；陳巨擘，1991；顧忠華，1999；托克維爾，2005）。

在此公民社會理論架構下，非營利組織代表著重要的連結機制，透過這些非營利組織的運作，人們看到結社合作可能帶給自己、他人與社會福祉的提升，使個人除著眼於自己的私利外，也能看到公共利益與自己應盡的責任義務。再者，在這種非營利組織多元發展與活絡的情況下，許多事務都可由人民自發完成，形成一股社會自主的力量與輿論，使國家無由置喙。這一方面，明顯地能防止政府濫權與不公，另一方面，可將之視為一種中介力量，透過各種層次的結社組織活動，使個人到社區，社區到國家與整體社會之間並無斷層存在，使個人生活與公共事務能形成有效連結。

因此，非營利組織可說是公民社會發展的基石，透過志願的結社與行動，保有社會自主領域的行動力。尤其在 20 世紀末，非營利組織成長是相當驚人的，不論是已開發國家或發展中國家，或是歐美、亞洲、拉丁美洲等地，呈現一種全球性的「結社革命」（association revolution），彰顯了非營利組織與公民社會的未來發展（Salamon, 1994）。但是，對於非營利組織與公民社會的關係，誠如我們於社會資本理論所述，某些結社僅止於鞏固式社會資本的產生，其可能是對抗其他團體或獨善自身，而無公共性質發揮（顧忠華，1999）。再者，非營利組織與公民社會的發展，仍應回歸前述國家、市場與公民社會三足鼎立的平衡架構，畢竟國家的公權力、市場的經濟力量與公民社會的自主社會力，皆是維繫社會運作的重要力量；此三部門平衡發展，方是整體社會健全穩固的基礎（Wolfe, 1989）。

伍、結論

　　本章廣泛地討論了從 1970 年代開始的非營利組織經濟學、政治學與社會學相關理論的發展及內涵。從中顯示的意義是，雖然在社會科學裡，非營利組織的經濟學理論探討已經較其他學科更為頻繁與深入，但是不同的理論當中，對非營利組織的角色與行為，亦有不同的論點與假設，彼此有相互衝突之處，但也有更多可以相互補充的地方。政治學在非營利組織相關的論述中，相當關切政府部門和非營利部門之間對於財貨與服務資源的分配關係，然而學者亦強調政府對於財貨或服務提供上，不可能完全滿足人民的需求，因此在這種情形下，最好是結合政府提供以及非營利／志願性部門提供的財貨與服務，如此才可能滿足社群裡更多數人的偏好與需求。而社會學理論則著重在組織的議題進行討論，其中包含資源的取得議題與組織存在合法性問題，皆有多元的論述觀點。對於志願結社之社會影響議題，也日益被非營利組織研究所重視，因此對於公民社會中，非營利組織的作用，已有廣泛的討論。再者，吾人除了在理論探討下功夫外，還需要更多實證研究以作為理論內涵的佐證。最後，要強調的是，目前在台灣，對於非營利組織理論的研究，並未受到太多的重視，應可考慮將這些西方發展出來的理論放到台灣的社會結構與脈絡中作討論，相信對台灣蓬勃發展的非營利部門的研究與組織的成長與提升會有所幫助。

問題習作

1. 請說明經濟學在非營利組織之分類方式。
2. 非營利組織所提供之公共財貨與政府的公共財有何差異。
3. 何謂市場／契約失靈理論？
4. 何種情形下會產生消費者控制的非營利組織？其理論內涵爲何？
5. 非營利組織的企業家精神，其關注的焦點爲何？此一精神下，非營利組織的特色爲何？
6. 經濟學中有關利他主義與慈善行爲之觀點爲何？
7. 請從政治學觀點論述非營利部門其存在的必要性。
8. 與非營利志願性組織比較起來，民主國家政府相當程度受到利益必須公正且平等分配給具有資格的對象之限制，爲何？
9. 洛克斐勒基金會（the Rockefeller Foundation）的「綠色革命」實驗計畫，對於政府與非營利志願部門的合作互動有何啓示？
10. 組織生態學對於環境與資源的看法爲何？
11. 資源依賴理論有關資源競爭的討論，對非營利組織有何啓示？
12. 制度環境對於非營利組織的影響爲何？
13. 社會資本理論對於非營利組織意義爲何？
14. 請說明志願結社之公民社會與非營利組織的關係。

參考文獻

中文部分

王中天，2003，〈社會資本：概念、源起、及現況〉。《問題與研究》，42 卷 5 期，頁 139-163。

江明修、鄭勝分，2004，〈從政府與第三部門互動的觀點析探台灣社會資本之內涵及其發展策略〉。《理論與政策》，17 卷 3 期，頁 37-58。

李孝悌，1989，〈再論市民社會：從黑格爾到葛蘭西〉。《中國論壇》，第 340 期，頁 73-80。

官有垣、李如婷，2004，〈非營利組織的捐款行爲〉。收錄於行政院青輔會編，《非營利組織培力指南》，第三章，頁 49-66。台北：行政院青輔會。

林勝偉、顧忠華，2004，〈「社會資本」的理論定位與經驗意義：以戰後台灣社會變遷爲例〉。《國立政治大學社會學報》，第 37 期，頁 113-166。

法蘭西斯・福山著，李宛蓉譯，1994，《信任：社會德性與繁榮的創造》。台北：立緒文化事業。

陳巨擘，1991，〈葛蘭西論「南方的問題」與知識份子〉。《島嶼邊緣》，第 1 期，頁 5-18。

郭博文，2000，《社會哲學的興起》。台北：允晨。

張震東，1991，〈托克維爾論民主社會之自由問題〉。收錄於戴華、鄭曉時編，《正義及其相關問題》，頁185-203。台北：中研院人社所。

葉肅科，2004，〈外籍配偶家庭：社會資本與社會凝聚力初探〉。《社區發展季刊》，第105期，頁133-149。

顧忠華，1999，《社會學理論與社會實踐》。台北：允晨。

托克維爾著，秦修明、湯新楣、李宜培譯，2005，《民主在美國》。台北：左岸。

佛格森著，林本椿、王紹祥譯，1999，《文明社會史論》。中國：遼寧教育出版社。

英文部分

Anthony, R. N., 1987, *Financial Accounting in Non-business Organizations: An Exploratory Study of Conceptual Issues*, New York: Financial Accounting Standards Board.

Arrow, K., 1963, *Social Choice and Individual Values*, New Haven: Yale University Press.

Badelt, C., 2001, "Entrepreneurship theories of Non-profit sector," *Voluntas*, 8(2): 162-178.

Ben-Ner, A., 1986, "Non-Profit Organizations: Why Do They Exist in Market Economics?" in S. Rose-Ackerman (ed.), *The Economics of Nonprofit Institutions: Studies in Structure and Policy*, Oxford: Oxford Univ. Press.

Cohen, J. L., and Arato, A., 1992, *Civil Society and Political Theory*, Cambridge: MIT Press.

Coleman, J. S., Hoffer, T., and Kilgore, S., 1982, *High School Achievement*, New York: Basic Books.

Coleman, J. S., Hoffer, T., and Kilgore, S., 1987, *Public and Private High Schools*, New York: Basic Books

DiMaggio, P. J., and Anheier, H. K., 1990, "The Sociology of Nonprofit Organizations and Sectors," *Annu. Rev. Sociol.*, 16: 137-159.

Douglas, J., 1983, *Why Charity? The Case for a Third Sector*, Beverly Hills: Sage Publications.

Douglas, J., 1987, "Political Theories of Nonprofit Organization," in W. W. Powell (ed.), *The Nonprofit Sector: A Research Handbook*, New Haven: Yale Univ. Press

Hannan, M. T., and Freeman, J., 1977, "The Population Ecology of Organizations," *American Journal of Sociology*, 82: 929-964.

Hannan, M. T., and Freeman, J., 1984, "Structural Inertia and Organizational Change," *American Sociology Review*, 49: 149-164.

Hansmann, H., 1987, "Economic Theories of Nonprofit Organization," in W. W. Powell (ed.), *The Nonprofit Sector: A Research Handbook*, New Haven: Yale University Press.

James, E., 1987, "The Nonprofit Sector in Comparative Perspective," in E. N. Powell (ed.), *The Nonprofit Sector: A Research Handbook*, New Haven: Yale University Press.

James, E., 1989, "The Private Nonprofit Provision of Education: A Theoretical Model and Application to Japan," in E. James (ed.), *The Nonprofit Sector in International Perspective: Studies in Comparative Culture and Policy*, New York: Oxford Univ. Press.

Jordan, W. K., 1959. *Philanthropy in England, 1480-1660*, London: George Allen and Unwin.

Kingma, B. R., 1997, "Public good theories of the non-profit sector: Weisbrod revisited," *Voluntas*, 8(2): 135-148.

Kramer, R., and Terrell, P., 1984, *Social Service Contracting in the Bay Area*, Berkeley, Calif.: Institute of Governmental Studies.

Kuan, Yu-Yuan, 1995, "The Public/Private Division of Responsibility for the Provision of Education in the United States: An Empirical Study," *Open Public Administration Review*, 3: 353-379.

Levy, D., 1982, "The Rise of Private Universities in Latin America and the United States," Pp.93-132 in M. Archer(ed.), *The Sociology of Educational Expansion*.

Lin, Nan, 2001, *Social Capital: A Theory of Social Structure and Action*, UK.: Cambridge University Press.

Lohmann, R. A., 2001, "And Lettuce Is Nonanimal: Toward a Positive Economics of Voluntary Action," Pp.197-204 in J. S. Ott (ed.), *The Nature of the Nonprofit Sector*, Boulder, Colorado: Westview Press.

Mavity, J. H., and Ylvisaker, P. N., 1977, "Private Philanthropy and Public Affairs," Research Paper.

Ott, J. S., 2001, "Economic and Political Theories of the Nonprofit Sector," Pp.179-189 in J. S. Ott (ed.), *The Nature of the Nonprofit Sector*, Boulder, Colorado: Westview Press.

Pfeffer, J., 1982, *Organizations and Organization Theory*, Massachusetts: Balling Publishing Company.

Polanyi, K., 2001, *The Great Transformation: The Political and Economic Origins of Our Time*, Boston: Beacon Press.

Popielarz, P. A., and McPherson, J. M., 1995, "On the Edge or In Between: Niche Position, Niche Overlap, and the Duration of Voluntary Association Memberships," *American Journal of Sociology*, 101(3): 698-720.

Putnam, R. D., 1993, *Making Democracy Work*, New Jersey: Princeton University Press.

Putnam, R. D., 2000, *Bowling Alone: The Collapse and Revival of American Community*, NY: Touchstone.

Rose-Ackerman, S., 1996, "Altruism, Nonprofits and Economic Theory," *Journal of Economic Literature*, 34: 701-728.

Salamon, L. M., 1994, "The Rise of the Nonprofit Sector," *Foreign Affairs*, 73(4): 109-122.

Scott, R. W., 1987, *Organizations: Rational, Natural and Open System*, N.J.: Prentice-Hall.

The Rockefeller Foundation, 1999, http://www.rockfound.org/history/1960.html

Weisbrod, B. A., 1974, "Toward a Theory of Voluntary Non-Profit Sector in a Three-Sector Economy," in S. P. Edmund (ed.), *Altruism, Morality, and Economic Theory*, New York: Russell Sage.

Weisbrod, B. A., 1988, *The Nonprofit Economy*, Cambridge, MA.: Harvard Univ. Press.

Wolf, C., Jr., 1979, "A Theory of Nonmarket Failure: Framework for Implementation Analysis," *Journal of Law and Economics*, (April): 107-139.

Wolfe, A. 1989, *Whose Keeper? Social Science and Moral Obligation*, University of California Press.

Young, D. R., 1983, *If Not for Profit, for What?* Lexington, Mass.: D. C. Heath.

Young, D. R., 1998, "Nonprofit Entrepreneurship," Pp.218-222 in J. S. Ott (ed.), *Understanding Nonprofit Organizations*, Boulder, Colo.: Westview Press.

Young, D. R., 2001, "Market Failure," Pp.179-189 in J. S. Ott (ed.), *The Nature of the Nonprofit Secto*, Boulder, Colorado: Westview Press.

Chapter
2

第三部門在台灣的
歷史與發展特色

蕭新煌

學習重點

▶ 瞭解與非營利部門（或組織）相關的幾個重要概念
和所指涉的具體內涵。

▶ 瞭解非營利部門（或組織）在第三波民主化過程中
的可能角色。

▶ 瞭解台灣非營利部門（或組織）或民間社會組織發
展的地位及其對整體社會政治改革的時代貢獻。

▶ 瞭解台灣非營利部門（或組織）的特色。

▶ 瞭解1980年代以來民間社會組織與政黨的關係（包
括2000年第一次政黨輪替和2008年的第二次政黨輪
替）。

摘　要

　　本章從應然的「三部門分工論」和實然的「兩部門對立論」切入台灣非營利部門組織（第三部門、民間社會、社會運動）自 1980 年以來近 30 年的歷史發展定位、已存貢獻的評估、所具備的特色、與國民黨、民進黨的愛憎關係、以及對 2000 年第一次政黨輪替的角色和 2008 年第二次政黨輪替以後的走向。

壹、從「兩部門對立論」到「三部門分工論」

　　所謂「第三部門」（the third sector），是指一個民主社會中，在「第一部門」的政府和「第二部門」的企業之外的所有民間社會組織和結社，所以「第三部門」又可稱為「非政府組織」（non-governmental organizations, NGO），或可稱為「非營利組織」（non-profit organizations, NPO）。NGO 是針對與政府（第一部門）對比，NPO 則是針對企業（第二部門）對比。不論是 NGO 或是 NPO 所構成的第三部門或民間組織，很明顯的，既不爭取權力，也不累積利潤，而是以創造價值或改良社會為己志（Steinberg and Powell, 2006: 1-10）。

　　進一步說，第三部門只有在真正的民主國家社會裡才能存在，也才能獲得真正的發展生機條件，畢竟「非政府組織」是在匡正或補足政府的「不是」或「不足」，「非營利組織」則是在「為」企業之「不為」。不民主的國家，政府主宰一切，當然不允許 NGO 生存，在那種國家裡，既沒有真正的民間企業，當然也不可能有 NPO，所以「三部門分工關係」的論述能夠有意義，既是民主實現的結果之一，更可以說是以民主為前提（Keane, 1988；Schmitter, 1997；Taylor, 1990； Putnam, 1993；Shigetomi, 2002；Schak and Hudson, 2003；Alagappa, 2004；Hsiao, 2006a）。

　　在追求民主化的過程中，「第三部門」前身之另一化名，即是「民間社會組織」（civil society organizations, CSOs），它就是指那些所有未受政府控制，而能或明或暗主動集結的人民團體，不但是以表達對公共議題的意志而存在，更有企圖去改變國家或政府的作為和政策。所以，「民間社會組織」的冒起，是直接衝著國家或政府而來，以制衡國家和平衡社會和國家的權力關係作為結社目標的「非官方」、「純民間」組織力量；若要理解民主化的進程，以「民間社會組織」和國家（政府）互動和辯證關係為核心的「兩部門對立關係」之論述，就格外有意義，也才能道出民間社會組織對民主貢獻是否為真為偽與是虛是實。

　　台灣從 1970 年代中期就開啟追求民主化的民間社會力量，歷經四分之一世紀，終於在 2000 年完成民主政黨輪替，成就了新民主體制建構，又在 2008 年目睹第二次政黨輪替。基於此，「兩部門對立論述」或「三部門分工論述」在台灣

過去戰後的變遷發展歷程中都可以找到事實的證據，也足以展現其幾個發展階段的特有經驗。

貳、從倡議型「民間社會」組織對抗威權黨國體制開始

回顧歷史，台灣社會政治經歷了重大變遷三部曲。

第一部曲是1945到1960年代的15年間，完全是 KMT「政治力」當權主宰的時代，經濟和社會完全臣服在其之下，毫無自主性，更無發言權。

第二部曲是到了1970年代這10年則目睹了「經濟力」興起的時代，部分受黨國培養，部分因外貿出口經濟而產生的民間企業經濟影響力乃開始成形，雖尚未能與「政治力」平起平坐，但已經開始有其能見度。

第三部曲則從1980年代開始到2000年，在這20年才見到「社會力」的崛起，也就是說，種種倡導、抗爭型的民間社會運動組織在1980年代開始，才儼然成形，並開始發揮制衡政治力和經濟力的作用。甚至到了1990年代更目睹了「三力」分庭抗禮的狀態，這也就是從民主化的整個過程中，才終於讓人看到從「兩部門對立」提升到「三部門分工」的階段。兩部門對立是透過集體和組織的抗爭，發揮民主化力量，建構民主體制等民主轉型過程走到某一程度之後，另一類的第三部門民間社會組織，如服務型、福利型 NPO 乃紛紛展現和充實三部門分工的功能和作用（蕭新煌，2002）

參、1980 年代是民間公民社會和第三部門發展的黃金時代

從種種經驗資料證實，不論是倡導、辯護、抗爭型的社會運動組織，或是社會福利服務民間組織；也不論是「社團法人」的人民會員團體或是「財團法人」的基金會，在現有的41,514[1]個以上的社會團體和5,000個以上的基金會當中，至少有三分之二都是在1980年代後才成立的，也就是說，1980年代絕對是台灣民間社會組織或第三部門發展的黃金年代（蕭新煌，2003, 2006；顧忠華，2005）。

民間社會第三部門在1980年代，一方面向黨國權威體制（第一部門的政治力）抗爭，要求民主改革，並在在以自由、人權、平等等普世價值向政府爭取結社自由、言論空間和改變政府行事風格與相關政策方向。另一方面也向企業（第二部門的經濟力）制衡其過度追求利潤的組織目標，並要求企業重視消費者權利、勞工福利、環境保護、社區和諧、婦女權益，並展現其對上述新興價值承諾

---

[1]　內政部統計資訊服務網，2013/06/30。

支持的企業責任。這又再次證實，台灣非營利部門或民間公民社會組織，與政府、企業分居三個部門的社會政治空間和領域，與整個國家社會的自由化、民主化息息相關，是有先前兩部門的對立和轉型歷史，才有後來三部門的分工後果。

肆、六個新典範和三個社會新目標：第三部門的貢獻

倡議型民間第三部門從 1980 年代以來向第一部門的政府爭取自由、民主價值；也向第二部門的企業訴求福利、平等目標，這從 1980 年代以來出現的總計約有 20 種民間社會抗爭運動，如消費者、反公害、生態保育、婦女、原住民、學生、宗教自由、反核、勞工、農民、弱勢福利、老兵福利自救、老兵返鄉、政治受刑人、政治黑名單返鄉、客家母語、都市無住屋抗爭、新聞自由、司法改革等的運動內容和建言，即可窺出端倪。

另一方面，比較溫和的福利服務型民間第三部門，從 1980 年代以來也有長足進展。在有了較多政治空間之後，部分福利型第三部門組織也開始從直接的服務工作走向政策的改革訴求，也想到該做一些影響力更深遠的政策興革事宜，而非只停留在即興的慈善或是即時的急難救濟。

綜合看來，1980 年代以降，兩類型第三部門組織的確在台灣社會陸續倡導了以下六種前所未有的新興價值：自由、民主、平等、福利、人權和永續。自由、民主與永續是倡導型社會運動組織最關切的新價值，福利和人權則是福利型非營利組織最著力的新價值，至於平等則是兩類 NPO 都關切的新價值。

此外，第三部門不論是人力的自由結社或是財力的無私匯集，也在台灣社會產生以下幾點前所未有的社會影響。一是對社會改革的可能性有了集體決心；二是對社會服務的可欲性有了集體的用心；三是對社會信任的可塑性有了集體的放心。

上述六個新典範的倡導和三個社會新目標的建構，就是所有投身於非營利組織的有心人士對台灣的具體貢獻。若要論及背景，都市中產階級，尤其是崇尚自由主義的知識份子和專業人士在過去 20 多年的非營利第三部門發展史中，應被視為有其特殊的貢獻和角色（蕭新煌，2008）。

伍、第三部門小而美、窮卻有志

台灣的非營利部門對台灣社會有以上的典範和目標貢獻，確實不易。以長期以來第三部門在台灣的人力和財力狀況來說，能做出那麼多而影響深遠的貢獻，實在可說是「小兵立大功」。

以人力來說，台灣的第三部門最主要的組織特色是小。即使是社團法人的成員，雖然有一半以上的會員數在 200 人以上，但眞正積極投入而具有專業能力的還是一些少數的「專業階層」人士。財團法人則是以中小型基金會爲主體，而且幾乎全部是「自行運作」（operational）的基金會，只有少得可憐的幾個符合西方基金會定義的「提供經費」（grant making）的基金會（蕭新煌、江明修、官有垣主編，2006）。根據一項全國的抽樣調查資料顯示，有一半的第三部門組織根本沒聘任何支薪的員工，而所聘支薪員工的中位數是 3 人；但近半數組織都招募志工從事不同的服務工作，而其中位數是 26 人（官有垣等，2010）。

整體來說，台灣非營利部門的管理人力主體也是中產的專業階級，而不是過去認爲扶助弱者（善行）和有能力改變現況的（影響力）是一些資本家、有錢人的刻板印象。進一步說，如果沒有那些積極投入組織，或支持它們成長的一些中產專業知識階級，就沒有那些第三部門組織的社會影響力。

至於財力，那更是非用「窮」字來描寫不可。富裕的社團法人和財團法人，屈指可數。根據上述調查數據也顯示，一半以上的台灣的第三部門的年度收入和年度支出都在 100 萬以內，年收入中位數是 70 萬；而年支出中位數是 68 萬（Kuan et al., 2009）。大多數的非營利組織都得向外募款，而且經常面臨想要做什麼，就得立刻去找錢來做的窘境。有趣的是，這些有心的非營利組織也大多能找到錢，去做想做的事。這間接也證明台灣社會大眾對非營利組織在過去 30 多年來，基本上是持肯定態度，也願意出錢支持。換言之，台灣社會的確不是一個冷漠和疏離的社會。當看到有人熱心、無私地站出來，奉獻服務或改革的時候，還是會有更多的有心人在背後以出錢出力來表達他們的共鳴。

第三部門的崛起和發展，其實也間接印證近年台灣社會的「諷世主義」（cynicism）心態雖存在，但還不至於心死，台灣社會當然也有憤世嫉俗和懷疑別人善意，甚或僞善（hypocrisy）問題，但還不至於無可救藥。所以才說，台灣的第三部門，整體說來，雖小而美，但還是窮而有志，因爲背後畢竟還是有廣大的一群有心人在默默地支持。

陸、第三部門的自主性、倡導性和影響力

從一項近年對第三部門相當集中的大台北第三部門組織所做的調查結果，可以勾勒出當前第三部門在歷經民主轉型、政黨輪替和民主鞏固三階段後，所具備的三項特色。

一、**自主性**：大多數非營利組織負責人都自認不受特定家族、個別財團、政府官僚或某個政黨的支配和控制。在決策過程和人事任用上，也都能自

主地做決定。第三部門的自主性反映出台灣民主的一定成熟度。

二、**倡導性**：大多數的非營利組織執事者也自信自己的組織有意識到應該發揮改革和改善社會功能的使命感，諸如貧富差距、社會不公平和環境保護等重大社會議題。他們期待自己能對這些議題透過「溫和」但「積極」的改革途徑，對政府施壓，期待改變政策來改善社會上存在的不良問題。他們對於激進的抗爭活動手段，則顯得有些保留；不過他們卻懂得如何串連、聯絡和相互聲援去讓他們的訴求得到倡議的功效。

三、**影響力**：半數非營利組織領導階層自評已有監督政府施政和遊說法案立法的影響力，也有三成組織已投入政府公共政策的諮詢過程。同時，第三部門組織也自許對社會大眾有提供服務給有需要的個人和團體，以及宣導、啓蒙和教育大眾的影響力（蕭新煌等，2004）。

但是，若是用較嚴格的評估角度來看，非營利組織對組織自主性的企圖雖強烈，但由於法令不夠周延、資源分配不均，政府官員的威權心態尚未完全根除，以及與政府間仍有互不信任的後遺症，第三部門堅持自主，多少帶有排斥政府部門之態度。因此，修改不合現實環境的管理規則及法令，是第一要務。建立公平的鼓勵獎助制度，也將有助於資源分配的效益與平等，以有助於改善政府部門與民間組織相互尊重的關係。公務人員訓練課程中，也應加入對民間社會非營利組織的認識與如何建立夥伴關係的內容與實務，政府更應該徹底去除威權官僚的心態，不應企圖以行政資源去影響民間組織的自主性（蕭新煌、江明修、官有垣主編，2006）。

柒、1980 至 1990 年代，第三部門與政黨的關係

第三部門中的倡導／抗爭／社會運動組織在民主轉型過程中與當年的反對黨（民進黨）有著相當密切但又小心經營其互動和合作的關係，這在 1980 年代和 1990 年代這 20 年當中，是很具特色的第三部門（民間社會運動）與反對黨的關係。當然在那 20 年裡，這些具抗爭、異議特色的第三部門就對當年的國民黨執政下的威權黨國體制，抱持反對和不信任的立場和態度，特別明顯的社運如學生、環保、勞工、農民、福利、婦女、人權和政治黑名單等運動。

1987 年 7 月的解除戒嚴法，說實在的，也看到 1980-1986 年這七年當中第一波社運所催生、推動的貢獻。1989 解除報禁和 1990 年解除黨禁，也都有社運努力的痕跡。

1990 年代初（尤其是 1990-1992 這三年），台灣政壇出現了威權舊勢力的第一次反撲（之後當然也不乏有後續的幾次威權勢力的反撲和復辟企圖），李登輝

在權術運用考量下，任命郝柏村以軍人身分擔任閣揆，一時之間又立即引起民間社會力量集體的反抗。郝揆任期三年當中，來自倡議型第三部門組織反軍人主政的抗爭聲浪便一直不停。

在那三年當中，國民黨政權的「反動力量」也很大，號稱要「對無法治的社會開刀」，鎮壓反核運動、反撲學生民主運動、污名化並強力驅散「廢除刑法100條」運動，大舉逮捕勞工運動、農民運動、學生運動積極成員，而且限制勞工團結、協商和爭議權，並強制推動高度爭議的建設如五輕等。

所幸，社會運動團體不屈不撓的抗爭，和背後社會大眾不吝嗇的支持，才終於阻擋了國民黨反動勢力的反撲，郝柏村也被迫下台。屬於第三部門的社運力量一方面擋住威權反撲，一方面也間接地替李登輝除掉國民黨內部「非主流」的政治勢力。第三部門社運與政黨之間的關係在這三年之間也最為密切和錯綜複雜（何明修、蕭新煌，2006）。

在整個1990年代，第三部門與政黨的關係在內部有了區隔。倡議型第三部門與李登輝主政下的國民黨政府，依然保持距離，但也開始走向溫和途徑，並進行遊說和政策參與和「體制內抗爭」。服務／福利型第三部門與國民黨政府的關係更有不少改善，也吸收了較多資源從事社會福利之「外包」（委託）服務。同時，此類型非營利部門也開始有了專業化的提升。

至於倡議型第三部門與反對黨的民進黨的關係卻也開始了若干變化，從盟友開始轉變成為競爭的關係。原因是民進黨在1990年末期對「執政」的企圖心愈來愈強，因此難免不太願意全心全意地與較激進的第三部門組織有太深的連結，以免被社會裡的保守份子或企業利益懷疑其未來「執政的公正性」。至於服務型的第三部門在這段期間與民進黨的關係，雖沒有什麼特別的進一步發展，但藉由反對黨的壓力，服務型第三部門還是對其政策改革潛力有所期待。

捌、2000年第一次政黨輪替後，第三部門與政府、政黨的關係變化

2000年的政黨輪替，不論是哪一類型的第三部門都發揮了或多或少的助力，原因就是一個「期待」的心願；希望政黨的輪替可以帶來民主轉型後的真正民主體制和社會改革。

但是2000-2002年第三部門與民進黨新政府的蜜月期過後，抗爭型社會運動團體開始對新政府一心想求穩定，並向保守傾斜的為政心態不滿，也對民進黨政府無力化解朝野政黨惡鬥，犧牲社會改革契機，而感到失望。這在勞工、環境和福利三類社會運動尤其明顯。婦女、人權、原住民等社會運動團體倒是與民進黨政府仍有不錯的「夥伴合作」關係（Hsiao, 2006b: 207-229）。

服務型第三部門與民進黨政府之間，則是保持較具建設性的友好「官民」關

係，所謂福利服務工作的外包措施，在過去幾年一直有進展。民進黨中央政府標榜的「夥伴關係」理念，推到中級官僚之後，仍難免有落差，並產生一些不必要的誤會，如非營利組織認為政府還是太官僚、太多行政手續，不利第三部門健全發展；而政府卻認為若不健全規範，恐有浪費政府經費之虞。此外，夥伴關係的理念透過「委辦」和「外包」去執行後，產生了「富了大團體，窮了小團體」的第三部門內部不公的後果。

至於在野的國民黨在2000-2008年之間，還仍然抗拒又排斥社會運動，其對環境、勞工、教改、人權、社會福利等議題，依然比民進黨政府保守。在2003-2004年之間，國民黨陣營還偶爾會採取具「改革政策爭議」的社運策略，如抗議高學費、高失業和高健保費，以及反農會金融部門改革等。但在2005年以後，「朝小野大」局勢明顯，國民黨完全放棄與社運對話或合作的機會，也幾乎不再理會第三部門的改革訴求，一心只想重新奪回執政權。這種心態可議，也更讓人可疑其執政後是否又會返回當年威權控制社運、壓抑第三部門的保守主義？身為在野反對黨的國民黨，只心繫政權的奪回，完全不與同樣在野的第三部門建立盟友關係，確實是很特殊的在野黨霸權高傲心態，也是世界上少見的反對黨排斥社運的特例。

玖、2008年第二次政黨輪替後，第三部門最新動向

從2000年到2008年這八年之間的政黨輪替經驗，進一步觀察2008年5月20日國民黨重返執政和2012年再度連任後，對第三部門已有的新組織動向和發展，可得到以下幾點初步結論。

一、第三部門中的倡議／社會運動團體已再度找到自我動員的理由和訴求，對「新臉孔舊威權心態」的國民黨政權申言給予嚴格的監督，唯有如此，即使在國民黨政府下，台灣新民主才不致退步、退潮甚至逆轉。最具體，也已出現的第三部門社會運動集結組織即是2007年成立的「公民監督國會聯盟」，它結盟了為數49個跨越倡議型和服務型的民間社會團體，旨在以五大訴求（文明、陽光、公益、透明、效能）來要求監督和改革選制改變後的立法院國會體質和表現，並藉此制衡已形成的「一黨獨大」的國民黨政府和黨國機器。其次便是2008年下半年以來陸續出現的「台灣社會運動再出發」現象，其中包括以環保、社福、婦女、勞工、族群、司改、教改、媒改、學生和國會監督為目的的種種第三部門組織（蕭新煌、顧忠華，2010）。

二、基於國民黨新政府在上台前就極盡其「親中」之能事，以解凍和緩兩岸

緊張關係爲理由，讓中國與台灣的關係一時之間讓社會大眾憂心和焦慮會出現可能不利台灣國家利益和國家尊嚴的情事，加上「一黨獨大」可能導致制衡不了之危機，短期內已出現另一個集論述／抗爭／智庫爲一體的「保衛台灣前途運動」組織，與上述的公督盟分途聯手，對國民黨主宰下的立法院和行政院／總統府進行內政（國會民主）和外交（國家前途）的制衡和監督。這包括已出現的「兩岸協議公民監督聯盟」（兩督盟）和「台灣民主平台」，以及因反對國民黨政府在「兩岸服務貿易協議」談判、協商過程的黑箱作業和總統干預立法監督權的不當，而掀起的「太陽花學運」（2014 年 3 月 18 日－ 4 月 10 日）以及爲數眾多相關倡議型社運團體的積極聲援等事件，均可看出台灣社會力已集結投入對兩岸關係的監督和對台灣新民主的保衛和救援。

三、從 1980 年代以來就已在質、量上有典範移轉性格的環境運動（反公害、生態保育和反核四）也已在「海島永續發展」和「地方永續發展行動」兩大訴求下，重新集結相關民間環境團體，進而聯盟成爲一個「保護永續海島運動」，以要求國民黨政府對海島台灣的永續發展做出正確的政治和政策承諾。其中尤以「反國光石化」抗爭和「反核四運動」中，爲數眾多且多樣的新舊公民社會團體和第三部門組織紛紛介入，特別具有意義。此外，與環境土地有關的新興社運第三部門組織便是「台灣農村陣線」，其關切議題包括小農經濟、永續農業和糧食主權，並聲援各地反圈地、反搶水的弱勢農民。

四、最後一個與未來第三部門組織動員息息相關的新趨勢便是資訊網路的有效使用對第三部門組織已有的衝擊，以及第三部門組織如何即時善用網路工具和社交媒體（social media）擴大動員力量和深化社會感染力、影響力的可能性，便是兩大值得密切注意的新發展。其中所謂（虛擬）「網路公民」（netizens）是否會是未來（實體）第三部門組織的群眾基礎，更是有待觀察和分析。

以上這四個可能動向，也會是台灣第三部門在未來幾年的去從大勢。

問題習作

1. 請勾勒非營利部門不同類型組織在台灣過去近 30 年的不同發展命運及所具有的異同特色。

2. 非營利組織對台灣新民主的建構，有何具體貢獻？

3. 在兩次政黨輪替中，非營利組織是否扮演著不同的角色、發揮不同的作用？在未來又會有何可能的發展走向？

參考文獻

中文部分

何明修、蕭新煌，2006，《社會志・社會運動篇》。南投：國史館台灣文獻館。

官有垣、杜承嶸、王仕圖，2010，〈勾勒台灣非營利部門的組織特色：一項全國調查研究的部分資料分析〉。《公共行政學報》，第 37 期，頁 101-141。台北：政治大學公共行政學系。

蕭新煌、江明修、官有垣主編，2006，《基金會在台灣：結構與類型》。台北：巨流圖書公司。

蕭新煌，2002，《台灣社會文化典範的轉移》。台北：立緒。

蕭新煌，2003，〈基金會在台灣的發展歷史、現況與未來的展望〉。官有垣策劃，《台灣的基金會在社會變遷下之發展》，頁 13-22。台北：洪建全基金會。

蕭新煌，2006，〈台灣的基金會現況與未來發展趨勢〉。蕭新煌、江明修、官有垣主編，《基金會在台灣》，前引書，頁 1-37。

蕭新煌，2008，〈台灣新民主發展關鍵之觀察〉。《新活水》，第 16 期，頁 4-11。

蕭新煌、魏樂伯、關信基、呂大樂、陳健民、邱海雄、楊國禎、黃順力，2004，〈台北、香港、廣州、廈門的民間社會組織：發展特色之比較〉。《第三部門學刊》，第 1 期，頁 1-60。

蕭新煌、顧忠華，2010，《台灣社會運動再出發》。台北：巨流圖書公司。

顧忠華，2005，《解讀社會力：台灣的學習社會與公民社會》。台北：財團法人社區大學全國促進會。

英文部分

Alagappa, M., (ed.), 2004, "Civil Society and Political Change," in *Asia: Expanding and Contracting Democratic Space*, Stanford: Stanford University Press.

Hsiao, H. H. Michael, (ed.), 2006a, *Asian New Democracies: The Philippines, South Korea and Taiwan Compared*, Taipei: Taiwan Foundation for Democracy.

Hsiao, H. H. Michael, (ed.), 2006b, "Civil Society and Democratization in Taiwan: 1980-2005," in Hsiao (ed.) op. cit., pp.207-229.

Keane, J., 1988, *Democracy and Civil Society*, London: Verso.

Kuan, et al., 2009, "Study on the Nonprofit Sector in Taiwan: Finance and Management Challenge," The 6th ISTR Asia and Pacific Regional Conference: Changes, Challenges and New

Opportunities for the Third Sector.

Putnam, R. D., 1993, *Making Democracy Work*, Princeton: Princeton University Press.

Schak, D. C., and Hudson, W., (eds.), 2003, *Civil Society in Asia*, Alsdershot, Hampshire: Ashgate.

Schmitter, P. C., 1997, "Civil Society East and West," Pp.239-262 in L. Diamond, M. F. Plattner, et al. (eds.), *Consolidating the Third Wave Democracies: Themes and Perspective*, Baltimore: Johns Hopkins University Press.

Shigetomi, S. (ed.), 2002, *The State and NGO's: Perspective from Asia*, Singapore: ISEAS.

Steinberg, R., and Powell, W. W. 2004, "Introduction: A Research Handbook," Pp.1-10 in W. W. Powell and R. Steinberg (eds.), *The Non-Profit Sector*, New Haven: Yale University Press.

Taylor, C., 1990, "Modes of Civil Society," *Public Culture*, 3(1) Fall: 95-118.

Part 2

非營利組織的
治理與管理

Chapter

3

非營利組織之治理

官有垣、杜承嶸、康峰菁

學習重點

▶ 瞭解非營利組織治理之意義及其重要性。

▶ 從治理型態進一步延伸思考影響董事會角色職能發揮的因素。

▶ 非營利組織執行長所扮演的角色與實際功能。

▶ 透過實證研究成果的分析，瞭解台灣非營利組織治理型態、功能與決策權力的分布情況。

摘　要

　　本章目的主要在於使讀者瞭解非營利組織的治理意義與內涵。在內文的安排上，首先，第一節為導論，闡述非營利組織治理的重要性；第二節為 NPO 的治理，內容廣泛地介紹治理的定義、董事會的角色職能、影響董事會角色職能發揮的因素、執行長的角色職能、以及非營利組織治理的型態等；第三節主要是將過去作者所從事的各項非營利組織治理的實證研究作一回顧，使讀者瞭解台灣非營利部門的治理現況；最後則為結語，指出非營利組織治理的未來研究展望。

壹、前言

　　自 1997 年亞洲金融危機以來，及至近期喧騰一時的美國安隆（Enron）案、世界通訊（WorldCom）與台灣多家科技公司如博達、訊碟等一連串的弊案醜聞事件相繼引爆下，在在突顯出公司治理與企業經營良善與否之重要性。然而，在這個多元的社會型態中，不只是營利組織需要談治理，身負公共服務功能的非營利組織在治理議題的討論上也應當同等地受重視。尤其，近 20 年來，非營利組織成長速度相當驚人，不僅在數量上大幅成長、組織成立之宗旨與功能也愈趨專業化且多元化，從文化、教育、環保、健康醫療、社會福利、社區發展等，幾乎涵蓋了社會中的所有層面，正因為如此龐大且快速成長的組織所扮演之角色日益重要，且其所牽涉的利益關係人範圍更為廣泛，甚至還包含了大眾捐款能否被有效運用且不被中飽私囊的責信問題等，因此，非營利組織不僅在內部需要更健全完善的制度來經營，諸如董事會、管理單位及志工之間關係的建立，且更重要的是，還必須維繫其與企業部門、公部門甚至是媒體之間平衡、和諧的互動關係，並在這個社會治理脈絡中建立自己的位階與立足點，共同擔任社會治理者的角色與行動者。基於此，非營利組織必須先建立組織的治理機制，方能有效參與社會治理。本章將對非營利組織治理議題有關的理論加以闡述，並以作者過去十年來對台灣 NPO 治理議題的相關實證研究發現加以佐證說明之。

貳、NPO 治理之文獻探討

一、NPO 治理的概述

　　「治理」通常被運用至各類制度脈絡中以探討權力運用的情形。治理的核心問題在於權力的行使、利益的分配及責任歸屬上。凡是組織界定、政策及決

策過程的建構、權力分配機制之建立、執行任務程序的過程設定等決定或行動均爲治理的內涵。一般而言，治理是指董事會爲組織運作所採取的集體行動。Young（1993）認爲「治理」爲非營利組織能否有效運作的首要課題，他並將NPO的治理明確界定爲該類組織「用以設定長期方向並維持組織統整的機制」。Umbdenstock等人（1990）將NPO治理界定爲「以負責的態度實踐社群所有託付者的責任」，此項定義確認NPO董事會的主要職責在保護並強化組織的利益，其最終責任在於爲所服務的社群負責。若視NPO爲開放系統，治理亦可分爲組織對內管理及對外的連結活動，則決定組織使命、從事目標規劃、確保組織財務健全、內部衝突的協調，以及募款、提升公共形象、與政府部門建立良好合作關係等均分屬對內及對外的治理行爲（引自官有垣，2002：68）。

NPO的治理關切組織在社區裡能否於產出表現上有效發揮功能，因此NPO的治理需要創造組織結構與程序，透過此治理架構與程序，以監督它的表現以及是否依然堅定地向它的利益關係人負責。Hult與Walcott（1990）因而認爲治理即是探討在整個過程中，有誰參與、如何互動及如何作決策。一般而言，治理的論述多是以董事會的角色及運作爲探討核心。然而在實際運作過程中，NPO的治理能否發揮，行政人員的有效配合不可或缺。因此，董事會與執行長的互動關係是否良好，經常是NPO董事會成功治理的關鍵所在。

在有關NPO董事會治理行爲的研究上，早期學者多半著重於董事會與執行長的權責分工上；晚近學者則從動態的權力關係著眼，分析董事會與執行長彼此之間的互動關係並建構出各種的治理模型。就「傳統模式」觀點而言，NPO中的董事會是組織內最高的決策單位，依集體責任履行領導統御的職能，負責實現組織使命與服務方針，並因應組織內外環境的變遷，維持組織的成長與茁壯，同時也是NPO的最後責信單位（Chandler and Plano, 1988）。再者，董事會需要於執行長、董事及各利益關係人之間，充任維持決策體系順利運行的角色（Burgess, 1993）。

然而持「替代模式」（the alternative model）觀點者（Taylor et al., 1996）認爲，過去NPO董事會的職責與工作在於爲管理者定義出組織所面臨的問題、提供選擇及解決過程，而董事會是負責聆聽、學習、批示與監督日常運作；董事會制定政策而管理者負責執行，董事會的角色是固定不變的。而今對於NPO董事會職責與工作的新詮釋是，董事會與管理者需共同發現問題、互相商定議程並共同解決問題；董事會與管理者一同制定政策並實現政策，而誰是會議的支配者則視議題由誰提出而定。董事會的會議是以目標爲取向，會隨著環境而改變，重點在於董事會成員的參與和行動。

二、董事會的角色職能

傳統的組織理論觀點視組織為一有目標或目的，並透過層級節制以成就理性行為的集合體。Elmore（1978）形容這種傳統模式為「管理系統」理論。此一理論亦不例外地把非營利組織看作一層級分明的結構，因此，非營利機構的董事會位於組織結構的頂端，行政主管如執行長與其他全職人員受雇於董事會以協助之，並執行組織交付的任務。Houle（1989: 7）認為，因為非營利機構的董事會對組織所設定任務的成敗負最終的責任，因此董事會必須對整個機構握有最大的控制權。Harris（1996）也認為志願性機構的董事會需負起機構營運的最終責任。管理系統理論的學者認為，非營利機構的董事會擁有下列六項基本的功能（Anthes et al., 1985；Chait and Taylor, 1989；Herman, 1989；Ostrowski, 1990；Wolf, 1990；Zander, 1993；Axelrod, 1994）：

（一）**決定組織的任務與目的**：董事會的一個重要功能是清楚地界定組織賴以維繫的核心任務、組織要成就的主要目標為何，以及訂定運作的程序，並定時檢討組織的規程及方案的內容是否與組織的基本目標相容。

（二）**方案發展**：董事會參與組織的年度方案設計，決定長程計畫的基本走向，並督導方案的發展與執行。

（三）**預算與財務監督**：董事會審核與批准預算，以及執行適當的財務管制措施，譬如監督會計與審計作業的流程。

（四）**募款**：董事會成員或直接捐助經費給組織，或致力於尋找財源，或為組織建立良好的社會資源網絡，使組織有充裕的經費來開辦活動。

（五）**甄選與解聘行政主管**：組織領導品質的好壞繫於董事會能否選任優秀的行政主管，如執行長或總幹事，並且應定期評鑑行政主管的工作績效，以瞭解其長處和弱點，作為續聘與否的依據。

（六）**作為與社區溝通聯繫的橋樑**：董事需代表組織與外界建立良好的溝通管道，盡力提高組織的公眾形象，並為組織宣揚及辯護。

機構的董事會除了應發揮以上所述的六項基本的角色職能外，也有學者（如Houle, 1997）補充另外五項功能：首先，董事會應與執行長保持密切的工作夥伴關係，董事會不宜直接跳過執行長層級來對員工發號施令，而董事會與員工的接觸亦不宜帶著個人的感情好惡為之。第二，董事會應在執行長的決策引發員工爭議，或執行長與員工的其他重大爭議發生時，立即扮演仲裁者角色。第三，董事會應確保本身已踐履了合法、道德的責任。第四，董事會應確保機構本身與社會大眾或社區居民透過方案與服務的遞送而達成有效的整合。第五，董事會宜對自身有持續性、定期性的工作績效評估，同樣也應要求機構的行政部門進行組織的

工作績效評估。

　　基於以上對董事會規範性角色的認知，Wolf（1990: 43）認為非營利組織宜聘請下列人士加入董事會：在社會上素有清望的仕紳、組織設計專家、財務會計專家、擅於募款的人士（如商界、政界與基金會的代表）、人事管理專家、律師、公共關係專家，以及與組織核心業務有關的專業人士。Wolf（1990: 45）因而認為，機構有必要限制董事的任期，以三年為一任，連選得連任一次。若要再聘某位任期屆滿的董事，則需經過一年後始可為之。如此規定的原因，在於董事會的成員必須要新陳代謝，增加社區人們的參與，亦可藉此把不適任的董事請下台。

　　歸納而言，非營利組織的董事會對內應發揮「治理與控管」的功能，此包含決策的制定、甄拔與評鑑主管、維繫機構的資源，給予行政人員充分支持和指導及負起機構營運成敗的責任，維持組織永續經營、穩定與完整；對外則與環境發展交換體系，確保資源及訊息交換體系的暢通，必要時董事會必須成為組織與環境之間的緩衝器，以保護組織免受外界的傷害。

　　然而從「描述性或分析性途徑」來審視非營利組織的治理，確有不同於規範性途徑的論述。持分析性途徑者認為，非營利組織董事會的功能是否真如管理系統理論學者所陳述的那樣全面且「英勇」（heroic）？一些實務界和實證研究者認為未必如此，很多非營利機構董事會只發揮少數一兩個上述的功能，有的機構董事之角色扮演與期待的領導角色正好南轅北轍，甚至有的只是無足輕重的「旁觀者」。例如，Fenn（1971）的研究透露，非營利組織董事偏好的工作是協助行政人員建立機構的運作程序，以提升機構對外的可信度；並提供公共關係策略以增加機構的曝光度。Price（1963）分析兩個非營利野生動物管理機構的董事會，發現這兩個機構的董事會董事扮演的幾乎都是對外的「代表」功能。董事們少有涉入組織的預算控管，也不常干預方案的規劃與執行，反之，較為擅長且常扮演的卻是外部的政治功能。Pfeffer（1973）則從組織對外部資源的依賴程度，檢視非營利性質醫院的董事會之功能與組成份子。Pfeffer（1973）強調，「資源依賴與否」會影響非營利組織如何組成董事會、其規模大小，以及董事角色的扮演。當組織高度依賴地方資源時，董事會就經常被組織的經營者視為一個策略的工具，而擁有一個強勢的董事會必然有益於機構取得財源。而 Provan（1980）研究美國聯合勸募協會（United Way）與地方社福機構的經費分配的關係，其中機構董事會的影響力，也與 Pfeffer（1973）有相似的發現。

三、影響董事會角色職能發揮的因素

　　上述說明了 NPO 董事會所應扮演的角色及所應發揮的功能，但在實際運作過程中，NPO 董事會的運作自不可能依照規範上的討論逐一行之，這中間將會

受到許多因素的影響，究竟有哪些主要的因素會影響非營利組織董事會角色職能的發揮呢？大體上可歸納為以下五項：

（一）董事對董事會功能職責的不清楚或刻意的忽略

機構的董事有可能因不清楚董事會有何法定或組織的不成文職權而疏於扮演其應有的角色功能（Siciliano and Spiro, 1992）；有的則認為董事長或付薪的執行長已執行所有主要的功能，自己無須過問（Hodgkin, 1993）；或是董事們認定自身應扮演的只是「儀式性的同意」功能而已（Meyer and Browan, 1991；Harris, 1989）。因此，當人們受邀加入民間非營利機構時，千萬不要自信滿滿地認為以自身過去所擁有的專業知識與技術就足以勝任該機構的董事職務，反而必須謙虛地先瞭解到底非營利組織董事會的角色功能為何，其與企業組織或公部門機構的決策單位之角色功能有何差異；接著，更需要好好瞭解所加入機構的核心宗旨使命與提供社區居民哪些方案與服務，以及該組織的特色與經營狀況等。如此，董事在經歷這些社會化的學習過程後，才有可能扮演好一位稱職的董事。

（二）董事會的規模

一份由美國「非營利組織董事會研究中心」（National Center for Nonprofit Boards）發布的 1997 年研究報告顯示，NPO 董事會成員的平均人數是 19，而中數則是 17。到底民間非營利機構的董事會人數規模宜多大才算適切？至今沒有放諸四海皆準的律則。董事會人數太多，容易形成數個派系，最後導致權力為一小撮人操控，違背非營利組織民主的特質，且也開會不易，決策作成流於緩慢；相反地，董事會組成人數太少，不但機構的社區代表性不足，且無足夠的人才處理機構面臨的各種問題。

Zald（1969）與 Middleton（1987）也認為組織發展的規模大小與組織的董事會之權力和功能發揮有密切的關聯性。愈是規模大的非營利機構，其董事會的功能運作愈偏向於「決策制定」，而較少涉入內部行政管理的細節。不過，從另一個角度觀察，機構的規模愈大，實際的行政權力愈容易掌握在行政主管的手上，因為其掌握了機構運作的複雜資訊。以美國的民間社會福利機構為例，Wilbur, Finn, 與 Freeland（1994: 32）主張，該類機構董事會人數的多寡要視機構的大小、個別的需要、功能的界定、以及實際的行政運作而定。一般來說，越是全國性的非營利組織，其董事會的規模越大。但也有學者（如 Masaoka, 2000）持不同的看法，認為不論是全國性或地方性非營利組織的董事會，小規模要優於大規模，因為在人數少的董事會裡，董事成員彼此能夠很快地熟識，且容易緊密溝通而產生有效的工作關係，如此有助於決策的產出。

（三）組織年齡

「時間」也是影響組織決策治理行為的一個重要因素。Mathiasen（1990）與 Wood（1992）提出了生命週期模型（life-cycle model）的假設，他們認為非營利組織中的董事會發展歷程與人類成長的過程是極為相似的，就如同人類成長從出生、青少年、成年到老年期一樣，董事會亦會隨著時間的演進及組織的發展從青澀步向成熟再到衰老。一個非營利機構成立後的初始階段，董事會成員較熱心於參與機構的各種活動，Wood（1992）謂之為「集體的階段」。年輕的機構，其董事會成員對於組織功能的定位與方案的規劃較有可能發揮實質的影響力，因此，董事會在一般行政的角色上將有較多的涉入。尤其，年輕機構的董事會較傾向把焦點置於使命，而組織年齡較成熟的董事會便較少把焦點放在組織宗旨的實踐，而更重視董事會科層化的過程及組織在社區中的聲望。

（四）董事會成員的組成

機構董事會的董事人選是如何決定的，會深刻影響機構董事會功能的發揮，譬如，一個強調社區各階層人士都應有代表的董事會，必然與一個以案主或會員為核心的董事會，在角色功能的強調上有所差異。此外，若一個非營利機構董事會人選必須優先考量政府官員代表或其他團體人選的約束，則此機構董事會的運作，自主性必然降低。董事會的組成也影響其與行政人員的互動關係，譬如，一個由多數企業人士組成的社福機構董事會，其與強調社會工作專業的行政人員互動，必然容易在經營的觀念上有許多磨擦。

（五）董事會與執行長互動關係的良窳

組織理論領域中的「領導」研究，強調組織的行政主管的領導能力和技巧與組織經營的成效有密切的關係（Boyatzis, 1982；Whetton and Cameron, 1984；Flanders and Utterback, 1985；Yukl, 1988；Quinn, 1988）。機構董事會的功能能否發揮，相當程度受到執行長作為的影響。非營利機構的執行長因為廣泛參與機構內外的各種活動，因而扮演了核心的角色。Young（1987）認為非營利機構中的執行長是組織中的企業家，因為執行長關切的是組織環境不斷變化的本質，而這些變遷或許是維繫組織資源的威脅，但也有可能是組織拓展的新契機。故 Young（1987）強調在道德前提與法定責任之下，只有董事會與執行長能共同分享領導權，董事會才能善盡身為公僕的責任。因此建立起董事會與行政領導者之間均衡的夥伴關係才能使機構的業務推展順遂。藉著相互瞭解彼此的工作內容、互相信任、共同承擔責任，如此可望建立互信、互賴、互助的夥伴關係。

總之，「好的董事會」對於非營利機構的運作成敗具有關鍵性的影響。好的董事會對組織有兩種貢獻（Hummel, 1980；Flanagan, 1981）：（1）對內的貢獻（策劃和管制），（2）對外的貢獻（募款和建立資源網絡）。尤其是在履行機構的

內部功能上，董事會相當程度依賴機構的全職行政人員，特別是執行長。董事會與行政人員互動品質的好壞，也深深影響董事能否稱職地扮演好內部的角色。簡言之，機構的董事會成員是否被行政人員有效「告知」工作內容，往往左右了董事們的表現。因此，執行長應發揮教育與告知的功能，鼓勵和促使董事會成員參與機構的活動，並使董事們與行政人員一起成長。

四、執行長的角色職能

事實上，治理的論述多是以非營利組織董事會的角色及運作為探討核心。然而在實際運作過程中，非營利組織的治理能否運作良好，行政人員的有效配合不可或缺。本小節將針對執行長的角色與功能作一簡要的闡述。

非營利組織執行長的責任在於管理組織與其社會、經濟、與政治環境之間互動關係、模塑組織和諧氣氛，以及控管組織的內部運作。就外部而言，執行長與董事成員、消費者或案主、法令規制者、捐款人都必須維持一定的互動關係，以及在特定的情境下培養良好的互動氣氛。執行長必須體認到問題的產生往往起因於環境的改變，因而需要認知問題並設法闖出一番新的局面與機會。就內部而言，執行長必須就有限的資源進行配置，同時做出工作人力方面的決策、評估各單位的工作表現，以及人事方面的決策——聘僱、升遷與獎酬、調任，以及辭退，以提升員工的士氣，此外更要宣示組織的計畫方案與政策，以及處理內部的危機。

Young（1987）認為非營利組織執行長的外部功能可用「企業家精神」（entrepreneurship）形容之，而內部功能則以「人事管理」最為核心，後者指涉管理者如何維繫誘因，以促使員工願意積極貢獻自己的才能來完成組織設定的目的。企業家精神有助於執行長創造資源的盈餘，而從中亦可產生內部管理的誘因。簡單來說，組織體系裡，誘因如何產生以及如何分配的議題，一直是組織理論學者如 Chester Barnard（1938）與 Herbert Simon（1959）所強調的組織中行政領導者之核心工作。

就外部的企業家精神的發揮之功能來看，非營利組織的執行長必須有心理的準備，即其他兩個部門（營利與政府部門）的領導者經常會遇到危機事件的處理，同樣地，非營利組織的執行長在組織經營管理上也不時會面臨危機。Young（1983, 1985）所做的幾個研究結果顯示，非營利組織的執行長若要完成組織的任務，不可避免地常常會使自己陷入某種困境之中，譬如財務、專業、法令事務的困境，而這些困境與危機其實與企業組織的管理者所遭遇的事情並無多大的差別。不過，誠如 Crimmina 與 Keil（1983）所觀察到非營利組織的情形，非營利組織的行政管理者在領導職能的發揮上趨向於保守者較多。

執行長與董事會的職責，傳統觀點認為組織在結構上是層級分明，執行長是

被董事會「僱用」以完成組織使命。在法定層次及道德前提之下，傳統模式認為董事會應對組織事務及行為負絕對的責任，並像公僕般引領組織各項事務。基於傳統模式與現實狀況經常有所出入等因素，有學者提出新興的替代模式，Young（1987）認為非營利機構中的執行長才是組織中的企業家，因為執行長主要的關懷在於組織環境不斷變化的本質，這些變化或也許是維持組織資源的威脅，也許是組織拓展的新契機。另外，Smith（1989）也持同樣的看法，認為執行長的有效管理是非營利組織持續成長及生存的關鍵，他認為所謂的管理是獲取組織成長的契機、瞭解機構的財務收支及帶領組織進入新的服務領域。

Drucker（1990）也認為執行長是非營利組織中的主要決策者。Pfeffer（1981）亦強調，組織的權力應交由能控制及影響組織資源者，以非營利組織來說，在基金轉變快速下，應由執行長負全責。若視非營利組織執行長為組織的主要負責人，則維持機構的生存乃是執行長主要的責任。無論是募款或是尋找資源均關係組織的生存，在在都考驗著執行長的決策與領導能力，故執行長如何因應環境的轉變，適時對外開源或對內節流，調整組織運行的方向，是值得探討之議題。

五、治理型態

上述所論均為各個不同學者對於董事會及執行長於組織治理活動中所扮演的角色及實質上所發揮的功能之看法。Murray、Bradshaw 與 Wolpin（1992）認為權力關係是非營利組織治理活動中相當重要的一環。故依決策權力的分布情形作為治理型態的分類指標，分為「董事長主導的董事會」（Chair-Dominated Board）、「執行長主導之董事會」（CEO-Dominated Board）、「權力分享的董事會」（Power-Sharing Board）、「權力分散的董事會」（Fragmented Power Board）及「無權的董事會」（Powerless Board）五種類型，分述如下：

（一）**董事長主導的董事會**：董事長依其個人特質對其他董事成員產生強烈影響，組織的各項方案計畫或是發展多以董事長意見為依歸，因此在執行長為其副手的情況之下，董事長主導了整個組織的運作。此外，董事會的成員多半為董事長熟識或信任之人，故會議進行時少有歧見，即使提出新計畫，亦是揣測董事長的意見而提出。

（二）**執行長主導之董事會**：在執行長主導的董事會中，董事會只不過是有名無實的決策單位，對組織並無太大的影響能力，執行長才是實質的決策者。造成此結果的原因可能是董事會成員因為忙碌、未具專業知識而授權執行長全權處理組織事務，董事會本身只扮演「橡皮圖章」、為執行長政策背書的功能，對組織會務少有積極意見。

（三）**權力分享的董事會**：權力分享的董事會對於民主及平等的價值有強烈的共識，強調在民主平等的原則下分享決策權，並在議程討論中充分參與討論，接納不同的意見，縱使會有意見衝突，最後仍會形成共識。此類型董事會不贊成由少數人或個人支配整個董事會，故不重視正式的職位或是固定的委員會組織，若有重大決策，則是由臨時性集體協商中尋求共識。

（四）**權力分散的董事會**：此類董事會成員各有不同的理念與想法，也各自代表不同團體的利益，如案主群、捐贈者等，故董事會議經常是派系林立火藥味濃厚，各派系均會運用各自的權力及影響力以某些政治手腕企圖影響決策。

（五）**無權的董事會**：沒有目標及充滿不確定性是此類董事會的特徵，董事會成員無人瞭解董事會所應扮演的角色與責任，也無人在乎。無論是董事會成員或是受薪員工均未有強烈的領導慾望，組織事務的完成全賴董事會依循往例或是董事會中有人願意全程負責。冷漠及漫無目標是此類董事會的組織氣候，會議通常在準備不周全之下舉行，少有人參與，有時甚至議而不決，組織欠缺規劃，亦缺乏上下溝通。

在分享式治理中，董事會與執行長均表現出高度的參與度，雙方均有意願尋求良好的溝通管道並建立共識。行政主導式治理是執行長高度參與治理活動的角色，但董事會卻相當低調不太管事，故呈現由執行長支配治理的模式。董事會主導式治理剛好與行政主導式治理相反，董事會高度參與組織的治理，執行長卻是低度參與；放任無為式治理則是無論董事長或是執行長對於組織的治理均是持消極的態度，放任組織自生自滅，雙方均是掛名而已。

參、台灣 NPO 治理之實證分析

為使讀者對於非營利組織治理之相關議題有更多的認識，在此節將整理官有垣等人過去的研究發現，分別為：〈台灣全國性與地方性基金會董事會的治理研究〉（1999, 2000a, 2000b, 2006a）、〈企業捐資型社會福利慈善基金會的治理研究〉（2002）、〈社區型基金會的治理研究：以嘉義新港及宜蘭仰山兩家文教基金會為案例〉（2006b）、〈政府暨準政府機構創設的非政府組織（GONGO）之治理〉（2004, 2006c）、〈台灣社會福利、教育事務、衛生事務財團法人基金會執行長的治理角色研究〉（2007, 2008）、〈台灣非營利部門的調查研究：範圍及其重要面向〉（2007-2009），藉此陳述台灣非營利組織治理現況與型態，並能從中瞭解不同類型的非營利組織在治理議題之異同處。

一、台灣全國性與地方性基金會董事會的治理研究

　　基金會能否有效推展以遂行組織宗旨與使命，董事會扮演極為重要的角色，包括董事會的成員組成規模與背景、成員間的彼此溝通模式、以及與行政部門之間的互動方式等，皆能影響基金會的實際運作層面。因此，首先從宏觀的角度來觀察台灣全國性與地方性基金會董事會的治理模式以及功能的發揮程度，包括董事會人數規模、董事年齡、男女性別比例、教育程度、職業背景分布、董事的連任與否、開會次數、董事會有無設置輔助單位、董事長的選任以及董事會功能的發揮，藉此觀察台灣基金會董事會治理的整體面貌（官有垣，1999, 2000a, 2000b, 2006a）。

　　首先，就「人數規模」來看，基金會的董事會多以15人以下的小規模樣貌呈現，因此可知台灣的基金會之董事會人數規模以符合政府相關部會過去訂定的行政命令，而非根據基金會本身實際的規模與業務需求。此外，「董事年齡」有偏高的趨勢，以51歲以上的董事人數居多，顯見台灣的基金會在選聘董事時依舊會對社會歷練較多且年齡較長的董事較為放心。至於在「男女性別比例」、「教育程度」以及「職業背景分布」方面，男性董事的數量占絕對的優勢、教育程度以大學與研究所學歷者為多，且組織偏好聘請商界人士加入董事會，其次才為學術與教育界人士。

　　在「董事的連任」、「開會次數」上，有甚高比例的基金會之董事已連任兩次以上，董事會的年度開會次數以二次為最普遍，此可反映出基金會只要符合政府所訂的最低開會次數要求即可的心態。至於「董事會有無設置輔助單位」，研究顯示董事會普遍沒有設置監察人、顧問或是功能性委員會等輔助單位，顯示出基金會的董事會結構功能分化尚淺，設置功能性的委員會並不多見。最後，為瞭解台灣的基金會治理結構之公共性是否足夠，我們從「董事長的選任」以及「董事會功能的發揮」方面兩指標進行討論。研究指出董事長一職的選任有三分之二的組織表示是由創辦人或其家屬擔任，且董事會多偏向內部會務運作的控管，如審核機構的年度方案、審核與批准機構的年度預算與決算、明訂機構的任務或運作程序等，而不擅於扮演對外連結如募款、相關經費籌措、組織形象維繫與營造、作為機構與外界溝通聯繫的橋樑等角色。

　　顯然，台灣的基金會還是擁有相當濃厚的組織擁有情緒，同時更反映了台灣的基金會治理權掌控的私人化或是家族化極為顯著，此較不利於基金會存在的本質應是以公共利益為重而私利為輕的價值。此現象正也可呼應福山（Francis Fukuyama）在其著作《誠信》（*Trust*）（1995）中所強調華人社會普遍充斥著低度的信任感，而此低信任感的文化因素易導致民間組織的治理趨向家族化、私人化。（參見表3-1）

表3-1 台灣基金會之董事會組織結構特質與功能發揮一覽表

基金會調查研究類別 結構特質與功能發揮		不分業務屬性與地域的 所有基金會 [a]	以服務全台灣地區為範圍的社會福 利及慈善基金會 [b]	以服務地方市、縣為範圍的社會福 利及慈善基金會 [c]
結構特質				
1. 董事會的人數規模		5-15 人（78%）	5-15 人（95%）	6-15 人（92%）
2. 董事的年齡		51 歲以上的董事人數比例最高（66%）	未調查	未調查
3. 董事的性別		男性（83%）、女性（17%）	男性（84%）、女性（16%）	男性（79%）、女性（21%）
4. 董事的教育程度		專科、大學及研究所（78%）	專科、大學及研究所（85%）	專科、大學及研究所（57%）
5. 董事的職業背景		商業人士占的比例最高（33%）	商業人士占的比例最高（41%）	商業人士占的比例最高（46%）
6. 董事的連任次數		連任二次以上的董事人數比例達 71%	51% 以上的董事已連任二次的基金會家數比例（81%）	51% 以上的董事已連任二次的基金會家數比例（78%）
7. 董事長一職由誰來擔任		由創辦人或其家屬擔任董事長的比例最高（62%）	未調查	由創辦人或其家屬擔任董事長的比例最高（68%）
8. 董事會設置輔助單位	董事會中有無設置監察人、顧問	81% 的基金會無設置顧問、84% 的基金會無設置監察人	未調查	未調查
	董事會有無設置功能性的委員會	76% 的基金會均無設置功能性委員會	未調查	未調查
功能發揮				
1. 董事會最常發揮的功能		（1）審核機構的年度業務方案 （2）審核與批准機構的預算與決算 （3）明訂機構的任務、運作程序	（1）審核機構的年度業務方案 （2）審核與批准機構的預算與決算 （3）決定機構的長程計畫	（1）審核機構的年度業務方案 （2）審核與批准機構的預算與決算 （3）明訂機構的任務

基金會調查研究類別 結構特質與功能發揮	不分業務屬性與地域的 所有基金會[a]	以服務全台灣地區為範圍的社會福利及慈善基金會[b]	以服務地方市、縣為範圍的社會福利及慈善基金會[c]
2. 董事會較少發揮的功能	未調查	(1) 作為機構內外成員申訴的管道 (2) 尋找財源和參與募款工作 (3) 決定行政人員的薪給與待遇與其他福利 (4) 作為機構與外界溝通的橋樑 (5) 督導機構日常的行政運作	(1) 經費籌措：董事直接捐助 (2) 經費籌措：董事尋找財源和參與募款工作 (3) 督導機構日常行政運作 (4) 任用與辭聘專職行政人員 (5) 作為機構內外成員的申訴管道
3. 董事會需要加強的功能	未調查	(1) 尋找財源和參與募款工作 (2) 提升機構的公眾形象 (3) 決定機構的長程計畫 (4) 作為機構與外界溝通的橋樑 (5) 董事直接捐助經費	(1) 經費籌措：董事尋找財源和參與募款工作 (2) 提升機構的公眾形象 (3) 決定機構的長程計畫 (4) 作為機構與外界溝通的橋樑 (5) 經費籌措：董事直接捐助
4. 影響董事會功能發揮的因素	未調查	(1) 董事長的領導 (2) 董事會的組成結構；董事會與行政主管的良窳互動 (3) 機構的專業化程度	(1) 董事長的領導 (2) 董事會的組成結構 (3) 經費來源的穩定與機構的專業化程度

資料來源：整理自官有垣（2000a, 2000b, 2006）；Kuan et al., （2004）。

備註：a. 調查時間2002年，調查母群體為台灣地區2,925家基金會，有效問卷420份，有效回收率為14.4%。
b. 調查時間1997年，研究對象是以台灣內政部、教育部、以及衛生署主管的社會福利暨慈善業務有關的基金會，共93家，有效問卷40份，回收率43%。
c. 調查時間1999年，調查母群體為296家，有效問卷75份，回收率是25%。

二、企業捐資型社會福利慈善基金會的治理研究

在台灣，企業捐資型之社會福利慈善事業基金會其財力及影響力不可忽視，該類型的基金會其運作及治理模式與其他類別基金會有何不同？而有哪些組織因素會影響該類型基金會董事會的治理功能？本節將以官有垣（2002）的實證資料分析台灣地方性的企業捐資型之社會福利基金會的治理狀況。

所謂「企業捐資型基金會」（company-sponsored foundation）或「企業基金會」（corporate foundation）乃是私人基金會的一種，它的財產與運作經費主要是來自成立此基金會的母企業之資助；雖然此類基金會與其母企業維持密切的互動關係，但它是擁有自己的基金儲備的獨立法人機構，與其他私人基金會一樣受到相同的法律規範。本文所謂的「企業捐資型基金會」，乃採取較爲廣義的界定，除了由企業體本身成立並贊助經費的基金會外，尚包括由企業體創辦人出資成立或是由企業體的董事數人共同集資成立的基金會。

首先，就「組織的年齡與基金額度」來說，台灣企業捐資成立之地方社福基金會整體而言仍非常年輕，近七成均未超過20年。至於「基金總額」在新台幣二千萬元以上的占近七成，尤其財產總額在億元以上的企業基金會，其比例占受訪基金會總數的三成左右，顯見此類型基金會財力相當雄厚。在「組織人力資源」部分，此類型的基金會多由原企業體之專職員工兼任，故在組織的業務屬性上多屬捐贈型，其服務項目也以社會救助、老人福利及醫療福利中無須特定專業技術的現金救助爲主。而關於「經費來源」部分，除了「基金孳息」爲最大宗外，多數基金會的另一項經費來源爲「股息收入」或是「原始企業捐款」，由於此類基金會較有財力購買股票以累積資金，或是由原始企業直接撥款給基金會營運開銷，故董事會通常較少發揮募款的功能。

至於在組織治理層面，首先，在「董事會的組成結構」中，此類型基金會的董事性別以男性占絕對多數，女性董事約只有一成左右，顯示男女董事性別比率的懸殊；此外，董事會的組織結構分化程度不深，似乎欲透過不同專業導向的功能性委員會的情形並不普遍。至於此類基金會「董事成員連任比率」近八成，顯然董事新陳代謝的速度相當緩慢；而「董事長的選任方式」多半長期由創始人或其家屬擔任，且基金會的運作與原捐資的母企業仍維繫極爲密切的互動，故此類型基金會其原始基金捐助者的「組織擁有情緒」相當強，對於組職在公益使命運作上較爲不利，也較易受到私人因素所左右。

就「董事會治理功能是否有效發揮」方面，研究指出企業捐資型地方社福基金會的董事會功能多半偏重於行政管理部分，故屬較保守的董事會職能發揮；此外，「界域拓展」與「決策制定」的兩項功能是該類型基金會的行政主管期盼其董事會能加強的部分。至於有哪些因素會影響董事會功能發揮呢？我們發現「董事長的領導」爲最主要的因素，其次才是「董事會與行政主管互動的良窳」，此

種特質應與董事長多為基金會創辦人有關，顯示此類基金會的決策主要掌握在董事長手裡，屬於「董事長主導的董事會」治理模式。

三、社區型基金會治理研究

歐美的社區基金會（community foundations），或稱「社區發展基金會」（community development foundations），係指在一定地理範圍的社區內，結合當地社區居民、專業人士與社區銀行或金融家，使基金會的基金管理與會務運作能夠永續發展，並且提供各種符合社區需要的資源、服務與協助，進而透過民主制度的學習以奠立公民社會的基礎。台灣這類以某一地理界域為服務範疇的社區型基金會，其展現的功能與現今歐美國家盛行的「社區基金會」有少部分特質類似，然不能等同並論。因此，或許我們可將台灣目前地區型基金會視為在公民社會建構過程中的「啟蒙—成長」階段，仍有相當大的努力空間。

在本節中，我們將以位於嘉義縣新港鄉的新港文教基金會以及宜蘭的仰山文教基金會為例，探討「治理模式」、「董事會職能發揮」以及「公民社會實踐」三方面，透過台灣兩家草根社區型基金會異同處之比較，以瞭解台灣社區型基金會的發展模式（官有垣等，2006b）。

首先，就社區基金會之「治理模式」來看，在新港個案中，我們發現新港文教基金會從創立初期以董事長為主的董事會運作模式，逐步轉變為集體領導的董事會，而董事會與義工組織成員之來源呈現深度在地化與多元化，且義工幹部在方案業務的決策與推動上皆扮演了關鍵性的角色。整體來看，新港文教基金會係以「鐵三角」的架構呈現，讓董事會、秘書處與義工組織有良好的互動與合作機制並即時交換訊息，使決策與執行者能廣泛收集資訊與歧見，且能獲得充分溝通並增進彼此的信任。另一方面，宜蘭仰山文教基金會的治理模式中，主要決策與業務推動單位以董事會與企畫委員會成員為主，雖然他們都是義工，且有定期的更替改選，惟菁英屬性較新港文教基金會濃厚。仰山雖有董事會、菁英義工——企委會、秘書處，但呈現的卻是一種「傾斜」的鐵三角關係，以企委會的菁英為主體。因此新港文教基金會傾向於「民主參與的治理模式」，而宜蘭仰山文教基金會則以「菁英集中的治理模式」為主。

其次，就「董事會職能發揮」方面，新港文教基金會成立自今已超過20年，在組織發展的生命週期裡已不算是在初始階段，然而其董事會目前的角色功能發揮卻還是明顯處在「集體的階段」；新港董事成員熱心參與基金會的各種活動，一年開會次數頻繁，不但對於基金會的功能定位與方案業務的策劃上發揮實質的決策影響力，也積極協助秘書處，合力推動各項方案業務。反之，仰山文教基金會的董事會，一年開會次數甚少，扮演組織發展的制度建立（如各類組織內部規章的訂定與修訂）、確立業務開拓之方向，以及協助募款的角色。仰山的董

事會所要擔負的角色職能是在確立會務發展的大方向、組織運作程序的規範建立，以及資源的募集，其並不參與方案業務的策劃與執行，而是由企委會挑起這方面職能的大樑。

最後，就「公民社會實踐」方面，新港是以共享合作的網絡關係，結合社區各社團，多面向的促成社區發展，如此，自然使公民社會多元、民主參與的精神得以發揮，形成 Putnam（2000）所謂「連結式社會資本」（bridging social capital），讓不同社團能彼此連結、分享，共同為社區利益打拼。仰山則是以社區菁英分子為主導，以倡導方式帶動社區的發展與營造工作。

從上述二例中我們發現，兩家基金會的治理過程最顯著的特色即在集體領導的制度安排，董事會、方案業務規劃與協助推動的單位（如仰山的企委會，以及新港的義工組織），以及行政功能的秘書處三者之間分工合作的互動關係。在新港，稱之為「鐵三角關係」；在仰山，其實也是一種三角互動關係，只不過「企委會」在決策功能上發揮的程度要比董事會顯著與頻繁。這種集體領導的決策體系意謂在研究非營利組織的治理時，宜重視「決策圈」的概念，亦即組織的決策過程中，主要參與的行動者有誰、權力如何配置、彼此如何互動等的分析，而非只關注董事會或理事會的結構與功能及其運作的過程，如此才能深入瞭解非營利組織治理內涵的真實面貌。

四、政府暨準政府機構創設的非政府組織之治理

所謂「政府創設的非政府組織」（GONGO）又稱為「擬政府的組織」（quasi-public organizations），係指由政府捐資創設的半官方性質的民間非營利組織，主要的目的在於協助公部門執行人道救援與社會發展，以及其他國際事務與外交的任務，如美國的「泛美發展基金會」（Pan American Development Foundation）與「亞洲基金會」（Asia Foundation）（Berman, 1982；Lewis, 1999；Eade & Ligteringen, 2001）。該類型的組織可視為政府政策推動的工具，通常這些志願性的非政府組織不論在工作方法、服務傳遞與制度層面上皆近似於公共部門的組織，且「公」與「私」的界線幾乎無法清楚區分。具體來說，該類組織通常包含有公共與私人機構的連結網絡，政府機構授予私人非營利組織公權力與公共責任，以使之參與界定、規劃與執行公共政策，此外，他們在管制某一領域的活動上也有很堅實的互利關係存在。本節將以政府出資為主而成立的農業財團法人為例，討論並分析該類型組織的治理狀況，包括董事會的組成、董事的替換與流動、董事會的專業分工、董事會功能發揮以及影響董事會功能發揮的因素（官有垣、陸宛蘋，2004）。

首先，在「董事會的組成」方面，由於政府出資為主的農業財團法人在成立時的基金來源有政府出資的部分，因此在章程裡大都明文訂定董事成員中政府代

表的比例，甚至有部分這類組織的董事長是由主管單位的首長或副首長兼任。不過由於有時在公部門的工作調動常常身不由己，故董事調職時的遞補方式也會在章程中明文規範之。而該類型組織的董事會，在性別方面，無論董事、監事仍是以男性為絕對多數，占八成六以上；教育程度方面則無論董事或是監事都以大專以上學歷為主（約八成）；年齡也都在40歲以上，集中於壯年階段者。由於董監事的組成多有政府代表在內，所以董事會最大的問題之一是因職位的調動就得換董事。

在「董事的替換與流動」方面，多數受訪組織皆未對董事或董事長的連任次數做出明文的限制。事實上由於政府機關代表擔任董事、董事長者均因為職務關係，因此職務一調動則連帶董事資格被取消，而由新任者遞補，因此比較無需明訂連任的需要，再者因為是由政府出資，必然席位被保障，故也不必明文限制。就「董事會的專業分工」部分，有近七成政府出資的農業財團法人並未設置功能性委員會。由於相當數量的董事是依工作角色而擔任，所以只要政府代表轉換工作，董事就必須換人，此問題所造成的影響是代表政府機關之董事無法全心全力的積極參與決策事務。

至於「董事會功能發揮」方面，由於該類型組織成立時都有其配合政策的目的，所以董事會的角色功能並不如單純地依據民間共識而組合的團體。此類型組織董事會的角色功能發揮以「審核組織的年度業務方案」以及「審核與批准組織的預算與決算」為主。最後，就「影響董事會功能發揮的因素」，「董事長的領導」以及「行政主管與董事會的互動」是影響該類組織董事會功能發揮的兩項最主要的因素，其次是「董事會的組成結構」與「經費來源的穩定與否」。

整體來說，GONGO 型的台灣農業財團法人的主要任務是「協助政府推動政策」與「產業發展」，顯示這類組織的成立確實負有協助政府推動政策並促進產業發展的任務，因此也可以從這類組織身上看到政府的影子。同樣從捐助章程裡也發現除了宗旨、任務之外，在基金捐資比例、董事產生席次、以及經費來源，都同樣看到政府的身影。至於該類型組織的董事會雖有例行會議，但是由於董事中政府代表的無預期之更換，以致決策過程中比較看不見其發揮積極的角色功能。

五、台灣社會福利、教育、衛生事務財團法人基金會執行長的治理角色

非營利組織的治理過程中，非但董事會占有舉足輕重的地位，擔任最高行政主管的執行長，其在基金會中扮演著承上（董事會）啟下（員工）、維繫組織生存與發展、以及確保核心使命的達成，因此執行長被視為組織中非常重要且關鍵的角色。在本節中，我們將針對社會福利、教育，以及衛生事務財團法人基金

會的執行長之個人特性（性別、年齡、宗教信仰、教育背景）以及工作屬性、年資、工作經驗與薪資分布、影響執行長職能有效發揮的因素為何進行討論（官有垣，2007, 2008；官有垣、杜承嶸、康峰菁，2008）。

首先，就受訪的三類基金會執行長「性別」而言，整體來看，基金會執行長雖仍以男性居多，然而女性的比例也不在少數，男女性別比約為3：2，顯示在決策核心階層上女性已逐漸占優勢地位，甚至在社會福利類與衛生事務類基金會的執行長男女性別比例差異不大，幾乎是1：1。在「年齡」方面，受訪基金會的執行長整體平均年齡為53.04歲，分布於41-60歲占近六成二，意指台灣此三類基金會執行長普遍屬於人生的壯年時期。

至於「宗教信仰有無」部分，社會福利類的執行長有高達七成表示有個人的宗教信仰、教育事務類的執行長有宗教信仰者與無宗教信仰者的比例參半、而衛生事務類組織執行長無宗教信仰的比例略高於有宗教信仰，顯示出強調服務特性的社福組織執行長似乎受宗教信仰的影響較深。在「教育程度」方面，整體而言，執行長擁有高學歷是一大特徵，大學以上學歷的執行長高達八成二，其中以衛生事務類的基金會執行長的教育程度最高，大學以上學歷的執行長比例高達90.5%。此結果顯示，在專業性的考量下，衛生事務類基金會在聘用執行長一職時，較傾向以高教育水準為主。

在「執行長的薪資」部分，由於薪資多寡是構成吸引人才擔任執行長的重要誘因之一，不過我們發現在受訪的基金會中，執行長年收入分布級距相當大，彼此的薪資差異也很明顯。分類觀之，社會福利與教育事務類組織，其執行長薪資總額以50萬元以下居多、91-100萬居次；衛生事務類的組織則分布於50萬以下，以及160萬元以上者各占二成。整體而言，有二成七（27.1%）執行長年收入超過百萬，其中以衛生事務類的比例最高，有三成五比例的執行長年薪逾越百萬。至於執行長的薪資多寡會否會受到組織規模大小所影響？此研究發現，執行長年度薪資與組織年度收入存有顯著關聯性，但在中、大型規模的組織中執行長年薪增加傾向則較不明顯，此現象與美國 Oster（1998）的研究結論——非營利組織執行長的薪資彈性較小——可相互呼應。

就「決定出任執行長的考量因素」方面，主要是以「認同組織宗旨與理念」比例最高（85%），其次，才是「創辦人的賞識」、及「實踐個人理想」。比較特殊的是，社福類執行長有將近三成（28.9%）的比例表示，會接任執行長一職，主要是基於宗教信仰的考量。再者，就「組織聘任執行長的考量因素與聘任方式」來觀察，受訪基金會普遍以「個人品格」（75.9%）、「行政管理能力」（66.2%），以及「良好的溝通能力」（65.4%）三項視為組織最為重要的因素。儘管學理以及規範上，均相當強調執行長的行政管理及溝通功能，但實際運作中，執行長個人的品格仍是在遴選時為關鍵的考量因素。至於組織聘任執行長的方式，主要是以「董事長推薦，經董事會通過」為主（62.4%）、「創辦人或董事長

直接聘任」（22.6%）、「董事推薦，經董事會通過」（21.1%）三項為主。顯示目前台灣非營利組織在聘任執行長的方式上，仍偏重個人關係網絡的引薦，屬於非正式途徑的管道；至於較為制度化的「設立遴選委員會」此一遴選運作過程是比較少的。

六、台灣非營利部門的調查研究：範圍及其重要面向

　　本研究於2007至2009年期間，針對台灣非營利部門的各類組織類別進行抽樣調查，在受訪的NPO中，大部分均有設置董（理）事會（88.7%），但仍有少數組織沒有設置（11.3%），此類未設置者部分可能是因為受訪者為一般的宗教廟宇，其自認未設置董（理）事會。再者，根據有設置董（理）事會的NPO，其組織的董（理）事平均人數為12.9人。再者，有超過四成的組織表示其董（理）事的人數介於12到20人之間；另外有三成五（35.5%）表示其董（理）事的人數介於9到11人之間，此二類的人數已將近八成，顯示國內NPO的董（理）事成員的人數在9到20人之間；若再將第一類（1-8人）納入考量，則董（理）事人數絕大多數在20人以下的比例（92.4%）。若比較基金會與協會董（理）事會的規模，前者的平均數是11.3人，後者是13.4人，明顯可知，協會的理事會人數規模要大於基金會的董事會規模。

　　在有關董（理）事會中是否有設置功能性委員會部分，若就比例分布進行比較，則國內非營利組織有設置功能性委員會的比例約為三成七左右（36.1%），而未設置功能性委員的比例則為三成六（35.5%），此二者所占的比例差異性不大。此外董（理）事會運用臨時性或任務編組的方式進行相關任務工作的比例均不高。若比較基金會與協會的治理分工與專業化，前者有設置常設性的委員會，並且也有設置臨時性任務編組委員會的比例合計為38.6%；然而，後者這兩項比例合計為52.5%，顯示協會性質的NPO在理事會的功能性委員會的設置情形，要比基金會的董事會之功能性委員會設置來的踴躍。

　　關於受訪組織的治理結構的組成上，董（理）事會是NPO運作的決策核心所在，而董（理）事會的人數規模平均為12.9人。但是以人為聚合體的協會在理事會規模的平均數為13.4人，略高於財團法人基金會的11.3人，顯示出財團法人基金會在決策參與人數上較採「小而美」的策略。此外，另外一個值得注意的現象是，依據經驗認知，在NPO的治理過程中，財團法人董事會比較可能因講求治理的分工與專業化，而傾向於設置常設性的委員會；但這次我們的調查結果顯示，社團法人協會在理事會下設置功能性委員會的情形亦極為踴躍，甚至在比例上高於財團法人基金會，顯示出這兩種類型NPO在治理結構上，為因應社會大眾對於NPO責信議題的逐漸重視，有往制度同型化（institutional isomorphism）發展的趨勢。

肆、結論

本章一開始，我們使用了較多篇幅介紹非營利組織治理的意義，包括治理的概念內涵、董事會與執行長角色與職能的扮演與發揮，以及治理的型態等。我們發現不論是執行長或是董事會皆是 NPO 治理結構中不可或缺的一員，唯有兩者維持良好的關係與相互尊重，方能促使組織的效益發揮至最大。接著，我們從過去所作的實證研究結果加以歸納，發現台灣非營利部門治理的整體輪廓，包括：董事會人數的規模大都為 5-15 人、董事成員的年齡為壯年居多、男性董事占大多數、董事的教育程度普遍為專科及大學以上等人口特質。不過，我們也發現了一個有趣的現象，全國性的 NPO 董事之教育程度明顯高於地方性 NPO 董事，似乎地方性 NPO 在聘任董事時「學歷」並非其最主要的考量因素。至於董事會所發揮的功能，普遍以內部功能為主，亦即決定組織的任務、方案發展、預算與財務監督等職能為其主要的角色扮演；而外部功能如募款、作為與社區溝通聯繫的橋樑則是需要加強之處。

再者，不同類型基金會的治理型態確有所差別。在全國性與地方性基金會或是企業捐資型社福基金會的治理結構中，創辦人或其家族的組織擁有情緒相當濃厚，因此在治理型態上，偏向於董事長主導的治理模式。反之，在社區型基金會中，強調多元參與的精神，形塑出一種集體決策體系，此一體系不僅是由董事會、董事長、執行長等行動者組成，包括義工團體、方案業務規劃單位、甚至行政人員都是決策圈的重要組成分子。至於在政府創設的非政府組織中，由於政府的基金捐贈比例普遍在五成以上，故在董事會成員甚或董事長的指派上，政府有主導性的力量，理應偏向董事長主導之治理型態，但實際上由於政府代表常因職務調整而無預期離開組織，以致決策過程難以觀察出較明顯的治理模式。

整體來說，台灣的 NPO，不論是董事會的角色功能發揮，或是執行長的職能角色扮演上，皆是較擅長於組織內部管理，像是以規劃與執行方案、扮演內部溝通橋樑、維繫組織核心目標、確保財務收支正常等內部行政管理事務上，而疏於經營外部的網絡連結。也由於職能發揮明顯地向組織內部傾斜，這種職能發揮的侷限性，限制了台灣非營利部門有效參與公共治理的可行性。此外，由於每個 NPO 或不同類型的組織皆有其殊異性與獨特性，因而其治理過程、模式、參與者都各有其運作特色存在。這樣的對比，使得我們瞭解到在不同的組織脈絡下，組織的治理型態將會有極大的差異存在，同時也給予了進行非營利組織治理個案研究的基礎，這亦將是日後台灣非營利部門研究可以開發的領域。

除了以個案研究途徑來探究 NPO 的治理結構與過程外，其他議題如：NPO 董事會的結構與功能、不同類型與屬性 NPO 治理內容之比較、文化與種族因素對 NPO 治理的影響（如華人地區的治理研究）、董事會運作與組織效益相關性研究、NPO 治理與責信、性別與 NPO 治理、董事會在契約委託過程及募款扮演的

角色與功能、執行長在治理過程中的角色與功能等相關研究,皆是值得繼續延伸與拓展的研究議題。

問題習作

1. 非營利組織治理的定義與模式為何?
2. 簡述影響董事會職能發揮的因素?
3. 思考執行長在組織中所扮演的角色為何?
4. 透過台灣地區的實證資料出發,說明不同類型的非營利組職其治理型態的異同處為何?
5. 從宜蘭仰山與新港文教基金會兩個案中,說明同屬社區型基金會的二者之差異點以及其影響因素?

參考文獻

中文部分

官有垣,1999,〈非營利組織的董事會角色與功能之研究:以全國性社會福利相關的基金會為例〉。《國立中正大學學報》,9 卷 1 期,頁 1-49。

官有垣,2000a,〈非營利組織的董事會角色與功能之研究:以全國性社會福利相關的基金會為例〉。收錄於官有垣(編著),《非營利組織與社會福利:台灣本土的個案分析》,第七章。臺北:亞太圖書。

官有垣,2000b,〈非營利組織的董事會角色與功能之剖析:以台灣地區地方性社會福利基金會為例〉。收錄於官有垣(編著),《非營利組織與社會福利:台灣本土的個案分析》,第八章,頁 291-338。臺北:亞太圖書。

官有垣,2002,〈基金會治理功能之研究:以台灣地方企業捐資型社會福利慈善基金會為例〉。《公共行政學報》,第 7 期,頁 63-97。

官有垣、陸宛蘋,2004,〈政府暨準政府機構創設的非政府組織之治理分析:以台灣農業財團法人為例〉。《第三部門學刊》,創刊號,頁 27-168。

官有垣,2006a,〈台灣基金會的組織治理:董事會的決策功能〉。收錄於蕭新煌、江明修、官有垣(主編),2006,《基金會在台灣:結構與類型》,頁 41-65。台北:巨流。

官有垣、李宜興、謝祿宜,2006b,〈社區型基金會的治理研究:以嘉義新港及宜蘭仰山兩家文教基金會為案例〉。《公共行政學報》,第 18 期,頁 21-50。

官有垣、吳芝嫻,2006c,〈台灣的政府捐資型基金會〉。收錄於蕭新煌、江明修、官有垣(主編),《基金會在台灣:結構與類型》,第七章,頁 211-246。台北:巨流。

官有垣，2007，《非營利組織執行長在治理過程中的角色與功能之探討：以台灣社會福利、教育事務、衛生事務財團法人基金會爲例》。國科會研究計畫成果報告。

官有垣，2008，〈非營利組織執行長的薪酬探討：以台灣社會福利相關類型的基金會爲例〉。「香港中文大學社會工作學系45週年研討會：中國社會的社會工作實踐與教育」，2008年4月18-19日。

官有垣、杜承嶸、康峰菁，2009，〈非營利組織執行長的薪酬探討：以台灣社會福利相關類型的基金會爲例〉。《公共行政學報》，第30期，頁63-103。

英文部分

Anthes, E., Cronin, J., and Jackson M., 1985, *The Nonprofit Board Book: Strategies for Organizational Success*, Hampton, Arkansas: Independent Community Consultants, Inc.

Axelrod, N. R., 1994, "Board Leadership and Board Development," in R. D. Herman & Associates (eds.), *The Jossey-Bass Handbook of Nonprofit Leadership and Management*, San Francisco, CA.: Jossey-Bass Publishers.

Barnard, C., 1938, *The Functions of the Executive*, Cambridge, Mass.: Harvard University Press.

Berman, E. H., 1982, "The Foundations' Role in American Foreign Policy: The Case of Africa, post 1945," in R. Arnove (ed.), *Philanthropy and Cultural Imperialism*, Bloomington: Indiana University Press.

Boyatzis, R. E., 1982, *The Competent Manager*, New York: John Wiley and Sons.

Bradshaw, P., Murray, V., and Wolpin, J., 1992, "Do Nonprofit Boards Make a Difference? An Exploration of the Relationships among Board Structure, Process and Effectiveness," *Nonprofit and Voluntary Sector Quarterly*, 21(2): 227-49.

Burgess, B. A., 1993, "The board of directors," Pp.195-227 in T. R. Connors (ed.), *The Nonprofit Management Handbook: Operating Policies and Procedures*, New-York: John Wiley & Sons Inc.

Chait, R. P., and Taylor, B. E., 1989, "Charting the Territory of Nonprofit Boards," *Harvard Business Review*, 67(1): 44-54.

Chandler, R. C., and Plano, J. C., 1988, *The public administration dictionary* (2nd ed.), Santar Barbara, CA: ABC-CLIO.

Crimmina, J. C., and Keil, M., 1983, *Enterprise in the Nonprofit Sector*, New York: Rockefeller Brothers Fund.

Drucker, P. F., 1990, "Lessons for Successful Nonprofit Governance," *Nonprofit Management and Leadership*, 1: 7-14.

Eade, D., and Ernst L., 2001, *Debating Development*, UK: Oxfam GB.

Elmore, R. F., 1978, "Organizational Models of Social Program Implementation," *Public Policy*, 26(2): 185-228.

Fenn, D. H., Jr., 1971, "Executives and Community Volunteers," *Harvard Business Review*, 49(2): 4ff.

Flanagan, J., 1981, *The Successful Volunteer Organization*, Chicago: Contemporary Books.

Flanders, R., and Utterback, D., 1985, "The Management Excellence Inventory: A Tool for Management Development," *Public Administration Review*, 45: 403-10.

Fukuyama, F., 1995, *Trust - The social virtues and the creation of prosperity*, New York: The Free Press.

Hall, P. D., 1988, "Conflicting Managerial Cultures in Nonprofit Organizations," Occasional Paper, Program on Nonprofit Organizations, New Haven, Conn.: Yale University.

Harris, M., 1996, "Do We Need Governing Bodies," in D. Billis and M. Harris (eds.), *Voluntary Agencies: Challenges of Organization & Management*, London: MacMillan.

Herman, R. D., 1989, "Conducting Thoughts on Closing the Boards Gap," Pp.48-59 in R. D. Herman and J. Van Til (eds.), *Nonprofit Boards of Directors: Analyses and Applications*, New Brunswick: Transaction Publishers.

Houle, C. O., 1997, *Governing Boards: Their Nature and Nurture*, San Francisco, CA.: Jossey-Bass.

Hult, K. M., and Walcott, C., 1990, *Governing public organizations: Politics, structures and institutional design*, Pacific Grove, CA.: Brooks/Core Publishing Company Publishers.

Hummel, J., 1980, *Stating and Running a Nonprofit Organization*, Minneapolis: University of Minnesota Press.

Kuan, Y. Y., Chiou, Y. C., and Lu, W. P., 2005, "The profile of foundations in Taiwan based on the 2001 survey data," *Taiwanese Journal of Social Welfare*, 4(1): 169-192.

Lewis, D., 1999, *International Perspectives on Voluntary Action: Reshaping the Third Sector*, London: Earthscan Publications Ltd.

Mathiasen, K., 1990, *Board passages: Three key stages in a nonprofit board's life cycle*, Washington, D. C.: National Center for Nonprofit Boards.

Middleton, M., 1987, "Nonprofit Boards of Directors: Beyond the Governance Function," in W. W. Powell (ed.), *The Nonprofit Sector: A Research Handbook*, New Haven, Conn.: Yale University press.

Murray, V., Bradshaw, P., and Wolpin, J., 1992, "Power in and Around Nonprofit Boards: A Neglected Dimension of Governance," *Nonprofit Management & Leadership*, 3(2): 165-182.

Oster, S. M., 1998, "Executive Compensation in the Nonprofit Sector," *Nonprofit Management & Leadership*, 8(3): 207-221.

Ostrowski, M. R., 1990, "Nonprofit Boards of Directors," in D. L. Gies, J. S. Ott and J. M. Shaffitz (eds.), *The Nonprofit Organization: Essential Readings*, Belmont, Calif.: Wadsworth Publishing Co.

Pfeffer, J., 1973, "Size, Composition and Function of Hospital Boards of Directors: A Study of Organization-Environment Linkage," *Administrative Science Quarterly*, 18: 349-64.

Price, J. G., 1963, "The Impact of Governing Boards on Organizational Effectiveness and Morale," *Administrative Science Quarterly*, 8: 361-77.

Provan, K. G., 1980, "Board Power and Organizational Effectiveness among Human Service Agencies," *Academy of Management Journal*, 23: 221-36.

Putnam, R. D., 2000, *Bowling alone: The collapse and revival of American community*, New York: Simon & Schuster.

Quinn, R. E., 1988, *Beyond Rational Management*, San Franscisco: Jossey-Bass.

Saidel, J. R., and Harlan, S. L., 1998, "Contracting and Patterns of Nonprofit Governance," *Nonprofit and Voluntary Sector Quarterly*, 8(3): 243-259.

Simon, H., 1959, *Administrative Behavior*, New York: Free Press.

Taylor, B. E., Chait, R. P., and Holland, T. P., 1996, "The new work of the nonprofit board," Pp.53-75 in R. E. Herzlinger etc. (ed.), *Harvard Business Review on Nonprofits*, Harvard Business

Review Paperback.

Umbdenstock, R. J., Hageman, W. M., and Amundson, B., 1990, "The Five Critical Areas for Effective Governance of Not-for-Profit Hospitals," *Hospital & Health Services Administration*, 35(4): 481-492.

Whetton, D. A., and Cameron, K. S., 1984, *Developing Management Skills*, Glenville, Ill.: Scott, Foresman and Company.

Wilbur, R. H., Finn, S. K., and Freeland, C. M., 1994, *The Complete Guide to Nonprofit Management*, New York: John Wiley & Sons, Inc.

Wolf, T., 1990, *Managing A Nonprofit Organization*, New York: Simon & Schuster.

Wood, M., 1992, "Is Governing Board Behavior Cyclical?" *Nonprofit Management and Leadership*, 3(2): 139-163.

Yamamoto, T., 2003, "Governance, Organizational Effectiveness and the Non-profit Sector in Asia Pacific," Overview of Twelve Country Studies Report Paper, Asia Pacific Philanthropy Consortium, Manila, Philippine, Sept. 5-7, 2003.

Young, D. R., 1983, *If Not for Profit, for What?* Lexington, Mass.: D. C. Heath.

Young, D. R., 1985, *Casebook of Management for Non-profit Organizations*, New York: Haworth Press.

Young, D. R., 1987, "Executive Leadership in Nonprofit Organizations," in W. W. Powell (ed.), *The Nonprofit Sector: A Research Handbook*, New Haven, Conn.: Yale University Press.

Young, D. R., 1993, *Governing, Leading, and Managing Nonprofit Organizations: New Insights from Research and Practice*, San Francisco: Jossey-Bass.

Yukl, G. A., 1988, *Leadership in Organizations*, Englewood, Cliffs, NJ.: Prentice-Hall.

Zander, A., 1993, *Making Boards Effective: The Dynamics of Nonprofit Governing Boards*, San Farncisco: Jossry-Bass.

Zald, M. N., 1969, "The Power and Functions of Boards of Directors: A Theoretical Synthesis," *American Journal of Sociology*, 75: 97-111.

Chapter

4

非營利組織之使命與策略

陸宛蘋、何明城

學習重點

▶ 瞭解非營利組織的宗旨或使命，它包括哪些元素或要件。

▶ 使命或宗旨之於非營利組織的重要性、角色或作用為何。

▶ 如何使宗旨或使命有助於非營利組織的運作。

▶ 什麼是策略？為什麼要有「策略管理」，而不是「策略規劃」。

▶ 如何去描述一個策略？不同「層級」的策略的內涵又為何。

▶ NPO的策略生命週期。

摘　要

　　管理學大師彼得‧杜拉克曾說：「非營利機構的創立與出現是為了要改變社會大眾。」而非營利組織的多元性即在於不同的組織擁護了具有不同價值的「宗旨與使命」。他也表示：要檢視使命可不可行，並不在於說詞漂不漂亮，而是在於可否經由實際行動來證明（Drucker, 1990）。也就是說，好的使命必須具有指導行動的能力或行動意涵才是，否則只不過是一句口號或公關宣示罷了。

　　Herman 與 Heimovics 提出一個好的使命有三個衡量標準：(1) 必須能反映組織的現在與未來，並明確的指出該如何去測量它是否已成功地朝向渴望的未來發展。(2) 使命的策略與意涵必須被瞭解。(3) 使命必須建立在董事會成員的共識之上。組織所有的利害關係人都必須瞭解它，並且承諾去完成。

　　要落實使命則必須透過具體、可行的方式與手段來達成目標與使命，而「策略」正是以此為目的的一種計畫。依據許士軍的說法（2004），策略是一種達到組織目標的手段；它表現在對組織重大資源配置和布署的方式上。司徒達賢對於策略的界定則是組織在不同時點的經營形貌，及其改變的軌跡。本章除闡述組織中所必須考慮的三種不同層次的策略及其內涵，並介紹另一種不為大家所熟知的「網絡定位策略」，以及就「事業策略」為例，用「策略形態分析法」介紹制訂策略的實用架構。在「策略配合」的觀念下，任何一個組織或機構之得以生存與成長，往往是由於它與外在環境的情勢取得了某種「整合」，而這整合作用將使得組織在其策略性定位上不斷地蓄積資源、能力與條件，並建立起下一階段組織策略的競爭優勢。當然，此時的組織已非昔日的吳下阿蒙，它將尋求下一波組織發展的新策略，並以此經營形貌再度挑戰更高的目標，並落實組織的宗旨與使命。從組織一路成長與發展的軌跡即可瞭解，非營利組織的宗旨之於組織的重要性與功能，但是只有崇高的宗旨與使命的組織是不可能有朝一日完成初衷與理想的，因此，「策略」的角色及其地位更顯重要，亦即，在「使命」與「策略」的互動之下，影響了組織成長與發展。

壹、使命的意義及其內涵

　　每個成功的非營利組織在成立之初必定有其「初衷」，這個初衷就是「宗旨」與「使命」：它凝聚了所有參與該組織的成員，並使其瞭解「為誰而戰？為何而戰？」此外，組織必須在不同的階段擬定具體可行又深具激勵作用的目標，再規劃出策略性計畫來達成這個目標，然後落實執行該計畫。在推行計畫之際，組織尚須注意外在環境的變化、組織本身條件的消長、以及策略執行的偏差，並予以適當的調整與校正，此即「策略管理」的意涵。

正如同管理學大師彼得・杜拉克（Peter Drucker）所言：「非營利機構的創立與出現是爲了要改變社會大眾。」而非營利組織的多元性即在於不同的組織擁護了具有不同價值的「宗旨與使命」，而一般的公司行號的終極目的就是以利潤爲底限。

一、使命的意義與重要性

在討論使命（mission）的意義與重要性之前，讓我們先來看看以下幾個例子：

- 某家醫院的急診室發出以下的聲明：「我們的使命是安撫受苦的人。」
- 美國女童軍的使命：「幫助女孩子成爲充滿自豪、自信和自尊的年輕女性。」
- 救世軍（Salvation Army）：「接納遭社會所拒絕的人。」
- 台灣伊甸基金會的使命是：「服務弱勢、見證基督、推動雙福（福利與福音）引人歸主、以對宗教的熱誠，轉化爲協助弱勢同胞的動力。」
- 法鼓山文教基金會的使命是：「提升人的品質，建設人間淨土。」

准此，我們爲「使命」這個觀念的意義做如下的界定：

- 使命是陳述組織所欲提供的產品或服務。
- 使命是界定組織永續生存與發展的界域。
- 使命表明了組織存在的目的和理由。
- 使命在宣示組織究竟要爲哪一群對象做出什麼貢獻。

由於非營利組織是爲了使命而存在，因此使命具有非常關鍵的作用，杜拉克也曾表示：要檢視使命可不可行，並不在於說詞漂不漂亮，而是在於可否經由實際行動來證明（Drucker, 1990）。也就是說，好的使命必須具有指導行動的能力或行動涵義才是，否則它只不過是一句口號或公關宣示罷了。其實，陳述使命並不如想像中這麼難，它的基本句型是：「爲某些人提供某些服務。」除此之外，使命必須可以回答以下的問題：「這些服務對這群人而言有何價值？滿足了這群人哪方面的需求？本組織爲何有能力做好這項工作？」（司徒達賢，1999）因此，一個組織的使命應具備以下的內涵：「基於信念，爲某些對象，提供某些服務，以達成某些結果。」

二、非營利組織的使命

「使命」或「宗旨」最基本的作用是：作爲策略規劃與行動的指導方針。有

了具體的使命才可以讓組織在形成策略或採取實際行動時，對「組織應該向哪些目標對象提供哪些具有價值的服務，並滿足他們哪些需求」具備一致、清楚的共識，進一步對資源配置的優先次序產生前後不相違背的原則，以持續建構組織的長期競爭優勢。

非營利組織的「資源提供者──捐款者」的基本前提與動機乃是基於對組織的服務對象的關懷，而且這些捐款者相信組織所提供的服務確實能有效地協助他們所關懷的對象，並解決他們的問題與需求。因此，若是一個非營利組織的使命界定的相當清楚且有意義，將有效提升資源支持的動機與意願。

此外，非營利組織的使命對機構的專職人員與志工也將發揮一定的號召力。這些非營利組織的參與者積極地投入其心力、時間、認同與熱忱的關鍵即在於組織的使命是否足以吸引他們、並使其瞭解他們的奉獻所為何來？值不值得？真正足以對這些人員產生吸引力的主因就是組織的宗旨與使命。也就是說，「使命」乃是凝聚組織各種人力資源的關鍵因素。故我們可以這麼說：有了明確的使命，是贏得組織利害關係人（捐款者、專職人員、志工等）認同並獻身於組織的決定性因素。

三、使命、願景與目標的關係

組織的使命宣示了組織為何必須運作，而該陳述也提供了一種背景脈絡：在此一脈絡下策略才得以形成。典型的使命包括了三個主要的成分，分別是：

（一）對組織存在理由的陳述，通常又被稱為使命或願景。
（二）驅動與調整組織從業人員行動與行為的價值觀與指導方針的陳述。
（三）主要目的或目標的陳述。

願景或使命是長期而言，組織希望成為什麼樣子的正式性描述（有時，願景與使命經常交互使用），其目的是提供策略思考的平台。因為使命與願景提供了策略得以形成的脈絡，故這樣的願景將帶領非營利組織一步步為實現使命而奮鬥。

貳、如何有效地界定組織的使命

界定組織使命的第一個重要步驟是定義組織所欲經營的領域與範疇。本質上，此一定義必須回答「我們組織是一個什麼事業？」、「我們的事業將朝什麼方向發展？」、「我們應該朝什麼方向發展？」等問題，這些問題的答案將引導使命陳述的形成。

一、Derek Abell 的三個構面

關於如何回答第一個問題：「我們的事業為何？」著名的企管學者 Derek F. Abell 建議組織應該用三個構面來定義事業，這三個構面分別是要滿足誰（目標顧客群）、要滿足其什麼需求（顧客需要）、應該如何滿足顧客需要（運用何種技術或獨特競爭力）。圖4-1 說明了這三個構面的內涵。Abell 的方法強調以顧客導向而非產品導向來定義事業的重要性。Abell 認為，產品與服務只是一種應用特別技能以滿足一群特定消費者一個特定需要的價值載具。Abell 的理論架構可協助組織更能因應各種需求的變化。這也有助於回答第二個問題：「我們的事業將朝什麼方向發展？」。在本節第三部分「如何衡量使命的良窳」的主題中我們將以美國 Sears 百貨公司的使命來說明：一個好的使命必須能夠提供事業未來的發展方向。以及用政治大學企業管理研究所企業家班的使命來回答 Abell 的第三個問題：「運用何種技術或獨特競爭力來滿足顧客」。畢竟，「價值創造的流程」必須仰賴足夠的「有形與無形資源」和「知識與能力」來實現。

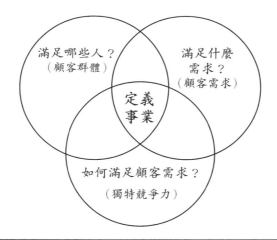

圖4-1 Abell 的事業定義架構

資料來源：黃營杉、楊景傅譯（Charles Hill & Gareth Jones 著），2004，頁 19

二、Peter Drucker 的三大問句

非營利組織究竟要如何制訂使命呢？彼得‧杜拉克（Peter Drucker）為管理人員提供了絕佳的指引：

（一）我們的顧客是誰？

（二）他們需要什麼？

（三）如何滿足他們？

　　這三大問句使得策略管理人員得以對組織的本質加以思索與探討，進而瞭解「組織存在的根本理由」。一般而言，組織存在的根本理由是來自於價值的創造，亦即是根植於對利害關係人需求的滿足。因此，使命可以被視為組織在扮演某些社會功能與追求組織獨特目標之間的一種連結（Janch & Glueck, 1989）。

　　使命是一種從長期、甚至永續的觀點來思索下列問題（Aaker, 2001）：我們現在是一個什麼樣的組織？我們的營運範圍為何？我們組織的本質是什麼？我們組織將如何改變？我們組織所要追求的成長方向為何？

　　由於使命所提供的是組織永續經營的大方向，故使命的界定通常不能太過狹隘，否則會限制組織的成長與發展。假設一個組織的使命為：「為新竹縣的痲瘋病患作好安養服務」，可想而知，這樣的使命未必可以「永續」。再者，即使將來組織欲擴充其使命，也可能招致各種「轉型」的困難，如形象不一致、同仁是否認同、或是服務對象調整可能造成服務知能不足等。太狹隘的使命無法有效地吸納與調和各種不同利害關係人的需求，且會阻礙策略發展的創意與空間。但是，使命也不能太過廣泛。太過廣泛往往會流於空洞，而無法發揮實際指引的功能；或是過分理想化，導致陳義過高而無法達成，徒然形成具文。例如「老吾老以及人之老，幼吾幼以及人之幼」的使命陳述便太過籠統而毫無限制，似乎做什麼都符合使命，無法實際產生指引行動的效果，如此反而會使組織的夥伴無所適從。

　　綜合而言，非營利組織使命的界定應從創意、情感、雄心、價值觀與利益等無形面來掌握組織可能創造的價值（David, 2001）。切記，組織的使命應在彈性與明確兩者之間取得平衡。

三、如何衡量使命的良窳

　　在討論「策略」之前，讓我們來看看何謂一個好的使命？好的使命具備了哪些條件？我們又該以哪些角度來辨識一個優良的使命宣言？畢竟，若使命界定失敗，目標也將難以訂立，策略的制訂也必然困難重重。

　　杜拉克先生最欣賞的使命宣言並非出自非營利組織，而是來自曾經是世界最大的零售商的商業機構——美國的西爾斯百貨公司（Sears）。Sears 的使命宣言為：「我們要成為消息靈通且負責任的採購者，首先服務農民，然後擴及全美的家庭。」在這個經典的使命中，我們可以明確地瞭解 Sears 幾個有關於「事業定義」的問題，包括：Sears 事業的本質為「採購者」（不做生產、也不做後勤配銷、亦不做產品的研發與售後服務），其對本身在產業當中「價值創造流程」的「定位」可以說相當明確。Sears 當前所欲服務的對象是「農民」（Sears 清楚地「鎖定」需要它創造價值與滿足需求的目標顧客），這使得 Sears 在資源的分配上有了明確的準則，服務對象未來可能擴及全美的家庭。正如 Abell 所言，使命必須能指引或界定出組織未來的發展方向。故 Sears 也只表明將來欲擴及的服務對

象為全美的家庭（非農民），而非全世界的「農民」或「家庭」。第三個構面的問題：「如何滿足顧客的需要？」在這個問題中，Sears 成功確認了它所必須累積與建構的「獨特競爭力」——即「消息靈通」與「負責任」。Sears 必須努力地為農民開發出價廉物美的產品，並提供其便利與安全的服務，如此才是它永續生存的憑藉。

另外，讓我們再解析一個極具參考價值的使命宣言——政治大學企業管理研究所企業家班的使命：「憑藉著理論與實務結合的優良師資與教學方法，向本地企業負責人與高階專業經理人介紹合乎實用的管理觀念，以協助其個人或事業的成長。」在這個使命中，我們不難發現一個好的使命應具備的元素：

● 政大企家班所欲「服務的對象」是「本地企業負責人與高階專業經理人」。訴求了一群明確的目標對象。

● 「服務的內容」則是「介紹合乎實用的管理觀念」。而「合乎實用的管理觀念」又是上述服務對象認為有價值的，故能對應服務對象的需求因而有機會獲致滿足。

上述兩點的解析，正符合使命的基本定義：「為某些對象，提供某種具有價值的服務。」這是一個好的使命的基本要求。此外，這個使命還揭示出：

● 學校或服務提供者所憑藉的是「理論與實務結合的優良師資與教學方法」。這個部分的陳述明確指出「組織必須具備何種獨特的競爭力才足以提供服務予它的顧客」（此乃 Abell 在事業定義中的第三個課題）。由資源的延伸與運用來看，該使命亦指引了組織在知能上的發展方向。

最後，一個好的使命必須具有「行動涵義」。而政大企家班的使命中也的確能對當前與未來的努力方向有所揭示與領航：

● 服務對象只針對企業負責人與高階經理人。既然是「企業家班」，首要的服務對象當然是「企業負責人」，行有餘力才擴及「高階經理人」。由於資源有限，備多力分，因此中、基層經理人在學校入學審查的過程中勢必會遭到拒絕，畢竟，「選擇就是放棄」。

● 企家班的課程必須「實用」。這個服務的特色點出了以下幾個行動涵義：如教學內容不強調「新穎」，而是切乎「實際」；教材不宜有「理論性」過高的成分，而應著重在「實務」的探討；教師知能的培養應著重在如何使課程更能符合「實用」的要求。如此，被服務的對象才會滿意，教授們才知道努力的方向以及必須做出什麼貢獻才稱職。

參、策略的起源與意義

一、策略的字源、意義與特性

策略 "strategy" 這個字源自於拉丁文的 "strategos"，這個字的意思是帶領軍隊作戰的將領，或是帶兵作戰的藝術。策略的制訂是高階主管或組織領導者的權力與責任。由於它所牽涉的問題時間幅度很長、涵蓋的範圍又相當廣泛，對組織的影響又如此重大、深遠，以致使得它成為一個非營利組織不得不全力以赴去思考、籌劃的組織關鍵議題。

在瞭解「策略的字源」之後，接下來可以進一步地來探討「策略的意義」。首先，依據許士軍（2004）的說法，策略是一種達到組織目標的手段；它表現在對組織重大資源配置、布署的方式上。這個定義界定出了「策略的本質」，即一種手段，而非目的。此外，我們可由「企業政策」教授 William Glueck 在其名著《企業政策與策略規劃》（1992）一書中對策略的定義來獲得另一層面的理解：策略是一套統一協調、包含廣泛以及整合性的計畫。由此可以得知策略的另一個本質是一種類型的「計畫」。它是一套計畫，而不僅僅是一個點子或構想；它是由不同的、彼此關聯、互相影響的決策與行動所共同組成的；它也不同於「戰術」——只限縮在某一功能或分工領域上，而是一種相當全面性的考量與分析的心智活動的結果。在這個定義中，我們萃取出策略的特性如下：

- 策略這一套計畫是統一協調的。
- 策略性計畫是包含廣泛的。
- 一套策略性計畫是必須透過整合的。

此外，司徒達賢對於策略有如下的見解：策略是組織在不同時間點的經營形貌，及其改變的軌跡。這個定義不但相當具有啟發性也非常具體[1]。茲將此定義的涵義說明如下：

（一）策略是組織的經營形貌

所謂的「經營形貌」乃是指組織目前以什麼方式來運作、創造價值與競爭。例如，機構目前提供什麼產品與服務？這些產品與服務又是以哪些目標顧客為其服務對象？諸如此類的問題，在策略管理研究主題的分類上屬於「經營範疇」的問題。用一句白話文來說，經營形貌中的經營範疇是指在現階段下，我們機構擺出了一個什麼「特殊的樣子」來與競爭者對抗？我們是以「什麼方式」來追求生

---

[1] 請參考司徒達賢著（2001），《策略管理新論：觀念架構與分析方法》，頁13-15，有關「策略形態」與「策略勢態」的意義。

存與發展的機會與目標？

（二）策略包括組織經營形貌的改變及其軌跡

組織身處在高度不確定的環境中，必須時時注意外在環境的變動、機會與威脅，以調整本身的經營範疇。因此，策略的制訂包含了：「組織未來的形貌應改變成什麼樣子？」、「如何改變以成為未來的那個樣子？」等問題。所謂的「未來形貌」是指策略性計畫決策者對組織願景的想像與決定；而「如何成為未來的那個樣子」則是策略大師——哈佛大學教授 Michael Porter 所指稱的「軌跡」。此即組織除了要清楚構思其未來的願景之外，尚須規劃如何從目前的經營形貌過渡、轉型至未來的策略形貌。此外，在詭譎多變的環境下，策略應有保持高度彈性與動態調整能力的必要性，故當組織覺察到過去採取某個策略時績效良好，但目前該策略卻逐漸地失靈，此時即為策略必須改弦更張的時機了！

經由上述的說明，策略的意義可歸納為以下五個問題：

1. 組織目前長得什麼樣子？（目前的策略形態）
2. 目前採取的策略獲致了什麼樣的績效？（績效滿意度）
3. 組織未來希望長成什麼樣子？（未來的形態）
4. 為什麼要長成那個樣子？（策略構想）
5. 長成未來的樣子必須採取哪些行動？（策略勢態）

一位非營利組織的執行長或從業人員可以透過上面五個問題的檢視與自我評核來持續地提升組織的效能與競爭力。

二、何謂一個好策略？

在討論了「策略是什麼」之後，接下來讓我們進一步探索「怎麼樣的策略才是一個好策略」。這個問題必須由策略的功能或其作用下手：

（一）策略的目的在界定組織的生存發展空間與範圍

策略與使命、宗旨的不同在於：使命所界定的空間為一個組織永續經營的「經營界域」，而策略則是在確立組織在一段期間（這段期間稱之為「長期」）的「經營範疇」。經營範疇為經營疆界的部分集合（如圖4-2 所示），因此所謂「制訂策略」的任務就是在使命所宣稱的經營界域中，選擇現階段所欲耕耘的區域或範圍。好策略的第一個條件是：它能明確的指導所有成員努力的方向與資源配置的範圍。

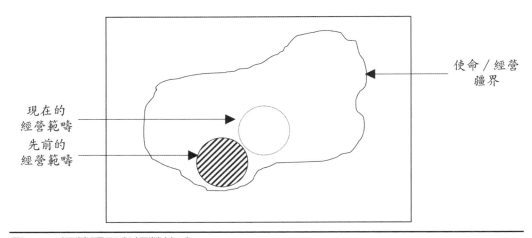

使命／經營疆界

現在的經營範疇

先前的經營範疇

圖4-2　經營疆界與經營範疇

資料來源：作者整理

（二）策略的另一個作用是必須為組織排定發展重點的優先順序

選擇即是要能有所放棄，設限才能成長。畢竟資源有限，備多則力分。策略在這裡的作用是一種「方針」，它可以讓成員清楚意識到何謂 "do the right thing"，而不至於發生「資源有限，愛心無窮」的窘境，所以好的策略的第二個條件是必須能指出「當務之急」為何，如此才能避免組織成員產生工作重點的困擾，或是溝通障礙與衝突。

（三）一個好策略的第三個條件是要能與外在環境維持既平衡又不平衡的關係

組織處於環境中，必須不斷地創造價值才能生存發展。正如同杜拉克的名言：「長期而言，一個組織或個人，若是無法對其所置身的環境有所貢獻，則這個組織或個人沒有存在的可能，也沒有存在的必要。」非營利組織常常身處既沒錢、又沒人的窘境，因此組織在創造價值、對環境作出貢獻時，勢必要與外在的個人與機構建立起一定的網絡關係，彼此合作、截長補短。所以，如何與外部環境互惠、共生的「平衡關係」必須在策略的制訂中納入思考。此外，在非營利組織所設計的網絡關係中，組織應該在這些互動中逐漸強化自身的競爭力，並建立組織在整體環境中不可或缺的地位，此即「不平衡關係」的意義。

（四）一個好策略更應該維持長期的競爭優勢

策略並不等於競爭優勢本身，但是它必須能夠運用組織過去所建立起來的競爭優勢，進而累積更強大的競爭優勢。一個好的策略若是能建立起可長可久的競爭優勢──長期競爭優勢（Porter, 1980），那麼這項優勢一定可以阻絕對手的「模仿」而形成「獨特性」與「區隔」。所以，一個好策略的最高境界是：使組織

免於競爭的困擾,而居於獨一無二的地位。就策略本身而言,它必須「獨樹一格」、形成「區隔」、符合成本效益又不至於招致太大的風險;策略必須可以指引「功能性政策」(functional policy)的制訂與組織結構的設計,而組織的行動與績效的實現才可以在這樣的策略安排下順利地完成。

三、策劃規劃與策略管理

傳統上,策略形成的過程被稱為「策略規劃」(strategic planning),但是在1980年代以後,由於環境變動日益快速且不可預測,使得「策略規劃」的時代告一段落,代之而起的觀念為「策略管理」(strategic management)。關於策略管理制度演進的歷史與內涵、觀點的變化可見表4-1。

表4-1　策略管理制度的演進

內涵	預算控制制度	長期規劃制度	策略規劃制度	策略管理制度
年代	1900-1960	1960-1970	1970-1980	1980-
對環境的假定	過去必將重現	趨勢必將持續	環境將出現不連續的變化	環境可能出現策略性驚奇
主張與工具	對偏差的控制	差距分析	策略衝力的調整與策略能力的發展	組織寬裕與策略彈性

資料來源:作者整理

由上表可知,當環境不確定性日趨增加,管理者便存有不同的假定與規劃,進而採取了不同的對應環境的方式與手段。在策略管理時代中,由於環境較策略規劃時代更加難以掌握與捉摸,使得傳統「謀定而後動」的哲學觀被「由做中學」與「摸著石頭過河」的策略觀所取代。「靜態的策略規劃」哲學已不符時代的需求,策略制訂者必須抱持著「動態的策略管理觀」才足以面對如此高度變動、不確定的經營環境。

策略形成之後並非策略已有效的達成,反倒是所有成員迎向環境變動的起點——全體組織成員必須監控策略執行的狀態、進度以及有效性,並不斷地檢視、偵察環境,以修正組織對外部環境之機會與威脅的認知,形成更貼近環境變動的「新策略」。進一步針對不同的情勢變化研擬出應對之道——此即「權變規劃」的觀念。

由於上述的作為只能處理「可以預測的環境事件」,而對突如其來的環境變動——即「策略性驚奇」根本力有未逮,因此,組織必須在策略性計畫上保持可調整與因應變動的能力——即「策略彈性」,並在資源與能力上維持一定的「閒置」,以應不時之需。這種為了面對高度不確定所做的資源安排與準備稱為「組織寬裕」(organizational slack; Cyert & March)。它對非營利組織從業人員的意義

是——管理者必須以「督察者」（monitor）自居，適時對原先的策略性計畫作出必要的修正，才能讓組織在高度變動的環境中長治久安。

肆、策略的層級與內涵

在瞭解了策略的起源與意義之後，接下來讓我們深入地探討組織中所必須考慮的三種不同層次的策略及其內涵，並介紹另一種不為大家所熟知的「網絡定位策略」。

一、策略層級的三分論

非營利組織論及策略時，常有以下的困擾或迷惑：

● 組織是否應設立庇護工廠來使服務對象得到進一步的協助？
● 組織是否應拓展服務的地點來服務不同地區的對象？
● 組織應建立何種形象來爭取社會大眾的認同？
● 組織是否應與特定的企業建立起長期、穩定的合作關係？

上述的疑問其實並非屬於同一個「策略層級」（hierarchy of strategies）的議題；換句話說，當管理者談及「策略問題」時，有必要對其所提出的問題層次加以區辨與歸類，如圖4-3所示。

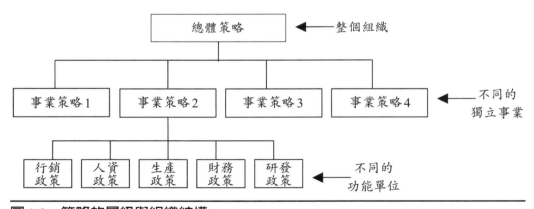

圖4-3　策略的層級與組織結構

資料來源：作者整理

在此，以伊甸社會福利基金會為例。該組織的服務對象與服務項目包括：

（一）高齡長者與重殘、慢性疾病安養服務（照顧服務）。

（二）身心障礙職業訓練與就業協助（就業服務），並提供身心障礙者工作環境調整、工作試做、以及輔助器具設備（職業重建服務）。

（三）發展遲緩與身心障礙兒童家庭服務（早期療育服務）。

（四）新移民家庭教育與融合（新移民服務）。

（五）視障職業訓練與照護（視障服務）。

（六）與企業策略合作，創造弱勢就業機會和服務基金（公益事業發展服務）。

（七）無障礙交通服務（無障礙服務）。

　　吾人可將這些不同的服務對象與項目視為七個獨立運作的「事業單位」（business units, BU），而思考其中一個 BU 應如何創造競爭優勢的資源配置方式則稱為「事業策略」。然而，這些不同的 BU 若是各自去創造本身的競爭優勢，未必符合基金會的整體利益，故如何使這七個不同的 BU 可以互相支援、彼此增進競爭的條件以營造出分進合擊的「聯合效益／綜效」（joint effect/synergy）。這種強調不同事業體之間的資源分配與相互流用，以增進資源利用及其效應的相關構想與決策稱為「總體策略」。此外，上述伊甸基金會七個事業體的競爭優勢的創造則需仰賴機構中不同「事業功能單位」的配合與落實；而不同功能的決策必須能夠支援事業策略，否則組織將無法在競爭的環境中基業長青。這些不同的功能性決策與方針即為第三個層次的策略與政策──「功能性政策」。這三個層次的策略的關係如圖4-4 所示。

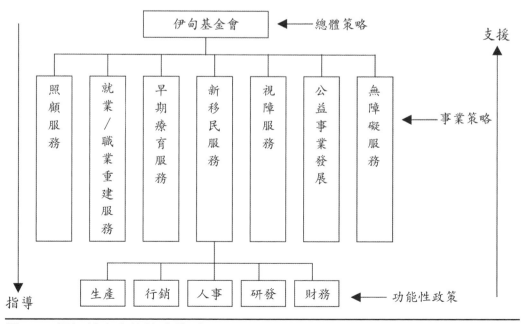

圖4-4　伊甸基金會的策略體系

資料來源：作者整理自伊甸基金會網站（網址：http://www.eden.org.tw/），檢索時間：2008 年7 月

二、新觀點：網絡定位策略

無論是政府及其附屬機關、民間企業、公司行號或非營利組織，均存在於其所屬的環境中，與環境中的各個成員進行資源與資訊的交換、交流，並進一步和他們建立起必要且適當的網絡關係，以創造組織生存與發展的空間。這種組織或機構之間的關係錯綜複雜，如何在此關係中界定出組織本身與這些個人或機構的「角色」與「定位」，以主動地支持並呼應組織本身的「事業策略」與「總體策略」，使三種策略能夠相輔相成、彼此互相為用，是決策核心另一個必須思考的課題——此即「網絡定位策略」的發展背景。非營利組織除了考慮「策略層級三分論」中的三種策略外，尚須對此一新的策略觀念有所瞭解、思考與掌握。

我們將網絡定位策略定義為：「組織應與外在環境中的哪一些個人與機構建立何種關係，以配合並支援事業及總體策略的思維與決策。」不同於其他三種策略，網絡定位策略有其不同的決策仰賴策略規劃者思考與制訂，一套完整、周延的網絡定位策略應包括以下六個決策的選擇（司徒達賢，2001）：

（一）**參與廣度與對象**——究竟要與哪些個人與機構建立關係？

（二）**交易內涵**——與這些個人或機構所建立的關係中，彼此施與受之間的內容是什麼？

（三）**介入程度**——與這些個人或機構之間的關係是一種「君子之交」抑或是「休戚與共」的深度交往？

（四）**利益分配與核心程度**——在交往與互動的過程中，我們與對方的關係是「依賴」或是「互賴」？是我方貢獻的比較多，還是對方才是不可替代的網絡成員？這些權力的狀態將影響網絡中各成員在創造價值之後所分配到的利益。

（五）**移動彈性**——當我們參與了某個網絡，這種關係是立即被「鎖住」（lock-in），或是「進出自如」？

（六）**競爭優勢**——在這個網絡中，我們機構是否有足以吸引其他機構的資源與能力呢？我們是否位居網絡中的「節點」或「中心地位」呢？大家是不是都得和我們「配合」才能順利地在網絡中各取所需呢？我們應在這些網絡關係中創造何種條件，才能協助事業策略與總體策略？

若是能夠對非營利組織的網絡定位策略有所認識與體會，相信應該可以對整個策略規劃與管理的過程提供一個有助於其他層級策略思考的視角與切入點（見圖4-5）。

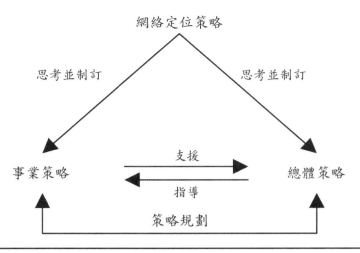

圖4-5　網絡定位策略與其他策略的關係

資料來源：作者整理

三、如何描述策略的內涵

在實務運作當中，策略規劃者必須能夠「描述」（仔細地勾勒、說明）其策略的內涵，爲了有效地進行策略的制訂、執行與控制，策略規劃與管理工作的參與者必須先對上述不同策略層級的內涵加以具體的描述。

（一）總體策略的內涵

非營利組織「決策核心」的重要工作之一是對整個組織不同事業體與產品線或服務項目之間的資源配置方式制訂出政策與指導方針。這個層次的策略包括了以下幾個重大決策的決定：

● 整個組織未來多角化的方向爲何？

● 各個事業單位或產品線的相對規模與比重爲何？

● 各種資源如何在不同的事業單位或產品線之間流動？

● 如何聯合各個事業體以共同創造組織的整體效益？

● 如何劃分事業或產品線才可以在未來的組織設計中釐清權責並增加分進合擊的優勢？

在此可將總體策略的構面歸納如表4-2。

表4-2　總體策略的構面與內涵

1. 事業部的分割與劃分
2. 各事業的比重與發展方向
3. 生命週期交替的狀態
4. 風險分散的方式與機制
5. 各個事業體的績效要求與責任
6. 競爭優勢

資料來源：司徒達賢，2001，《策略管理新論：觀念架構與分析方法》，頁115

　　上述的策略性決策必定有適當的「策略構想」來支持，亦即總體策略的制訂乃是思考以下的各種理由來進行（司徒達賢，2001）。這些理由與思惟考量可能是：組織對外在環境新機會的掌握、各事業體綜效與聯合效益之追求、不同事業體與服務項目生命週期之交替、資源與現金流量之互補、消極的風險之分散、積極地發揮整體作戰與多點競爭的優勢、垂直整合程度的調整、與網絡定位策略的配合、組織創新與創業精神之維持等等。

（二）事業策略之內涵

　　任何一個非營利組織均會面對一個單一的事業體如何從事資源配置，以創造長期競爭優勢的挑戰。例如，一個都會型的安養機構，如何在社區中持續地提供個人化、精緻化的服務來獲取認同並增進被服務對象的滿意，以維繫機構的生存與發展？它必須考慮哪些關鍵的策略性決策才可以周延互斥地將其事業策略加以清晰的說明？國內策略管理學者司徒達賢教授（2001）建議以下面的六個構面來描述事業策略的內涵：

1. 機構的產品線廣度與特色為何？
2. 機構的市場區隔方式、變數及其選擇為何？
3. 機構在不同的價值創造活動中有哪些是自己負責的？有哪些必須交由其他組織來協助？
4. 這些不同的「價值活動」哪幾項已達成了規模經濟的效益？有哪幾項在成本效益的考慮上實在未臻理想？相對於類似的機構，我們的服務人次、服務經驗與知能是否較多或規模尚小？
5. 機構是否已經拓展了服務據點到不同的地理區域？這種集中或分散決策的主要考量是什麼？
6. 機構是憑藉著何種競爭武器與優勢來創造組織的生存與發展空間？是上述五種策略決策所造成的優勢，抑是來自於其獨特的資產與能力、時機、關係、財力、獨占力、或其他事業體提供的綜效？

（三）功能性政策

顧名思義，「功能性」是指「事業功能」而言。即組織必須明訂得以「追隨」或「看齊」事業策略的「指導方針」（即政策），如此才可以使組織不同的功能部門與單位不至於各自為政。組織事業策略的狀態設計，應多少並無定論，基本上，功能性政策大致區分為：

1. 行銷與公關政策
2. 服務或產品提供的政策
3. 人力資源政策
4. 資源取得與募款政策
5. 財務資源配置的政策
6. 研究發展與技術政策

每一個非營利組織的屬性、規模大小可能相當懸殊，因而造成組織分工的高低程度有非常大的差異。不過大致上機構在落實事業策略的構想時，仍可透過上述幾個層面的功能性政策來進行。但是一個組織究竟應分為幾個「事業功能」，除了依據「事業策略」之外還須視每個組織的總體策略、網絡定位策略而定，也許單一事業策略看似相似，但是在組織的總體策略卻是大異其趣，其中端看組織的宗旨以及領導者個人的智慧以及如何落實組織願景。

伍、策略管理的架構

一、分析「事業策略」的基本架構

建構成功策略的四項原則（如圖4-6）不僅是策略規劃與管理的基礎，同時也是實際從事策略制訂的高階主管與決策核心必須謹記在心的思考準則。在此我們所介紹的第一個基本策略管理架構當中，策略被定義為「建立組織與其所屬外部環境之間的連結」的計畫及其構想（見圖4-7）。

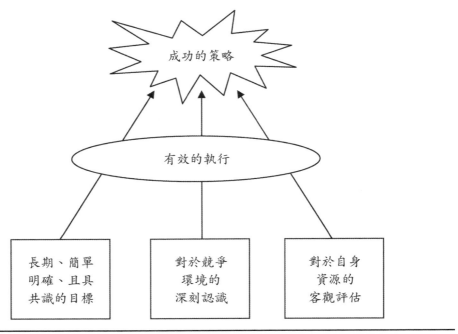

圖4-6　成功策略的共同要素

資料來源：李吉仁審訂（R. Grant 著），2003，《現代策略管理：觀念‧應用‧技巧》，頁11

任何組織皆包括下列三項關鍵特質：

● 基本目標與價值觀
● 資源與能力
● 組織結構與系統

而非營利組織的外部環境包括經濟、社會、政治、技術等足以影響組織決策與績效的所有因素。對大多數的策略性決策而言，外部環境的關鍵侷限於組織所處的「任務環境」——即組織與顧客、競爭者、合作夥伴或協力機構及個人之間的關係的集合。

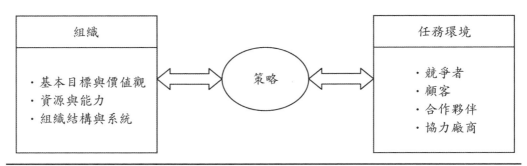

圖4-7　基本架構：策略連結組織及其所處環境

資料來源：同圖4-6，頁14

事業策略應達成的目標包括兩個層次：其一是決定如何在環境中配置資源以實現機構的長期目標；其二是決定如何設計組織結構以執行策略。策略制訂與評估的關鍵，在於是否能夠一窺「全貌」——亦即在所處任務環境的結構特質下，將組織視為一個整體來思考。一個策略最基本也最重要的觀念當屬「策略性適配」（strategic fit）；一個成功的策略必須要與組織的使命、基本目標和價值觀、所處外部環境、所擁有的資源與能力、以及組織結構與系統等相契合。

二、制訂策略的實用架構：策略形態分析法

許多具有實務經驗的工作者常有對策略分析不知從何下手的困擾。其主要的理由或困難不外乎是：「環境偵查」究竟應由何處開始？是不是要做一個全面性的「大環境」、「任務環境」與「競爭環境」的分析？而「內部分析」中的種種資源、能力或條件又應如何著手分析？如何才能斷定哪一項資源是優勢，哪一項能力又是劣勢？目標又應如何制訂？什麼樣的「目標」才是實際可行又富激勵效果的目標？從「使命」開始進行策略規劃的程序又好像無法「指引」策略形成的方向……。上述種種狀況似乎是所有策略規劃者的難題，但求諸於現有的分析架構或理論卻又有「隔靴搔癢」之感。這些屬於 "How" 的實作面議題，可以透過司徒達賢（2003）所提出之「策略形態分析法」的觀念架構與思想程序得到解決。

本節特別以「事業策略」為例，來說明「策略形態分析法」的進行方式。這種分析法整個策略規劃程序始於對「策略形貌的描述」，並由策略形貌確認攸關的環境因素與競爭對手，進而使組織的優勢與劣勢更容易浮現。

（一）事業策略分析的模式

將「策略形態分析法」運用在事業策略的分析上，就是針對事業策略的分析、制訂與執行，進行全面性的思考，不但要同時考慮許多重要的決策因素，還必須注意因素間的相互呼應和配合。以下先簡單介紹這些重要的決策考慮因素，之後再針對這些因素之間的相互關係，說明策略形態分析法的進行方式。

策略形態包括：「產品線廣度與特色」、「目標市場之區隔方式與選擇」、「垂直整合程度之取決」、「相對規模與規模經濟」、「地理涵蓋範圍」、「競爭優勢」等描述事業策略形貌的六個構面。

策略有三大前提：意指組織受外部環境的影響，而在內部條件的支援下達到組織的目標。以下就三個前提分別做說明。

- 「環境」：包括了「大環境」、「任務環境」、「競爭環境」這幾個項目。其中「大環境」是指與組織長期經營有關的經濟環境、政治環境、社會環境、科技環境等；「任務環境」是與策略決策有關的產業特性與趨勢；「競爭環境」是直接競爭的對手所採取的策略作為或攻擊性行動。

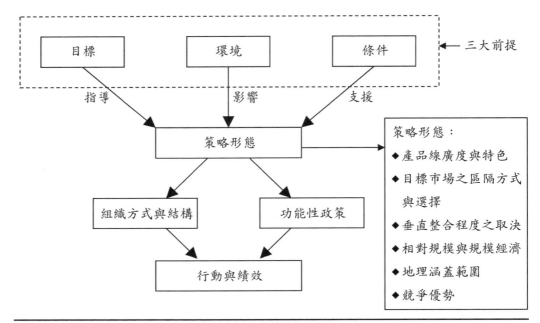

圖4-8 運用策略形態分析法的事業策略分析模式

資料來源：整理自司徒達賢著，2004，《策略管理案例解析：觀念與實例》

- 「條件」：包括了此一事業「前一階段的策略」、所累積的資源、以及從「網絡定位策略」與「總體策略」移轉而來的條件。

- 「目標」：每一個組織的目標並非單一存在，實為「目標組合」的狀態，是資源提供者、顧客、供應商、管理人員、員工、志工、社區等「利益關係人」對此一組織的期望。如果是隸屬於跨足多角化經營的機構或組織內的事業單位，此一目標組合中當然還必須包括整個機構的總體策略所要求的績效水準。

　　「功能性政策」指的是配合事業策略的各種行銷政策、服務政策、研發政策、人力資源政策、財務政策、資訊政策等等。而「組織方式與結構」指的是此一事業的組織結構以及權責劃分方式、分權程度、組織流程等。「行動與績效」則是代表策略行動與經營績效，也是整體策略分析與決策的最終結果所在。

　　這些因素之間的關係，用最簡單的方式來表達，即是「策略形態」應配合「環境」與「條件」，又能滿足「目標組合」的各項要求；而「策略形態」又指導了「功能政策」與「組織方式與結構」，然後再透過組織與各種功能政策，讓整體產生正確而一致的行動。有了實際的行動，才有可觀的績效。無奈的是，外在環境會改變，內部條件會消長，目標也可能隨時間而有所不同。因此，「策略形態」與「環境」、「條件」、「目標組合」三者之間的關係往往存在著動態的矛盾，彼此不斷地相互調適反而成為常態。也由於這些持續不斷的變動與不可避免的調適，才產生「策略」與「策略管理」的需要。

陸、結論：以使命與策略管理成就組織

任何一個組織或機構之得以生存與成長，往往是由於它與外在環境的情勢取得了某種「整合」，而這種整合作用將使得組織在其策略性定位上不斷地蓄積資源、能力與條件，並建立起下一階段組織策略的競爭優勢。當然，此時的組織已非昔日的吳下阿蒙，它將尋求下一波組織發展的新策略，並以此經營形貌再度挑戰更高的目標，並落實組織的宗旨與使命。

從一個非營利組織基於「初衷」成立之後的成長與發展歷程來做縱貫面的分析：組織成立之初必須有一個既合於時代需求又有前景的使命，然後基於這個明確可行的使命，設法吸引志同道合的人力資源與財務資源，接下來，組織應結合本身的條件與使命，開始籌劃、設計組織的運作方式和機制，而這個運作方式必須具有效率、又能展現出自身的特色。營運之初，組織規模尚小，所提供的服務、服務對象、人力資源以及捐助者的情況較為單純，因此只要用心經營，運作的成效不至於太離譜，應可使服務對象、人力資源與捐助者獲得一定程度的滿意與認可。在這個階段中，組織的當務之急應著重在能力與聲望的累積，並一步一步地鞏固組織、強化運作，再透過與其他機構的合作與資源整合，來提升組織的知名度與形象，並在合作的同時，吸收與學習其他組織的長處。

在不斷地蓄積能力、資源、運作與形象等條件之後，非營利組織於此時方可開始考慮「以現有資源為基礎，延伸擴大經營的範疇」。亦即，組織在經過前一階段的條件養成與強化之後，接下來便可挑戰更高的目標：不論是服務項目的多元化、地區的多元化、垂直整合、或單純只是擴大服務的規模等，都是組織可能的成長方向，而這些成長的方向也必須能夠配合環境的需求與趨勢才行。

整理組織一路成長與發展的軌跡即可瞭解，非營利組織的宗旨之於組織的重要性與功能，但是只有崇高的宗旨與使命的組織是不可能有朝一日完成初衷與理想的，因此，「策略」的角色及其地位更顯重要，亦即，在「使命」與「策略」的互動之下，影響了組織成長與發展。

問題習作

1. 請由不同基金會或非營利組織的網頁搜尋三個組織的「使命」，並以本章所學習到的知識評論其優點與缺點。

2. 區辨使命、願景、目標、策略等名詞的意義，以及各名詞之間的關係。

3. 請舉出一個在策略上表現足以成為其他組織表率的非營利組織，並說明其之所以為「典範」的理由。

4. 消費者文教基金會是大家耳熟能詳的非營利組織，請以本章所建議之構面嘗試描繪其「事業策略」。

5.. 若是您發心欲成立一個非營利的基金會，您會設立一個什麼樣的組織（即您所界定的宗旨與使命為何）？為什麼？您又會以什麼樣的方式與手段來實現目標與使命（即您會採取什麼策略）？

參考文獻

中文部分

司徒達賢譯（William Glueck 著），1992，《企業政策與策略規劃》。台北：東華圖書公司。

司徒達賢著，1999，《非營利組織的經營管理》。台北：天下文化公司。

司徒達賢著，2001，《策略管理新論：觀念架構與分析方法》。台北：智勝文化公司。

司徒達賢著，2004，《策略管理案例解析：觀念與實例》。台北：智勝文化公司。

余佩珊譯（Peter Drucker 著），1994，《非營利機構的經營之道》。台北：遠流圖書出版公司。

李吉仁審訂（Robert Grant 著），2003，《現代策略管理：觀念‧應用‧技巧》。科大文化公司。

林建煌著，2003，《策略管理》。台北：智勝文化公司。

許士軍著，2004，《許士軍談管理》。台北：天下文化公司。

曾育慧譯（Muhammad Yunus & Alan Jolis 著），2007，《窮人的銀行家》。台北：聯經圖書公司。

黃營杉、楊景傅譯（Charles Hill & Gareth Jones 著），2004，《策略管理》。台北：華泰文化公司。

英文部分

Herman, R. D., and Heimovics, R. D., 1991, *Executive Leadership in Nonprofit Organizations: New Strategies for Shaping Executive-Board Dynamics*, Baker & Taylor Books.

Chapter

5

非營利組織管理

陸宛蘋

學習重點

▶ 瞭解管理與非營利組織管理的概念與意涵。

▶ 瞭解非營利組織的管理者的定義、角色與功能。

▶ 瞭解管理功能及事業功能的內涵。

▶ 瞭解非營利組織評估。

摘　要

　　從各種研究與實務的發現，台灣非營利組織正面臨環境劇烈變遷、要處理的問題越來越複雜、需求越趨多元、造成服務與資源的競爭，「管理」已成為非營利組織內不可或缺的重要機制。本章從「非營利組織為何需要管理」開始說明非營利組織管理的必要與發展性，並從管理的定義、以及身為領導者與管理者兼具的角色和功能，並透過管理矩陣的架構說明規劃、組織、領導、與控制的管理功能。再就非營利組織重要事業功能的內涵逐項說明，包括生產管理：由於非營利組織的產品多為抽象性高的服務產品，因此以方案來具體呈現其服務產品。行銷管理：包括行銷的概念、行銷運用到非營利組織、行銷管理的程序（市場調查、市場區隔與定位、行銷組合、執行、控制）逐項說明。在財務管理部分：以非營利組織財務管理的功能與活動為主要的內容，尤其以實務工作中發現台灣非營利組織在財務管理上所需要特別關注的三部分：政府主管單位的規定、財務報表上會計科目與報表格式的揭露、以及非營利相關的稅法優惠的規範。人力資源管理：由於非營利組織的人員多來自志願性高且懷抱理想而來，因此除人力資源管理該有的政策與程序之外，特別提出董（理）事與執行長的績效評估。最後則是非營利組織評估，包括組織的能力評估與績效評估，以及非營利性評估，透過非營利性（責信）的評估，更可以展現績效並獲得持續的支持。

壹、非營利組織與管理

　　從 1987 年解嚴之後，台灣非營利組織的蓬勃發展已逾 29 年，從各種研究與實務發現，非營利組織多面臨環境的劇烈變遷、要處理的問題越來越複雜、需求越趨多元、造成服務與資源的競爭，更於 2000 年以來政府與民間推動社會企業更加重非營利組織在管理上的多元與複雜性。「管理」這個名詞雖然來自企業管理，但非營利組織因為沒有企業經營的傳統底限（利潤），因此更迫切需要學習如何善用管理之道，並借重管理來完成使命（Drucker, 1990）。

一、非營利組織為什麼需要管理

　　非營利組織對社會來說象徵著社會善的一面，因此不是被蒙上善良、公益的面紗，就是被視為擁有較高的自我道德要求。非營利組織是社會正義、道德的維護者與實踐者，所以非營利組織被認為不會做壞事。事實上，台灣從過去1987

年「彭昭揚社會福利基金會」事件[1]、1988 年的「溫暖雜誌事件」[2]，到 1999 年的 921 大地震事件，都曾陸續發生危害社會公益的弊案，在在都影響著公民社會中的信任資本。非營利組織的營運始終蒙著一層神秘的面紗，只有在捅出大婁子的時後，面紗下的一切才會曝光。哈佛商學院教授瑞吉娜、赫茲林格（Regina E. Herzlinger）提出非營利組織與政府機構的通病，可分爲四大類來看：

（一）成效不彰：即他們並沒有達成所肩付的社會使命。
（二）效率太低：即花了錢，卻做不出相對的成果。例如花太多錢在募款和行政支出上，眞正用來協助服務對象的經費，還不到進帳的一半。
（三）公器私用：即掌管非營利組織者，利用組織免稅的優惠中飽私囊，這比浪費組織經費還嚴重。
（四）太過冒險：例如從事組織不擅長的投機性投資或服務。

從 1990 年彼得・杜拉克（Peter F. Drucker）出版 *Managing the Non-Profit Organization* 一書倡導非營利組織管理的概念，現在大大小小的非營利組織都不約而同地湧現一股「管理熱潮」。

二、非營利組織管理的內涵

過去，對大多數人來說「管理」這個名詞仍代表著「企業管理」，而非營利組織與企業管理是毫無關係的。非營利組織的管理不是靠「利潤動機」，而是靠「使命」引導方向與凝聚資源。每一個非營利組織都在實踐社會需求的「使命」，以致獲得各方面的擁護與支持，其中包括人力（例如志工的熱情與奉獻）與財、物力（所以募款的目的是爲了可以順利地實踐使命），因此「實踐使命」是非營利組織管理最主要的目標，其管理上與企業管理之最大差異即在於非營利組織管理中的「募款管理」與「志工管理」是企業管理所沒有的。既然非營利組織管理是依據「使命」，因此在管理的內涵上與企業管理就有其本質上課題的差異：

課題一，即是「組織的使命」。杜拉克先生提出落實非營利組織的使命必備的三件事，否則無法凝聚組織內、外的資源去做好該做的事：（1）注意本身的優勢和表現，一個錯誤的想法是認爲組織無所不能；（2）時時注意外界的需求和機會；（3）確認自己的信念，信念能吸引並凝聚認同與投入感。非營利組織應該以

---

[1] 1987 年彭昭揚社會福利基金會詐欺被揭發法辦後，入獄二年假釋出獄，出獄後另起爐灶，再創宗教性組織繼續詐騙，至 1993 年被提起公訴，判刑五年並強制勞動。
[2] 1988 年發生了著名的「溫暖雜誌事件」，溫暖雜誌社利用一些個案的資料放在雜誌上，找一些不知情的學生挨家挨戶去推銷該雜誌，募集了不少的善款，後來卻被發現該雜誌社根本不是一個公益機構，募集的善款也沒有到貧戶的手上。（參閱中華社會福利聯合勸募協會 2002 年年報，〈我們的開始〉）

「使命」為重，全心投入創造價值、視野和服務來點化人類，改善環境與社會。

課題二，則是來自志願投入的相關資源的有效運用。包括人力資源、財務資源，其中非營利組織的人力資源呈現多元且彈性的狀態，有專職、兼職、專案性、計件、計時性、志願性等，而且可以隨時轉換，例如志工可以成為專職員工，專職員工可以轉變為兼職或是志工，因此在管理上除了人力資源該有的政策（召才、選才、用才、留才、育才與展才）之外，多運用非金錢激勵的方式與多重的人際關係（董事、員工、志工、社區民眾、捐助人、受惠者等擁護群），這些也是非營利組織與營利組織在人力資源管理上最大的差別。在財務管理方面，非營利組織更需要透過財務揭露以為責信，除了政府規定的相關稅法有所差異之外，在會計科目上有顯著地不同，例如資產負債表在非營利組織因沒有所有權的部分，因此就沒有「股東權益」這個科目，而基於台灣的法規，「財團法人基金會」都會有一筆設立基金（法人登記總財產），這個基金與營利事業的基金在意義上則是大不同。

課題三，生產與研發。非營利組織生產的產品常常是無形的服務、抽象的理念、社會的倡議、價值的維護等抽象程度較高的產品，加上要交換的顧客並不明確（常常指的顧客是社會大眾），顧客要交換的是思想、認知、態度以及行為的改變，而且改變需要時間，難以獲得立即的好處，因此研發產品的困難度非常高，加上資源有限，非營利組織的生產與研發常見的是「打帶跑」戰略，邊做邊改邊修正。又因為是無形的服務產品，近年來多以方案的形式呈現非營利組織的產品，故有「方案＝非營利組織的產品」一說，加上捐助者的要求，「方案設計與評估」已成為非營利組織從業人員必修的一門課。

課題四，是策略管理以及行銷管理。非營利組織基於使命的實踐並沒有盈虧的底限，卻經常要面對理想遠大卻資源有限的窘境，比起營利組織的管理者，非營利組織管理者更應該好好學習有計畫地刪減業務，將想法轉換成具體結果的策略，還要懂得面對關鍵的抉擇。一個好的策略是以行動為導向，並能精益求精，有策略的組織則知曉進退，有所為有所不為。一句古老的諺語：「徒有善意不足以移山，要用推土機才行。」非營利組織的使命與計畫代表善意，策略就是推土機（Drucker, 1990），關於策略管理已在第四章詳述其內涵。

行銷管理的部分，行銷的觀念運用到非營利組織上始於 1969 年至 1973 年之間（Kotler & Andreasen, 1991），期間多位學者認為行銷理論不但適用於企業組織，更可擴展至非營利組織。非營利組織在採借行銷理論的過程中，有一種矛盾的心態及一種誤解。矛盾的心態是由於「行銷」有商業印象，所以寧可用「推廣」而不太願意談「行銷」。也因此延伸了一種誤解：將「行銷」誤解為只有「推廣」（promotion），忽略了整體的行銷概念。非營利組織希望交換的是思想、態度與行為，影響社會的改變，因此更要借助行銷管理以落實使命的實踐。

課題五，績效評估。要看營利組織的績效，就以利潤與虧損兩個指標來看是

否將股東權益最大化。非營利組織則因為沒有底限，總不願把績效和成果放在優先地位考量，當你詢問非營利組織的成果時，答案常常是我們做了哪些、做了多少，卻難以定義成果與績效。

貳、管理、管理者與管理矩陣

要認識非營利組織管理，先從認識企業管理（business management）開始，它含有兩套系統性的知識，一為「管理功能」（management function），另一為「事業功能」（business function）。管理功能又稱為管理程序，係指一個管理者要將其管理工作做得有效果及有效率，所必須具備的基本規劃、組織、領導、控制的技術功能。事業功能又稱為企業機能，係指一個組織、機構要能達到獲利、生存、成長及其他目標，所必須具有的基本技術功能，包括：生產功能（production function）、行銷功能（marketing function）、財務功能（finance function）、人力資源功能（human resource function）、研究與發展功能（research and development function, R&D function）、其他事業功能，例如資訊管理等。

以下就管理、管理者與管理功能依序介紹如下：

一、管理的定義

「管理」（management）這個字的字源來自義大利文的 "maneggiare"，意思是騎士駕馭馬匹奔向既定的目標。管理的定義乃依據 Mary Follett 強調的，"management is a series of activities of getting thing done with and through other people"，進一步分析：

- 管理的本質是「系統化的一連串服務」（a series of activities）。
- 管理的目的是「完成事情達到目標」（getting thing done）。
- 管理的手段是「透過他人一起」（through other people）。

許士軍則認為：管理是人類社會中一種特殊的活動，其目的在於「群策群力，以竟事功」。由此，我們可以瞭解管理是一種人類社會中特殊的活動，目的在群策群力，以竟事功；管理的手段在於集結眾人之力，追求雙效目標的達成：「『效能』（effectiveness），即做對的事，考量產出的價值與創造利潤，以及『效率』（efficiency），把事做對，考量投入資源與產出的比率的整合和協調各種活動，管理是透過一些程序發揮其功能。」

今日的社會是由大大小小不同的組織所構成的，形成組織性社會（society of institutions），人類無法離開組織而生存，而組織充滿著管理問題，使得管理在現

代社會的地位顯得更重要。

二、管理者與其角色功能

前節所述管理是透過他人有效完成活動以達到組織的目標，因此組織中指揮他人工作的個人即可稱為管理者，管理者乃是規劃、組織、領導並控制組織內的人員及工作，以使組織能順利達成目標。非營利組織管理者是指在組織內設定目標、提出可行方案，並協調、指揮與領導其他員工（志工）以達成組織目標，預估工作成果並提出改進方案的人。

（一）管理者的定義

如果將「管理者」定義為「做管理工作的人」，以下觀點可以瞭解「誰是管理者？」

1. 職位說——在組織內擔任管理職位者，例如：主任、院長、執行長等。
2. 要件說——職務工作上必須透過他人完成工作者。
3. 功能說——職務上執行「管理功能」者（規劃、組織、領導、控制）。
4. 角色說——職務工作上扮演管理角色者。
5. 有效說——職務工作能合乎彼得・杜拉克的「有效」三條件（透過他人做事、應用新資訊、產生成效），就是管理者。（洪明洲，1997）

在組織中將管理者按職權大小、職位高低排列成高、中、低（基）三層。高層管理者總管一切，為全組織的績效負責；中階管理者只對所掌理的業務負責，並且扮演高階與低階之溝通橋樑；低階管理者又稱第一線主管，直接面對做事的員工，指導或監控員工做哪些事、如何做，以促進工作的完成。

（二）管理者的分類

大多數的組織都有一些不同類型的管理者，管理者有許多的分類方式，例如依據在組織中的層級、職位與功能職稱做分類如下表：

表 5-1　管理者的類型

組織層級	職銜	工作性質
高階管理者	董事長、執行長、總裁、總經理等	策略性（strategic）
中階管理者	處長、課長、經理、主任等	戰術性（tactical）
基層（第一線）管理者	組長、督導、領班等	作業性（operational）

資料來源：作者整理

（三）管理者的角色

觀察管理人的工作，平常看到的管理者的活動如：開會、聽電話、寫報告、與人討論、出外演講等活動。管理學大師閔茲伯格（Henry Mintzberg）曾經做過一個研究：調查管理者實際上都在做哪些事？藉由實地觀察管理者的眞實工作情形與時間分配，發現這些管理者並不只是規劃、組織、領導與控制，他們同時也身兼多種不同的角色。歸納起來成爲管理者執行管理功能所需扮演的十種角色，再歸納成三大類，這三大類管理者角色在確保管理者能做好四個管理的基本功能（洪明洲，1997；Mintzberg, 1973）。

1. 人際角色

（1）形象人物（figurehead）：有義務執行一些法定的或群體所認可的例行任務，例如：代表組織主持會議，接待重要訪客、簽署重要文件等。

（2）領導者（leader）：勉勵部屬，激勵員工士氣，用人、訓練、聯絡部屬。

（3）連絡人（liaison）：和外界建立和維持人際關係網絡，聯絡組織與外部關係。

2. 資訊角色

（4）偵測者（monitor）：收集、分析環境的資訊，成爲資訊流通中心。

（5）資訊傳遞者（disseminator）：不僅收集資訊，也將資訊傳遞給部屬，與同事共享資訊，散布有用的資訊予組織內部的成員。

（6）發言人（spokesperson）：管理者負責對外發部組織的計畫、政策、作爲及成果予外界（正式場合）。

3. 決策角色

（7）創業家（entrepreneur）：管理者常有構想，尋找機會；且常想辦法改變組織現狀，他常發起組織變革。

（8）清道夫、干擾處理者（disturbance handler）：管理者常碰到未預期的組織內外的壓力與麻煩，爲了確保組織順利運作，需要另外耗費心力處理所從事的矯治、危機管理等活動。

（9）資源分配者（resources allocate）：管理者負責分配組織的各項資源，並決定誰有權處分組織的資源。

（10）協商者（negotiator）：管理者必須介入不同立場團體的談判，以平衡雙方不同的利益，管理者經常是負責主要談判中代表組織從事談判的工作。

三、管理者的功能

管理者應做什麼才能使他人做工作，而且做得有「效能」與有「效率」？管

理者必須做許多決策，並透過一連串的管理活動，才能將人與其他資源連結在一起，產生效果，達成目標這些決策與行動的過程。20 世紀初法國工業家亨利・費堯（Henri Fayol）寫到，所有的管理者都提供五種功能：規劃、組織、命令、協調與控制。經歷過數十年來，一般認爲去蕪存菁之後現有四個基本的管理功能：劃分爲規劃、組織、領導、控制等四種主要的管理功能也是管理的程序。

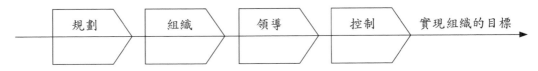

圖 5-1　管理功能

資料來源：Stephen P. Robbins（1994）

（一）管理程序的內涵

這四個功能稱爲管理程序（management process）其內涵分別介紹如下：

1. 規劃（planning）

規劃乃是管理功能之首，它啓動了其他功能的運作，是最重要的功能。管理者透過此一程序來設定組織的目標並決定行動方針、訂定規則與程序、制訂計畫，並進行預測。

2. 組織（organizing）

組織即是將組織職權與職務分配與協調的過程。透過此一分配與協調的過程，建立一個有系統的結構體。以確認應完成的工作、僱用員工完成這些工作、建立各部門、授權給屬下、建立指揮及監督系統，並協助屬下的工作。

3. 領導（leading）

領導是一種影響部屬，使其趨向特定目標努力的人際互動過程。此程序透過指導部屬使其完成份內的工作、維持員工士氣、塑造組織文化，並處理衝突與協調溝通。

4. 控制（controlling）

爲了確保組織活動能夠依事前的計畫進行，所採取的監視及校正重大偏差的活動。首先是設定績效的衡量標準、比較實際狀況與這些標準之間的差異，然後根據標準執行正確的行動或對重大偏差採取修正的行動。

以上四種功能是相互關聯的，從管理者的決策或行爲，我們很難切割出哪一件工作是單獨的規劃、組織、領導、控制，而這些功能可能同步或連續在進行，以促使成員能朝向目標有效地工作。

（二）管理程序的人性面

管理者如何進行管理？以及如何處理工作中的行為面與人性面議題？管理者的工作有規劃、組織、領導與控制，而領導就是一項非常人性導向的活動，身為非營利組織的領導人，要切記領導的關鍵不在於領袖魅力，而是使命，因此領導者首先要為所屬組織制訂使命，再將使命轉換成更精確的目標。非營利組織的「人員」多懷抱著對組織價值認同與期待而來，但是非營利組織在其他的財物資源相對較為拮据，無法也無須像營利組織以薪酬、紅利作為主要的激勵的手段。為此在管理程序上所涉及激勵員工或解決衝突等工作，將是透過領導功能，關注於管理工作的人性面，因此領導不只是管理程序中的一個步驟，也是串聯管理程序的一項完整工作。Gary Dessler（2003）就將管理者的每件工作都需要領導做了整理如下表：

表5-2　管理者的每件工作都需要領導

管理者功能	管理功能的人性面或領導面
規劃	使各部門主管共同合作以便制訂新計畫；與員工組成的小組共同討論，並鼓勵以創新觀點來看待組織的問題；若兩個部門的計畫有所衝突時，要處理這些衝突。
組織	處理不同部門之員工為謀取主宰性的地位，而引發之權力與組織政治角力等問題；鼓勵各部門彼此溝通；並要瞭解個性、動機、技能等因素，會影響誰應該或不應該執掌某些部門。
控制	影響下屬修正「失控」行為；處理員工為了使自己看似績效良好，而破壞控制系統等問題；運用有效的人際溝通技巧，以鼓勵員工改變工作方式。

資料來源：Gary Dessler（2003）

參、非營利組織的事業功能

如前節所述，組織管理含有兩套系統性的知識，一為「管理功能」，另一為「事業功能」。事業功能又稱為企業機能，係指一個組織、機構要能達到獲利、生存、成長及目標，所必須具有的基本技術功能，包括：

一、生產功能（production function）

二、行銷功能（marketing function）

三、財務功能（finance function）

四、人力資源功能（human resource function）

五、研究與發展功能（research and development function, R&D function）

六、其他事業功能，例如資訊管理等

以下就非營利組織的事業功能中的生產、行銷、財務與人力資源管理依序介紹如下：

一、非營利組織生產管理：服務方案設計與管理

生產管理是指轉換過程的設計、運作與控制，而轉換的過程就是把勞動力、設施、物料轉變成產品或服務，係在處理投入、轉換、產出與回饋（I-input, P-process, O-output, F-feedback, IPOF）之決策，期以最低的成本適時提供適值、適量的服務或產品。非營利組織基於使命提供各類的服務或活動可視為非營利組織所提供的生產，雖然活動各有不同，但是共同的是多為抽象性高的服務或活動，因此透過方案，視為能最佳呈現非營利組織的產品。

方案（program）是完成某一特定目的（goal）所採取的具體行動（action）。方案設計（program design）可說是一種產品，也可以說是一種方法。作為一種產品，方案設計必須是一種書面文件，描述執行方案的一些基本過程。作為一種方法，方案設計是一種管理決策過程，它讓主管、工作人員、及受益對象共同決策，它像是一張地圖，可供人們在陌生的環境中尋找方向（張英陣，2004）。

近年來，台灣的非營利組織在學術與實務界共同的倡導之下，逐步重視方案設計與成效評估。尤其自從1992年成立「中華社會福利聯合勸募協會」（United Way）開始推動方案設計與評估，至今不但方案設計已走向成效導向邏輯模式，著重於方案的成效評量；實務機構亦因自我成效的要求以及需要取得資源的支持，故也普遍重視方案設計與評估；各學校的相關科系所陸續開設了「方案設計與評估」列為必修或選修的科目；相繼翻譯出版有關的書籍[3]，因此在本節就方案部分不再贅述。

二、非營利組織行銷管理

行銷的觀念運用到非營利上始於1969年至1973年之間（Kotler & Andreasen, 1991）。「行銷」這個課題對台灣非營利組織管理來說，是近年來最先被關注與運用的課題，自從將行銷介入需求和所提供的服務或方案之間，行銷已成為非營利組織有效和易起共鳴的基礎。

（一）行銷的概念

「行銷管理」乃是一種分析、規劃、執行及控制的一連串過程，以制訂產品的觀念化、定價、促銷與配銷決策，來滿足個人與組織目標的交換活動（美國行銷協會 AMA，1985）。彼得・杜拉克則認為非營利組織在設計服務和行銷時，

3　例如：Lawrence L. Martin, and Peter M. Kettner 著，趙善如譯，《社會服務方案績效的評量》，1999，亞太圖書出版。Peter M. Kettner, Robert M. Moroney, and Lawrence L. Martin 著，高迪理譯，《服務方案之設計與管理》，1999，揚智文化出版公司。Emil J. Posavac, and Raymond G. Carey 著，羅國英、張紉譯，《方案評估──方法與案例討論》，2007，雙葉書廊公司。

要注意的一個要點是「把全副精力集中在本身能力所及的事項上」。行銷學大師科特勒（Philip Kotler）則說做好行銷將使「銷售」成為多餘。當非營利組織開始接觸各種以需求為基礎的募款時，或在決定為目標群體提供何種服務、和組織的同仁如何輸送服務、財務會計以及直接成本管理時，會發現行銷在非營利組織本身已成為本質上的要素。透過瞭解市場區隔、競爭、交換和4P's行銷組合等，行銷提供了非營利組織將目標與資源集中對焦非常有用的工具。總之，「行銷」概念是一種深入的追究，找出人類的需求，作為服務的根據，來規劃滿足需求的服務，以產生交換（Exchange）的結果。

（二）行銷管理的程序與內容

Drucker（1990）認為非營利行銷的首要步驟是先界定清楚本身的市場，Kotler也說行銷裡面最重要的任務，是研究市場、區隔市場、鎖定你想要服務的目標市場、做好市場定位（Positioning），還有創造出與需求相契合的服務，接下來才輪到廣告和推銷。

行銷管理程序的前提是組織要界定行銷在組織策略中的角色，再蒐集行銷資訊進行行銷研究（Research），接著進行市場區隔（Segmentation）、選擇目標市場（Targeting）與市場定位（Positioning），即為策略性行銷。在策略性行銷確定之後再透過行銷策略（即行銷組合4P's），推動行銷活動並加以控制，則為行銷管理的步驟，如下：

圖5-2　行銷管理的程序

資料來源：Philip Kotler（2000）

將線型的行銷管理步驟以組織策略思維來看則如下圖，市場研究是與組織的目標、條件對應到環境的狀況與需求；而市場區隔、目標市場、市場定位的STP則是策略性行銷，STP是透過市場研究後所做重點的選擇結果，既有所選擇則必有所取得也有所捨棄，決定之後的重點將引導4P's的行銷組合（Marketing Mix, MM）；組合之後的步驟是推動執行並加以控制。

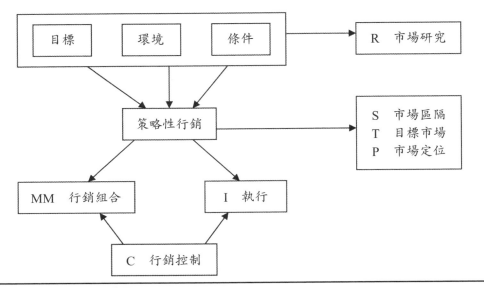

圖5-3 行銷管理的步驟

資料來源：作者整理

以下就行銷管理各步驟的內涵分述如下：

1. 市場研究

係透過研究與瞭解目標對象的欲求、需求、態度、信念及行為，才能幫助行銷者有效規劃，進而達成策變的目的。研究的目的是為了幫助決策。

2. 市場區隔、目標市場、市場定位

將眼光投注在最終的受惠者或案主身上，他們就是市場。而在選擇目標市場之前可以先將市場做區隔再做選擇，區隔市場的變項大體上可分三大類：人口統計區隔、地理區隔、心理變項區隔等。謝儒賢（1996）認為在社會服務的市場中可加一項「功能區隔」，從區隔的市場中找出目標對象，並選擇定位，這部分即是策略性行銷。

3. 行銷組合

在區隔社會服務市場與定位之後，針對服務目標市場發展行銷策略，亦即發展輸送社會服務的行銷組合（Marketing Mix）。發展行銷策略的目的是針對不同的目標人口群提供不同的服務，或是在適當的時間、地點提供適切的服務給予服務使用者。它是可控制行銷變數的組合體，組織以它在目標市場上達成任務。麥凱賽（McCarthy）將行銷組合分為四類：即產品（Product）、價格（Price）、通路（Place）及促銷（Promotion），故又稱為4P's，並強調行銷組合應適應目標市場，如下圖（Kotler & Andreasen, 1991）。

圖5-4　行銷組合對應目標市場

資料來源：Philip Kotler（2007）

4. 行銷的執行

行銷管理有策略、有規劃、有步驟，還必須落實於行動並加以控制才能瞭解其是否有效。行銷執行為有效達成行銷策略性目標，將行銷目標與策略，付諸於實際行動的活動與程序。這個系統包括四項內涵：

（1）哪些任務有待完成？

（2）上述的任務分別應由誰來負責？

（3）各項任務的時程安排與預期進度？

（4）每一項任務的資源需求估計，是否都適時、適量、適值地被配置？

5. 行銷控制

行銷控制為有效達成短、中與長期目標，組織所建立的一套對於實際執行活動的監測、評估以及偏差矯正的機制與系統。行銷控制是行銷規劃的一部分，行銷計畫需要靠行銷控制隨時地調整與即時的修正。

三、非營利組織財務管理

「非營利機構不是沒有錢做事，其實是沒有做好財務管理。」（Thomas Wolf）

「非營利機構也是要有盈餘。」（David W. Young）

（一）財務管理的功能

從非營利機構的財務活動即可檢視該機構的運作情形，非營利組織的董事、經營者、領導人、管理者皆必須瞭解機構的財務狀況，並做好財務規劃。以下說

明非營利組織的財務管理功能：

1. 使命：從非營利機構的收入、支出項目即可瞭解該機構是否合乎使命，若不合乎使命，依美國的稅法，將取消501(C3)的免稅資格。
2. 倫理：亦即機構執行人員以報公帳從事個人利益的情形。
3. 方案管理：財務管理的功能並不只是提供經費支持方案執行，同時也可以透過成本分析、監控預算……等幫助方案執行更有效率，節省成本等。
4. 行銷策略：行銷計畫和財務係有密不可分的關係。行銷計畫的產品選擇、價格訂定、產品成本……皆需要透過財務管理。
5. 募款計畫：財務報表若具公信力，將激發捐款人更認同更願意捐款，開闢財源。
6. 董事會的運作：非營利機構的董（理）事必須對機構的財務狀況負責任，同時透過財務報表也可以檢視是否有「內部交易」，或「利益輸送」的情形。
7. 危機管理：非營利機構也可能發生一些危機，例如發不出薪水，無法負擔員工退休金，或案主、志工發生意外……等，因此財務管理亦必須有風險分擔觀念，以處理危機。

（二）財務管理的活動

　　非營利機構財務活動的內涵包含三個交疊的圈，再加上必要的行政與制度整理如下圖所示：

　　從2002年以來，筆者有機會參與教育部、農委會以及衛福部的財團法人基金會之評鑑以及輔導工作，常發現多數非營利組織對其財務管理是陌生的，覺得只要交給會計或會計師即可，但因有些會計師對非營利組織不瞭解，使得誤解常常發生，以致造成非營利組織被政府追稅或欲解除其免稅地位之狀況。整體來看，會計都是依據一般公認會計原則（GAAP, Generally Accepted Accounting Principles），但是在主管單位的監督要點、相關稅法以及財務報表三大部分是與營利事業相異較大的部分。

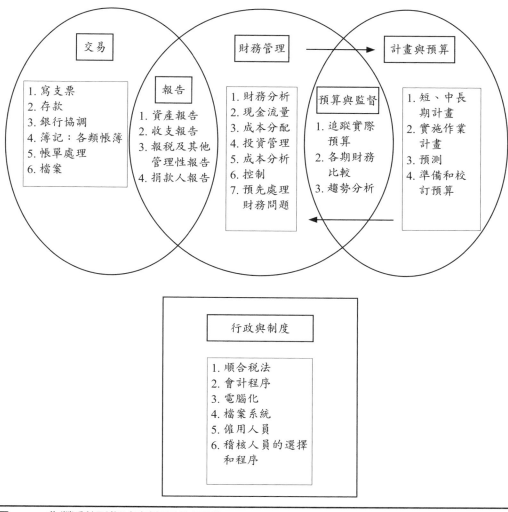

圖5-5　非營利組織財務管理的活動

資料來源：作者整理自 Management Center budgeting cash flow Fund Diversity

（三）台灣非營利組織主管單位的財務會計相關規定

　　台灣非營利組織係依據民法設立法人組織，由於民法法人分為「社團」與「財團」，故在主管單位的管理上亦分為社團與財團。社會團體在中央主管機關（內政部合作及人民團體司）管理，訂有《社會團體財務管理辦法》。財團法人則依目的事業各有其主管單位，就財團法人之管理監督訂頒有行政法規。在1999年行政程序法通過之後，在無母法依據下政府各業務主管單位在管理財團法人時，咸認為已嚴重違反行政程序法之立法精神及背離人民對該法之信賴。目前各部會的監督準則實已因無母法之依據而改成「監督要點」，再依據要點訂定「財務處理或作業要點」，例如：教育部於2004年訂有《教育事務財團法人財務處理要點》、衛福部則於2006年訂定《衛生財團法人會計作業一致性規定》、經濟部則訂定了財團法人會計相關法規，計有：2007年修定的《經濟事務財團法人內

部稽核制度一致性規範》、《經濟事務財團法人會計制度一致性規範》等；各部會的財務與會計作業規定也有其相異之處，因此建議社團法人組織需要瞭解並依《社會團體財務管理辦法》，而財團法人組織則需要依據其主管單位所訂的相關財務會計管理之規定作為組織財務管理之依據。

（四）財務報告

財務報告係指財務報表、各類科目明細及其他有助於使用者決策之揭露事項與說明。財務報表則是提供機構在特定時間的圖像，一般應包括資產負債表、收支餘絀表、現金流量表、基金異動表以及財產清冊或明細表等及其附註或附表。資產負債表又稱平衡表，是呈現機構在某一個時間點的財務位置與狀態，在非營利組織由於沒有股東的所有權，所以在淨資產部分揭露的不是股東權益而是有基金（包含法院登記的基金、特殊限制用途的基金）以及累積餘絀等。收支餘絀表則是呈現組織在一段時間內活動的狀況，一般非營利組織從收入科目及支出科目可以瞭解組織的收入來源與使用狀況是否緊扣著組織的使命與目標，同時也可以瞭解人事、行政、公關費用，募款成本是否占太高比率等。

（五）符合非營利組織相關稅法部分

非營利機構的財務管理必須順合稅法，我國的稅法對非營利事業的優惠：一是組織本身的優惠，包括所得稅、土地增值稅、地價稅、房屋稅、汽車牌照稅、關稅、娛樂稅等。其中最關鍵也最重要的是依據《教育、文化、公益、慈善機關或團體免納所得稅適用標準》第二條：「教育、文化、公益、慈善機關或團體符合左列規定者，其本身之所得及其附屬作業組織之所得，除銷售貨物或勞務之所得外，免納所得稅。」一般非營利組織所認知的年度支出用於目的事業超過60%以上即可免繳納所得稅，即來自本適用標準的第二條第八款。

另一方面則是對捐贈者在稅法上的優惠，主要是在所得稅、贈與稅等，例如《所得稅法》第二章綜合所得稅的第十七條第二款的扣除額中的第二項為列舉扣除額，其中，捐贈：係指對於教育、文化、公益、慈善機構或團體之捐贈總額最高不超過綜合所得總額百分之二十為限。但有關國防、勞軍之捐贈及對政府之捐獻，不受金額之限制[4]。第三章營利事業所得稅的第三十六條「營利事業之捐贈，得依左列規定，列為當年度費用或損失：1.為協助國防建設、慰勞軍隊、對

---

[4] 《所得稅法》第十七條第二款：扣除額：納稅義務人就下列標準扣除額或列舉扣除額擇一減除外，並減除特別扣除額：

（一）標準扣除額：納稅義務人個人扣除七萬三千元；有配偶者加倍扣除之。

（二）列舉扣除額：

1.捐贈：納稅義務人、配偶及受扶養親屬對於教育、文化、公益、慈善機構或團體之捐贈總額最高不超過綜合所得總額百分之二十為限。但有關國防、勞軍之捐贈及對政府之捐獻，不受金額之限制。

各級政府之捐贈，以及經財政部專案核准之捐贈，不受金額限制。2.除前款規定之捐贈外，凡對合於第十一條第四項規定之機關、團體之捐贈，以不超過所得額百分之十爲限。」

（六）檢視非營利組織財務管理

「巧婦難爲無米炊」，無論是營利或非營利，財務管理都是機構存亡的命脈。非營利機構的財務管理是「指如何有計畫地去控制和支配財政的資源，達成機構所製訂的目標」（梁偉康，1990）。作爲一個非營利機構的管理者、領導著，必須隨時檢視組織的財務狀況：

1. 機構在十年內是否最少有七年，其總收入大於總支出？
2. 現金流量是否足夠負擔機構90天的業務運作經費？
3. 基金母金是否每年至少5%的成長？
4. 預算計畫是否合乎實際？
5. 財務管理是否有效率的實踐機構的「使命」？
6. 機構的財務狀況是否維持槓桿原理？
7. 是否增闢財源，而不只是依靠單一的收入來源？
8. 機構財務狀況應該讓高階主管瞭解——共體時艱，隨時保有危機意識隨即調整財務對策，機構才能夠永續經營！

四、人力資源管理

在非營利組織裡，因爲是志願的成分大於僱用關係，故有關人力資源管理的議題，在1997-98年討論有關《勞動基準法》的擴大適用範圍，以及2004年《勞工退休金條例》的勞退新舊制度之選擇，著實讓非營利組織驚覺不得不重視組織的「人力資源管理」。總括來說，台灣非營利組織內的人員概分爲支薪的專職人員與不支薪的志願人員，無論社團法人或是財團法人的人力資源皆呈現多元、彈性、規模小至微型甚至沒有專任人員，卻不擅用志願人力的狀況。

在非營利組織探討「人力資源管理」要比營利事業來得不易，雖然參與的工作者不是單爲生計才來，而是爲了一種理想，這是他很大的優點，但也造成了組織的責任格外沉重，既要小心翼翼的保持大家的熱情之火，繼續熊熊的燃燒，還要賦予工作特殊的意義。

（一）人力資源管理的定義

人力資源管理可定義爲：針對組織內部所進行之吸引、培養、激勵和維持高績效員工等活動而做的管理。人力資源管理的工作，是一套經過事前計畫、有系

統改善組織表現的方法，涵蓋的範疇包括針對組織整體或部分所規劃的人力資源管理方案。

（二）人力資源管理的內涵

運用成功系統模型來看人力資源管理則包括：吸引績優勞動力、發展績優勞動力、激勵績優勞動力、維持績優勞動力的質量、改變績優勞動力以及重視績優勞動力等六大系統。整體來說這個系統包含了組織的召、選才、用才、育才、留才以及員工績效考核與終止等的管理工作。召、選、用、育、留的部分與一般人力資源管理之運用差異不大，但在人員績效部分因為非營利組織多以熱誠與理想而投入，因此較難以營利事業的利潤目標作為績效，尤其對於董事會以及執行長部分更是極少有績效評估；離職或終止部分亦因非營利組織多用溫暖、接納，對於不適任員工之處理則較不擅長。

人員績效評估最大的目的在於確定組織是否在最有效率之下達成最好的成果，同時檢視組織的目標以確保組織的存在與價值。事實上基層員工的評估應由主管來執行，而執行長級的主管則應由董事會來進行；組織運作的績效評估也應由董事會來執行。美國基金會專家納遜（J. W. Nason）提出四種評估方式如下：

1. 董事們斷續或持續的觀察執行長。
2. 董事長或其他董事成員審慎的定期評估執行長。
3. 董事設委員會做年度評估。
4. 對執行長的正式公開評估：包括聽證會、團體訪談、問卷等所得的資料。

「離職處理」的發生有因契約終止（合約到期）、身分失去（例如理、監事身分）、自動離開（另有他因離開）、被動離開（違反規則影響績效）等情況。在非營利組織內，大多數氣氛都很溫暖、接納、共聚理想的；無論任何人的離開都會對組織發生或多或少的影響，然而面對離職一事是不可避免的，因此需堅守三大原則：公平、誠實、合理，每位離開組織的員工都是公平的、被誠實對待的、過程是合法合理的，不因人的不同而有差異。在人力資源管理的用人重點是要把注意力集中在人的長處上，然後再立下嚴格的要求，並不厭其煩的評估績效，而不是請他離職就可以結束的。

肆、非營利組織評估

「評估」是非營利組織近年來使用頻率較高的辭彙，廣義的評估是指評估主體對評估客體的價值大小或高低之評價、判斷、預測的活動。狹義的評估是指在一定的時限內，儘可能系統性、有目的地對實施過程中或已完成的方案，其方案

設計與實施結果之相關性、效率（efficiency）、效果（effective）、影響（impact）和持續性進行判定和評價（鄧國勝，2001）。

當我們要捐款時，常會問道：哪一個組織運作良好？哪些方案值得我們支持？它有哪些值得我們捐獻呢？這中間所要討論的是「什麼叫好？」、「如何評估好與值得？」短短的幾十個字說明了非營利組織與方案的績效與評估的意義和重要性。評估按照評估的對象則可分為組織評估與方案評估，前者以整個組織為評估的對象，後者則以一個方案為對象，因對象不同則評估內容也各有所不同。依前節所述方案評估近年已逐漸被重視，相關論述也越來越多因此在本節僅就組織評估做闡述。

一、組織評估

就組織評估來說著重在組織能力與組織績效兩大部分。

（一）組織能力部分

創新的好計畫是指能被有效的執行，這不只是計畫本身設計良好，還要靠高績效的組織來完成計畫。相較之下，企業不只重視產品品質，也重視創造保持其產品品質的組織能力。要對社會產生大規模影響，需要組織有創造並保持高績效的能力。鄧國勝（2001）指出，就組織能力評估面向部分，以有形來說是指組織的人力、物力、財力設備等資源；無形的則是指組織的資源網絡、管理與領導能力、募款能力等等，茲分述如下：

1. 組織的基本資源評估：組織人力、財力、設備的評估。
2. 組織的管理能力評估：決策層、管理層、執行層及志工團體之間如何運作及運用組織資源達成組織使命的評估。
3. 組織結構與資源網絡評估：組織內的權責分工是否能有效達成組織使命？組織如何建立資源網絡？組織如何與資源網絡間的單位或組織互動？
4. 募款與自評能力評估：組織如何募集資金？組織是否擁有自我評估的能力？

（二）組織績效部分

組織績效（organizational performance）係指組織運作的實際成就水準，是組織運作過程中所產出之各種價值的總和。績效是任何一個組織的終極試金石，只要績效不佳可能立即被市場所淘汰。績效評估除了計畫的結果和組織效益，也要衡量組織的有效性與對社會的影響力。

二、非營利性評估

所謂非營利性評估係指非營利組織應該遵守的行為規範與準則，也就是責信（accountability）。在非營利部門發展較先進的國家為確保非營利組織能夠遵守非營利準則，一般都有相應的監督、評估機制和適合該國國情的評估標準。以美國來說，設有四道防線。第一道防線為政府的評鑑與監督，第二道防線則為獨立的第三方評估，第三道防線則為非營利組織的同行互律，以及第四道防線為媒體與公眾的監督與評估。在多元主義的體系下，非營利性評估則多依賴非營利組織自律、政府、獨立的第三方、同行互律（行業公約）和媒體等多種力量共同建構非營利組織的非營利性評估制度。

各國對於非營利組織責信之作法，多由外部獨立的非營利組織以設立「標準」或「原則」甚至「認證」等方式，其所制訂的標準、指標原則或是認證，作為各非營利組織內部建立責信以取得社會公信力的依據。台灣地區公益團體自律規範及自律公約，則由聯合勸募協會推動成立「公益團體自律聯盟」所共同倡議。

伍、結論

由於非營利組織以使命為導向，多數的資源來自志願性的捐助或支持，在理想遠大資源有限的狀況下，過去以熱心、善心即可從事的工作，如今熱心、善心卻不足以營運組織實踐理想，「管理」已成為非營利組織內不可或缺的機制與內涵。面對政治、經濟、社會、科技等的環境快速變遷，需求趨向多元化，要實踐使命則更需要重視管理。觀察台灣非營利組織管理，有如下幾個發展趨勢：

一、「管理」這個議題已從觀念倡導成為落實於組織的機制與作為。

二、近年來盛行的「社會企業」（social enterprise），是跨界學習與整合的一種模式，其中更趨近企業的思維與運作，非營利組織必須有能力面對更複雜的議題和操作的面向。

三、捐助者已從單純的支助轉變為投資的概念，因此更重視資源的有效與績效。

四、財務資源的來源已趨向多元性且競爭嚴苛，在社會福利性組織發現有越來越依賴政府資源的傾向，如此將容易失去組織的自主性，成為代工角色，不得不提醒組織的自我覺察。

五、志願服務的人力資源仍然運用得不積極，尤其決策型的志工（董、理、監事），過去認為是熱心、貢獻資源者，未來需要更積極負起組織生

存、適應與發展的決策角色，身爲法人代表則需要對法人組織負責，也就是說「治理」已不僅是在企業談「公司治理」，非營利組織基於責信更需要重視「治理」，關鍵就在董、理、監事會的角色與功能的發揮。

其實管理的議題非常動態與複雜，本章僅以有限的文字，提供概念性、架構性的資訊。

問題習作

1. 請討論非營利組織在實踐使命（價值與感性訴求）與理性管理之間該如何取得適當的平衡？
2. 請討論非營利組織的管理者需要以使命爲先？還是管理績效爲先？如何勝任雙贏的非營利組織管理者？
3.. 非營利組織評估除了控制、改進與責信之外，評估是需要成本的，請討論在資源有限的非營利組織該如何選擇適當的評估機制？

參考文獻

中文部分

王秉鈞主譯（Stephen P. Robbins 著），1994，《管理學》。台北：華泰書局。

白茂榮社區教育基金會，2000，《E 世代非營利組織管理論壇》。台北。

洪明洲，1997，《管理：個案・理論・辨證》。台北：科技圖書出版公司。

李青芬、李雅婷、趙慕芬譯（Stephen P. Robbins 著），1994，《組織行爲學》。台北，華泰文化公司

余佩珊譯（Peter F. Drucker 著），2004，《彼得・杜拉克：使命與領導——向非營利組織學習管理之道》。台北：遠流出版事業有限公司。

何明城審訂（Donald F. Harvey and Robert B. Bowin 著），2002，《人力資源管理》。台北：智勝文化事業公司。

何明城審訂（Gary Dessler 著），2003，《管理學》。台北：智勝文化事業公司。

周文祥、詹文明、江政達編譯（Peter F. Drucker 著），1999，《管理的實踐》。台北：中天出版社。

官有垣、陳錦棠、陸宛蘋主編，2008，《非營利組織的評估——理論與實務》。台北：洪葉文化事業公司。

陸宛蘋，1997，《台灣非營利組織需求診斷研究報告》。台北：亞洲基金會。

高迪理譯（Peter M. Kettner, Robert M. Moroney and Lawrence L. Martin 著），1999，《服務方案

之設計與管理》。台北：揚智文化事業公司。

張在山譯（Philip Kotler and Alan R. Andreasen 著），1991，《非營利事業的策略性行銷》。台北：授學出版社。

張茂芸譯（Regina E. Herzlinger 著），2000，《非營利組織》。台北：天下遠見出版公司。

梁偉康著，1990，《社會服務機構行政管理與實踐》。香港：集賢社。

劉淑瓊校譯（Peter C. Brinckerhoff 著），2004，《非營利組織行銷——以使命為導向》。台北：揚智文化事業公司。

鄧國勝著，2001，《非營利組織評估》。北京：社會科學文獻出版社。

蕭新煌等合著，2000，《NPO 部門——組織與運作》。台北：巨流圖書公司。

蕭新煌、江明修、官有垣主編，2006，《基金會在台灣——結構與類型》。台北：巨流圖書公司。

英文部分

Allison, M., and Kaye J., 1997, *Strategic Planning for Nonprofit Organization: A Practical Guide and Workbook*, New York: John Wiley & Sons, Inc.

Letts, C. W., Ryan, W. P., and Grossman A.,1999, *High Performance Nonprofit Organizations*, New York: John Wiley & Sons, Inc.

Olenick, A. J., and Olenick, P. R., 1991, *A Nonprofit Organization Operating Manual*, New York: The Foundation Center.

Smith, Bucklin & Associates, 1994, *The Complete Guide to Nonprofit management*, New York: John Wiley & Sons, Inc.

Wolf, T., 1999, *Management Nonprofit Organization in the Twenty-First Century*, New York: A Fireside Book Simon & Schuster.

Chapter 6

非營利組織勸募與慈善捐贈

涂瑞德

學習重點

▶ 瞭解影響非營利組織勸募的法規與倫理準則。

▶ 瞭解非營利組織勸募的原則、方法與策略。

▶ 瞭解如何規劃與執行非營利組織勸募活動。

▶ 瞭解如何進行非營利勸募策略分析。

▶ 瞭解非營利組織的勸募功能與績效評估。

▶ 瞭解個人慈善捐贈的背景、動機和決策。

▶ 瞭解企業參與社會公益之模式。

摘　要

　　本章探討非營利組織勸募與慈善捐贈之間的關係。非營利組織的勸募規範，各國有不同的架構與模式。非營利組織在進行勸募活動時，也應該遵守倫理準則，以確保捐贈者權益保障與資訊透明公開。在規劃與執行勸募活動時，非營利組織可以遵循一些基本原則，並且採取不同方法與組合。另外，非營利組織可以藉由勸募個案說明和捐贈分配表，來針對勸募來源、人數與規模，進行事前的預估。而非營利組織主要採用的勸募方法包括：（1）年度勸募；（2）郵寄與網路勸募；（3）資產勸募；（4）特殊事件勸募；（5）大筆捐贈；以及（6）遺產捐贈。透過勸募金字塔和矩陣分析，可以進一步針對勸募市場與策略作分析。依據不同的組織發展階段，非營利組織勸募循環、功能與人力資源也應該隨之調整。在評估非營利組織勸募績效時，應該考量環境特徵、組織特性與勸募策略等不同的影響因素。最後，慈善捐贈的背景、動機與決策模式，受到許多內在與外在因素的影響。為了提升勸募績效，非營利組織需要跟不同類型的捐贈者，建立與維繫良好的捐贈者關係。

壹、前言

　　在現代社會中，非營利組織提供教育、醫療、休閒、環境保護、議題倡議等相關方面的服務與方案。除了依賴商業活動收入與政府補助之外，慈善捐贈也是許多非營利組織的重要收入來源。為了提高責信與組織聲譽，非營利組織在進行勸募活動時，必須瞭解相關的法規與倫理。而勸募原則、方法與策略的使用，也必須考量捐贈額度與勸募市場的策略。至於針對勸募功能與績效評估，則可能會依據組織的特徵與不同發展階段，有所差異。最後，勸募專業人員應該瞭解慈善捐贈的背景、動機和決策模式，才能有效建立與維繫捐贈者的關係。

貳、勸募法規與倫理

　　勸募法規與倫理，會影響個人或機構對於慈善捐贈的決策與支持度。針對勸募活動的管理，歐美各國採取不同的規範架構與模式，藉此提升勸募活動的責信與資訊公開（Breen, 2009；Harrow, 2006；Phillips, 2010）。Breen（2009）的研究指出，政策制定者希望透過勸募規範：（1）避免非法的勸募活動；（2）提升勸募資源運用的效率與（3）提供一般捐款者更多捐贈決策參考資訊。依照不同的政策目標與程序，Breen（2009: 116-123）認為勸募規範架構的基本模式可

以分爲：（1）法定上限（the statutory cap model）；（2）當場揭露（the disclosure upon receipt model）；（3）集中監督（the central regulator model）和（4）自我規範（the self-regulation model）。涂瑞德（2011）探討歐美與亞太地區國家如何藉他律或準他律和自律規範，來監督與管理勸募活動。他律或準他律規範主要是透過一些明文的法律規定，明訂政府主管機構、勸募許可要求、勸募支出限制和公開徵信方式。而自律規範則是由一些非營利勸募協會或團體，來發展勸募專業與倫理、勸募規範倡議和自律公約。

我國自從 2006 年 5 月通過《公益勸募條例》立法之後，也增強了政府對於非營利組織進行公開勸募活動的監督與管理。衛生福利部的社會救助及社工司也設置公益勸募管理系統（http://donate.mohw.gov.tw/），提供非營利組織線上申請勸募許可與相關勸募活動的統計資訊。自從《公益勸募條例》實施後，所衍生的主要爭議包括：（1）勸募許可要求；（2）勸募主體認定；（3）勸募支出限制與（4）法規執行的困難（台灣公益團體自律聯盟，2008；陳佳妤，2007；許傳盛，2007；陳竹上等，2012）。陳竹上等（2012）以檔案分析法及內容分析，針對莫拉克風災後的募款所衍生的《公益勸募條例》執行困境與爭議，進行實證研究。陳竹上等（2012：3）的主要研究結果顯示，（1）資格限制會影響災後勸募團體發起的數量；（2）發起勸募的團體需要加強災後應變能力；（3）災後勸募有大者恆大的集中趨勢；（4）轉捐規範、資訊公開和會計作業準則有待加強。

勸募人員在規劃與執行各種勸募活動時，也必須遵守相關的倫理準則，來維護捐贈者的權益。在 2006 年所通過的國際勸募倫理守則，建議勸募人員必須遵守的守則包括：誠實、尊重、正直、同理和透明。依據美國勸募專業協會（Association of Fundraising Professionals）所制定的《勸募倫理原則與標準》（Code of Ethical Principles and Standards），鼓勵個人與團體會員在從事勸募活動時能遵從一些原則，這些原則包括：確保公眾責信、闡揚組織使命與目標、增進個人的勸募專業知識、評估勸募活動對不同團體造成的衝擊、尊重個人隱私與自由意志、支持多元文化與價值以及遵守相關勸募法規。同時，美國勸募專業協會也針對會員義務、勸募活動與勸募資金使用、資訊提供以及酬勞與契約等有另外制定道德標準。例如，會員不應該以勸募總額的百分比來作爲勸募契約或酬勞的計算。另外，美國勸募專業協會也聯合其他團體，共同制定捐贈者權益法案（A Donor Bill of Rights），讓捐贈者可以有公開資訊來輔助決策，瞭解捐贈使用目的，並且獲得適當的感謝。

參、勸募原則、方法與策略

　　瞭解勸募的基本原則與方法，有助於研擬合宜的勸募個案說明、預估潛在捐贈金額和採取有效的勸募方法及組合。謝儒賢（2004）歸納一些重要的勸募基本原則與技巧包括：（1）二八定理；（2）勸募是撼動人心的工作；（3）向勸募對象傳遞「需要」的訊息；（4）把捐款人視爲「朋友」，而非僅是顧客；（5）認識你的捐款人；（6）方便捐款人；（7）掌握時機；（8）實驗、實驗、再實驗；（9）教育捐款人和（10）經常說謝謝。而勸募活動發起的合理、目標和重要程度，取決於非營利組織能否提供一個完整而且具有說服力的勸募個案說明（Seiler, 2003b）。表6-1 列出勸募個案說明必須涵蓋的主要內容以及必須闡述的重點。勸募個案說明會影響勸募活動所能發揮的功效和可以吸引的勸募金額，所以非營利組織應該系統地蒐集與彙整相關的勸募活動背景資料，並且瞭解勸募市場環境的變遷。

表6-1　用於吸引捐款者的勸募個案說明

勸募個案內容	必須闡述的重點
使命說明	對於勸募緣起的體認；對於非營利組織本身方案的瞭解
目的	解決問題過程中所欲達成的目的
目標	目的達成後的成果
方案與服務	非營利組織可以提供的服務（包括一些實際案例說明）
財務	提供服務與服務的支出，藉此顯示出慈善的重要性
治理	由志工領導及治理結構所顯示出的組織特徵與品質
員工	組織成員的資格與優勢
設備與服務遞送	可使用的設備；方案與服務遞送的優勢與效能
規劃與評估	藉由方案、勸募計畫與評估程序來顯示服務的投入、強勢與影響力
歷史	組織成立者或成員的輝煌歷史；彰顯組織過去累積的信譽

資料來源：The Fund Raising School（2002）

　　勸募活動的規劃過程中，也必須審慎考慮如何向不同類型的捐贈者進行勸募。一般對於捐贈者的分類與捐贈能力的評估，是藉由捐贈分配表（Gift Range Chart）來進行分析（Rosso, 2003）。表6-2 爲達成年度勸募（annual fund）美金 $60,000 元可以考慮設計與採用的捐贈分配表。表6-2 同時也列出在不同的捐贈額度所需要的捐贈人數、潛在捐贈人數、不同額度的捐贈總額和捐贈總額的累積。例如，捐贈額度在美金 $1,500 元的捐贈者人數爲4 人，捐贈總額爲美金 $6,000 元。此外，捐贈分配表也有助於瞭解整體捐贈的來源與組成。例如，表6-2 中顯示年度勸募的前 60% 的捐贈總額是由 10% 的捐贈者所貢獻。非營利組織可以視組織大小、勸募方法組合與捐贈市場規模，來擬定一個合理的捐贈分配表，有效協助勸募活動的事前規劃與事後評估，捐贈分配表也可以用於比較不同非營利組織的勸募績效。

表6-2　年度勸募的捐贈分配表（目標：美金 $60,000）

捐贈額度（$）	實際捐贈者人數	累積捐贈者人數	潛在捐贈者人數	累積潛在捐贈者	不同額度的捐贈總額	捐贈金額累積
3,000	2	2	10（5:1）	10	6,000	6,000
1,500	4	6	20（5:1）	30	6,000	12,000
750	12	18	48（4:1）	78	9,000	21,000
500	18	36	72（4:1）	150	9,000	30,000
250	24	60	72（3:1）	222	6,000	36,000
	10% 的捐贈人數					60% 的捐贈總額
100	120	180	360（3:1）	582	12,000	48,000
	20% 的捐贈人數					20% 的捐贈總額
少於100 [a]	400	580	800（2:1）	1,382	12,000	60,000
	70% 的捐贈人數					20% 的捐贈總額

[a] 以平均捐贈金額爲美金 $30 來計算
資料來源：The Fund Raising School（2002）

　　非營利組織勸募必須達成的目標包括（1）成長；（2）參與；（3）能見度；（4）效率和（5）穩定度（Warwick, 1999）。成長的目標，主要希望勸募總收入金額可以增加。此外，勸募活動的設計，應該能吸引不同類型捐款者的參與。林依瑩、朱盈勳與陳莉莉（2007）分析弘道老人福利基金會的成功募款策略包括：（1）發展貼近社會需求的服務；（2）募款活動應該盡量擴大參與，擁有大量的贊助者；（3）應該與最佳贊助人建立長期與穩定關係和（4）提升弘道的社會責信。爲了有效達成勸募目標，非營利組織可以採用的勸募方法主要包括：（1）年度勸募；（2）郵寄與網路勸募；（3）資產勸募；（4）特殊事件勸募；（5）大筆捐贈和（6）遺產捐贈（陳希林等譯，2002；Sargeant & Jay, 2004；Temple, 2003）。不同的勸募方式與組合，有其特定的目的和成本效益，非營利組織可以視情況來加以運用。以下針對一些非營利組織經常使用的勸募方法，進行介紹與說明。

　　年度勸募（annual funds）對於非營利組織是很重要的。年度勸募讓非營利組織可以逐步建立一個穩定的捐款者基礎，並尋求他們對於其他勸募活動的支持（Rosso, 2003）。更重要的是，年度勸募可以讓非營利組織定期與捐款者接觸，開發更多的捐款者以及跟組織的利害關係人保持密切的互動關係。勸募人員也可以利用年度勸募方式，來將捐款者進行市場分析以及作分類。而有些年度勸募方案也會跟年費或會費的繳納合併，藉此發揮更大的勸募功效。

　　郵寄與網路勸募（direct mail and online solicitation）係指藉由傳統或電子郵件來吸引或鼓勵捐贈。相較於其他勸募方式，郵件勸募的成本是比較高的。不過，郵件勸募比較容易在短時間內將勸募訊息傳遞給許多分散各地的既有與潛在捐贈者，其成效也取決於郵寄名單的取得與編列。另外，成功的郵件勸募也應該將捐贈者分類，瞭解他們的捐款歷史、頻率、額度以及首次捐款的訊息來源（Warwick, 2003）。在進行郵件勸募時，通常需要透過信件來跟捐贈者溝

通。因此，表6-3 列出在撰寫勸募信前必須思考的問題和優質勸募信所必須具備的基本原則（Warwick, 2001）。近年來，藉由網路社群媒體如臉書或群眾募資（Crowdfunding）網站，提供一個平台讓群眾發起或支持各種不同類型的創意與創作（FlyingV 團隊，2014）。

表6-3　優質勸募信的思考問題與基本原則

思考問題	基本原則
1. 募款信的主要目標以及訴求對象	1. 強調我與您（主要是您）
2. 募款信的閱讀者是否有共同的理念、經驗、或興趣？	想邀請您……；您的參與……；希望您……
3. 你是否瞭解這些閱讀者關心的議題？	2. 強調回覆募款信可以獲得的利益
4. 這些閱讀者與組織之間的關係	（1）您的 $1,000 元捐款，將可以提供200 個愛心便當給獨居老人
5. 你希望閱讀者看完這封募款信之後，採取哪些具體的行動？	（2）如果您捐款 $500 以上，我們將提供一個由喜憨兒所製作的手工卡片
6. 你期望的最低捐款額為多少？	3. 勸募金額要明確
7. 哪些問題、需求、議題或機會促使組織寄發募款信？	4. 募款信的包裝要經過完善的設計
8. 誰會在募款信上簽名？	5. 使用淺顯易懂的文字敘述
9. 募款信的簽名者跟閱讀者之間有何關係？	6. 注意募款信的格式（行距、段落、字體、字形、標點符號等）與文法（語詞、結構）
10. 回覆募款信的捐款者是否會得到一些實體與無形的利益？	7. 信函內容中可以讓閱讀者在看完之後會考慮立即採取行動
11. 閱讀者是否必須立即或在某個期限之前採取行動？	8. 募款信的長度應視訴求的重點與議題做適當的調整

資料來源：Warwick（2001: 75-80; 105-113）

特殊事件勸募（special events）是指藉由一些造勢活動來吸引或鼓勵捐款。通常採取特殊事件勸募的目的可能包括：（1）潛在捐贈者的開發；（2）感謝現有贊助者；（3）結合社會或社區的節慶活動；（4）吸引新的贊助者；（5）建立網絡關係；以及（6）保有品牌形象與聲譽（Webber, 2003）。非營利組織經常使用的特殊事件類型包括：（1）全國性活動；（2）感恩活動；（3）運動比賽；（4）戲院與畫廊的開幕和（5）拍賣會（Wendroff, 2003）。通常在進行特殊事件勸募時，必須設定如何達到損益平衡、進行規劃、招募志工以及考慮相關的後勤支援（Webber, 2003）。特殊事件勸募往往也是費時費力，而且容易受一些不確定因素如天氣或事件本身吸引程度而影響整體的勸募成效（Grønbjerg, 1993）。

大筆捐贈（major gifts）係指捐款者在特定時間內，捐贈龐大的金額來支持非營利組織的勸募活動。一般而言，大型捐贈主要透過企業、基金會或是富有的企業家。例如，一些國立大學如台灣大學、交通大學與清華大學，都有來自企業或校友捐資興建與命名的建築物或大樓。

資產勸募（capital campaigns）是非營利組織為了特定資產需求在特定期間內所進行的大規模且金額龐大的勸募活動（Pierpont, 2003）。資產需求一般包括新建或改建大樓、用地或設備取得以及增加原始捐贈基金（endowment）。資產

勸募與其他勸募活動不同的地方包括：（1）勸募金額龐大；（2）必須進行可行性評估；（3）勸募的期間通常比較長且密集和（4）依賴大型捐贈。非營利組織在進行資產勸募時通常會先進行可行性評估，來瞭解事前準備必須注意的事項和能否可以順利達成所設定的勸募目標。

遺產捐贈（planned giving）係指捐款者將遺產的一部分指定捐給非營利組織。一般遺產捐贈類型主要包括（1）立即遺產捐贈；（2）預期遺產捐贈以及（3）延後遺產捐贈（Regenovich, 2003；Sargeant & Jay, 2004）。立即遺產捐贈包括股票、房地產以及慈善信託。預期遺產捐贈包括遺囑、退休金以及終生壽險。延後遺產捐贈包括慈善捐贈年金以及慈善保留信託。非營利組織在進行遺產捐贈時，必須鎖定潛在的捐贈者並且準備相關的書面資料。必要時，一些遺產捐贈還必須與律師與會計師合作，擬定一個合理的捐贈計畫。

Sargeant 與 Jay（2004）將勸募類型分為以交易基礎、關係和心靈等三類。非營利組織在評估要使用何種勸募方式或組合時，也可以參考捐贈金字塔（The Pyramid of Giving）（參見圖6-1），考慮捐款者關係與捐贈額度之間的關係。例如，在金字塔底端，通常是針對社會大眾或一般捐贈者，所請求的捐款額度較低。而在金字塔的中高端，則會針對一些長期支持或參與程度較高的捐贈者，請求大筆捐贈、資產勸募或遺產捐贈。

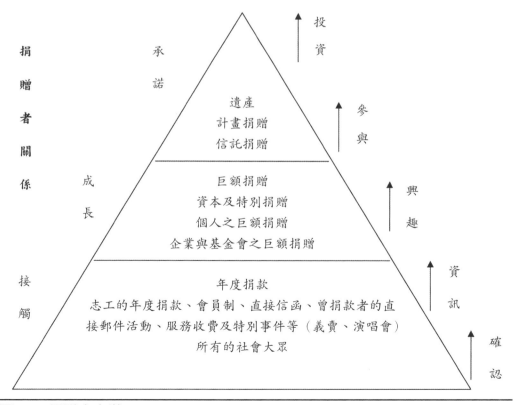

圖6-1　捐贈金字塔

資料來源：Greenfield（2002）

Weinstein（2009）針對勸募策略發展，提供一個完整的流程與步驟分析。此外，非營利組織也可以藉由情境與矩陣分析，來構思勸募策略的市場定位與競爭分析（司徒達賢，2005；Hawkins, 2001）。Jeavons 與 Basinger（2000）認為，宗教團體所採取的勸募功能與策略，強調捐贈者與神建立關係、視捐贈為信仰的擴充、勸募程序著重福音分享與鼓勵將捐贈視為用來彰顯神所提供的福祉。藉由勸募策略的規劃，非營利組織可以瞭解既有的人力、資源與能力，如何可以採取有效的勸募方法，並專注或開發不同類型的勸募市場。表6-4 顯示勸募策略與市場的矩陣表，非營利組織可以藉此分析不同的捐款市場與所使用的勸募策略之間關係。劉振旺（2012）曾經針對聖心教養在1989 至2008 年的勸募策略與市場發展進行矩陣分析，他的研究結果顯示，隨著非營利組織在不同階段的成長與發展，非營利組織所採取的勸募策略與選擇競爭的勸募市場也有所差異化。

表6-4　勸募策略與市場矩陣

策略＼市場	政府	企業	基金會	慈善會	個人
郵件勸募					
網路勸募					
特殊事件勸募					
大筆捐贈					
資產勸募					
計畫捐贈					

資料來源：修正自 Hawkins（2001: 22）

肆、勸募循環、功能與績效評估

非營利組織在進行勸募活動時，必須有妥善的規劃與執行力，才能發揮最大的功效。一般而言，勸募常常是藉由不同的活動或事件，以循環漸進的方式，來爭取不同類型捐款者的支持。一個完整的勸募活動循環（fundraising cycle）必須考慮勸募個案內容、勸募市場概況、確認目標、志工參與、選擇募款方式、找出潛在捐款來源、進行勸募活動以及管理及維繫捐款者（Seiler, 2003a）。瞭解勸募活動循環，將有助於進一步構思勸募個案說明以及訂定合理的捐款分配表。Kay-Williams（2002）以組織生命週期的觀點，將非營利組織勸募功能，分成五個不同的發展階段。至於每個發展階段的主要執行者、專職員工、志工參與、創辦人角色和對捐款的依賴程度特徵，參見表6-5。

表6-5　非營利組織勸募功能發展階段與特徵

發展 階段 特徵	熱情呼籲 （成立階段）	資金需求 （初期發展）	需要協助 （成長期）	獨立運作 （轉型期）	共同合作 （成熟期）
主要執行者	少數核心志工	眾多志工 團體	專職人員負責 勸募	建立專責勸募 單位，進行策 略規劃	擴充專責勸募 單位，並且採 用行銷導向
專職員工／ 志工參與	專職員工和執 行長的部分參 與	開始尋求聘用 專職勸募人員	志工開始增加 參與	志工負責一些 地區性的勸募	志工與專職人 員共同合作
創辦人角色	創辦人與家族 成員的高度參 與	創辦人持續參 與，但增加志 工的投入	創辦人減少參 與	創辦人不具影 響力	重新檢視過去 連結並建立新 的關係
對捐贈的 依賴程度	沒有目標	開始拓展	對於捐贈有成 長需求	增加捐贈收入	建立穩定的長 期的捐贈來源

資料來源：修正自 Kay-Williams（2000: 228）

　　在進行勸募活動時，必須讓組織內外部的不同成員以團隊方式來共同參與，這些成員包括執行長、勸募專業人員、董事會、顧問和志工（陳希林等譯，2002；林冠宏，2010）。執行長的任務主要為確認募款的目標，協助勸募專業人員取得相關的資源和負責跟董事會溝通。勸募專業人員負責擬定勸募計畫、管理勸募程序以及鼓勵志工的參與。董事會除了需要大力捐款支持組織的勸募計畫，也要負責提供諮詢建議以及透過自己的人際網路來協助進行勸募。至於顧問，則是針對一些大型勸募方案如資產勸募的設計或規劃，進行相關可行性的評估或提供建議。而勸募活動也需要許多的志工參與，來共同協助勸募方案的執行。陳希林等譯（2002）建議非營利組織可以從以下的管道來尋求優秀的勸募義工：（1）新人義工、（2）白天班的義工、（3）明星名人、（4）女性、（5）低收入者、（6）銀髮族、（7）X 世代與 Y 世代、（8）非都市居民和（9）企業。

　　勸募活動的績效評估與影響因素，一直是非營利組織學者與實務人員所關心的重要研究議題（涂瑞德，2010）。Cordes 與 Rooney（2002）指出，針對個別與整體非營利組織的勸募成效評估，牽涉到許多績效衡量與責信的相關議題。因此，他們建議在勸募績效衡量上，必須考慮如何估算整體的勸募成本和發展合宜的指標來比較不同勸募方式的財務報酬。另外，關於勸募活動績效指標的定義與衡量，目前學術界與實務界有許多不同的看法（涂瑞德，2010）。Greenfield（1997）歸納九個與評估勸募活動成效相關的指標（參見表6-5）。這些指標包括：（1）參與人員、（2）勸募收入、（3）成本、（4）參與程度、（5）平均捐款額、（6）淨勸募所得、（7）每筆捐款的成本、（8）平均勸募成本和（9）報酬。

　　勸募專業人員協會（Association of Fundraising Professionals, 2005）建議，在評估一個非營利組織整體的勸募績效與成本時，從實務觀點，必須考慮以下的環

境跟組織因素：

一、組織年齡：歷史較悠久的非營利組織通常會比新設立的機構有勸募優勢。

二、勸募部門的年齡：成立較久且僱用比較多專業人員的勸募部門，通常會比新設立的勸募部門有較佳的勸募優勢。

三、勸募資金來源：如果比較高的比例是來自於小額捐款或個人捐贈，通常整體勸募成本會比較高。

四、勸募方式：針對新捐款者的郵寄勸募成本會比既有捐款者高；資產勸募的報酬率會比年度勸募高；遺產捐贈勸募前幾年可能投資報酬率很低；特殊事件勸募比大型捐贈的投資報酬率低。

五、組織規模：勸募的投資報酬率也許會跟組織規模有關。

六、捐款者的背景：捐款者的社會經濟情況會影響勸募的投資報酬率。

七、組織的所在地：位於較富裕地區的非營利組織，其勸募投資報酬率會比較高。

八、勸募個案內容的吸引程度：個案內容以及所能吸引的捐款群體會影響勸募投資報酬率。

九、勸募市場競爭情況：如果面臨許多潛在競爭者，勸募投資報酬率將下降。

涂瑞德（2010）的實證研究，探討環境特徵、組織特性與勸募策略如何影響非營利組織勸募計畫的績效。他的研究結果顯示組織年齡與類型和勸募專業人員對於勸募計畫績效有顯著的影響。另外，方案特質與某些勸募策略對於勸募計畫績效也有顯著的關係。

伍、慈善捐贈與捐贈者關係

Frumkin（2006）認為慈善捐贈的三大核心問題在於：效能（effectiveness）、責信（accountability）與正當性（legitimacy）。效能的問題在於如何評估一個方案的成效。責信的問題在於如何對捐款者或不同利害關係人顯示慈善捐款的合理使用。正當性的問題在於應該透過何種方式或機制來決定慈善捐款的用途與分配。個人和企業的慈善捐贈背景、動機和決策，受到許多不同因素的影響。在個人層次，一些美國學者的實證研究發現，慈善捐贈的金額與捐贈者本身的高所得、高財富、高度宗教活動參與、志願主義、年紀、婚姻、高教育程度以及高度財務穩定度等因素有正相關（Havens et al., 2006）。然而，性別、種族和宗教信仰對於捐贈的影響顯然比較複雜。

收入與財富明顯會影響慈善捐款。過去研究關注的焦點是捐款占一般家庭收入的比重是否在不同所得階級會有所不同，且認為這中間可能存在一個 U 型的對應關係。不過，根據波士頓學院財富與慈善研究中心的調查發現，家庭所得在高所得（介於美金 $30,000 到美金 $50,000 之間者）的階級，才會明顯比其他所得階級有比較高比例的支出用於慈善活動。同樣的情形，也適用於捐款占財富的比重。

宗教活動或團體參與也影響慈善捐款。例如全美捐贈與志願服務（Giving and Volunteering in the United States）的調查顯示，參與宗教團體的家庭平均的捐款額是沒有參與宗教的家庭的兩倍。此外，有宗教信仰的家庭往往同時捐款給宗教性及世俗性的非營利組織。不過，另外一個以加州居民為主的捐款與志願服務調查結果卻顯示，宗教活動或團體的參與跟慈善捐款之間有複雜的因果關係，必須同時考慮其他因素如年齡、收入或種族的影響。

志願服務的參與也對於慈善捐款有影響。根據全美捐贈與志願服務的調查結果顯示，參與志願服務的人平均捐款額比沒有參與志願服務的人高出二到四倍之多。慈善捐款也大致隨捐款者年齡而增加。至於性別是否影響捐款？全美捐贈與志願服務的調查結果顯示性別對於家計單位的捐款額，並沒有顯著的影響。不過，相關研究發現在遺產捐贈上，女性明顯高於男性。而已婚的家庭的慈善捐款，通常高於單身或離婚者。教育程度也明顯影響慈善捐款。全美捐贈與志願服務的調查結果顯示教育程度越高的受訪者跟參與慈善捐款的比例有正相關。最後，當捐款者的財富穩定度比較高時，他們也比較願意持續捐款支持非營利組織的活動。另外，孫仲山等（2005）針對台灣南部居民的調查研究結果顯示，職業、收入與宗教會影響一般民眾的捐贈行為。

非營利組織勸募人員如果充分瞭解慈善捐款的動機和決策模式，將有助於設計更有效的勸募方案。慈善捐贈的動機可以從不同的構面來探討。根據 Vesterlund（2006）整理相關的文獻指出，一般民眾捐款，除了受稅賦減免的誘因之外，還有一些公共利益（public benefit）與私人利益（private benefit）的驅使。在公共利益部分，捐贈者希望藉由慈善捐款來維繫非營利組織所提供的服務、確保非營利組織服務的品質、提供服務給弱勢團體以及擴增服務到偏遠地區等。在私人利益部分，捐贈可以帶給個人滿足感、成就感、公開表揚、會員福利以及優先參與非營利組織的活動等。

Schervish（1997）的研究則指出，慈善捐贈的驅動因素包括：

一、社區參與：個人所參與的團體或組織。
二、思想架構：決定個人活動的優先順序與價值觀的信仰、目標與傾向。
三、直接邀請：被其他人或組織邀請參加慈善活動。
四、可支配資源：個人可以自由運用於從事慈善活動的時間與金錢。

五、個人年輕時尊崇的典範與經驗：個人年輕時的經驗影響成年後的慈善活動行為與參與。

六、緊急性與有效性：對於慈善援助所能帶給陌生家庭、社區、組織或國家在災難時的協助程度。

七、人口特徵：個人本身、家庭以及社區的環境與組織因素影響對於慈善活動的投入。

八、內在與外在報酬：個人親身參與後所得到的正向經驗與結果將影響個人對於慈善活動的持續投入。

這些驅動因素，可以用於解釋與預測一般民眾對於慈善活動的參與程度，包括慈善捐款以及志願服務。

另外，林冠宏（2010）將中小型非營利組織的捐款者分成六個類型包括：（1）衝動型捐款者、（2）理性型捐款者、（3）習慣型捐款者、（4）崇拜型捐款者、（5）從眾型捐款者和（6）友誼型捐款者。針對個人捐贈者的決策模式，Sargeant（1999）提出一個架構，說明哪些內在、外在和程序因素，可能決定個人捐贈的類型與忠誠度（參見圖6-2）。此外，Frumkin（2006）提倡策略性捐贈（strategic giving）的觀念，他建議一般個人或機構捐贈者在進行慈善捐贈活動時，可以思考以下五個問題，包括：（1）捐贈行為對於社區與個人的重要性？（2）哪些非營利組織的方案成效比較好？（3）透過哪種慈善捐款模式可以達成我的目標？（4）何時應該提供捐款？（5）對於我的捐贈應該有何種程度的參與及能見度？

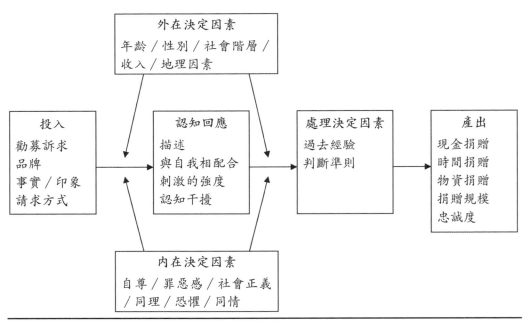

圖6-2　個人捐贈者的決策模式

資料來源：Sargeant（1999）

另外，Galaskiewicz 與 Colman（2006）指出，企業與非營利組織合作的動機包括：（1）增加利潤與改善財務績效、（2）增進管理效能、和（3）改善社會福祉。而企業與非營利組織合作也有助於讓經營管理階層提升社會地位與組織形象。最後，企業也可以藉由慈善活動來表達對於社區的參與以及對社會問題的關心。翁慧圓（2009）歸納四種企業參與社會公益的主要模式與合作之概述（參見表6-6）。

表6-6　企業參與社會公益之模式與合作概述

參與模式	合作概述
一、金錢捐助	1. 企業編列年度預算直接捐贈公益團體、或提供社福團體提案申請。
	2. 鼓勵內部員工捐款、企業本身提撥一定比例捐款給社福團體、或補助捐款。
	3. 企業舉辦週年慶或表揚活動，順便邀集參與對象或客戶捐款公益團體。
	4. 針對特定專案或重大急難事件，企業發起內部員工一日捐。
二、實物捐贈	1. 企業直接編列公益預算購買民生用品或急難救助用品捐助社福團體發送特定對象。
	2. 企業於節慶時發起愛心募集活動，為公益團體之扶助對象募集禮物、用品。
三、人力資源贊助	1. 企業志工：企業訂定志工日，邀集所有員工參與社福團體一日志工活動；或鼓勵員工長期參與志工服務。
	2. 專業技術志工：企業提供專門技術人員協助社福團體各項必要之援助，如電腦種子教師、英文課輔教師……等。
	3. 免費提供場地設備供社福團體使用，如電腦教室、會議活動場地……等。
四、結合企業產品資源之贊助捐贈	1. 企業自有產品之直接捐贈，如電腦軟體、奶粉、技術課程、參觀門票……等。
	2. 自行研發專屬產品款式提供社福團體義賣或行銷運用，如絲巾、星願娃、認同卡。
	3. 企業特定產品銷售金額固定比例捐贈社福團體。
	4. 企業釋出行銷通路為社福團體募款或募集資源，如店頭零錢捐、網路競標、購物頻道、手機捐款……等。
	5. 企業釋出廣告資源為社福團體行銷，如門市海報、DM、戶外看板、跑馬燈、帳單、刊物、手機答鈴……等。

資料來源：修正自翁慧圓（2009：38-39）

　　為了提升勸募的成效，非營利組織必須跟捐贈者建立良好的關係（Rees, 2007）。針對不同類型的捐贈者，非營利組織可以採取差異化的捐贈者關係管理方式（參見表6-7：弘道老人福利基金會與捐款人的關係維繫）。另外，陳椿愛（1994）的研究則顯示，一般民眾決定不捐贈的原因，包括個人特質與情境問題、溝通問題、勸募反映問題和組織形象問題。

表6-7　弘道老人福利基金會與捐款人的關係維繫表

捐款金額	方式	備註
潛在捐款者	勸募信件、電話和人員的接觸	可針對未捐款，卻有可能成為潛在捐款者
首次捐款	首次捐款感謝信／感謝卡；服務個案作品明信片；組織服務介紹光碟及相關文宣品	工作人員／或志工的感謝電話
定期定額	更新信件	定期定額捐款者，但捐款授權即將過期，因此需要提醒捐款者，請更新捐款，並寄送相關表格。在捐款授權已過期一個月及過期三個月則另外通知
特殊活動捐款	特殊活動捐款勸募信件、勸募宣傳單張、活動邀請信、活動計畫書等	有特殊活動或個案需求，需要額外的捐款，如「挑戰八十、超越千里──不老騎士歐兜邁環台日記」活動
3,000-10,000	感謝信及捐贈謝卡（個案作品）	
10,000-30,000	感謝信社區關懷據點作品──四色牌摺紙等	發揮服務個案和社區老人專長如繪畫、書法、摺紙等製成感謝紀念品致贈給捐款者
30,000-50,000	感謝信感謝狀（表框）	由各服務處主任致電並寄送感謝狀
50,000-100,000	感謝牌（小）	由各服務處主任致電並親自贈送感謝狀
100,000-300,000	感謝牌（中）	由執行長致電並親自贈送答謝
300,000 以上	感謝牌（大）	由執行長致電並親自贈送答謝

資料來源：林依瑩、朱盈勳與陳莉莉（2007：118）

陸、結論

　　非營利組織透過勸募活動來推廣慈善捐贈理念，並且募集社會資源。本章介紹勸募法規與倫理、勸募原則、方法與策略、勸募循環、功能與績效評估和慈善捐贈與捐贈者關係。非營利組織實務工作者，可以將本章所提到的一些重要勸募觀念、方法與模式應用於勸募活動的規劃與執行，藉此增加組織的財務資源，也跟捐贈者建立良好的關係。

問題習作

1. 非營利組織在進行勸募活動規劃時，應該注意哪些法規與倫理守則？
2. 非營利組織可以採用的勸募原則與方法有哪些？請舉實例說明。
3. 參考表6-3，爲某個非營利組織撰寫一封優質勸募信。
4. 參考表6-4，針對一個或多個非營利組織的勸募市場與策略進行分析。
5. 非營利組織在評估勸募績效時，應該考慮哪些因素及選用哪些指標？
6. 哪些因素可能會影響個人的慈善捐贈動機與決策？
7. 企業參與社會公益的模式有哪些？這些模式與非營利組織有何關係？

參考文獻

中文部分

Flying V 團隊與經濟日報記者群，2014，《FlyingV 我挺，你做得到！群眾募資，30 個成功個案的15 個關鍵祕訣》。台北：經濟日報。

司徒達賢，2005，《策略管理新論》。台北：智勝文化。

台灣公益團體自律聯盟，2008，《「公益勸募條例法規實行細則」暨「公益勸募許可辦法」施行週年建議座談會結案報告》。

林冠宏，2010，〈中小型非營利組織募款能力建構——以台北市八頭里仁協會例〉。《非營利組織管理學刊》，第 8 期，頁 78-111。

林依瑩、朱盈勳、陳莉莉，2007，〈弘道老人福利基金會募款實務之探討〉。《社區發展季刊》，第 118 期，頁 112-120。

涂瑞德，2010，〈非營利組織勸募計畫績效的影響因素〉。《公共行政學報》，第 37 期，頁 1-35。

涂瑞德，2011，〈各國勸募規範模式與內容之比較〉。載於社團法人台灣公益團體自律聯盟（主編），《公益勸募條例面面觀》，頁 31-51。台北：社團法人台灣公益團體自律聯盟

陳竹上、傅從喜、林萬億、謝志誠，〈我國災後勸募規範之法制發展與運作實況——以莫拉克風災後全國性勸募活動爲例之法實證研究〉。《政大法學評論》，第 129 期，頁 301-379。

陳希林等譯（Joan Flanagan 原著），2002，《募款成功》。台北：五觀藝術管理有限公司。

陳佳妤，2007，〈公益勸募應有的政策取向與檢討〉。《社區發展季刊》，第 118 期，頁 163-179。

陳愛椿，2004，《持款捐款行爲之研究——以財團法人瑪麗亞文教基金會爲例》。國立中正大學社會福利研究所碩士論文。

許傳盛，2007，〈「公益勸募條例」實施一年後之觀察分析——以高雄市在地經驗爲例〉。《社區發展季刊》，第 118 期，頁 40-48。

孫仲山、蘇美蓉、施文玲，2005，〈慈善捐贈行爲之研究分析〉。《台灣社會工作學刊》，第 3 期，頁 1-45。

翁慧圓，2009，〈社會福利機構運用企業資源與挑戰〉。《社區發展季刊》，第126期，頁34-47。

劉振旺，2012，《非營利組織募款策略發展歷程之研究──以嘉義縣聖心教養院爲例》。南華大學非營利事業管理學系碩士論文。

謝儒賢，2004，〈募款的基本技巧與原則〉。《非營利組織培力指南第二輯》，行政院青年輔導委員編印。

英文部分

Association of Fundraising Professionals, 2005, "What are some guidelines for evaluating fundraising costs?" Alexandria, VA.

Breen, O. B., 2009, "Regulating Charitable Solicitation Practices-The Search for a Hybrid Solution," *Financial Accountability & Management*, 25(1): 115-143.

Cordes, J. J., and Rooney, P. M., 2002, *Task force report: Fundraising costs*, Arlington, VA: National Center on Nonprofit Enterprise.

Frumkin, P., 2006, *Strategic giving: The art and science of philanthropy*, Chicago: University of Chicago Press.

Galaskiewicz, J., and Colman, M. S., 2006, "Collaboration between corporations and nonprofit organizations," Pp.180-124 in W. W. Powell and R. Steinberg (eds.), *The nonprofit sector: A research handbook*, 2nd ed, New Haven: Yale University.

Greenfield, J. M., 1997, "Costs and Performance Measurements," Pp.165-177 in D. F. Burlingame (ed.), *Critical Issues in Fundraising*, New York: John Wiley, Inc.

Greenfield, J. M., 2002, *Fundraising Fundamentals: A Guide to Annual Giving for Professionals and Volunteer* (2nd ed.), New York: John Wiley.

Grønbjerg, K. A., 1993, *Understanding nonprofit funding: Managing revenues in social services and community development organizations*, San Francisco: Jossey-Bass.

Hawkins, K., 2001, "Strategic Planning for Fund Raising," Pp.14-28 in G. M. Greenfield (ed.), *The Nonprofit Handbook: Fund Raising* (3nd ed.), San Francisco: Jossey-Bass, Inc.

Harrow, J., 2006, "Chasing Shadows? Perspectives on Self-Regulation in UK Charity Fundraising," *Public Policy and Administration*, 21(3): 86-104.

Havens, J. J., O' Herlihy, M. A., and Schervish, P. G., 2006, "Charitable giving: How much, by whom, to what, and how?" Pp.542-567 in W. W. Powell and R. Steinberg (eds.), *The nonprofit sector: A research handbook* (2nd ed.), New Haven: Yale University.

Hopkins, B. R., 2002, *The Law of Fundraising* (3rd ed.), New York, NY: John Wiley.

Jeasons, T. H., and Basinger, R. B., 2000, *Growing Giver's Hearts*, New York: John Wiley & Sons, Inc.

Kay-Williams, S., 2000, "The Five Stages of Fundraising: A Framework for the Development of Fundraising," *International Journal of Nonprofit and Voluntary Sector Marketing*, 5(3): 220-240.

Pierpont, R., 2003, "Capital Campaigns," Pp.117-138 in H. A. Rosso and E. R. Tempel (eds.), *Hank Rosso's Achieving excellence in fund raising* (2nd ed.), San Francisco: Jossey-Bass.

Regenovich, D., 2003, "Establishing a planned giving programs," Pp.139-158 in H. A. Rosso and E. R. Tempel (eds.), *Hank Rosso's Achieving excellence in fund raising* (2nd ed.), San Francisco: Jossey-Bass.

Rees, S., 2007, "How do I Thank Thee? The Many Ways to Acknowledge Your Donor's Generosity and Show Your Appreciation," *Advancing Philanthropy*: 32-35.

Rosso, H. A., 2003, "The annual fund," Pp.71-88 in H. A. Rosso and E. R. Tempel (eds.), *Hank Rosso's Achieving excellence in fund raising* (2nd ed.), San Francisco: Jossey-Bass.

Sargeant, A., 1999, "Charitable Giving: Towards a Model of Donor Behaviour," *Journal of Marketing Management*, 15(4): 215-238.

Sargeant, A., and Jay, E., 2004, *Fundraising Management: Analysis, Planning and Practice*, London: New York: Routledge.

Schervish, P. G., 1997, "Inclination, obligation, and association: What we know and what we need to learn about donor motivation," Pp.110-138 in D. F. Burlingame (ed.), *Critical issues in fund raising*, New York: Wiley.

Seiler, T. L., 2003a, "Plan to succeed," Pp.23-29 in H. A. Rosso and E. R. Tempel (eds.), *Hank Rosso's Achieving excellence in fund raising* (2nd ed.), San Francisco: Jossey-Bass.

Seiler, T. L., 2003b, "Developing and articulating a case for support," Pp.49-58 in H. A. Rosso and E. R. Tempel (eds.), *Hank Rosso's Achieving excellence in fund raising* (2nd ed.), San Francisco: Jossey-Bass.

The Fund Raising School, 2002, *Principles and Techniques of Fundraising*, Center on Philanthropy at Indiana University.

Temple, E. R. (ed.), 2003, *Hank Rosso's Achieving Excellence in Fund Raising* (2nd ed.), San Francisco: Jossey-Bass.

Vesterlund, L., 2006, "Why do people give?" Pp.568-590 in W. W. Powell and R. Steinberg (eds.), *The nonprofit sector: A research handbook* (2nd ed.), New Haven: Yale University.

Warwick, M., 1999, *The five strategies for fundraising success*, San Francisco: Jossey-Bass.

Warwick, M., 2001, *How to Write Successful Fundraising Letters: Sample Letters, Style tips, Useful Hints, Real-world Examples* (1st ed.), San Francisco: Jossey-Bass.

Warwick, M., 2003, "Direct Mail," Pp.245-258 in E. R. Tempel (ed.), *Hank Rosso's Achieving Excellence in Fund Raising* (2nd ed.), San Francisco: Jossey-Bass, Inc.

Webber, D., 2004, "Understanding charity fundraising events," *International Journal of Nonprofit and Voluntary Sector Marketing*, 9(2): 122-134.

Wendroff, A. L., 2003, "Special events for the twenty-first century," Pp.273-288 in H. A. Rosso and E. R. Tempel (eds.), *Hank Rosso's Achieving excellence in fund raising* (2nd ed.), San Francisco: Jossey-Bass.

Weinstein, S., 2009, *The Complete Guide to Fundraising Management* (2nd ed.), New York: Wiley.

Chapter

7

非營利組織與志願服務

呂朝賢、鄭清霞

學習重點

▶ 瞭解志願服務的範疇與定義：本文藉由Cnaan 等人
所發展的志願服務組織要素架構，剖解我國志願服
務法及適宜於台灣情境的志願服務範疇。藉此提供
讀者一更廣泛的參考框架，以助理解志願服務的潛
在社會功能。

▶ 瞭解影響個人參與志願服務的要素：本文以Verba
及其同僚所發展的公民參與模式，檢整與志願相關
的理論與經驗研究。希藉此提供讀者能快速一窺影
響志願參與的要素，並有助於讀者未來剖析不同志
願服務時，或設計志工管理制度時之參酌。

摘　要

　　志願服務是當下台灣重要的公民集體行動之一，亦是非營利組織長久以來遂行組織使命的重要資源。本章透過 Cnaan 等人所發展的志願服務組織要素架構，剖解我國《志願服務法》及適宜於台灣情境的志願服務範疇。本文主張應放寬現行《志願服務法》中的志願服務定義，以更廣泛地納入不同形式的志願服務活動，增進社會的福祉。如同其他人類行動般，志願服務參與有其複雜因素。本章第二部分以 Verba 及其同僚所發展的公民參與要素架構，檢整相關經驗研究。總的來說，影響民眾參與志願服務的因素大致可區分成：意願、能力與機會等三大項，此三者愈高，則志願服務參與率愈高，奉獻的志願服務時數亦愈高。而志願服務參與意願，除受到世代經驗所影響外，個人的生命歷程經驗、宗教信仰與利他傾向，皆是影響的要素之一。影響個人能力多寡之要素則有時間因素、健康因素、知識與技術等；而影響志願服務機會的要素則包括：居住地點與社團參與，兩者皆會影響個人取得志願服務工作的訊息、獲得徵詢的機會、及需參與的壓力或責任。最後，基於上述的討論，我們提出應將志願服務定位為台灣社會重要的潛在人力資源，惟此項資源的健全，有賴於政府與各部門組織的協同努力。志願服務的確是孕育公民社會的養分，但並非免費的，需用心呵護，才會展現功效。

壹、前言

　　近年來台灣非營利組織（nonprofit organization，以下簡稱 NPO）數量及服務範圍有顯著擴張趨勢，台灣民眾參與志願服務人數與意願皆有增加趨勢，而政府亦訂定相關獎勵措施與法律（如：《志願服務法》），以多元政策誘因鼓勵民眾投身於志願服務。這些條件十分有利 NPO 擬定相關計畫，廣納志願服務人力資源，以因應組織運作困境與遂行 NPO 的使命。

　　然而，攸關志願服務人力的招募、訓練、維持與發展皆需 NPO 投入人力與資源。更重要的是，人們參與志願工作的動機與原因殊異，運用一般支薪受僱者的人力資源管理模式──以金錢或其他與個人利益有關之誘因來維持人力的原則──並不全然適用於志工的管理與運用。而且各 NPO 所需之志工並不一樣，有的 NPO 可能需要長期投入的志工，有的可能僅需短期的志工，如果 NPO 不瞭解志願服務的供給因素，將有礙於志工資源的有效運用。為使非營利組織初學者對於該組織重要人力有一概括的理解，本文擬介紹的主題分別為：（1）志願服務的意義；（2）民眾參與志願服務的理由。期待藉由這二項議題的簡述，可對 NPO

＊　本文是自筆者已發表的數篇志願服務相關文章編修而來。

管理者、學習者及政府，提供未來規劃志工運用制度之參考。

貳、志願服務定義與參與趨勢

　　依我國《志願服務法》第三條的規定，志願服務與志工的定義分別是（衛生福利部，2014）：「一、志願服務：民眾出於自由意志，非基於個人義務或法律責任，秉誠心以知識、體能、勞力、經驗、技術、時間等貢獻社會，不以獲取報酬為目的，以提高公共事務效能及增進社會公益所為之各項輔助性服務。二、志願服務者（以下簡稱志工）：對社會提出志願服務者。」此法一方面反映出志工為志願服務的載體，而志願服務則為志工的行為實徵，若欲定義志願服務，無法忽略志工，反之亦然；另外此法亦突顯出，志願服務蘊藏著多元複雜的面向，非簡單地以「做善事」就可涵括其全部的社會意義。

　　事實上，志願服務的定義依年代、社會環境、文化而有不同的意義，從早期為宗教而戰之志願軍（Karl, 1984），到現代以家庭與企業為單位的志願服務型態，志願服務的可能類型相當多元。為此，本文透過 Cnaan 等人（1996）所提的志工框架來爬梳駁雜的志願服務類型，以利增進瞭解志願服務的實質內涵。Cnaan 及其同僚認為志工可由「自由選擇」（free choice）、報酬（remuneration）、結構（structure）、預期受益對象（intended beneficiaries）等四大定義（組成）要素（參閱表7-1）來定義之[1]。這四項要素係基於志願服務參與者的淨參與成本（net cost of volunteering）假設——即對志工而言，投身志願服務所需付出的成本減去所獲得的收益——若淨成本愈高者，志工性質或志願服務純粹性愈高。

　　表7-1 志工定義所含的四個面向，實際上亦反映了「志願服務」此一人類行為的「抉擇彈性、收益、實踐的環境脈絡、後果」；而四項要素中皆各具備了不同類別／程度屬性，不同面向下類型的排列組合結果，即為各種志願服務類型之集合。例如稍早提及的《志願服務法》中界定志願服務為：「民眾出於自由意志，非基於個人義務或法律責任，秉誠心以知識、體能、勞力、經驗、技術、時間等貢獻社會，不以獲取報酬為目的，以提高公共事務效能及增進社會公益所為之各項輔助性服務」（內政部社會司，2001），若依 Cnaan 等人（1996）的說法，則可轉譯成「民眾於自由意志選擇下，於立案組織中，所從事之有益他人或社會的無酬行為，但此行為有時可獲得某些程度的補貼，以資助其執事所需」。此一轉譯結果將「基於個人責任與義務」、「未立案組織」、「有益個人與親朋」、及

---

[1]　Cnaan et al.（1996）所提的分類元素在其它文獻中亦有提及，請見 Davis Smith（2001）、Karl（1984）、Lukka & Ellis（2001）等人的著作。

「領取津貼」之行為排除在外[2]。但如此的定義準則，是否適合台灣現存的志願服務活動，則不無疑問。

表7-1　志工的定義面向

面向	類型
自由選擇	1. 自由意志
	2. 相對而言未受強迫
	3. 有責任
報酬	1. 完全沒有
	2. 非預期
	3. 補貼支出
	4. 津貼／低薪
結構	1. 正式的
	2. 非正式的
潛在受益者	1. 有益他人／陌生人
	2. 有益親朋好友
	3. 有益自己

資料來源：Cnaan et al.（1996: 371）

在德語與瑞典語中，志工通常被稱為自由意志者（free willer; freiwilliger; friwilliger）。而在中文字詞中對從事志願服務者通常以「歡喜甘願」來形容。這二個例子其實就反映傳統上與一般大眾的認知皆視志願服務或成為一名志工是個人自由意志選擇下的結果，如果是被強迫去做的，那其「志願」的屬性將大打折扣。然而人們在從事志願服務活動真的那麼自由自在，可依自由心志決定嗎？Freeman（1997）指出，志願服務的參與有時是受到社會壓力或同儕壓力所致。而且隨著志願服務屬性的多元化，事實上現今有許多新型態之志願服務工作係含有義務與責任屬性的，如：替代刑罰志工（alternative sentencing volunteers）：對犯罪人以適當的社區服務工作時數來替代刑罰（McCurley & Lynch, 1996）；以及基於互惠的利他關係（reciprocal altruistic relationship）而投入志願服務的學校義工爸爸媽媽等，這些可能隱含著「義務」、「責任」，甚至「半強迫」的屬性存在。因此，吾人以為，應放寬此一條件，僅排除完全被強迫的志願行為，個人只要在參與志願行為的決策時，擁有決定參與與否的權利要件，且能滿足法令中應盡責任／義務者[3]，即便是選項有限，皆不能排除此行為是志願服務的可能。

2　被排除的四項類別，所依據之法條分別為，（1）「基於個人責任或義務」：第三條第一款，請參閱註釋4。（2）「未立案組織」：第三條第三款規定志願服務運用單位僅限於立案之團體，一般民間的慈善會、未立案組織、原住民部落、一般社區皆不包含在內。（3）「有益個人與親朋」：第二條及第三條第一款，請參閱註譯4。（4）「領取津貼」：第十六條中規定係指志工運用單位可補貼志工執事所需的支出，此屬補貼支出，而非領取津貼。

3　這一點是為區別替代刑罰志願行為與扶養親屬行為。因為後者並無法透過交換「行為的受益對

通常我們將志願服務定義為不求回饋的活動，此種不求回饋就是做任何事都是為他人或公眾的利益著想，而不是為了累積個人的財富、聲望或其它收益而做，換句話說，志願服務的「志」是「志在為他人、社會公益，而非個人利益」。但此一基於利他精神（altruism）的志願服務真的是志願服務的唯一形式嗎？答案恐非如此。如果我們將志願服務之報酬放寬來看，它其實是可分為有形與無形的二類。有形報酬如金錢，無形報酬如聲望、健康。這些報酬皆是志工可能獲取的收益，亦是促使人們投入志願服務的理由。以服務信用銀行[4]（service credits banking）為例（Coughlin & Meiners, 1990; Cahn, 1992; Ellis, 1995），早年的投入可換取未來相關服務的回饋，在文獻中（McCurley & Lynch, 1996）亦已有所謂「津貼志工」[5]（stipended volunteers）類型的志願服務活動，例如：財團法人國際合作發展基金會，對於該會長期志工，除海外服務期間提供住宿或房屋租金外，每月亦固定給予生活津貼與調適津貼，惟調適津貼係於任滿後發放予志工，以協助志工重返國內升學或就業[6]。也因此，筆者認為，我們應以更寬廣的態度來看待志願服務的「報酬」，凡有益於社會者，皆有機會被視為是志願服務。

志願服務通常被認定是由立案組織所推展的，但有些非正式部門的慈善活動[7]，例如：社區守望相助團隊所進行的社區性志願服務工作，其益人、益世性並不亞於正式部門的慈善活動，斷然排除這些活動似有不當。再者，排除非正式部門中的志願服務活動其實有違「人人皆可參與」的志願服務基本精神。事實上，志願服務活動對少數民族、不同於西方文化的民族而言，通常比較傾向於非正式部門中運行，例如：紐西蘭的原住民毛利人，其社區的志願活動常涉及到文化規範下的互惠、責任與義務，而這些活動皆非於正式部門中所進行的（Robinson & Tuwhakairiora, 2001）。

至於對志願服務的潛在受益者，一般是將利己行為視為非志願服務。的確，志願服務係以利他為主要依歸，但純然利他的志願服務活動其實很少（Smith, 1981），Handy 等人（2000）發現大眾所認知的志願服務活動，應當是其行動對

象」而滿足法律應盡之責任／義務。

[4] 中華民國弘道老人福利基金會於1997年開始推行的「全國志工連線計畫」，並結合「志工人力時間銀行」或者說「時間貨幣—互助券」的制度，創造出一種台灣本土性的服務信用銀行制度。在此制度下，志工在照顧老人時，可儲存服務時數，用以交換服務遠地親人或儲存留至將來自己老年使用。（林依瑩，2005）

[5] 津貼志工需符合幾個條件：（1）係組織中的經常性服務活動；（2）幫助的對象與志工無個人關係；（3）志工雖非以賺取服務報酬為考量，但可得到低於該工作市場價值的財務報酬；（4）此財務報酬需低於該志工為參與此志願服務活動所需投入的成本（Mesch et al., 1998; Tschirhart et al., 2001）。

[6] 國際合作發展基金會「志工 Q & A」：http://goo.gl/5kLKkj 及 http://goo.gl/9WqC3e。

[7] 嘉義的何明德行善團，為一未立案的慈善團體，其亦未有固定的志工團隊，每次的造橋志工成員皆不固定，但這數十年來這些志工已合力建造了數百座橋樑，對社會之貢獻不言而喻。

社會的助益大於個人的參與淨成本（個人成本減個人收益），且個人參與成本需大於個人之獲益，而當社會獲益與個人參與的淨成本愈大時，其志願服務屬性就愈強。例如：我國《志願服務法》中，亦有若干對志工的獎勵措施，如：志工績效優良者在服役、升學、進修、就業、消費上皆有一定之優待（請參閱該法第十六條至二十一條）。易言之，傳統上認定志願服務者應以利他為己任，利己事項則被隱而不談。然現代志願服務早已從所謂的禮物關係推衍至交換關係（Davis-Smith, 2001）。我們不否認，從事志願服務者應以他人與社會利益為重，但這不意謂志工本身毫無獲益。

總而言之，現行志願服務已超越了「人可僅依憑自由意志來做參與志願服務與否決策的假定」。因此吾人主張如行為的產生是被強迫的，則此行為不能視為志願服務，否則應有被視為係志願服務的條件。再者，我國《志願服務法》中雖認定志願服務不能有津貼，但我們認為若津貼的作用是為了滿足跨越志願服務參與的障礙，則具有此項特徵之行為仍不宜被排除於志願服務的候選範圍中。第三，我們亦認為不宜斷然排除非正式部門的服務行為，因此類型行為或許並非正式機構或組織所推行，但其對於社會整體福祉的提升仍有一定的助益，不宜貿然拒斥之。最後對受益對象而言，本文主張排除以利己為主要考量的服務行為，如果執事過程中志工本身有獲益，但其獲益低於執事所需成本者，應還是有被視為是志願服務的可能。此項主張擴大了現行《志願服務法》中對志願服務的範疇，但這不意謂志願服務可無限延伸地納入所有人類活動，本文採納 Cnaan 等人原創，Handy 等人修正的主張，以行為的淨成本（net-cost approach）來衡鑑符合前述四項結論的行為，以作為「志願服務與否」的準則。當行為之屬性愈屬於「自由意志下之選擇、無報酬、為立案組織中活動、及以公益為執事目的」者，其志願的性質愈高，亦可得到大眾的認同。

參、參與志願服務的影響因素

為何人們愈來愈傾向投入志工服務呢？除整體的社會氣氛與結構改變所致外，到底還有哪些因素影響人們捐贈時間呢？而影響人們時間捐贈額度的原因又為何呢？本節將檢整相關的理論與經驗研究來說明此二議題。我們將採 Verba 等人（1995）在討論政治活動參與時所提出的意願、能力與機會等三個面向，檢討相關經驗研究結果，以供讀者參考。

一、意願因素

在經驗研究中，有關志願服務意願的指標變項，大致以世代經驗、慈善行為

經驗、宗教信仰、性別等變項來代表，其相關研究結果如下：

（一）世代經驗

世代係指經驗相同生活事件的一群人（Ryder, 1965），世代亦可指涉為同時進入相同社會系統者，經驗相同的社會化過程的一群人；也因此同一世代者，將具有類似價值觀，並且會影響其行為傾向，而屬於民眾社會行為之一的志願服務，亦無法免於受到世代經驗的影響。美國政治學者 Robert Putnam 所談及的社會資本與世代間關係的論述，即為此項論點的代表性著作之一。

Robert Putnam 認為人際之間的信賴感，合作解決共同問題的集體行動意願，皆需透過面對面的溝通來培養，且深受成長過程中的經驗所影響（Putnam, 1995）。Putnam 假定個人早年生活經驗強烈且持久地影響個人社會態度的發展與形塑，且此一由歷史經驗所形塑的態度，將持續影響後續生命週期中的社會行為。簡單地說，Putnam 所謂的「公民心」與「公民責任」，即代表各種不同世代經歷共同事件後，所留存的共同意識。因此，不同世代間的志願服務行為，其實是受不同世代志願服務精神影響下所反映出的集體行為。

Robert Putnam 論點受到許多西方經驗研究支持（Goss, 1999），對台灣的老年人來說，此項論點亦有一定的說服力。由於解嚴前的台灣民眾，不分族別與性別，皆具有同樣的社會參與機會被箝制之經歷，這些負面歷史經驗，所形成的不安與不信任感受，如同嫌惡刺激（aversive stimulus）般，抑制了民眾志願參與的意願；且世代愈高者（即愈年長者）此嫌惡經驗愈強，因為他們不僅經驗了國民政府在戒嚴時期對於人權的種種壓制（參閱薛化元等，2003），還具有日治時代被高壓統治的經歷，或面臨當時各種戰亂經驗。另外，這段歷史中的種種社會制度，尤其是戒嚴時代對集會結社自由的嚴格限制，也造成了個人於日常生活缺乏適當的「角色模範」與「學習機會」，去培養對社會的責任感與信任感。世代愈高者志願服務參與率愈低，其實是各世代志願服務參與意願不同所致（呂朝賢與鄭清霞，2005a）。

（二）慈善行為經驗

參與志願服務的意願除受到世代集體經驗影響外，亦受到個人生命歷程中的慈善經驗所影響。例如在老人學中的持續理論（continuity theory）即主張人的生命週期各階段間皆是漸次發展的，對先前階段的整合，有助於個人發展因應下階段問題的調適策略。而持續的狀態有二種：一是如情感、意見、性格傾向、偏好等內在的層次；一是如角色關係、活動等外在的層次（Atchley, 1989）。依此論點，人們會傾向維持其偏好、態度與行為的穩定，若年輕時候有參與志願服務者，在其年老時期時，亦會有較高的參與意願（Utz et al., 2002）。

在經驗研究中，通常以「先前的志願服務工作經驗」為解釋變項，分析它

對老年人志願服務參與的影響。研究結果普遍支持，老年或退休前期有參與志願服務者，在退休或老年期到來時，志願服務參與的傾向會較高（Cutler, 1977；Chambré, 1984；Okun, 1993；Utz et al., 2002），且先前志願服務工作經驗愈近期者，參與的意願愈高（Caro & Bass, 1997），對未來志願服務的參與意願亦愈高（呂朝賢與鄭清霞，2005a）。個人慈善經驗的累積，除透過捐贈時間方式外，捐血與捐物資亦是方式之一，三者皆有助於累積個人的慈善經驗，增加投入志工的意願（呂朝賢與鄭清霞，2005b）。

（三）宗教信仰

宗教信仰有助於培養人們的利他精神、萌發參與志願服務的意願而投身於志願服務中（Wilson, 2000；Fischer & Schaffer, 1993: 60）。事實上，許多宗教團體，如：慈濟，即以志願服務活動當作是信眾體驗宗教使命的重要儀式。這意謂宗教信仰有助於培養人們的利他精神與利他行為，並有助於培養社區凝聚（community cohesion）與對他人的責任感。因此，當個人成為宗教的成員時，將會增強其參與志願服務的意願和投入的程度[8]（Fischer et al., 1993: 59-61）。但上述的論定是否普遍適用於各種宗教呢？Wilson 與 Janoski（1995）的研究指出，天主教與各種不同的基督新教教派（路德教派、衛理公會、浸禮會、聖公會……等）對於志願服務的涉入並不一致，愈強調入世社會關懷（this-worldly social concerns）的宗教，愈傾向投入與宗教無關的志願服務工作，反之，如保守的新教徒，則較傾向投入與宗教有關的志願服務工作。而 Becker 與 Dhingra（2001）、Park 與 Smith（2000）的研究則指出，宗教信徒間所形成的社會網絡可提高個人投入非宗教性志願服務的可能性，且其影響力遠大於宗教信仰。

（四）利他傾向

女性一般被視為較男性有利他主義傾向與同情心，較能感受他人需求，所以會有較高的參與率（Wilson & Musick, 1997a）；而且，女性較男性更傾向於選擇志願服務作為未來生涯的主要日常活動（呂朝賢與鄭清霞，2005a）。為何如此呢？我們認為這與女性社會化過程有關，女性經常被教導／或被視為照護提供者，她們在惻隱之心、利他精神上，皆高於男性（Oswald, 2000；Wymer & Samu, 2002；Wuthnow, 1996）；或者說，相對於男性而言，女性在生活態度、價值與行為的衡量中，賦予惻隱之心與利他行為較高的權重（Wymer & Samu, 2002；Dietz et al., 2000）。

8　意願與機會兩者會相互影響。因為從「意願」面向分析，有宗教信仰或利他情懷者比較容易參與志願服務，但也可能因為他參加宗教組織後，而增強其宗教信仰或利他情懷。

　　家中小孩數量對志願服務的參與及投入之時間有正向的影響關係[9]。可能原因有二：（1）互惠因素：個人的志願服務參與因素不僅與個人潛在的獲益有關，家人從此活動的獲益亦是考評的因素，獲益愈多者，其參與的可能性愈大。Freeman（1997）以互惠的利他關係（reciprocal altruistic relationship）來指稱此現象。而 Smith（1994）回顧文獻時發現，有學齡小孩的父母參加與小孩有關的活動較頻繁，亦是基於此理由。（2）社會資本因素：志願服務參與與活動訊息之取得、及社會壓力有關。家中孩子的數量是測量社會資本（social capital）的指標之一，小孩愈多表示家庭涉入社區活動或與社會的互動愈高（Wilson & Musick, 1997a），如此可能接收到的志願活動訊息較多、推促參與的社會壓力就較大，因而有較高的志願服務參與率。而對於家庭中父母的志願工作參與狀況而言，父母有參與志願服務工作者，則小孩參與志願服務工作的可能性愈大（van Duk & Boin, 1993）。這是因為父母的志願活動參與對小孩有示範作用，或者說它會形成一種家庭文化；再者，父母參與志願服務工作亦會使該家庭接收志願工作訊息、與被詢問參與相關活動的機會更多，小孩因此更有機會去參與該類活動。

　　利他傾向有時會因為特殊的情境條件中而被激發出來，Dynes（1994）將災難過程與環境中，民眾助人行為稱之為情境式的利他行為（situational altruism）。呂朝賢（2008）對於921災難中的志工研究，即發現 Russell R. Dynes 的說法與921震災初期的過程相當符合。由於台灣媒體24小時大量複製與傳遞受難者的形象，引發人們的憐憫心與慈善行為外，災區既有的社會機制被破壞，改變了既有的社會規範，使得人們重新凝聚新的緊急規範，並以集體行動（透過捐贈時間、金錢、物資等慈善行為）來降低對情境的焦慮感，即為此項情境式利他行為的證例之一。

二、能力因素

　　有時民眾係因自我能力的限制，致無法參與志願服務，而非不願意參與志願服務。影響自我能力的要素包括：（1）時間因素：因照護責任、工作時間彈性等理由，無法撥出足夠的時間參與志願服務；（2）健康因素：雖然有時間，但因為身體狀況不佳／無法承受，而無法參與志願服務；（3）技術能力門檻：因為某些志願服務有工作能力的限制，如：需要會使用網際網路，而使沒有這項技能的民

---

[9]　Carlin（2001）的研究則發現，家中小孩子數量的增長會增加已婚婦女的志願服務參與率，但對於投入的時數則會減低。不過，van Duk 與 Boin（1993）的研究則未支持上述的關係。另外，Selbbe 與 Reed（2001）的研究則指出家中有年齡5歲以下的小孩會減少父母參與志願服務的可能性，而如為6歲以上則會增加父母參與志願服務工作的機率。此一現象與小孩的活動有關，有偶者為配合小孩之教育與娛樂的活動之需求而參與志願性服務工作，當小孩年齡太小時因為上述活動之需求而減少父母參與志願服務工作之機會。

眾無法參與志願服務。

（一）時間因素

通常我們以家庭所得／工作薪資爲指標，來表示時間因素對志工參與的影響。在此有二個相反的假說，來說明時間與志工參與的關係：一是高所得者因「溫飽」不成問題，故較有餘暇參與志願工作，低所得者則每日辛苦顧肚皮，較沒有「閒工夫」來參與「無酬」的志願服務；二是所得愈高者因工作忙碌或單位時間薪資高，而沒有時間參與志願服務；相對地，所得較低者因無須加班或單位時間薪資低，所以反倒有時間參與志願服務。相關研究類別，大致可區分成：機會成本與價格、投資報酬率、時間分配彈性等三項，以下即簡述這三項研究類別的相關經驗研究：

1. 機會成本與價格

每個人一日時間皆僅有 24 小時，當人們決定參與志願服務時，勢必排擠其它活動的時間。再者，慈善奉獻（charitable contributions）的形式，不僅僅只有捐贈時間（勞務）一項，實物與金錢兩者亦是很普遍的慈善奉獻形式；假設一個人的慈善奉獻有其自定之合理量，那麼不同型態奉獻間可能會有排擠或互補的現象存在。因此就個人而言，志願服務之投入與參與程度，將受到放棄其它活動的時間機會成本（opportunity cost of time）或擁有價格（own-price）、不同奉獻活動之交叉價格（cross-price），及志願服務的財貨屬性之影響[10]。

就機會成本而言，國內研究中有的指出收入與志願服務的參與成正向關係（邱柏青，2000），但有的則無（陳泰元，2003），或依志願服務類型而有所差異（郭瑞霞，2003），或依收入層級而異（呂朝賢與鄭清霞，2005b）。在外文文獻中，多數研究者以個人之淨（稅後）薪資率當做指標，研究結果亦無定論。Menchik 與 Weisbrod（1987）、Wolff 等人（1993）、Andreoni 等人（1996）等研究發現當人們淨薪資率愈高則投入志願時數的時間愈少。但 Carlin（2001）對已婚婦女的志工勞動供給研究發現，婦女的薪資率對其參與志願服務沒有顯著的影響效果，對投入的時間亦無顯著影響效果。

就交叉價格而言，多數經驗研究是以淨捐款成本（net cost of giving）爲指標，觀察慈善捐款與志願服務時間兩者關係究竟爲替代性或者是互補性。Dye（1980）、Menchik 與 Weisbrod（1987）、Brown 與 Lankford（1992）、Andreoni 等人（1996）等研究結果皆支持慈善捐款與志願服務時間存在互補性關係，即慈善捐款的成本愈高，則投入志願服務的時間與捐款的金額同時減低。呂朝賢與鄭清

---

[10] Wolff 等人（1993）將爲參與志願服務而放棄其它活動的機會成本稱爲擁有價格。該價格是以個人實質的／潛在的市場薪資當爲衡量標準。而交叉價格則是不同慈善奉獻間的替代／互補狀況。

霞（2005b）對台灣民眾志願服務參與及時間奉獻多寡的研究，亦支持上述的說法，他們的研究發現低所得階層及有慈善捐贈（捐衣、捐血）者，較傾向參與志願服務；但有捐錢、捐衣與捐血者，則更傾向投入更多的時間於志願服務之中。這意謂各種不同慈善行為間並非是替代性關係，而是互補性關係，即藉由行為間耳濡目染效應下，加深了個人從事志願服務行為的意願，使致有較高的志願服務參與和投入。Wolff 等人（1993）的研究卻發現捐款的邊際稅率下跌將導致捐款減少，而志願服務時間延長。Wolff 等人認為可能的原因是：該研究的分析樣本僅限於醫院與已參與志工活動者，所以對已參與志工活動者而言，捐款與投入的時間是具有替代性的，且影響醫院志願服務參與的因素應有異於其它機構的志願服務參與者。

2. 投資報酬率

在許多經驗研究中，通常會納入年齡因素來解釋志願服務的參與及投入，這些經驗研究結果指出，年齡與志願服務參與呈現倒 U 型關係（Mechick & Weisbrod, 1987；Wolff et al., 1993；呂朝賢與鄭清霞，2005b）[11]；即大約是中年時期（35-55 歲）的志願服務參與率最高，但對參與的高峰年齡點則無定論（Smith, 1994）。為何如此呢？可能的解釋有三：首先，Mechick 與 Weisbrod（1987）認為因人們視參與志願服務為一種人力資本之投資，年齡愈大者因人力資本投資可得到補償時間較短，故較無意願投入志願服務工作。第二項理由則是年齡愈大體力與能力較低所致，例如：由於老年人的健康狀況較不佳，所以投入志工的意願較健康佳的世代為低（呂朝賢與鄭清霞，2005b），又如：在 921 震災中，年紀大者因較無體力擔負耗體力的災難志願活動，所以參與率較低（呂朝賢，2008）。至於最後一項理由則與「時間分配彈性」有關，我們將在下一節合併說明。

3. 時間分配彈性

年齡與志願服務參與的關係，亦可由角色負擔理論（theory of role strain）來解釋之。此論者以為隨著年齡的增長，家務與工作要求漸少，所以愈有能力投入志願服務（Goode, 1960）。林萬億（1992）的研究指出 20-29 歲及 40-49 歲人口有較高的志工參與率，其原因與家庭責任有關，20-29 歲因未婚或結婚但未生子、40-49 歲則因兒女成長，而有較多的餘暇時間投入志願服務。

每個人一天都只有 24 小時，從事志願服務活動即意味必須放棄工作或休閒。若我們將一天的時間，區分成工作時間、休閒時間、家庭時間，則影響時間彈性多寡的根本來源，即為工作與家庭照顧等兩項要素。例如：35 歲以下的世代正處於社會身分轉接的時期，較注重學業、工作訓練、工作職位的找尋及

---

[11] 呂朝賢與鄭清霞（2005b）的研究發現，15 歲以上的國人，以 50-54 歲組的參與率與投入時間最高，而年齡與志願服務參與率大致上呈倒 U 型的關係。

尋求職業的穩定，因而有較低的志願服務參與傾向（呂朝賢與鄭清霞，2005b）。又如，當老人所需擔負的家庭責任（包括照護與工作養家）愈大時，其可投入志願服務的時間愈有限，而投入志願服務的可能性也就愈低（Gallagher, 1994；Hayghe, 1991）。

（二）健康因素

多數研究皆支持愈健康者愈傾向投身於志願服務（Caro & Bass, 1997；Fischer et al., 1991；Choi, 2003；Bowen et al., 2000；Gallagher, 1994；Danigels & McIntosh, 1993；呂朝賢與鄭清霞，2005a；呂朝賢，2008），這是因為個人的健康是所有社會活動／生活自理行為的基礎，其所代表的個人身體能力，是很難被其它資源所取代的。一如身心障礙者，雖可以由其它輔具來降低身體機能損傷（impairment）所帶來的社會生活行動限制，但終究無法完全取代原有的身體機能。對志願服務這一偏向勞力密集的工作而言，身體健康程度將影響個人對該活動投入多寡的可能性與範圍。

（三）優勢地位

Lemon 等人（1972）的優勢地位資產論（dominant status position）認為，社會中的地位／角色是有價值高低之分，個人的社會地位會影響其社會參與程度。那些具有社會文化體系中的優勢社會地位／角色特徵者，參與志願組織的可能性較高。這些優勢社會地位／角色包括如：男性、已婚者、中年人、非營利組織的正式成員、高收入者、受僱者、有高職業聲望者與教育者等等。與優勢地位論點有關的經驗研究相當多元，有關性別、年齡、收入的部分已在其他節次中談及，在此不再贅述，以下僅就「社會能力」一項，再加以說明。

有些經驗研究以家庭收入、教育與職業等變項來組合建構成個人的社會經濟地位，少數經驗研究顯示社經地位會影響個人在某些慈善行為（捐錢、物資）的參與，但對志願服務的參與卻無影響（John & Fuchs, 2002）。但多數研究還是支持個人社經地位愈高者則參與志願服務傾向愈高的論點（Hayghe, 1991；Janoski et al., 1998；Smith, 1994；Wilson & Musick, 1997a, 1997b；Wilson & Muscik, 1998；林萬億，1992；呂朝賢，2008）。這些研究認為社經地位是個人人力資本的指標，表示個人工作能力與工作品質之象徵（Wilson & Musick, 1997a, 1997b）；或者說，高社經地位者由於就學時間（以教育程度為指標）[12]、非政治

---

[12] 舉例來說，許多經驗研究，係以教育因素來充當個人技術能力的指標，這些經驗研究結果皆顯示（Chambré, 1984；Hayghe, 1991；Herzog & Morgan, 1993；Kim & Hong, 1998；Burr et al., 2002；Okun, 1993；Bowen et al., 2000；Caro & Bass, 1995；Fischer et al., 1991；呂朝賢與鄭清霞，2005a, 2005b；呂朝賢，2008），高教育者志願服務參與率高於低教育者。為何教育程度愈高者，志願服務參與率愈高呢？其理由為：高教育者擁有較好的知識與技術，可做的志願服務

性志願組織與教會參與機會，及工作參與上都較高，從中得以運用、學得相關公民技能[13]的機會皆較低社經地位者多，這些公民技能對志工運用單位而言即成為可信的工作能力保證，公民技能愈高者志工運用單位愈喜歡（Brady et.al., 1995; Verba et. al., 1995），故而有較高的志願服務參與的機率。

三、機會因素

若有意願與能力，但沒有適當的志願服務工作機會，亦會使民眾無法投入志願工作中。民眾可能因：（1）未受人徵詢——沒有朋友在做、沒有壓力催促投入；（2）不知有志願服務訊息——參與社團少、與外界接觸較少；（3）區域中沒有適當的志願服務機會等因素而不參加志願服務。在經驗研究中，所採的指標變項包括：社團參與、居住區域、宗教活動參與等等。[14]

（一）社團參與

有參與社團者，通常志願服務的參與率較高，且奉獻的時數亦較多（呂朝賢與鄭清霞，2005a, 2005b；呂朝賢，2008）。主要原因是：社會團體係建立個人社會網絡的重要平台，當個人參加的正式組織愈多、或個人的社會網絡愈密實時，則意謂其被他人邀請、徵詢參加志願服務的可能性愈高，或可接觸到的志願服務參與機會愈多（Berger, 1991；McPherson et al., 1992；Freeman, 1997；Wilson & Musick, 1998；Sokolowski, 1996；Goss, 1999），所以有較高的志願參與率，也就不足為奇。

此一論點，亦可由前已提及之優勢社會地位論點來說明。有些研究者認為，其實所謂的優勢地位，係反映個人與社會連結、及對社區參與的程度，即社會連結（social ties）[15] / 社區參與愈深者其志願服務投入時數亦愈多（Sokolowski,

工作較多，亦是組織較願意吸收的志願人力所致（Chambré, 1984）。再者，高教育者對新活動所需資訊的掌握及設計新活動的能力，皆高於低教育者（Herzog & Morgan, 1993），因此能較能掌握志願服務參與機會。

[13] 口語、書寫等的溝通能力，及參與決策會議、規劃會議、演說與發表等的社會技能。

[14] 在經驗研究中亦有以家庭結構、家庭規模來表示接觸志願服務的機會。其理由是，家庭擁有愈多的小孩子，則可接觸到的社會網絡節點愈多，則被要求或參與志願服務的機會的可能性愈大，因而家中小孩數愈多的家庭愈傾向參與志願服務（Wilson & Musick, 1997b）。另外，在討論時間因素時，家庭規模也是影響時間彈性的指標變項，不過那是從家庭照護責任的面向討論，子女數多、照護責任重，所以假設志願參與低。但在此機會因素的討論則由社會網絡的面向討論，所以假設子女數多則可以接觸到的社會網絡愈多，志願參與傾向高。

[15] Sokolowski 以上教堂、是否為志願組織之成員及父母是否是志工來衡量「社會連結」。不過上教堂或參與教會活動對西方國家而言可能是很普遍，而在經驗研究（Becker & Dhingra, 2001）亦發現它會提升參與志願活動的可能性。然而就台灣而言，上教堂或參與教會活動，應擴大定義為參與宗教活動會比較適當些。再者，所謂的教會效應（church effect）其實是透過友誼網絡（friendship networks）來影響志願服務的參與。當個人視參與宗教聚會之成員為親近朋友時，

1996； Selbee & Reed, 2001；Wilson & Musick, 1998）。具有這些特徵的人因參與機會較多、對志願服務訊息之接收較多、對組織的使命較瞭解、被詢問參與的可能性較高[16]（Selbee & Reed, 2001；Wilson & Musick, 1998；Bryant et. al., 2003）、對志願服務所可能帶來的利弊得失的思考及所受之社會（同儕）壓力較大所致，而非僅因他們具有利他精神所致。

（二）居住區域

有關居住區域對於志願服務行為之影響。在災難志工的研究中，通常會發現，離災區愈近者，愈可能投入志願服務，之所以如此的理由有三：（1）對社區的意識，及志願服務對社區的助益程度，為投入緊急服務志工的主要理由（Atiken, 2000: 16）[17]。（2）災難影響區的人們，基於地緣之便，通常亦是最早投入搜尋與拯救受難者的救難者（Quarantelli, 1996: 495）[18]。該論點是由常理來推斷，天然災害常造成交通與通訊設施的破壞，故在災難發生後的最初幾個小時內，救災的人力通常是以受災區的居民為主；由921賑災中的相關檔案資料文獻顯示（汪士淳，2000），該項說法與921災難救援的狀況相符合。（3）對社區的責任認知常是人們為何投入志願服務的重要決策因素（Piliavin & Charng, 1990）。因而居於災難社區中愈久的人，或愈接近災難事件發生地點的人，愈覺得有（社會）責任需幫助受難者，所以他們的助人行為發生的可能性較遠距離者高（Dynes & Quarantelli, 1980: 346；Thompson, 1993a: 385, 1993b；Barton, 1969；Haines et al., 1996；呂朝賢，2008）[19]。

他們更容易受其影響而參與志願服務活動（Becker & Dhingra, 2001）。

[16] 對受到他人詢問者之志願性活動較多的理由，本文引申 Freeman（1997）的看法，整理出三個互有關聯之理由：（1）個人對此活動本來就有正向的評價，並有投入之道德責任存在，雖然他也想當搭便車者來享有這類活動的成果。（2）社會壓力所致，而這可能是為維持良好的社會關係。（3）互惠的利他關係（reciprocal altruistic relationship），投入此活動對於與自己有關的重要他人有益處；例如：有偶者因為有小孩的可能性較大，因此會參與志願服務工作的可能性大於單身者（Selbee & Reed, 2001），即是互惠利他性關係所致。

[17] 在其它志工研究中亦有相似的發現，例如在老人志工的研究中即發現，在鄉村或小社區中，因為人與人之間的社會連結較深，社會壓力或社會責任較高，故較可能促使老人投入與社區有關的社會活動（Mueller, 1975；Sundeen & Raskoff, 1994；Kim & Hong, 1998）。

[18] 然而對上述的說法亦有研究提出反證。Nelson（1973）對1970年5月11日發生在美國德州Lubbock 的龍捲風風災助人行為（helping behavior）的分析結果完全不支持前述論點，他發現與緊急事件發生地愈接近的民眾，其投入的助人行為的機率並未顯得較發生區域外的人們為高，且不同的助人行為間對地理的距離的敏感度不一樣。他所提出的理由為，居住於受災區的民眾，亦一樣深受災難之苦，所以降低了需要幫助別人的責任感。再者，其本身身心財產上亦有損失，這降低了他們參與助人行動的能力。John 及 Fuchs（2002）對美國 Oklahoma 聯邦大樓爆炸案中的志願服務的研究亦發現，居住在當地的年限多寡並不影響投入志願服務的可能性高低。而 Wenger 及 James（1994: 236）對1985年墨西哥市地震的研究也指出，居住地點與志願服務參與率呈曲線型關係，居於最嚴重受災區與離此區很遠的人們投入志願服務的比例低於距此區中度距離的人們。但距離的因素在控制其他社會經濟特徵變項後，其影響力就消失了。

[19] 與此一解釋相似的觀點為「相互依存效用」（interdepdence of utility fuctions），意指災區中經濟

肆、結論

現代志願服務的內容已從以往單純之救急救窮的個人活動，拓展至其他生活領域的有組織性行為。此一個人自願奉獻行為，就個人層次而言，有助於個人身心發展；在社區層次而言，透過它可加深社區居民互動、增加互相瞭解機會，並進而提升彼此信任感，及形塑休戚與共的規範與感覺等社區整體意識凝聚。對社會而言，它則是大家在面對共同問題時，協力合作、一起來解決問題的凝結劑。因此，為提升此一可欲的社會性行為，政府與民間團體皆應扮演適當角色，民間團體是組合個人志願服務的載體，如何有效開發、管理這份人力資源，已成為未來團體領導者必修的課程。

政府雖於 2001 年通過《志願服務法》，明示鼓勵民眾投身志願服務，但徒法不足以行。在本章的第一部分，我們借用 Cnaan 等人所提的志願服務組成框架以及相關經驗研究結果，重新檢視、勾勒我國《志願服務法》的紋路。我們主張，應彈性放寬現行法令中的志願服務標準，以更貼近於台灣志願服務發展現況，並有益於整體社會福祉之提升。

如同其它人類行動般，志願服務的參與有其複雜的決定因素，在本章的第二部分，我們以 Verba 及其同僚所發展的公民參與要素架構，檢整相關經驗研究。總的來說，影響民眾參與志願服務的因素大致可區分成：意願、能力與機會等三大項，此三者愈高，則志願服務參與率愈高，奉獻的志願服務時數亦愈高。而志願服務參與意願，除受到世代經驗所影響外，個人的生命歷程經驗、宗教信仰與利他傾向，皆是影響的要素之一。影響個人能力多寡之要素則有時間因素、健康因素、知識與技術等；而影響志願服務機會的要素則包括：居住地點與社團參與，兩者皆會影響個人取得志願服務工作的訊息、承徵詢的機會，及需參與的壓力或責任。

志願服務是當下台灣重要的公民集體行動之一，亦是非營利組織長久以來遂行組織使命的重要資源之一。但志工並非免費的，亦非唾手可得，呼之即來，用之即有益的一項人力資源。欲使該項人力資源可以發揮最大的效益，我們除了必須對志願服務內涵有正確的瞭解外，理解民眾參與該項活動的原因，則有助於設計適當的志工計畫與管理制度，以充分發揮此項潛在的社會資源。總之，對此資源的運用，我們應有新的觀念與作法，它絕非免費的資源，而是需要適當的成本投入才可能豐沛，亦需要社會中各部門都一起投入，唯有如此，良善的公民社會才可能建立。

狀況較好的人會對經濟狀況較差的居民產生憐憫之情，而災難造成災前經濟狀況不好者的狀況更差，因而增加了經濟狀況好的人在災後捐贈的數量（Douty, 1972: 582-3）。

問題習作

1. 請問志願服務定義與組成為何？
2. 影響人們參與志願服務的原因有哪些？
3. 為什麼有「慈善行為經驗者」會較傾向參與志願服務？
4. 您覺得給志工津貼合理嗎？若合理，那麼您的理由是什麼？若不合理，那您的理由又為何呢？
5. 為何台灣民眾世代（年齡）愈高者，志願服務參與率愈低呢？
6. 志願服務可為社會帶來哪些貢獻？
7. 何謂情境式的利他行為？

參考文獻

中文部分

內政部社會司，2001，《志願服務法》。臺北：內政部社會司。

呂朝賢，2008，〈集集地震中志願服務初探〉。《臺大社工學刊》，第 17 期，頁 131-168。

呂朝賢與鄭清霞，2005a，〈中老年人參與志願服務的影響因素分析〉。《臺大社工學刊》，第 12 期，頁 1-50。

呂朝賢與鄭清霞，2005b，〈民眾參與志願服務及其投入時間的影響因素〉。《東吳社會工作學報》，第 13 期，頁 121-163。

林依瑩，2005，〈社區福利支持系統──老人照護　以弘道志工人力時間銀行為例〉。《社區營造學會電子報》，51 期。檢閱日期：2008/06/23，網址：http://www.cesroc.org.tw/eNEWS/index51.htm

林萬億，1992，〈志願服務〉。見伊慶春等（合編），《台灣地區社會意向調查八十年八月定期調查報告》，頁 115-147。台北：行政院國科會。

邱柏青，2000，《影響志願性團體參與的決定性因素──以社會福利團體為例》。中山大學企業管理研究所碩士論文。

陳泰元，2003，《國人參志願服務之決定性因素》。南華大學非營利事業管理研究所碩士論文。

郭瑞霞，2003，《台灣地區不同類型志願服務之狀況及其差異之探討》。南華大學非營利事業管理研究所碩士論文。

衛生福利部，2014，《志願服務法》。檢閱日期：2014/05/28，網址：http://law.moj.gov.tw/LawClass/LawHistory.aspx?PCode=D0050131

薛化元、陳翠蓮、吳鯤魯、李福鐘、楊秀菁（合著），2003，《戰後台灣人權史》。台北：國家人權紀念館籌備處。

英文部分

Andreoni, J., Gale, W. G., and Scholz J. K., 1996, "Charitable Contributions of Time and Money,"

Unpublished Working Paper, University of Wisconsin.

Atchley, R. C., 1989, "A Continuity Theory of Normal Aging," *The Gerontologist*, 29(2): 183-190.

Atiken, A., 2000, "Identifying key issues affecting the retention of emergency service volunteers," *Australian Journal of Emergency Management*, 15(2): 16-23.

Barton, A. H., 1969, *Communities in Disaster: A Sociological Analysis of Collective Stress Situations*, Garden City, N.Y.: Doubleday.

Becker, P. E., and Dhingra, P, H., 2001, "Religious Involvementand Volunteering: Implications for Civil Society," *Sociology of Religion*, 62(3): 315-335.

Berger, G., 1991, *Factors Explaining Volunteering for Organizations in General, and for Social Welfare Organizations in Particular*, Unpublished Doctoral Disseration, Heller School of Social Welfare, Brandeis.

Bowen, D. J., Andersen, M. R., and Urban, N., 2000, "Volunteerism in a Community-Based Sample of Women Aged 50 to 80 Years," *Journal of Applied Social Psychology*, 30(9): 1829-1842.

Brady, H. E., Verba, S., and Schlozman, K. L., 1995, "Beyond SES: A Resource Model of Political Participation," *American Political Science Review*, 89(3): 271-294.

Brown, E., and Lankford, H., 1992, "Gifts of Money and Gifts of Time: Estimating the Effects of Tax Prices and Available Time," *Journal of Public Economics*, 47: 321-341.

Bryant, W. K., Jeon-Slaughter, H., Kang, H., and Tax A., 2003, "Participation in Philanthropic Activities: Donating Money and Time," *Journal of Consumer Policy*, 26: 43-73.

Burr, J. A., Caro, F. G., and Moorhead J., 2002, "Productive Aging and Civic Participation," *Journal of Aging Studies*, 16: 87-105.

Carlin, P. S., 2001, "Evidence on the Volunteer Labor Supply of Married Women," *Southern Economic Journal*, 67: 801-824.

Caro, F. G., and Bass, S. A., 1997, "Receptivity to Volunteering in the Immediate Postretirement Period," *The Journal of Applied Gerontology*, 16(4): 427-441.

Chambré, S. M., 1984, "Is Volunteering a Substitute for Role Loss in Old Age? An Empirical test of Activity Theory," *The Gerontologist*, 24(3): 292-298.

Cahn, E. S., 1992, "The Time Dollar: How to Start a Service-Credit Volunteer Program," *Nonprofit World*, 10(2): 28-30.

Choi, L. H., 2003, "Factors Affecting Volunteerism among Older Adults," *The Journal of Applied Gerontology*, 22(2): 179-196.

Cnaan, R. A., Handy, F., and Wadsworth, M., 1996, "Defining Who is a Volunteer: Conceptual and Empirical Considerations," *Nonprofit and Voluntary Sector Quarterly*, 25(3): 364-383.

Coughlin, T. A., and Meiners, M. R., 1990, "Service Credit Banking: Issues in Program Development," *Journal of Aging and Social Policy*, 2(2): 25-41.

Cutler, S. J., 1977, "Aging and Voluntary Association Participation," *Journal of Gerontology*, 32(4): 470-479.

Danigelis, N. L., and McIntosh, B. R., 1993, "Resources and Productive Activity of Elders: Race and Gender as Contexts," *Journal of Gerontology: Social Sciences*, 48(4): S192-S203.

Davis Smith, J., 2001, "Volunteering, Capital of the Future?" *The UNESCO Courier*, (June): 20-21.

Dietz, T., Kalof, L., and Stern, P. C., 2000, "Gender, Values, and Environmentalism," *Social Science Quarterly*, 83(1): 353-364.

Douty, C. M., 1972, "Disasters and Charity: Some Aspects of Cooperative Economic Behavior," *The American Economic Review*, 62(4): 580-590.

Dye, R. F., 1980, "Contributors of Volunteer Time: Some Evidence on Income Tax Effect," *National Tax Journal*, 33: 89-93.

Dynes, R. R., 1994 July, "Situational Altruism: Toward and Explanation of Pathologies in Disaster Assistance," Paper presented in Research Committee #39—Sociology of Disasters, XIII World Congress of Sociology, Bielefeld, Germany.

Dynes, R. R., and Quarantelli, E. L., 1980, "Helping Behavior in Large-Scale Disasters," Pp.339-354 in D. H. Smith and J. Macaulay (eds.), *Participation in Social and Political Activities, San Francisco*, California: Jossey-Bass .

Ellis, S. J. 1995, "How You Can Benefit from the Latest Volunteer Trends," *Noprofit World*, 13(5): 53-56.

Fischer, L. R., and Schaffer, K. B., 1993, *Older Volunteers; A Guide to Research and Practice*, Newbury Park; Sage publication.

Fischer, L. R., Mueller, D. P., and Cooper P. W., 1991, "Older Volunteers: A Discussion of the Minnesota Senior Study," *The Gerontologist*, 31(2): 183-194.

Freeman, R. B., 1997, "Working for Nothing: The Supply of Volunteer Labor," *Journal of Labor Economics*, 15: 140-166.

Gallagher, S., 1994, "Doing Their Share: Comparing Patterns of Help Given by Older and Younger Adults," *Journal of Marriage and the Family*, 56(August): 567-578.

Goode, W. J., 1960, "A Theory of Role Strain," *American Sociological Review*, 25: 483-496.

Goss, K. A., 1999, "Volunteering and the Long Civic Generation," *Nonprofit and Voluntary Sector Quarterly*, 28(4): 378-415.

Haines, V. A., Hurlbert, J. S., and Beggs J. J., 1996, "Exploring the Determinants of Support Provision: Provider Characteristics, Personal Networks, Community Contexts, and Support Following Life Events," *Journal of Health and Social Behavior*, 37(3): 252-264.

Handy, F., Cnaan, R. A., Brudney, J. L., Ascoli U., Meijs, L. C. P. M., and Ranade, S., 2000, "Public Perception of 'Who is a Volunteer': An Examination of the Net-Cost Approach from a Cross-Cultural Perspective," *Voluntas*, 11(1): 45-65.

Hayghe, H. V., 1991, "Volunteers in the U.S.: Who Donates the Time?" *Monthly Labor Review*, 114: 17-23.

Herzog, A. R., and Morgan, J. N., 1993, "Formal Volunteer Work among Older Americans," Pp.119-142 in S. A. Bass, F. G. Caro, and Y-P Chen (eds.), *Achieving a Productive Aging Society*, London: Auburn House.

Janoski, T., Musick, M., and Wilson, J., 1998, "Being Volunteered? The Impact of Social Participation and Pro-Social Attitudes on Volunteering," *Sociological Forum*, 13: 495-519.

St. John, C., and Fuchs, J., 2002, "The Heartland Responds to Terror: Volunteering After the Bombing of Murrah Federal Building," *Social Science Quarterly*, 83(2): 397- 415.

Karl, B. D., 1984, "Lo, the Poor Volunteer: An Essay on the Relation between History and Myth," *Social Service Review*, 58(4): 493-522.

Kim, S. Y., and Hong, G-S, 1998, "Volunteer Participation and Time Commitment by Older Americans," *Family and Consumer Sciences Research Journal*, 27(2): 146-166.

Lukka, P., and Ellis, A., 2001, "An Exclusive Construct? Exploring Different Cultural Concepts of Volunteering," *Voluntary Action*, 3(3): 87-109.

McCurley, S., and Lynch, R., 1996, *Volunteer Management: Mobilizing All the Resources of the Community*, Downers Grove, IL: Heritage Arts Publishing.

McPherson, J. M., Popielarz P., and Drobnic S., 1992, "Social Networks and Organizational Dynamics," *American Sociological Review*, 57: 153-70.

Mesch, D. J., Tschirhart, M., Perry, J. L., and Lee, G., 1998, "Altruists or Egoists? Retention in Stipended Service," *Nonprofit Management and Leadership*, 9(1): 3-21.

Mueller, M. W., 1975, "Economic Determinants of Volunteer Work by Women," *Journal of Women in Culture and Society*, 1(2): 325-338.

Nelson, L. D., 1973, "Proximity to Emergency and Helping Behavior: Data from the Lubbock Tornado Disaster," *Journal of Voluntary Action Research*, 2(4): 194-199.

Okun, M. A., 1993, "Predictors of Volunteers Status in a Retirement Community," *The International Journal of Aging and Human Development*, 36(1): 57-74.

Oswald, P., 2000, "Subtle Sex Bias in Empathy and Helping Behavior," *Psychological Reports*, 87(2): 545-551.

Park, J. Z., and Smith, C., 2000, "To Whom Much Has Been Given...: Religious Capital and Community Voluntarism among Churchgoing Protestants," *Journal for the Scientific Study of Religion*, 39(3): 272-286.

Piliavin, J. A., and Charng, H. W., 1990, "Altruism: A Review of Recent Theory and Research," *Annual Review of Sociology*, 16(1): 27-67.

Quarantelli, E. L., 1996, "Basic Themes Derived from Survey Findings on Human Behavior in the Mexico City Earthquake," *International Sociology*, 11(4): 481-499.

Putnam, R. D., 1995, "Bowling Alone: America's Capital," *Journal of Democracy*, 6(1): 65-78.

Robinson, D., and Tuwhakairiora, W., 2001, "Social Capital and Voluntary Activity: Giving and Sharing in MAORI and Non-MAORI Society," *Social Policy Journal of New Zealand*, 17: 52-71.

Ryder, N. R., 1965, "The Cohort as a Concept in the Study of Social Change," *American Sociological Review*, 30(6): 843-861.

Selbee, K., and Reed, P. B., 2001, "Patterns of Volunteering over the Life Cycle," *Canadian Social Trends*, Summer, 2-6.

Smith, D. H., 1981, "Altruism, Volunteers, and Voluntterism," *Journal of Voluntary of Voluntary Action Research*, 10: 21-36.

Smith, D. H., 1994, "Determinants of Voluntary Association Particiaption and Volunteering: A Literature Review," *Nonprofit and Voluntary Sector Quarterly*, 23: 243-63.

Sokolowski, S. W., 1996, "Show Me the Way to the Next Worthy Deed: Towards a Microstructural Theory of Volunteering and Giving," *Voluntas: International Journal of Voluntary and Nonprofit Organizations*, 7: 259-78.

Sundeen, S., and Raskoff, S., 1994, "Volunteering among Teenagers in the United States," *Nonprofit and Voluntary Sector Quarterly*, 23(4): 383-403.

Thompson, A. M. III, 1993a, "Rural Emergency Medical Volunteers and Their Communities: A Demographic Comparison," *Journal of Community Health*, 18(6): 379-392.

Thompson, A. M. III, 1993b, "Volunteers and Their Communities: A Comparative Analysis of Volunteer Fire Fighters," *Nonprofit and Voluntary Sector Quarterly*, 22(2): 155-166.

Tschirhart, M., Mesch, D. J., Perry, J. L., Miller T. K., and Lee, G., 2001, "Stipended Volunteers: Their Goals, Experiences, Satisfaction, and Likelihood of Future Service," *Nonprofit and Voluntary Sector Quarterly*, 30(3): 422-443.

Utz, R. L., Carr, D., Nesse, R., and Wortman, C. B., 2002, "The Effect of Widowhood on older Adults' Social Participation: An Evaluation of Activity, Disengagement, and Continuity Theories," *The Gerontologist*, 42(4): 522-533.

Van Duk, J., and Boin, R., 1993, "Volunteer Labor Supply in the Netherlands," *De Economist*, 141: 402-18.

Verba, S., Schlozmon, K. L., and Brady, H. E., 1995, *Voice and Equality: Civic Voluntarism in American Politics*, London, England: Harvard University Press.

Wenger, D. E., and James, T. F., 1994, "The Convergence of Volunteers in a Consensus Crisis: the Case of the 1985 Mexico City Earthquake," in R. Dynes and K. J. Tierney (eds.), *Disasters, Collective Behavior, And Social Organization*, Newark: University of Delaware Press.

Wilson, J., and Musick, M., 1997a, "Who Cares? Toward an Integrated Theory of Volunteer Work," *American Sociological Review*, 62(5): 694-713.

Wilson, J., and Musick, M., 1997b, "Work and Volunteering: The Long Arm of the Job," *Social Forces*, 76: 251-72.

Wilson, J., and Musick, M., 1998, "The Contribution of Social Resources to Volunteering," *Social Science Quarterly*, 79: 798-814.

Wilson, J., and Janoski, T., 1995, "The Contribution of Religion to Volunteer Work," *Sociology of Religion*, 56(2): 137-152.

Wilson, J., 2000, "Volunteering," *Annual Review of Sociology*, 26: 215-40.

Wolff, N., Weisbrod, B. A., and Bird, E. J., 1993, "The Supply of Volunteer Labor: The Case of Hospitals," *Nonprofit Management and Leadership*, 4: 23-45.

Wuthnow, R., 1996, *Learning to Care: Elementary Kindness in an Age of Indifference*, Oxford: University Press.

Wymer, W. W., and Samu, S., 2002, "Volunteer Service as Symbolic Consumption: Gender and Occupational Differences in Volunteering," *Journal of Marketing Management*, 18: 971-989.

Part 3

非營利組織外部的經濟與政治脈絡

Chapter 8

非營利組織與營利部門的互動關係

池祥麟

學習重點

▶ 瞭解跨界合作對於公司與非營利組織的誘因。

▶ 瞭解跨界合作的模式、利益與風險。

▶ 瞭解跨界合作的三個演化階段。

▶ 瞭解如何強化與管理跨界合作關係。

▶ 瞭解跨界合作可能面臨的困難與可能的解決方案。

摘　要

　　本章節內容說明非營利組織與營利部門（公司）的跨界合作。首先，我們在第一節，分析跨界合作對於公司與非營利組織的誘因，說明公司若能尋求與其核心能力能夠契合的非營利組織合作，就是一種能為公司「帶來機會、創新和競爭優勢」的有效方法，最終並有助於公司的財務績效；對非營利組織而言，其可以從與公司進行合作時，獲得額外的財務資源、產品與服務、知名度、營運活動之支援、科技與專業知識，以及新的觀點與展望。因此，公司和非營利團體長期間的聯盟，將會為彼此帶來成功且正面的影響。

　　其次，我們說明非營利組織與公司進行跨界合作的七種模式：慈善捐助、公司基金會、許可協議、贊助、以交易為基礎的贊助、參與型贊助與合資；並分別說明這些模式對於非營利組織與公司所可能產生的利益與伴隨的風險。之後我們說明跨界合作可以區分成三個演化的階段，分別為慈善階段、互益階段與整合階段。這三種階段是合作夥伴間自覺性的選擇，而不是必然的演化方向，而且一個組織同時可能會有數個合作夥伴，而這些合作夥伴還處於不同的合作階段。重要的是，如果合作夥伴想要改變他們的合作階段，此部分的分析可以讓他們清楚在進入新的合作階段時，他們應該改變哪些資源、過程與態度。

　　最後，我們分析跨界合作的管理議題，分別說明：第一，從八個層面分析如何強化與管理跨界合作關係；第二，跨界合作面臨的困難，包括事前缺乏撮合合作夥伴的資訊與機制，以及合作行為帶給雙方與社會的利益或價值不易評估；第三，參考目前國外實施的中介機制之作法，說明解決跨界合作所面臨困難的可能解決方案，並提出結論與建議。

壹、前言

　　非營利組織與營利部門（公司）的跨界合作包含了不同的誘因，如非營利組織著重於接觸更廣的市場，或增加大眾對某議題的覺醒，企業則是著重於促銷、公共關係的及企業社會責任的建立。然而，在非營利組織與公司進行合作之前，彼此一定要先反覆確認：跟對方合作是否真的能夠為自己的組織產生價值？能產生哪些價值？而此價值是否能夠超過投入的成本與必須承擔的風險？其次，一家非營利組織同時可能會有數個合作夥伴，而且與這些合作夥伴的合作程度深淺不一，非營利組織對於這些合作夥伴應該要具備何種相對應的資源與態度？非營利組織又該如何強化與管理跨界合作關係，以及可能面臨哪些困難？有何種解決方案？本章節對於這些問題將陸續分析與說明。

貳、非營利組織與營利部門的跨界合作

一、跨界合作的誘因

（一）對於公司的誘因

公司可以從與非營利組織進行合作時，提升形象與改善名聲、提升員工的道德或倫理觀念、塑造團隊合作與關懷社會的企業文化、有助於招募員工並降低員工離職率、提升消費者購買意願與股東購股意願、提升公司長期價值等等。就提升形象與改善名聲而言，因為其可以間接提升公司的財務績效，那些獨立從事社會公益活動的公司若為了達到此效果，而大肆宣揚公司所做的善舉時，反而可能引起社會的負面觀感而導致反效果。為了避免此種情況發生，公司透過與非營利組織的合作，公司配合非營利組織來共同進行合作活動之宣傳，可能是較佳的方式。

事實上，近年來企業社會責任（corporate social responsibility, CSR）的觀念日益盛行，而其定義為公司除了追求股東利潤（或財富）極大化之外，必須同時兼顧到其他利害關係人的福利，譬如改善員工的工作環境與福利、重視人權、注重產品與服務品質以增進消費者的權益、避免進行內線交易或會計操縱以保護外部人（小股東與債權人等）、贊助社區公益活動、降低或避免環境污染等等。正如管理學大師彼得‧聖吉（Peter Senge）所言：「企業不要把產生的利潤完全私有化，把所產生的成本社會化，亦即企業對該有的利潤當然應該要享有，對應負擔的成本，就要承擔」以及「商品的生產及資源的運用，必須要考慮資源的枯竭及對後代子孫的負面影響」[1]。

但是，公司畢竟資源有限，所以如果能在善盡社會責任時，選擇與適合的非營利組織合作，將較能確實提升社會的正面影響力。因為畢竟相對於公司，非營利組織才具有解決社會問題的專業能力與經驗。其次，根據 Porter 與 Kramer（2006）的說法：「如果公司展現 CSR 的方法都零零碎碎的，而且無法連結到業務面與策略面，許多造福社會的良機就這麼錯失了。如果公司能援用核心業務的決策架構，來分析回饋社會的機會，就會發現 CSR 除了燒錢、讓公司綁手綁

---

[1] 根據企業永續發展世界議事會（World Business Council for Sustainable Development, WBCSD）於1998 年促使各國第一次在荷蘭針對企業社會責任做意見交換，對 CSR 做了如此的定義：「企業社會責任是指企業透過符合道德的行為和促進經濟發展，對當地社區與社會做出貢獻」，此議題包括人權、員工權利、環境保護、社區參與和報表揭露的透明度等。

腳，或是辦一些慈善活動外，也可以爲公司帶來機會、創新和競爭優勢。」[2,3] 事實上，公司尋求與公司核心能力能夠契合的非營利組織合作，就是一種能爲公司「帶來機會、創新和競爭優勢」的有效方法，公司和非營利團體長期間的聯盟，將可以爲彼此帶來成功且正面的影響，並且有助於公司的財務績效（Peloza, 2006； Flammer, 2013）[4]。此外，外商跨國企業也可以透過與當地非營利組織的合作，藉由公益目標的實踐來轉變自身外來陌生的企業形象（陳瑩蓉，2003）。

（二）對於非營利組織的誘因

非營利組織可以從與公司進行合作時，獲得額外的財務資源、產品與服務、知名度、營運活動之支援、科技與專業知識，以及新的觀點與展望。尤其對於非營利組織來說，大概沒有比名聲（reputation）更重要的事，而名聲又與非營利組織本身的可見度有關。也就是說，非營利組織若要得到好的名聲，除了本身要做好事（能有效地提升社會的正面影響力）之外，做的好事也要透過適當的方式讓社會大眾能夠知道，才可能獲得社會大眾的認同，也才可能獲得更多的資源來做更多好事。此外，爲善讓人知還能讓社會大眾共同來監督非營利組織做好事，讓非營利組織更能夠將好事做好，也能讓其他組織（譬如政府）學習到非營利組織做好事的方法，而投入更多的資源。事實上，透過與好名聲的公司進行合作，便是一種讓非營利組織爲善能讓人知的方法之一。

二、跨界合作的模式、利益與風險[5]

本部分說明非營利組織與公司進行跨界合作的七種模式：慈善捐助、公司基金會、許可協議、贊助、以交易爲基礎的贊助、參與型贊助與合資。並分別說明這些模式所產生的利益與伴隨的風險。

2　此部分內容參考胡瑋珊，2008，〈競爭優勢與社會利益不衝突——公司與社會有福同享〉，《哈佛商業評論》（全球繁體中文版）。而此篇文章係譯自 Michael E. Porter and Mark R. Kramer, 2006, "Strategy and Society: The Link Between Competitive Advantage and Corporate Social Responsibility," *Harvard Business Review*.

3　有關公司如何在善盡社會責任時也能替股東創造價值，也可以參考 Roger L. Martin, 2002, "The Virtue Matrix: Calculating the Return on Corporate Responsibility," *Harvard Business Review*, 5-11.

4　請參考：John Peloza, 2006, "Using Corporate Social Responsibility as Insurance for Financial Performance," *California Management A Review*, 48(2), 52-72.
　　Caroline Flammer, 2013, "Corporate Social Responsibility and Shareholder Reaction: The Environmental Awareness of Investors," *Academy of Management Journal*, 56(3), 758-781.

5　此部分內容參考自 Walter W. Wymer, Jr. and Sridhar Samu, 2003, "Dimensions of Business and Nonprofit Collaborative Relationships," *Journal of Nonprofit & Public Sector Marketing*, 11(1): 3-22.

（一）慈善捐助（corporate philanthropy）

此模式是指公司對非營利組織進行金錢或非金錢單方向的捐助時，是「片斷」與「非正式」的，也就是說，在此種模式下，公司並不用允諾一定要投入多少公司資源。有些公司則是分配一筆資金作為慈善預算，以獲得稅賦的減免，或者是讓員工擔任當地非營利組織的有償或無償的志工。此種合作關係能支援非營利組織的使命，但對於公司本身而言，可以建立良好的公共關係、提升商譽與品牌知名度以增加銷售。然而。公司也該考量到風險，亦即當非營利組織夥伴產生醜聞時，可能會使公司的名譽受損。員工也可能會抱怨公司的慈善捐助，特別是當公司遭遇不景氣而不對員工調高薪資時；當公司股價下跌時，股東也可能會對公司的慈善捐助產生不滿。

對非營利組織而言，主要可從此合作關係獲取資金。而且當非營利組織宣稱從大型公司獲得大筆捐款時，還可能提升名望，而有利於其日後的募款能力。但相較於公司，非營利組織承受的潛在風險更大。因在於當合作的公司夥伴發生醜聞時，非營利組織連帶的名譽受損，會使其募款能力下降，而威脅到組織的生存。此外，合作的公司夥伴突然停止或減少對非營利組織捐款，是非營利組織必須面對的另一種潛在風險。

（二）公司基金會（corporate foundations）

公司基金會係指公司雖然進行慈善捐助，但還多去另行創造一個非營利實體，透過該實體來管理公司的慈善目標。就贊助型基金會而言（如福特基金會），其會先行審查與評估各方的非營利組織所提交之企劃案，再撥款給那些能夠創造較高價值的非營利組織。對於公司本身而言，其當然也會希望這些善舉能夠讓目標市場的消費者或員工所知悉，以間接地提升公司的財務績效。而就公司所面對的風險而言，與上述第（一）點的慈善捐助相同，亦即當非營利組織夥伴產生醜聞時，公司的名譽可能會受損；但是透過基金會模式直接進行慈善捐助，可以讓慈善捐助與景氣循環脫勾，亦即公司可以在財務績效較佳時，多撥款給公司基金會以累積基金會的資源，這樣一來，在面臨不景氣時，公司還是可以透過基金會對非營利組織進行穩定的慈善捐助（而不是透過公司本身），而且不會引起股東與員工的不滿。就非營利組織而言，其在此種合作模式下所得到的好處與風險，均與第（一）點的慈善捐助相同。就我國而言，本土企業便偏好運用自行捐資成立的基金會，而外商跨國企業則傾向與本土非營利組織建立活潑的互動關係，形成我國企業公益參與的特殊現象（陳瑩蓉，2003）。

（三）許可協議（licensing agreements）

此種方式是非營利組織允許公司使用其名字或標誌運用於公司產品上，公司並給予非營利組織一筆固定比例的費用或權利金，譬如花旗銀行發行印有喜憨兒

標誌的「喜憨兒認同卡」，提撥刷卡人每筆刷卡消費的0.275% 捐給喜憨兒社會福利基金會，讓基金會能夠有額外資源，幫助喜憨兒接受基本的職業訓練，提供他們工作機會而能獨立自主的生活。公司主要是藉由非營利組織的良好形象來包裝其產品，以達到市場區隔而提升產品銷售量的目的；非營利組織則通常只能要求其名字或標誌於公司產品上的表現方式。

公司參與此合作模式的動機，是為了增加知名度、建立公共關係、提升於消費者及員工間的商譽並提升產品銷售量。但是同樣地，一旦合作的非營利組織發生醜聞，企業的聲譽可能會被破壞之外，產品銷售量也很可能下降；對非營利組織而言，此合作模式雖然能使該組織增加收入，但也讓其暴露在高風險中。因為許可協議意味著非營利組織要為產品背書，消費者也會相信非營利組織有認證過該產品，所以如果產品品質不好或甚至危害消費者的健康，將會使非營利組織的名譽被破壞，募款減少，也須面對企業終止合作的風險。

（四）贊助（sponsorships）

此種方式與之前提到的許可協議相反，是因為公司認為非營利組織某項活動很有意義，所以支付費用贊助，同時又能讓公司得以該活動的廣告中列名，而提升公司的形象。譬如公司可以贊助運動（譬如玉山金控贊助中華職棒）、書籍、展覽（譬如中國信託贊助米勒畫展）、教育、探險活動、文化活動、地方事務、紀錄片等。也因為公司為了提升本身形象（以對股東負責），除了贊助費用之外，其必須再多花一筆錢去宣傳這些贊助行為才行，否則贊助費用可能可以更高。然而，在此種贊助的合作模式中，非營利組織為了保護自己的公共形象，通常有權要求公司不得為了推銷公司形象而不當地宣傳該贊助行為。在此種合作模式下所伴隨的風險，均與第（一）點的慈善捐助相同，但是非營利組織面臨額外的風險：不管是哪一方發生醜聞，非營利組織未來很可能較不易再吸引到贊助者。

（五）以交易為基礎的贊助（transaction-based promotions）

此種方式為公司捐助現金、食物或設備給非營利組織，而此捐助金額係依據公司銷售額一定比例來提撥，所以當公司銷售額越高時，捐助金額便會越高（但捐助金額有一定上限）。同時，公司會對此合作模式進行宣傳，消費者可能因此提升對公司產品的購買量，非營利組織能得到更多捐助與更高的知名度，公司形象與公共關係也可能改善。因此，此種模式被稱為以交易為基礎的贊助，或稱為善因行銷（ause-related marketing），譬如 Apple、Coca-Cola、Starbucks 等公司共同參與紅色產品計畫（(RED)，將銷售額一定比例捐助給全球基金（Global Fund）以對抗非洲地區的愛滋病，因為每天有 700 名嬰兒一出生就受到 HIV 病

毒的感染（2012 年）[6]。同樣的，在此種合作模式中所得到的好處與風險，均與第
（一）點的慈善捐助相同。

（六）參與型贊助（joint issue promotions）

此種方式係指公司除了出資贊助非營利組織的活動之外，公司還會投入專業
能力與資源於該活動的細節，非營利組織與公司也會共同對該活動進行廣告宣
傳，也能共同提升彼此的知名度。對公司而言，此項活動通常與公司本業有關，
所以也有助於公司吸引潛在的目標顧客。例如女性雜誌透過參與型贊助防治婦女
乳癌的活動時，除了有正面的社會貢獻外，也可能因此吸引到潛在的女性顧客。

此種合作模式的潛在風險與之前合作模式類似，亦即某一方夥伴產生醜聞
時，另一方的名譽可能會受損。相對於個人捐款者而言，如果消費者對醜聞的反
應較不敏感時，公司受到的負面影響會較小，而且通常公司會有較多資源去經營
公共關係，所以會比較有能力及時地降低負面效果；相對地，非營利組織受到的
負面影響就會比較大。此外，與前面幾種合作模式相同的是，合作的公司夥伴突
然停止或減少對非營利組織支持，也是非營利組織必須面對的另一種潛在風險。

（七）合資（joint ventures）

此種方式係指公司與非營利組織共同創立一非營利實體以促成某種共同贊同
之目標。例如公司與非營利環保團體共同組成環保的政策倡議組織，教育社會大
眾有關環境保護的知識、制定環保標準、或共同遊說政府制定有關環境保護的法
規。從而，企業可以不用像過去一樣視環保團體為引發對立或衝突的敵人，而是
轉而與這些團體（甚至與那些之前大力抨擊公司環保作法的團體）合作，反而可
能得到更好的結果，此種合作的趨勢在製造商與環保團體之間尤為明顯。

如果公司營運能符合上述的環保標準，公司將能在產品包裝上做合格的標
示，向消費者宣示公司善盡社會責任的形象，這也可能成為公司的競爭優勢。對
非營利組織而言，除了透過社會大眾或政府對不良公司（譬如高污染公司）進
行導正之外，如果能夠透過合資模式直接與該公司合作，成功導正的機率可能更
高。此種合作模式的潛在風險與之前合作模式類似，亦即某一方夥伴產生醜聞
時，另一方的名譽可能會受損。但是非營利組織在此合作模式中，會遭遇另一種
獨特的風險：倡議組織中的成員會產生意見衝突，譬如某些理想性較高的非營利
成員會視與公司合作是種完全失敗的作法，或是感覺與公司合作會讓非營利組織
不能堅持其使命或正直感。從而，同意與公司合作的成員可能會被其他成員排
斥，或喪失這些成員的支持。為了降低這些風險，成員間良好的溝通是絕對必要
的，亦即強調與其跟公司發生對立或衝突，倒不如跟該公司進行合作，因為後者

6　相關資訊請參考該活動網址：http://www.red.org/en/。

對於整個社區產生的正面利益可能更大。

三、跨界合作的階段[7]

非營利組織與公司間的跨界合作可以區分成三個演化的階段，分別為慈善階段、互益階段與整合階段。其中，慈善階段的合作程度最低，整合階段的合作程度最高，亦即不同的合作階段會有不同的特性（characteristics）與功能（functions）。其次，這三種階段是合作夥伴間自覺性的選擇，而不是必然的演化方向。譬如說，有些組織瞭解雖然第一階段的合作程度最少（可能只是公司單純地定期捐助給非營利組織），卻可能最符合他們目前的狀況、目標或策略，因為他們知道雖然第二或第三階段可以獲得的合作利益較高，但是所必須付出的努力，可能超出他們目前的能力；也因此，有些組織之間的合作階段還可能會視情況倒退（譬如從原本的第三階段回到第二或第一階段）。然而，一旦合作夥伴想要改變他們的合作階段，此節的分析可以讓他們清楚在進入新的合作階段時，他們應該改變哪些資源、過程與態度。此外，一個組織同時可能會有數個合作夥伴，而這些合作夥伴還處於不同的合作階段。茲分別敘述如下：

（一）第一階段——慈善階段（philanthropic）

此階段是指公司是金錢性的捐助者，而非營利組織是這些捐助的接受者，所以是單方向的施與受的關係，上一節所提到的跨界合作模式中的慈善捐助便是一例。在此階段，非營利組織與公司之間幾乎沒有互動與溝通（可能只是簡單的書信往返，譬如請求捐助的信件或感謝信），公司提供資源有限也不要求回饋（雖然有心理方面的滿足），彼此的從業人員投入此合作活動的人也不多。就美國而言，大部分非營利與公司之間的合作關係便是屬於此類，但也有越來越多的合作關係由此階段逐漸發展至下一階段——互益階段，因為他們可能會發現具有進一步提升合作價值的潛力。

7　此部分內容參考自 James E. Austin, 2000, "Strategic Collaboration Between Nonprofits and Businesses," *Nonprofit & Voluntary Sector Quarterly*, 29(1): 69-97.

表8-1　跨界合作的關係如何地演變

關係的本質	第一階段 （慈善階段）			第三階段 （整合階段）
		第二階段 （互益階段）		
參與程度	低	→	→	→	高
合作對於使命的重要性	外圍的	→	→	→	核心的
資源投入的強度	小	→	→	→	大
活動的範圍	窄	→	→	→	廣
互動的程度	不頻繁	→	→	→	密集
管理的複雜度	簡單	→	→	→	複雜
策略價值	不重要的	→	→	→	主要的

資料來源：James E. Austin, 2000, "Strategic Collaboration Between Nonprofits and Businesses," *Nonprofit & Voluntary Sector Quarterly*, 29(1): 69-97

（二）第二階段——互益階段（transactional）

此階段是指公司與非營利組織彼此之間可以透過合作關係進行雙向的互惠以及核心能力的交換，而不僅是單方向的施與受。當處於第一階段的非營利組織與公司發現彼此的使命有交集時，就可以考慮是否發展至第二階段，或是當公司與非營利組織都能夠自合作關係中獲得利益時，便是處於第二階段。

以下茲以一例說明此階段：英國經濟學人雜誌在2006年對於財富與慈善的調查中提到，瑞士聯合銀行（UBS）發現該銀行最有錢的客戶中，有25%的客戶允諾投入慈善，另外40%的客戶則表示可以好好考慮投入慈善。而激勵這些有錢人投入慈善的原因，主要是受到許多宗教均鼓勵人們應該要捐助他人的教義影響，也因為這些有錢人在事業達到高峰時，想要追求心靈層面的滿足或超越（transcendence）。在此種風潮之下，UBS該如何滿足這些客戶追求心靈層面滿足的需求呢？如果UBS不能提供客戶正確的慈善資訊，而讓這些客戶的善款隨意或漫無目的地捐助給成效不彰的非營利組織的話，將無法達到客戶對UBS的付託。後來UBS經過分析發現，舊世代的有錢人習慣於傳統的慈善捐款，但是新世代的有錢人比較能接受創新的慈善模式。因此，UBS便尋求與阿育王基金會（Ashoka）合作，以使客戶的善款能夠有效地配置。Ashoka是個贊助型基金會，專門提供資源給那些發揮高度創意而能有效提升社會正面影響力的非營利組織或社會企業家。從而，UBS提供資金，Ashoka提供創意，兩相結合便恰好相互滿足需求，也就是說，UBS能夠達到客戶對其的付託，又能提升客戶對UBS的忠誠度（對UBS財務績效有幫助），Ashoka也自UBS獲得更多資源，從而更能挹注那些真正能提升社會正面影響力的團體，當然Ashoka的影響力也能因此提升。[8]

---

[8]　此部分內容參考自 The Economist, 2006, "The Business of Giving: A Survey of Wealth and Philanthropy," February 25th, 2006。

進一步言，在此合作階段，公司讓員工一起投入於非營利組織的活動，直接提供社區服務（譬如信義房屋的信義志工團與玉山金控的黃金種子計畫），可以培養員工團隊合作的文化，提升員工的領導與計畫管理的能力，還可以讓公司跨部門員工間的互動增加，這些對公司降低部門間衝突，或提升長期價值均很有幫助。非營利組織亦可從此合作階段中，學習到公司的財務、行銷與人力資源管理的技術，而能提升本身的經營能力。

（三）第三階段——整合階段（integrative）

假使公司與非營利組織的跨界合作原本處於互益階段，但後來兩個組織的使命、從業人員與活動逐漸地融合，就會邁入高度策略性的整合階段。此時，雖然公司與非營利組織是兩個實體，但實質上卻是共同運作的一個實體。譬如，非營利組織與公司可以互相任命對方的高階主管爲自己組織的董事會成員，或是進一步提升彼此之間資源的互惠程度，或是共同腦力激盪以激發出更具創意的合作活動，都能讓雙方互益更多。特別的是，這種策略聯盟可以提升公司相對於同一產業中的競爭對手之競爭優勢，因爲此種提升公司長期價值的合作模式，需要長時間的培養與經驗累積，而不易被競爭對手所模仿，所以可以稱爲策略性慈善（strategic philanthropy）的方式之一[9]。

參、跨界合作的管理議題

一、如何強化與管理跨界合作關係[10]

（一）合作夥伴彼此的策略、任務與價值必須要契合，否則容易發生衝突

Austin（2000）舉了一個絕佳例子—— TNC 與 G-P 爲何能契合地合作。TNC 是一家國際保育組織，也是美國最大的自然保育區擁有者；G-P 則爲世界最大的森林產品製造商，一直以來必須不斷地追逐公有地。但是後來這兩個組織各自發現他們的策略必須改變，也就是說，TNC 覺得過去透過購買土地來作爲保育區的策略，似乎總是不能使大型的生態系統獲得足夠的保護，而是應該還要搭配資源利用的經濟活動才行；G-P 公司則認知到不管在政治上或法律上，繼續

9　策略性慈善請參考 Michael E. Porter and Mark R. Kramer, 2006, "Strategy and Society: The Link Between Competitive Advantage and Corporate Social Responsibility," *Harvard Business Review*, December, 84(12), 78-92.

10　此部分內容參考自 James E. Austin, 2000, "Strategic Collaboration Between Nonprofits and Businesses," *Nonprofit & Voluntary Sector Quarterly*, 29(1): 69-97.

對抗環境保護的聲浪都變得越來越困難。因此，這兩個組織便開始改變策略去尋求環境保護與經濟利用的兩全其美之道，想不到由此創造的共識竟然打開了合作的契機，並於 1994 年開始一起管理森林保育區。兩者合作的方法是將保育區一部分維持爲原始林，一部分則可以用低度影響環境的方式來砍伐樹木，讓兩個組織均可接受。由於此種模式很成功，後來還擴展到其他保育區，政府機構與其他公司也加入這些合作計畫。

然而，如果不能在合作夥伴間取得契合的共識，未來要繼續合作會變得很困難，因爲意見不同的夥伴會發生衝突而導致合作的瓦解。

（二）合作夥伴必須清楚表明希望對方能夠負責哪些事項並負起責信

當非營利組織與公司兩方進行合作時，雙方面均必須先充分溝通，讓雙方清楚彼此希望對方能夠在合作行爲中負責哪些事項。如果某方沒有足夠能力或意願達到另一方的要求，就可能要另覓合作夥伴才行；如果彼此都能夠相互符合對方的要求的話，那麼在進行合作的同時，各方還必須投入部分資源以建立績效評估指標，讓對方能夠容易於事後藉由這些指標的呈現，瞭解我方是否有達到對方最初對我們的要求與期望，亦即要負起責信。

（三）合作必須能激發利人利己的價值並能共有願景

合作必須對於每一合作夥伴都能產生價值，還能對社會產生正面的影響力。要達到這個目的，除了金錢的支持之外，合作夥伴還必須實際地參與活動，結合各種資源，藉由腦力激盪共同建構出利益社會也利益彼此的願景與計畫，而不只是一方提計畫，另一方據此給予贊助而已。

（四）合作夥伴自合作得到的利益不能過於懸殊

當合作夥伴的一方可以自合作行爲產生許多利益，但另一方卻只能得到很少利益時，這被稱爲無法達到合作價值的平衡（balance）。當此種情況發生，得到較少合作利益的一方當然會覺得不平衡而逐漸喪失參與合作的意願，或甚至促使它想過度地施展對得到較多合作利益的一方的影響力，而使得彼此的合作關係無法長久維繫。

（五）合作夥伴必須在合作的過程中持續的學習與成長

公司與非營利組織的合作模式並非一成不變或因此自滿，而是可以在彼此互動的過程中審時度勢、修正錯誤、互相學習、並隨著時間而不斷推陳出新。

（六）不要有過多的合作夥伴以免讓努力無法專注

每家公司可以找出本身最有能力解決、同時能讓公司取得最大競爭優勢的一些社會問題[11]，所以公司必須找到那些能有共同願景或能創造共同價值的非營利組織來合作。因此，經過精挑細選過程後的非營利組織家數一定不多，為讓公司不致資源過度分散，而可以集中資源與這些非營利組織發展良好的長期關係。此種作法雖然可能導致合作夥伴間較高的依賴程度，但合作績效也比較能夠提升。

（七）合作夥伴從業人員之間必須建立良好的情感維繫與互信

除了上述合作的組織之策略、任務與價值必須要契合之外，這些組織的從業人員之間使命感與願景的互相感染、相互信任、經常溝通、以及情感的聯繫也同樣重要，因為它們可以把組織緊密地結合在一起。通常，當公司的領導階層或從業人員實際參與非營利組織的運作，或是接觸到非營利組織所幫助的對象時，公司與非營利組織間從業人員的關係連結就能大幅增進，也就是說，讓公司從業人員直接參與慈善服務是建立彼此良好關係的一大妙方。此種關係連結不能僅限於組織的領導者之間，而必須擴散於各個層級的從業人員之間，如此一來，即使某一組織的領導者離開，組織之間的連結仍然可以繼續維繫而不會中斷。

（八）合作夥伴的從業人員可以透過績效評估與目標管理來激勵

為了能讓合作行為能夠永續發展，透過績效評估或是目標管理來激勵合作夥伴之從業人員對合作行為的投入，是很重要的機制。也就是說，除了讓從業人員在合作的過程中產生成就感之外，對那些投入合作行為的績效較佳者，或是能夠達成年度目標者（譬如志願服務時數達 50 小時以上），給予榮譽或薪資上的獎勵，將可以進一步提升從業人員參與合作行為的意願。

二、跨界合作面臨的困難[12]

（一）事前缺乏撮合合作夥伴的資訊與機制

當非營利組織與公司相互尋求合作時，可能會面臨資訊不足的問題，亦即他們並不知道如何才能去找到適合與自己合作的夥伴，尤其相對於公司而言，非營利組織的知名度與資訊可得性總是較低，這也使得公司不易尋求能與公司契合的非營利組織。一旦好不容易或是碰巧找到合作的夥伴後，他們也沒有經驗發展進一步的合作關係，因為他們過去可能只習慣於單方向之贊助關係，而且目前處於

---

[11] 請參考 Michael E. Porter and Mark R. Kramer, 2006, "Strategy and Society: The Link Between Competitive Advantage and Corporate Social Responsibility," *Harvard Business Review*, December, 84(12), 78-92.

[12] 此部分內容參考自：James E. Austin, 2000, "Strategic Collaboration Between Nonprofits and Businesses," *Nonprofit & Voluntary Sector Quarterly*, 29(1): 69-97.

合作第二階段與第三階段的組織數目還不夠多，所以他們的合作經驗當然無法眾所週知。

（二）合作行為帶給雙方與社會的利益或價值不易評估

因為合作行為產生的社會影響力或社會利益，並不容易像公司的股票價格一樣容易數量化，亦即無法取得社會利益的市場價格資訊，加上相似的合作行為並不多而沒有比較的基礎，從而讓合作夥伴在進行決策時容易無所適從。譬如：公司究竟應該投入多少資金來挹注合作關係才不會過多或過少？當非營利組織試圖解決數個社會問題時，公司與非營利組織應該優先去合作解決哪一個社會問題？

但是，當第二階段合作行為的數量增加至一定程度時，市場價格的資訊便可能逐漸地容易取得。譬如善因行銷便是近年來公司廣告中成長最快的一種，而合作夥伴通常便可以用觀眾人數、播放地點、人口統計分析等等變數來衡量出善因行銷的市場價格資訊，如此一來，合作夥伴便容易根據此價格資訊來進行合作關係的決策分析。然而，此種發展也可能導致所謂的合作短視（alliance myopia）的潛在風險。也就是說，合作夥伴可能偏向去選擇那些容易取得市場價格資訊但社會價值不高的合作關係，而放棄那些不易取得市場價格資訊的合作關係，但是後者卻可能可以產生較多的社會價值。進一步言，在評估合作行為的利益時，我們有可能只會考量到那些容易被數量化的部分，卻忽略掉那些很重要但卻不容易被數量化的部分，而無法確實反應合作行為所帶來的整體利益與價值。

最後，那些容易用市場價格資訊來衡量的合作行為，對公司產生的競爭優勢可能無法持久。也就是說，假使公司與非營利組織之合作關係只是單純的財務資源移轉，而容易用市場價格資訊衡量時，當這個合作關係讓公司相對於競爭對手產生競爭優勢時，競爭對手很可能可以迅速的模仿，而讓這個競爭優勢很快的消失。舉例來說，當公司透過與非營利組織進行善因行銷，讓自己獲得競爭優勢時，其競爭對手可能會提供該非營利組織更好的條件來取代原本的公司。為了避免這種困境，公司與非營利組織的合作關係可以是多層面的，譬如合作夥伴間共同地參與服務、共同規劃、彼此維繫與經營良好的人際關係等等，而不僅限於單純的財務資源移轉的話，便有可能形成一道進入障礙，讓競爭對手不可能在短期內模仿，從而公司的競爭優勢較可能長久地維持。

三、跨界合作面臨的困難之可能解決方案

（一）合作夥伴撮合機制的可能解決方案[13]

撮合非營利組織與公司成為合作夥伴的機制，亦即擔任捐款者與非營利組

---

[13] 此部分內容參考自：The Economist, 2006, "The Business of Giving: A Survey of Wealth and Philanthropy," February 25th 2006.

織間的資訊中介，可以用四個組織加以說明，分別是 NPC（New Philanthropy Capital）、GG（Geneva Global）、GuideStar 與 CEP（Center for Effective Philanthropy），可以作爲撮合機制的參考。

創立 NPC 的想法是來自於一位知名的經濟學家 Gavyn Davies 教授，他也是 Goldman Sachs 的合夥人，與另外一位合夥人 Peter Wheeler 於 Goldman Sachs 倫敦總部的餐廳討論所激發的創意。他們認爲在 1990 年代的金融市場，金融業總是將大筆資金投入於那些能獲得最高報酬的地方，但爲何此種資金聚集的現象不能發生在慈善活動呢？他們認爲原因在於慈善缺乏足夠的、高品質的、實在的、獨立的資訊提供給社會大眾。所以他們便與許多捐款者於 2002 年創立 NPC。

該組織位於英國，該組織員工分別來自於不同領域，包括金融業、新聞界、慈善組織與顧問公司。一開始，由於發現那些較能產生社會正面影響力的非營利組織卻未必能獲得較多的捐款，他們期望藉由 NPC 來改變現狀。作法是透過研究，發掘出那些最需要解決的社會問題，並瞭解這些社會問題的根本原因，然後找出最優秀的非營利組織，透過公開透明的研究報告與提供捐款者諮詢，讓這些非營利組織能夠因此獲得足夠的捐款來有效地解決這些社會問題。對於這些 NPC 引入的捐款者而言，他們可自 NPC 獲得充足的資訊，讓他們的捐款可以確實挹注到那些優秀的非營利組織，也就是說，NPC 能夠協助非營利組織有效地衡量運用捐款的績效，讓捐款者能夠瞭解他們的捐款是否確實地藉由非營利組織產生高度的影響力。NPC 目前面臨最大的成長限制，在於是否能夠僱用到最優秀的人才，因爲在 NPC 工作的年薪比在投資銀行工作的年薪少的多[14]。

NPC 的成功引起美國人的興趣，因爲美國目前並沒有類似的中介機構，有些美國的大型基金會也像 NPC 一樣進行許多的研究，但是他們並不會像 NPC 一樣把這些研究結果公開給社會大眾作爲捐款的參考。在美國最類似 NPC 的組織爲 GG，該組織員工來自美國、英國與開發中國家。GG 所協助的非營利組織或小型計畫，均位於美國以外的地區。GG 認爲捐款者通常傾向於捐款給那些知名度較高的大型非營利組織，但是那些非營利組織卻未必能產生名符其實的績效。所以 GG 特別去發掘出那些社會績效好並想進一步擴大影響力的小型地方團體，然後再推薦給那些潛在的捐款者[15]。

GuideStar 是 1994 年於美國成立，被暱稱爲慈善組織的彭博資訊（Bloomberg screen of philanthropy），因爲該組織網站提供了非營利組織的免費財務報表資訊，並讓使用者上網註冊。根據 2013 年的資料顯示，由於 GuideStar 提供這些資訊，已經協助讓 10 億美金的資金引導至非營利部門，讓 1,600 萬的弱勢人們有餐點，讓 52,000 的弱勢人們有居住的地方，保護了超過 2 萬英畝的美國土地，並提

14　有關 NPC 的詳細資訊請參考該組織網站：http://www.thinknpc.org。
15　有關 GG 的詳細資訊請參考該組織網站：http://www.genevaglobal.com/。

供超過 30 萬名兒童教育的機會[16]。

CEP 則是於 2001 年由哈佛大學策略管理學者 Michael Porter 所協助創立,因為他覺得 GuideStar 所提供的資訊太過於粗淺以致無法用來判斷非營利組織的績效。因此,CEP 的作法便是蒐集資料與深入的研究,讓贊助型基金會得以評估自己的治理(譬如董事會是否盡責?)、營運(譬如獲得基金會贊助的非營利組織是否清楚該基金會的決策依據?)、策略擬定(是否讓我們的目標夠清楚及容易被達成?)、對受贊助的非營利組織之協助(是否協助這些非營利組織改善績效?是否影響他人也捐款給這些非營利組織?)、影響力(我們是否贊助了那些最能創造社會績效的非營利組織?)[17]。

除了上述外部的中介組織之外,是否有在內部互動就可解決的方案呢?陳瑩蓉(2003)便建議公司之間也可以組成以「企業社會責任」或「企業公益參與」為使命的聯盟,讓各個企業在公益領域中的合作經驗能夠累積,並彼此分享,然後透過該聯盟作為與第三部門的窗口,提供公開的對話機制,作為合作夥伴撮合的機制之一。

(二)合作行為產生的利益或價值評估的可能解決方案

衡量公司與非營利組織合作行為產生的利益或價值,可參考 REDF(Roberts Enterprise Development Fund)基金會曾經提出的作法[18]。亦即採用社會投資報酬率(social return on investment, SROI)來加以衡量。大致上,我們可以把合作行為創造的利益或價值分為三種,分別為:

1. 經濟價值(economic value)——係指合作行為所產生的現金流量之現值。

2. 社會經濟價值(social-economic value)——係指合作行為因為透過服務社會所產生之社會成本節省(social savings)加上受服務對象稅負收入的增加幅度,再扣除服務社會所產生的費用,所換算出來的現值,基本上是以透過對受服務對象定期的問卷調查,將合作行為的社會影響力數量化。舉例來說,如果公司協助非營利組織進行的社會服務,是在協助出獄的受刑人進行工作能力的訓練而能夠自力更生,這些服務將可以降低這些人出獄之後對於政府的社會救助機制之倚賴,或是降低再犯罪率,而產生社會

---

[16] 有關 GuideStar 的詳細資訊請參考該組織網站:http://www.guidestar.org/。

[17] 有關 CEP 的詳細資訊請參考該組織網站:http://www.effectivephilanthropy.org/。

[18] 有關於 REDF(redf.org)曾經使用的問卷調查法,稱為 OASIS(Ongoing Assessment of Social Impacts),雖然不見得適用於其他類型的非營利組織,但可能值得修正後採用。或是可以參考:William Rosenzweig, 2004, "Double Bottom Line Project Report:Assessing Social Impact In Double Bottom Line Ventures," Center for Responsible Business Working Paper Series, Haas School of Business, University of California, Berkeley (http://repositories.cdlib.org/crb/wps/13).

成本節省；此外，當這些人能夠自力更生而有穩定收入之後，便能夠有能力繳稅給政府，讓政府能夠將這些稅賦收入運用於社會其他需要幫助的地方。

3. 社會價值（social value）——係指合作行為所產生之社會影響力無法被數量化的部分。

至於衡量 SROI 的步驟，分成以下 7 個部分：

1. 預估未來數年受服務對象的人數（project the number of target employees）
2. 計算每人的社會成本節省的數額（project social operating expenses）
3. 計算受服務對象稅負能夠多繳的數額（calculate the incremental increase in income expenses）
4. 預估提供社會服務時所產生的營運費用（project social operating expenses）
5. 根據上面四個步驟，計算出未來數年之社會經濟現金流量（compile the social-economic cash flow）
6. 將（5.）所得之現金流量加以折現（以政府債券利率為折現率），換算成社會經濟價值（discount the cash flow to calculate social purpose value）。
7. 將（6.）所得之社會經濟價值除以合作行為投入的資金現值，以計算社會投資指數（calculate the index of SROI），指數越高代表社會影響力越高。

SROI 的用處除了讓合作夥伴可以據其進行資源的有效分配之外，亦可與其他類似的合作行為進行 SROI 的比較，或是與過去的 SROI 比較（亦即看 SROI 的趨勢），以發覺可能的潛在問題。此外，透過 SROI 資訊的公開，將可以提升非營利組織在進行合作行為時的責信度與透明度，讓公司能夠據此判斷要將多少資源挹注給非營利組織。

（三）非營利組織進行績效評估所必須注意的事項[19]

非營利組織進行上述的績效評估，除了讓非營利組織的經營階層能夠察覺改善非營利組織的機會之外，也能讓捐款者（包括公司）作決策時有所依循。此外，經由類似的非營利組織間的績效比較，捐款者更可能將資金捐給績效較佳的非營利組織。

然而，在進行績效評估時，必須注意到以下五點事項：第一，捐款者可能不覺得非營利組織有進行績效評估的必要，因為有些捐款者可能僅依據與非營利組織間的關係來進行捐款決策，或是捐款者未能從績效指標上強烈感受到非營利組

---

[19] 此部分內容參考自：Katie Cunningham and Marc Ricks, 2004, "Why Measure? – Nonprofits Uses Metrics to Show that They Are Efficient. But What if Donors Don't Care?" *Stanford Social Innovation Review*.

織產生的社會影響力；第二，捐款者根本沒有時間來注意績效評估，所以非營利組織或許應該教育其捐款者，讓捐款者知道花時間思考是他們的責任，以避免漫無目的的隨意捐款而不重視捐款所能產生的效果；第三，捐款者可能對於績效評估沒有信心，因為非營利組織的服務品質或社會影響力（譬如非營利組織的目標是「提升人的品質」）並不易量化，而無法有效地反應在績效指標上，所以前面章節提及的 SROI、NPC、GG 或 CEP 等等的衡量績效的作法就相當值得參考；第四，有些捐款者認為非營利組織已經是資源受限了，所以不應該再多花時間與金錢在績效評估上；第五，捐款者可能會想尋求機構捐款者幫他們進行績效評估。針對第四點與第五點，我們再次可以看出 NPC、GG、CEP、GuideStar 或是聯合勸募組織等等組織存在的重要性。

肆、結論與政策建議

　　非營利組織與營利部門（公司）進行跨界合作的目的，除了讓雙方產生價值之外，也是為了對社會能夠產生正面的影響力。對於公司而言，因為其必須對股東利益負責，所以當其運用公司資源與非營利組織合作時，就必須想辦法結合公司的核心價值與資源，才能在善盡社會責任的同時對股東也有交代，成為公司相對於競爭對手的競爭優勢。但是這需要慎選適合公司的非營利組織來進行合作，並能夠從合作中激發創新與發揮創意的能力。

　　對於非營利組織而言，所擁有的資源相對於政府與公司而言顯得少的多，在資源少卻又想改變社會的情況下，非營利組織必須集中其資源在解決那些政府或公司無法解決的社會問題上。非營利組織因為沒有股東或選民的牽絆，所以其在解決社會問題時應該可以更有彈性也更能承擔風險，其激發出創新的解決方案，將可能讓政府或公司願意投入更多的資源與非營利組織合作。此外，由於近年來全球對於企業社會責任的重視，更成為非營利組織與公司多方面合作的契機。為了克服非營利組織績效不易評估的問題，強化非營利組織的透明度與責信度以提升社會大眾（包括公司）對非營利組織的信賴度，NPC、GG、CEP 及 GuideStar、REDF 的 SROI 等等撮合機制與衡量績效的作法，均可能十分值得我國學習與參考，然而這些機制是否必須做出因地制宜的改變，是值得進一步思考之處。

問題習作

請根據本章節所說明的跨界合作的三個演化階段，每個階段均分別找出相對應的我國非營利組織與公司合作的例子，並說明他們如何強化與管理跨界合作關係，以及面臨哪些困難與可能的解決方案。

參考文獻

中文部分

胡瑋珊譯，2008，〈競爭優勢與社會利益不衝突——公司與社會有福同享〉。《哈佛商業評論》（全球繁體中文版），譯自 Michael E. Porter and Mark R. Kramer, 2006, "Strategy and Society: The Link Between Competitive Advantage and Corporate Social Responsibility," *Harvard Business Review*。

陳瑩蓉，2003，《企業參與公益活動與非營利組織的夥伴關係：以三個在台灣的跨國企業為例》。國立中正大學社會福利系碩士論文。

英文部分

Austin, J. E., 2000, "Strategic Collaboration Between Nonprofits and Businesses." *Nonprofit & Voluntary Sector Quarterly*, 29(1): 69-97.

Cunningham, K., and Ricks, M., 2004, "Why Measure? – Nonprofits Uses Metrics to Show that They Are Efficient. But What if Donors Don't Care?" *Stanford Social Innovation Review*, 44-51.

Flammer, C., 2013, "Corporate Social Responsibility and Shareholder Reaction: The Environmental Awareness of Investors," *Academy of Management Journal*, 56(3): 758-781.

Martin, R. L., 2002, "The Virtue Matrix: Calculating the Return on Corporate Responsibility," *Harvard Business Review*, 5-11.

Peloza, J., 2006, "Using Corporate Social Responsibility as Insurance for Financial Performance," *California Management A Review*, 48(2): 52-72.

Porter, M. E., and Kramer, M. R., 2006, "Strategy and Society: The Link Between Competitive Advantage and Corporate Social Responsibility," *Harvard Business Review,* December, 84(12): 78-92.

The Economist, 2006, "The Business of Giving: A Survey of Wealth and Philanthropy," February 25th 2006.

Wymer, W. W. Jr., and Samu, S., 2003, "Dimensions of Business and Nonprofit Collaborative Relationships," *Journal of Nonprofit & Public Sector Marketing*, 11(1): 3-22.

網站部分

CEP: http://www.effectivephilanthropy.org/

GG: http://www.genevaglobal.com/

GuideStar: http://www.guidestar.org/

NPC: http://www.thinknpc.org

(RED): http://www.red.org/en/

REDF: redf.org

Chapter 9

台灣非營利組織的就業

官有垣、鄭清霞

學習重點

▶ 瞭解非營利組織在提供就業上的重要性。

▶ 瞭解非營利組織的工作特徵與人口屬性差異。

▶ 瞭解非營利組織就業的勞動條件與福利。

▶ 瞭解非營利組織執行長的薪資特質與影響因素。

摘　要

　　在台灣，第三部門非營利組織創造就業機會，其聘僱規模也日益擴增；然而我們對於這些組織的就業相關訊息卻不似商業部門有全面性的瞭解與掌握。本文主要介紹：一、非營利組織就業的相關文獻；二、台灣本土相關資料，包括(一) 部門基本形貌；(二) 部門的就業人口特質；(三) 就業品質。

　　台灣的非營利組織主要有下列特質：首先，台灣非營利組織的規模相當小，但這不意謂該類組織是屬於小眾的就業市場。其次，就非營利組織的就業人口組成特質觀之，台灣非營利組織中全時受僱人口女性多於男性，但男性擔任主管的比例卻遠高於女性受僱人口。第三，非營利組織就業人口中以年輕者與資歷淺者為多。第四，台灣非營利組織的薪資級距扁平化形態、調薪機制不明、非金錢的員工福利保障不足等。第五，非營利組織就業員工薪資呈現若干性別的差異，主管人員及專業人員的平均薪資，男性高於女性；但事務性工作人員卻是女性高於男性。執行長的薪資水準是遠落後於營利組織的。

壹、前言

　　近年來台灣非營利組織蓬勃發展，無論在組織數目、專職人力與志工人數均大幅成長。民眾投入民間非營利組織的力量充沛，政府各部會的許多政策方案均可見民眾參與非營利組織服務的足跡。這些民間非營利組織為民眾創造了對社會議題發聲的管道及參與的空間，更直接或間接參與了社福、慈善、文化、教育、醫療、環保等公共服務的提供，以及在公共議題的倡導上，發揮了一定程度的影響力。

　　台灣產業結構已經轉變為以服務業為經濟活動重心，2013 年就業者行業分布：工業部門為36.16%、服務業部門高達58.89%（行政院主計總處，2014）。且由於某些財貨或服務的特性所致而傾向以非營利組織為提供者的情況下，非營利組織可望因就業機會的增加而解決若干台灣社會的失業問題。為因應失業問題，勞委會於2001 年借鏡歐盟「第三系統就業方案」，亦推動「永續就業工程計畫」，希望可以結合民間力量及非營利組織來發展區域性的產業及開創「永續」就業機制，這是具有重要社會實驗性質的社會政策（曾敏傑，2002）。

　　一項研究發現，台灣基金會組織人力規模呈現相當大的規模差距（Kuan, Chiou & Lu, 2005）；但現階段卻沒有任何一項關於非營利組織就業參與情形的統計調查，公共部門與私人部門對於台灣民眾參與非營利組織職工的情況以及其所產生的社會經濟影響與效益均瞭解有限，更遑論掌握其未來的發展趨勢。本章主要目的即在於從理論層面與台灣本土資料的實證層面，介紹非營利組織在就業提

供上的重要性、非營利組織的就業特徵與人口屬性的差異、非營利組織就業的薪
資與福利，並分析非營利組織與營利組織執行長的薪酬差異。

貳、非營利組織就業的相關文獻論述

一、非營利組織在提供就業上的重要性

　　自1980年代開始全球掀起了所謂的「全球結社革命運動」（Salamon,
1994），世界各國中的非營利組織數量大幅增長，對整體社會的貢獻也日趨重
要。Salamon等人（Salamon, Sokolowski & List, 2003）對35國公民社會部門
（或謂第三部門）的研究發現，在1995-1998年間該部門的支出約占所有國家
GDP總值的5.1%，僱用了2,180萬名全職員工、1,260萬名志工，約占經濟活動
人口的4.4%。在過去25年中（1977-2001）美國第三部門的就業人數呈倍數成
長，其就業機會的成長率（2.5%）亦高於政府（1.6%）與商業部門（1.8%），
在整體就業人口中，第三部門中的就業人數從1977年的7.3%躍升至2001年的
9.5%，使得該部門的就業人數達到1,250萬人（Independent Sector, 2005）。第三
部門被Salamon等人（2003）視爲世界第七大經濟體，著實爲現代資本主義社會
中的民眾提供一個新的就業渠道，也打破工業革命後，就業機會等於是商業部門
工作的特徵。比較可惜的是，在我國的相關勞動統計中，就業者的身分類別僅區
分爲雇主、自營作業者、無酬家屬工作者、受私人僱用者、受政府僱用者，而沒
有受第三部門非營利組織僱用這個分類，致使我們較難估算第三部門非營利組織
的就業人數。

二、非營利組織工作特徵與人口屬性差異

　　由於對非營組織的定義分歧，現存統計資料中所呈現的整體第三部門就
業人口絕對數量與占整體就業市場的比重，並未有一致性的共識（Salamon &
Dewees, 2002）。然而，即便在如此分歧的統計資訊下，非營利組織所提供的工
作特徵與人口屬性還是可以歸納出如下幾點特徵。

（一）全職員工數較少，需部分依賴志工
　　首先，不論中外，非營利組織的受薪全職員工數目皆有限，需要部分依賴
志願服務者的協助推動行政事務與方案業務。根據Betcherman等人（1998）的
調查資料，向加拿大政府登記立案的慈善福利NPOs中，有42%的組織是完全
沒有付薪的工作人員，且有70%的組織必須招募志願服務人員來協助其推動會

務，縱然部分組織有自己的全職員工。官有垣、杜承嶸（2005）研究也發現類似現象，330家受訪台灣民間社會團體，34% 無任何專職人員。官有垣、邱瑜瑾、王仕圖（2005）也發現2005年教育部主管的教育事務財團法人基金會中有35%沒有專職人員。

（二）女性就業人口比例高出男性甚多，但高階職位多由男性擔任

其次，在非營利組織中工作人口係以女性居多，其占非營利部門的就業人口比例至少6成以上（Mirvis & Hackett, 1983；Johnston & Rundney, 1987）。但此種職業女性化的現象並未使女性在非營利部門中取得較高的職業地位，如同商業部門與政府部門一樣，非營利部門中的高階職位大多是由男性擔任（Mirvis & Hackett, 1983；Gibelman, 2000），且中高階職位的薪資亦呈現男高於女的狀況（Gibelman, 2000）。而台灣的基金會之總體工作人力女性占64.9%，但是若從職位階層與性別結構的交互作用來看，在上層結構上，男性仍掌握決策體系的優勢性，而在高階職位，女性主要分布在管理與業務執行的層次上（Kuan et al., 2005）。

非營利組織工作可能存在「性別的職位與薪資歧視」現象。但此歧視不同於商業部門與政府部門，主要特色是非營利部門女性的就業薪資與一般就業市場中的女性薪資相仿，但男性薪資則低於一般就業市場（Gibelman, 2000）。可能的原因是非營利就業市場的薪資水準普遍低於一般就業市場（Salamon, Geller & Sokolowski, 2005），造成高職位者薪資被壓抑所致；但亦可能因為非營利組織本身缺乏賺錢的動機，營利所得必須用在目的事業上，使其高階工作者無法以個人的工作績效換取適當的紅利所致。

（三）全職就業員工的教育水平比其他兩部門來得高

除了性別上的特徵外，非營利部門工作者的平均教育程度高於其它部門工作者（Ruhm & Borkoski, 2003；Mirvis & Hackett, 1983；Johnston & Rundney, 1987）。形成這種特徵的主要理由有二，（1）非營利部門的工作多屬專業性工作，教育文憑是衡量工作品質與機構價值的準則，故其要求的教育水準較高；（2）可能非營利部門中的工作者較喜歡讀書取得正式文憑所致。此理由雖較牽強，但由於非營利組織所提供的服務較傾向創新與實驗性質，故其工作者可能較好學以取得新技術與知識。而與教育有關的工作特徵，就是職業與教育的搭配程度，在第三部門非營利組織工作中，教育與工作的相稱比重高於其它二個部門（Mirvis & Hackett, 1983）。

三、非營利組織就業的薪資與福利

薪資與工時通常被視為衡量某項工作品質的指標。非營利組織的平均薪資給付水平較低；臨時性工作存在的機會較高（McMullen & Brisbois, 2003）。Betcherman 等人（1998：34）指出，在加拿大，大多數受訪的非營利組織多少都會提供員工福利給其僱用的員工，只有約四分之一的受訪 NPOs 表示沒有這方面的福利。接著 Betcherman 等人（1998：35）以 NPO 的類型區分，發現環境保護組織在員工福利的提供上其比例在平均數以下，工會組織在這方面較為慷慨，而慈善社福組織及行業協會組織大約是維持在平均數的水平。再者，以員工福利的內容觀之，顯示有超過50%的員工享有的項目依序為（1）扣薪的病假、（2）延伸性的醫療保險、（3）長期的傷殘津貼、以及（4）牙醫就診的保險給付。

參、台灣非營利組織就業的實證分析[1]

本調查研究選取就業機會較多的學術文化、慈善、社會服務、以及醫療衛生為宗旨之社會團體與基金會共計12,983 個。採郵寄問卷的方式，抽出率約為30.51%。最後總共回收251 份有效問卷，整體回收率平均約為6.34%，有效抽出率為1.93%。在90%的信心水準之下，抽樣誤差為5.1%。後續調查研究資料的分析，均經過加權處理。

首先我們針對非營利組織勞動需求面相關的基本形貌進行瞭解，包括成立時間、業務活動、年度經費、營運計畫、營運困難等面向；接著我們分析其就業人口，包括：聘僱狀況、員工特質、薪資與工時等；最後，就業品質也是我們的關注重點，包括：調薪、加班、職工福利等。

一、部門的基本形貌

（一）成立時間

就組織立案的時間分析，台灣非營利組織隨著時間有愈來愈蓬勃發展的趨勢，所以大部分的受訪組織立案時間集中於1988 年以後（78.19%）。

---

[1] 有鑑於台灣有關青年第三部門就業市場資訊的缺乏，行政院青年輔導委員會於2005 年委託官有垣、呂朝賢、鄭清霞等人進行調查研究，以明瞭台灣第三部門人力供應情形、勞動力就業狀況及人力發展趨勢，以作為政府訂定第三部門人力規劃、職業訓練、就業輔導計畫的參考。該調查研究已於2006 年年初完成，並根據研究結果發表論文。參閱官有垣、呂朝賢、鄭清霞，2008，〈台灣第三部門的就業：2005 年調查研究資料的分析〉，《臺大社會工作學刊》，第16 期，頁45-86。本節資料摘錄自研究報告與論文。

（二）組織的業務活動

受訪的台灣非營利組織的業務與活動集中於：「社會服務、慈善與人道救援」、「藝術、文化與人文歷史」、「教育與研究」、「就業輔導與職業訓練」、「衛生醫療」等五項。受訪組織的最主要業務與活動以「社會服務、慈善與人道救援」占大部分，約有三成（30.77%）、其次是「藝術、文化與人文歷史」（17.4%）、再其次是「教育與研究」（17.26%）。次主要的業務與活動，仍以「社會服務、慈善與人道救援」（19.56%）位居首位，依序是「就業輔導與職業訓練」（14.78%）與「教育與研究」（14.23%）。

（三）組織的年度經費

本研究以台灣非營利組織的年度決算數取代預算數，以觀察其經費規模。調查結果發現，有四成三（42.6%）的組織，其年度決算小於一百萬，進一步觀之，則有近九成（88.7%）的組織其年度決算小於一千萬。換言之，僅有約一成二的受訪組織，其年度經費是在新台幣一千萬元以上。

在經費支出方面，約有三成的組織，其人事費占總支出的比重為零，意謂其可能沒有聘任何專職人員。僅有一成組織其人事費用占總支出的六成以上；而人事費支出占組織的經費總支出的中位數是28%。

（四）組織未來一年的營運計畫

在台灣非營利組織未來一年的營運計畫方面，約有46.5%的組織打算擴增服務範圍與內容，但也有將近一半的組織只想維持現狀（49.7%），而僅有2.06%的組織要縮減服務範圍或內容。顯見台灣民間非營利組織對未來的組織發展與運作，多數還是抱持著持續奮鬥、樂觀進取的精神與態度。

（五）組織的營運困難

至於營運困難方面，約有16.79%的受訪組織表達沒有營運困難。然而值得注意的是，約有59.48%的組織表達「財源不足」是其組織經營的主要困難，其次是「無法找到合適的工作人員」（55.4%）。在次主要困難方面，則有「無法找到合適的工作人員」（24.49%）、「同性質組織的競爭」（15.72%）、「工時、工資不符合應徵者的要求」（13.06%）等幾個選項。

以上數據顯示，台灣非營利組織在經營上遭遇的困難，依受訪組織表達的強度順序，可歸納為：「財源不足」、「無法找到合適的工作人員」、「同性質組織的競爭」、「工時、工資不符合應徵者的要求」等四項。就「無法找到合適的工作人員」而言，本研究團隊舉辦的「青年第三部門就業研究」座談會紀錄顯示，有些非營利組織具有宗教性質，此固然是就業者選擇組織服務的一項誘因，但也使組

織在招募人員時，可選擇的範圍縮小，形成非教友則較難進入。官有垣、杜承嶸（2005）的研究也發現，台灣社會團體的內部困境幾乎都是圍繞在財力與人力不足的議題打轉，財務困難似乎是目前非營利組織所面臨的共同困境，而人力不足的窘境，則是具體反應在會員流失、會務推動的專兼職與志工人力缺乏、專業人才的欠缺等層面。

二、部門的就業人口特質

（一）員工的聘僱狀況

至 2004 年 12 月底為止，受訪的台灣非營利組織中約近三成五的比例沒有聘僱員工，表示這些組織純粹由志工擔綱服務。而約有五成二的組織聘僱員工在 1-9 人、12.63% 的組織員工人數為 10-49 人，50-99 人者只有 0.68%，而聘僱人數在 100 人以上的組織比例更低到 0.27%。此項調查數據反映該部門組織聘僱員工的精簡現象。

在全時員工方面，約有 39.66% 的組織沒有聘僱，而聘僱 1-4 人全時員工的組織約有 36.3%，5-9 人約有 16.68%。在部分工時員工方面，約有 47.73% 沒有聘僱，聘僱 1-4 名部分工時員工的組織占 38.15%、5-9 人占 10.45%。

（二）全時受僱員工的特質

台灣非營利組織規模小，平均每家組織所僱用的就業人數亦不多，全時工時員工平均為 6.82 人，中位數為 2 人。部分工時員工平均為 3.05 人，中位數為 1 人。兩者合計的平均員工數為 9.86 人，中位數為 3 人。全時受僱員工的組成有如下幾特徵，包括女性居多、男性主管比例高、教育程度高於其他部門等：

1. 女多於男：女性約占所有就業人口的 75.76%，男性為 24.24%
2. 35 歲以下的年輕人口居多：25-34 歲（37.03%）、35-44 歲（24.99%）。
3. 大專以上教育程度者居多：國中以下（4.79%）、高中（職）（33.01%）、大學（專）（56.63%）、研究所（5.57%）。
4. 聘僱 24 歲以下及 65 歲以上員工數極少：整體而言，沒有組織聘僱 18 歲以下的員工，六成九的組織沒有 18-24 歲員工，九成九（98.7%）的組織沒有 65 歲以上的員工。
5. 工作年資資淺者居多：未滿 3 年（47.81%）、3-6 年（29.367%）、7-10 年（10.56%）、11-14 年（6.15%）、15 年以上（5.80%）。
6. 專業人員占多數：主管人員（27.68%）、專業人員（29.28%）、事務人員（22.40%）、服務人員（20.64%）。
7. 除主管人員外（男女比為 2.1：1），其餘職位皆以女性員工占多數。

（三）全時受僱員工的薪資與工時

在薪資方面，約有42.79%的組織，其男性主管薪資在新台幣3萬元至4萬元間；有47.19%的組織，其女性主管薪資在3至4萬元間。對照2004年台灣民意代表、企業主管及經理人員的平均工作收入新台幣66,829元，非營利組織的主管薪資顯然有偏低的現象[2]。在專業人員方面，約有49.48%的組織，其男性專業人員薪資在3萬至4萬元間；45.30%的組織，其女性專業人員薪資在3至4萬元間。換言之，大約有四至五成的組織，其主管人員與專業人員的薪資在3至4萬元間，兩者的薪資差異不大；不過，有較高比例的組織，其主管人員薪資在4至5萬元之間，且男性主管的薪資在此水平的比例要比女性主管來的高（15.27：8.84），專業人員的薪資之性別比亦然（8.63：4.24）。

但根據本研究團隊舉辦的「青年第三部門就業研究」座談會的紀錄資料，台灣規模較大的非營利社會福利組織如「台灣兒童暨家庭扶助基金會」（TFCF），專業人員聘用的起薪是34,000元左右，其他社福慈善類的組織有的是依照聯合勸募補助社工人員薪資的標準28,500元給薪，也有組織低至25,000元。顯示社福慈善類的非營利組織的專業人員薪資可能要比本次調查的3萬元至4萬元之間的水平要稍低些。

在事務人員方面，其主要的薪資水準已降為2萬元至3萬元之間。約有47.12%的組織，其男性事務人員薪資在2至3萬元間；53.85%的組織，其女性事務人員薪資在2至3萬元間。服務人員的薪資則主要集中於1萬元至2萬元之間。約有41.26%的組織，其男性服務人員薪資在1萬元至2萬元之間；37.79%的組織，男性服務人員薪資在2至3萬元間；46.97%的組織其女性服務人員的薪資在1萬元至2萬元之間，35.73%的組織其女性服務人員的薪資在2至3萬元間。至於工時方面，無論哪一種職業，其中位數均為每週40小時。

三、就業品質

（一）員工薪資調整的狀況

台灣非營利組織過去三年（2002-2004年）曾經有過調薪的比例約占半數（48.46%）。雖然針對非營利組織的員工績效加以評估較營利機構來得困難與複雜，但受訪組織表示其全時員工年度薪資調整最主要的依據卻是「員工績效」（58.04%）[3]；其次，較多援用的調整依據為「年度財務狀況」（45.49%）；第三，則是依據「公教人員薪資調整比率」（31.37%）[4]。至於組織的調薪頻率，表示

---

[2]　由於本次調查以組織為單位，故不宜計算平均薪資而與主計處的資料直接比較。

[3]　在陳惠娜與邱慶祥（2002）的研究中也顯示有49%的受薪員工表示調薪依據是個人工作績效，本研究的焦點座談與會者也表示個人工作績效評估的重要性。

[4]　本題複選，故合計值超過100%。

「不定期」的組織最多（52.34%），但也有高達39.40%的組織表示每年都調薪。在調薪幅度方面，有26.19%的組織表示，其最近三年的平均調薪幅度在5%至10%以下；次之，有23.26%的組織指出，其調薪幅度在「3%至4%以下」；第三，有18.19%的組織表示，其調薪幅度在「4%至5%以下」。

（二）員工的加班情形

台灣非營利組織表示其員工「幾乎不加班」的有37.04%；而「每週加班1-2次」的組織也占了35.78%；至於「每週加班3-4次」的組織僅有10.11%；最後，每週加班在4次以上的組織比例甚低，不到一成（8.48%）。組織對於員工加班後如何處理呢？有近六成（58.47%）的組織表示給予「補休假」，因為這個方式比較不會增加組織的人事費；其次，有近二成（18.83%）的組織表示「不處理」即是其處理的方式；僅有16.53%的組織強調，會「發給員工加班費」，惟其中半數以上（10%）對於加班費的核發有時數上限的限制。

（三）職工福利

台灣非營利組織約有八成五（85.22%）提供員工全民健康保險，以及高達八成九的組織（88.87%）有提供勞工保險；不過，值得注意的是也有8.25%的組織沒有提供員工任何保險。提供全民健保比重偏低，且低於勞工保險的原因，我們猜測是因為可能有部分工時員工在受僱前已經有全民健保，故組織僅幫他們投保勞工保險。

至於職工福利方面，組織所提供的項目依序有下列的福利：「參加教育訓練的補助」（48.16%）、「績效獎金」（37.91%）、「意外險」（35.4%）、「退休金」（33.46%），以及「交通津貼」（29.40%）[5]；然而，沒有任何一個組織有提供托兒服務。無論如何，「參加教育訓練的補助」是台灣非營利組織最為強調的職工福利項目之一，本研究小組舉辦的座談會，與會成員亦十分強調此點，他們認為要留住員工，給予其教育訓練絕對有必要，此對員工的生涯規劃與工作上的成就感都有助益。有關「勞工退休金條例」是否對組織財務造成影響？整體看來，台灣非營利組織多數認為勞退條例的實施不至於增加其財務負擔。

---

[5]　本題為複選題，故合計值超過100%。

肆、台灣非營利組織執行長薪資的實證分析[6]

一、非營利組織執行長薪資研究的文獻探討

　　根據官有垣、杜承嶸、康峰菁（2008）一文的論述，在美國的學界，有相當數量的研究文獻在探討營利組織（FPO）與非營利組織（NPO）特性的不同（例如，Salamon, 2001, 2002；Van Til, 2000），這當中有部分研究尤其關注 FPO 與 NPO 全職員工的薪資差異。Roomkin & Weisbrod（1999）以及 Ballou & Weisbrod（2003）發現，NPO 醫院的高階經理人在同樣的職位上所拿到的薪資額度即比 FPO 醫院少。Preston（1989）發現 FPO 與 NPO 的許多全職員工的薪酬差異呈現負向的相關，且這種情形對於這兩部門的高階經理人與專業人員的薪酬差異之負向相關更在統計上具有顯著性。Hallock（2002）指出全美 NPO 執行長的薪資給付，平均年薪是 16 萬美元，此金額與美國大企業公司的 CEO 比較起來，遜色甚多。

　　為何 FPO 與 NPO 員工的薪酬整體比較確實呈現差異？吾人必須瞭解 FPO 與 NPO 兩類組織有何不同的特質，NPO 與 FPO 之間的重要特質不同在於：第一，NPO 與生俱來有不同的「底線」（bottom line），亦即，NPO 的創立目的不在於強調要產生利潤以回饋給創辦人或經營者；第二，NPO 的經營者受到「不能分配盈餘的限制」（non-distribution constraint）。Hansmann（1980）指出，假使消費者很難或無法判斷該組織所提供的服務之品質，那麼組織的管理者藉由接受較低薪資的給付的方式，發出建設性的信號給那些無法獲得充分資訊的消費者；且組織以非營利的形式設立，一方面既限制管理者不能犧牲組織的利益下獲取個人的利益，另一方面，這類人士會被選聘為管理者，本身的偏好就較趨向於信任與服務組織的信念。換言之，NPO 管理者的較低薪酬，對外顯示的強烈訊號即是，捐贈者的捐款將不會被浪費，而是會被有效的使用。

　　Preston（1989）的研究，對於 NPO 管理者的低薪，其中一個解釋是與「勞動力的捐獻」（labor donation）有關，NPO 的經理人員與專業人員在 NPO 裡服務可以獲得更多「社會利益」，因此他們比較有可能與意願「捐出」一部分的薪水給組織而甘願接受較低的薪酬來做同樣的工作。Mirivs 與 Hackett（1983）的研究指出，擁有不同動機的人士的確會篩選就業場所而樂於進入 NPO 部門工作。在 NPO 工作的員工比較會強調他們的工作價值對他們本身的重要性，且認為要比能夠賺到金錢來的更為有意義。

　　至於影響非營利組織執行長薪資決定之因素頗多，然主要因素不外是——組

6　本節的論述主要是整理自官有垣、杜承嶸、康峰菁（2009）的研究論文〈非營利組織執行長的薪酬探討：以台灣社會福利相關類型的基金會為例〉，《公共行政學報》，第 30 期，頁 63-103。

織績效、組織規模、宗教、意識型態、以及性別等。

　　首先，在「組織績效」方面，Gray 與 Benson（2003）的實證研究雖初步證實 NPO 執行長的薪資水平與組織績效工作表現有正向關係，但卻是極微弱的關係。Ehrenberg, Cheslock 與 Epifantseva（2000）檢視私立大學校長的薪資的研究結果亦然。然而 Hallock（2002）在大量的 NPO 樣本施測下，NPO 經理人的薪資水平與組織績效之間並無相關。次之，就「組織規模」而言，研究 NPO 執行長薪酬決定的影響因素之文獻裡，指出組織規模是決定執行長薪酬高低的重要因素。譬如，Twombly 與 Gantz（2001）發現大型 NPO 給付其執行長的薪酬要遠高於小型 NPO 的執行長。此外，Oster（1998）的研究結果顯示，NPO 的組織年度收入每增加 10%，執行長的薪酬即會成長 1%。Hallock（2002）的研究也證實，組織規模與 NPO 執行長的薪酬高低有顯著的正相關。

　　第三，在「宗教、意識型態」因素方面，Dennis Young（1984）曾指出，人們在尋求工作時，介於營利組織與非營利組織之間尋尋覓覓，當中那些願意在 NPO 工作的人士對於金錢物質獲得的多寡比較不計較，反而更重視「意識型態」。Mirvis 與 Hackett（1983）發現 NPO 受聘的員工有時對於意識型態的關切更甚於薪酬項目。Steinberg（1990）亦認為，對部分 NPO 而言，意識型態與組織治理的特質的確造成了組織運作的限制。Oster（1998）以宗教因素來解釋，在具有宗教特質的 NPO 裡，主其事者的行為也許就與「利益極大化行為」顯得杆格不入。Gray 與 Benson（2003）以美國 114 家 NPO 小企業發展中心的執行長為研究對象，證實在其所建構的影響執行長的薪酬多寡的因果模式中，組織的宗教屬性是與組織規模、人力資本三者構成最具有解釋力的變項。

　　第四，就「性別」因素而言，Oster（1998）、Preston（1989）的研究顯示，在 NPO 裡，性別（gender）因素與執行長的薪酬差異並無明顯影響。Leete（2001）研究結論也強調，性別因素對於 NPO 的女性執行長之薪酬給付，僅有極小幅度的正向差異。然而，Gray 與 Benson（2003）在控制了教育、資歷、規模、績效，以及組織附屬等變數後，發現女性執行長的薪酬額度遠低於男性執行長。此外，Mesch 與 Rooney（2004）針對美國 501C(3) 組織（123 家大型的 NPOs）的執行長薪酬給付與組織績效表現的關係進行貫時性研究（longitudinal study），意外發現，即使在已控制了人力資本、組織規模，以及組織績效的變數下，NPO 執行長的薪酬水平仍舊有顯著的性別差異，即女性執行長的薪酬少於男性。Mesch 與 Rooney（2004）也指出，在美國，一般新聞媒體調查分析報告裡顯示，資深的女性執行長在同樣的工作性質以及同等的職位上，其薪酬給付卻少於男性執行長，最高的差距可達到 50% 左右（引自 Lewin, 2001；Lipman, 2002）；而且，越是大規模的 NPO，此性別因素引起的員工薪資差異之距離越大（Lipman, 2002；Guidestar, 2004）。

二、研究方法與過程

本研究以台灣全國性財團法人基金會三種類型的組織爲研究對象，分別從其目的事業主管機關取得組織名冊，樣本母體包括社會福利基金會（187 家）、教育事務基金會（639 家）、以及衛生事務基金會（161 家），總計 987 家。然而因組織所在地之地址不正確而被退件的問卷有 13 份，故實際的樣本母體數是 974 家。實際回收的有效問卷共有 136 份，整體回收率爲 14.0%，其中社會福利類回收問卷爲 40 份，占 29.4%。教育事務類 75 份，占 55.1%，衛生事務類 21 份，占 15.5%。

三、非營利組織與營利組織執行長的薪酬差異

依據本研究的數據分析顯示，台灣的社會福利相關基金會（NPO）執行長之薪資分布比較傾向低薪與高薪的兩端，中等水平的薪資（月薪 5.1 萬元至 7.5 萬元）與教育、衛生財團法人相對來說，比例是最低的。反之，企業主管及經理人員的薪資分布較爲平均（30.5：37.3：32.2），雖然中等水平的薪資（50,000～69,999）比例最高。很可惜，本研究的問卷裡並沒有要求填答的 NPO 執行長透露其月薪數字，因爲擔心在華人社會裡，薪水的多寡屬於個人隱私的部分，問之不禮貌，真要如此作，會填答的受訪者恐怕寥寥無幾。因此，我們無法統計出來到底台灣的社會福利相關的基金會，其執行長的平均月薪到底有多少。反之，在（營利組織）FPO 的企業主管及經理人員之每月平均收入，行政院主計處（2007）的經常性統計裡已包括這部分的數據，因此，我們可以知道在 2007 年 5 月，台灣 FPO 的經理層級人員的平均每月收入爲新台幣 66,123 元。從以上的數據顯示，NPO 的經理人員在「低薪」（五萬元以內）的部分，其比例是高出 FPO 經理人員 7.9 個百分點；然而，在中等水平的薪資（5.1 萬元至 7.5 萬元之間）方面，FPO 經理人員卻高出 NPO 達 16.7 個百分點。此結果相當程度顯示了 NPO 經理階層的平均薪資是低於 FPO 的。

四、「組織規模」對於 NPO 執行長薪酬決定的影響

Oster（1998）發現，就組織規模來說，NPO 執行長薪資的水準與組織規模間的彈性爲 10%（意指當 NPO 收入增加 10%，則其執行長的薪水會增加 1%），遠低於商業組織的 20%～30%。本研究以組織年度收入規模與執行長年薪進行交叉分析。整體來看，受訪的社會福利相關的基金會中，執行長年薪以 51～100 萬元最多（44.2%），其次爲 50 萬元以下（29.2%），再次之的爲 101 萬元以上（26.7%）。依據卡方檢定結果，顯著性 P=0.002<α=0.05，也就是執行長年度

薪資與組織年度收入存有顯著關聯性。（參見表9-1）

儘管整體檢定結果顯示執行長年度薪資與組織年度收入存有顯著的關聯性，但根據表9-1所顯示的，在組織規模為501～2,000萬、2,001～5,000萬、5,001萬以上者，其執行長的年度薪資仍是大部分以51～100萬此一級距最多，也顯示此次調查的NPO執行長，其薪資隨著組織年度收入規模的增加幅度，僅固在100萬以下，儘管薪資在101～160萬，甚至160萬以上者，仍不乏其人，但在比例上並不高。由以上數據可知，年薪50萬元以下的執行長主要是在小規模的組織內工作，但在中、大型規模的組織中，執行長年薪增加傾向則較不明顯，與Oster的研究結論——「非營利組織執行長的薪資彈性較小」或可互相呼應。

表9-1　NPO執行長年度薪資所得＊組織年度收入金額交叉分析表

		執行長年度薪資所得總和				總和
		50萬元以下	51~100萬元	101~160萬元	160萬元以上	
組織年度收入金額	500萬元以下	29	18	13	3	63
	比例	46.0%	28.6%	20.6%	4.8%	100.0%
	501~2,000萬元	1	14	3	3	21
	比例	4.8%	66.7%	14.3%	14.3%	100.0%
	2,001~5,000萬元	4	7	3	1	15
	比例	26.7%	46.7%	20.0%	6.7%	100.0%
	5,001萬元以上	1	14	5	1	21
	比例	4.8%	66.7%	23.8%	4.8%	100.0%
總數	組織數	35	53	24	8	120
	比例	29.2%	44.2%	20.0%	6.7%	100.0%

五、「宗教／意識型態」對於NPO執行長薪酬決定的影響

就組織宗教屬性而言，在136家受訪社會福利相關的基金會中，表示沒有宗教屬性的占了絕大多數，達七成五（75.7%），接著，以「組織宗教屬性有無」與「執行長年度薪資所得」進行交叉比較，發現有宗教屬性的受訪基金會中，執行長年薪50萬元以下的占44.4%、年薪101萬以上則僅占18.5%。然而在沒有宗教屬性的組織中，執行長年薪50萬元以下僅占24.2%、至於年薪51～100萬以及101萬以上則分別占46.3%與29.5%，其中年薪高達160萬元以上的組織占9.5%。很明顯地，具有宗教屬性組織之執行長薪水，會比其他沒有宗教屬性的組織之執行長來得少。此結果正可與Oster（1998）的研究相互應，不過此部分的檢定未達統計顯著（P=0.113），無法進一步說明組織的宗教屬性有無與執行長年薪有關。

我們再根據不同類型的NPO來討論：社會福利類基金會的執行長年度薪資

在「50萬以下」以及「無給薪」的比例占34.3%，而教育事務類基金會以及衛生事務類基金會執行長的年度薪資在此範疇裡分別是26.9%與25.0%，二者相差無幾。這三類基金會的組織有宗教屬性的比例依序分別是社會福利類（47.5%），教育事務類（16.0%），以及衛生事務類（9.5%）。顯然在「50萬以下」以及「無給薪」的薪資規模中，宗教因素確有影響，因此，可補充印證上述整體分析。

六、「性別」對於 NPO 執行長薪酬決定的影響

男性執行長年薪在50萬元以下占26.4%、51～100萬元者占43.1%，總計年薪在100萬以下的男性執行長共占69.5%，百萬年薪以上的男性執行長比例有30.5%；女性執行長部分，年薪在50萬元以下占32.0%、51～100萬元者占46.0%，總計年薪在100萬以下的女性執行長共占78%，百萬年薪以上的女性執行長有22%。研究發現：年薪在50萬元以下的級距中，女性執行長占的比例比男性約高出5.6個百分點；在51～100萬元此級距中，雖然仍是女性多於男性（約高出2.9個百分點），但是男女所占的比例差距已明顯縮小；當年薪擴大到101～160萬，男性執行長所占的比例比女性還要高出一些，約2.8個百分點，且當年薪規模持續擴大到160萬以上，男性執行長所占的比例比女性要高出許多。（參見表9-2）

以上結果顯示，女性執行長年薪以「50萬元以下」以及「51萬～100萬」居多，似乎若要再往上攀升會有一定程度的困難，此是否即是所謂的「天花板效應」（the Glass Ceiling Effect）？惟這部分我們無法從統計檢定中得到顯著性支持，亦即無法確切知道性別與薪資是否有關（參見表9-3），此結果與 Oster（1998）以及 Preston（1989）的研究相一致。

表9-2　受訪基金會執行長的年度薪資所得總和

	整體		社會福利類		教育事務類		衛生事務類	
	男性(%)	女性(%)	男性(%)	女性(%)	男性(%)	女性(%)	男性(%)	女性(%)
50萬元以下	19 (26.4)	16 (32.0)	7 (36.9)	5 (31.3)	10 (22.7)	8 (34.7)	2 (22.2)	3 (27.3)
51～100萬元	31 (43.1)	23 (46.0)	8 (31.6)	7 (43.8)	22 (50.0)	11 (47.6)	3 (33.3)	5 (45.5)
101～160萬元	15 (20.8)	9 (18.0)	5 (26.3)	4 (25.1)	9 (20.5)	3 (13.0)	1 (11.1)	2 (18.2)
160萬元以上	7 (9.7)	2 (4.0)	1 (5.3)	0	3 (6.8)	1 (4.3)	3 (33.3)	1 (9.1)
組織數	72 (100.0)	50 (100.0)	19 (100.0)	16 (100.0)	44 (100.0)	23 (100.0)	9 (100.0)	11 (100.0)

表9-3　執行長性別＊執行長年度薪資所得交叉分析表

| | | 執行長年度薪資所得總和 | | | | 總和 |
		50 萬元以下	51~100 萬元	101 ~160 萬元	160 萬元以上	
男性執行長	組織數	19	31	15	7	72
	比例	26.4%	43.1%	20.8%	9.7%	100.0%
女性執行長	組織數	16	23	9	2	50
	比例	32.0%	46.0%	18.0%	4.0%	100.0%
總數	組織數	35	54	24	9	122
	比例	28.7%	44.3%	19.7%	7.4%	100.0%

伍、意涵與結論

　　回顧台灣非營利組織的相關實證資料，我們發現組織規模相當小，但這不意謂該類組織是屬於小眾的就業市場。我們認為對以依恃「友善他人捐贈、政府補助」為主要運作資源的組織而言，組織規模的延展性勢必不如商業或政府組織般具有彈性，若有新需求的產生，往往以創立新組織而非擴張組織規模來因應。

　　其次，針對就業人口組成特質觀之，台灣非營利組織中全時受僱人口女性多於男性的現象，但擔任主管的比例卻遠高於女性受僱人口。可能的原因是：（1）就讀社工、護士與諮商人員等專業人員多數是以女性為主，而這些人員又是非營利部門僱用的主要對象（Gibelman, 2000）。（2）男性在商業與非營利部門間的薪資差異大於女性，加上非營利部門所提供的非金錢報酬較符合女性所需所致（Preston, 1990）。（3）女性通常非家庭的主要家計者，所以對於低薪的接受程度高於男性所致。而且非營利組織中的男女間薪資歧視程度較低。

　　第三，非營利組織就業人口中以年輕者與資歷淺者為多。可能的解釋有二：一是台灣非營利組織數量在近年來大幅新增所致；另一則是比較負面的可能性，即該類組織中就業人口流動率較高所致。至於就業人口中大專以上居多，可能的解釋分別是：近年來人民教育水準提升所致、非營利組織工作需要較專門的人力或組織專業化趨勢所致。相同的，我們亦無更進一步的資料可以確切論斷何項理由較適於解釋該一現象。

　　第四，台灣非營利組織的薪資級距扁平化形態、調薪機制不明、非金錢的員工福利保障不足等。換言之，NPO 由於不能分配盈餘或其非商業性質產品（服務）特性的限制，無法像一般商業組織以「提高薪資」或「績效獎金」，來吸引優秀人才留任，此為非營利組織徵聘人才上的劣勢。不過，從另一方面來看，Hansmann（1980）認為非營利組織由於有盈餘分配的限制，其所提供的財貨與服務因不會為營利而減損品質，較容易取得消費者的信賴。也因此，非營利部門

的雇主為使所提供的服務與財貨品質穩定，以保持機構的信譽，通常會用「較低的薪資」作為篩選員工的機制，亦即，選擇僱用認同組織目標或使命的員工，而非追逐金錢報酬的員工。

第五，非營利組織就業員工薪資呈現若干性別的差異，主管人員及專業人員的平均薪資，男性高於女性；但事務性工作人員卻是女性高於男性。執行長的薪資水準是遠落後於營利組織的，除了非營利組織先天的營運底線與營利部門不同外，更重要的是不能分配盈餘的限制，使得非營利組織執行長薪酬的彈性較小。此外，服務於非營利組織執行長的自我選擇因素考量，包括勞動力的貢獻與捐輸、以及著重社會利益而較不計較實質的經濟報酬，也是促成非營利部門執行長薪資水準無法與商業組織相提並論的重要因素。

政府與第三部門夥伴關係的建立，此一政策方向為非營利組織創造就業機會，如果能在失業人口與就業需求之間透過職業訓練，讓人力供需得以銜接，也同時解決高失業率的問題，可謂一石二鳥。在福利需求與供給日益擴增的情況下，非營利組織蓬勃發展應是台灣未來不可逆轉的趨勢，但針對這個福利財貨的生產部門，我們對於非營利組織就業的相關訊息的掌握卻仍在摸索階段。非營利組織的薪資、工時等勞動條件，目前仍缺乏全面性的資料，現行政府勞動統計中的就業者從業身分中，受僱者僅區分受僱於政府以及私人，2013 年受僱於政府約9.3%、受僱於私人約69.25%（行政院主計總處，2014）。建議政府於勞動統計的分類中，從業身分增加一類為「受僱於非政府、非企業組織」（或第三部門組織），未來即可用同一筆調查資料，對非營利組織勞動條件有充分瞭解，並可以將之與「受政府僱用」、「受私人營利部門僱用」、以及「受非營利部門僱用」作比較。

問題習作

1. 請討論非營利組織的組織特性與人員徵聘、勞動條件與員工福利之間的關係。
2. 請討論非營利組織的財務來源與非營利組織的勞動條件與員工福利之間的關係。
3. 請討論影響非營利組織員工「女多男少」的因素？
4. 請討論台灣的非營利組織是否普遍存在「性別的職位與薪資歧視」現象？性別的就業歧視，在非營利組織與營利組織間是否存在差異？
5. 請討論影響非營利組織執行長薪資的因素。

參考文獻

中文部分

行政院主計處，2007，〈95 年人力資源調查統計年報：歷年就業者之行業〉。檢閱日期：2007/01/31，網址：http://www.dgbas.gov.tw/public/data/dgbas04/bc4/year/95/table12.xls

行政院主計總處，2014，〈102 人力資源調查統計年報〉。檢閱日期：2014/05/31，網址：http://www.dgbas.gov.tw/ct_view.asp?xItem=35670&ctNode=3247

官有垣、杜承嶸，2005，〈台灣民間社會團體的興盛及其在公民社會發展上顯現的特色與問題〉。《轉型期中國公民社會的發展——國際的視角國際學術研討會》。北京：北京大學公民社會研究中心。

官有垣、邱瑜瑾、王仕圖，2005，《94 年度教育事務財團法人評鑑計畫評鑑報告》。台北：教育部。

官有垣、呂朝賢、鄭清霞，2008，〈台灣第三部門的就業：2005 年調查研究資料的分析〉。《臺大社會工作學刊》，第 16 期，頁 45-86。

官有垣、杜承嶸、康峰菁，2009，〈非營利組織執行長的薪酬探討：以台灣社會福利相關類型的基金會為例〉。《公共行政學報》，第 30 期，頁 63-103。

曾敏傑，2002，〈從歐盟經驗淺析我國的第三部門就業方案〉。《就業安全》，1 卷 2 期，頁 11-16。

英文部分

Ballou, J. P., and Weisbrod, R. A., 2003, "Managerial rewards and the behavior of for-profit, government and nonprofit organizations: Evidence from the hospital industry," *Journal of Public Economics*, 87: 1895-1920.

Betcherman, G., Bernard, P., Bozzo, S., Bush, S., Davidman, K., Hall, M., Hirshhorn, R., and White, D., 1998, "The voluntary sector in Canada: Literaturereview and strategic considerations for a human esources sector study," Canadian: Canadian Policy Research Networks, Retrieved January 25, 2005, from http://www.cprn.org/documents/24997_en.pdf

Ehrenberg, R. G., Cheslock, J. J., and Epifantseva, J., 2000, "Paying our presidents: What do trustees value? " National Bureau of Economic Research Working Paper Series, Cambridge, Mass.: National Bureau of Economic Research.

Gibelman, M., 2000, "The nonprofit sector and gender discrimination: A preliminaryinvestigation into the glass ceiling," *Nonprofit Management and Leadership*, 10(3): 251-269.

Gray, S. R., and Benson, P. G., 2003, "Determinants of executive compensation in small business development centers," *Nonprofit Management & Leadership*, 13(3): 213-226.

Guidestar, 2004, "Gender, geography, and nonprofit compensation," *Guidestar Nonprofit Compensation Report*, Philanthropic Research, Inc.

Hallock, K. F., 2002, "Managerial pay and governance in American nonprofits," *Industrial Relations*, 41(3): 377-406.

Hansmann, H. B., 1980, "The role of nonprofit enterprise," *Yale Law Journal*, 89(April): 835-898.

Independent Sector., 2005, "The new nonprofit almanac & desk reference," Retrieved April 16, 2005, from http://www.independentsector.org/programs/research/NA01main.html

Johnston, D., and Rudney, G., 1987. "Characteristics of workers in nonprofit organizations," *Monthly Labor Review*, 110(7): 28-33.

Kuan, Y. Y., Chiou, Y. C., and Lu, W. P., 2005, "The profile of foundations in Taiwan based on 2001 survey data," *Taiwan Journal of Social Welfare*, 4(1): 169-192.

Leete, L., 2001, "Whither the nonprofit wage differential? Estimates from the 1990 census," *Journal of Labor Economics*, 19(1): 136-170.

Lewin, T., June 3, 2001, "Women profit less than men in the nonprofit world, too," *New York Time*, p. 26, column 1.

Lipman, H., July 25, 2002, "Charities pay women less than men, study finds," *Chronicle of Philanthropy*, http://philanthropy.com/premium/articles/v14/i19/19004001.htm

McMullen, K., and Brisbois, R., 2003, "Coping with change: Human resource management in Canada's nonprofit sector," Canadian Policy Research Networks (CPSN) Research Series on Human Resources in the Non-profit Sector No.4, Canada: Canadian Policy Research Networks Inc.

Mesch, D. J., and Rooney, P. M., 2004, "Executive compensation and gender: A longitudinal study of a national nonprofit organization," Conference Paper presented at ARNOVA, Los Angeles, CA., November 2004.

Mirvis, P. H., and Hacket, E. J., 1983, "Work and work force characteristics in the non-profit sector," *Monthly Labor Review*, 106(4): 16-20.

Oster, S., 1998, "Executive compensation in the nonprofit sector," *Nonprofit Management & Leadership*, 8(3): 207-221.

Preston, A., 1989, "The nonprofit worker in a for-profit world," *Journal of Labor Economics*, 7(4): 438-463.

Preston, A. E., 1990, "Women in the white-collar nonprofit sector: The best option or the only option?" *Review of Economics and Statistics*, 72(4): 560-568.

Roomkin, M., and Weisbrod, R. A., 1999, "Managerial compensation in incentives in for-profit and nonprofit hospitals," *Journal of Law, Economics and Organizations*, 15(3): 750-781.

Ruhm, C. J., and Borkoski, C., 2003, "Compensation in the nonprofit sector," *The Journal of Human Resources*, 38(4): 992-1021.

Salamon, L. M., 1994, "The rise of the nonprofit sector," *Foreign Affairs*, 73(4): 109-122.

Salamon, L. M., 2001, "What is the nonprofit sector and why do we have it?" Pp.162-166 in J. S. Ott (ed.), *The Nature of the Nonprofit Sector*, Boulder, CO: Westview Press.

Salamon, L. M., 2002, "The resilient sector: The state of nonprofit America," in L. M. Salamon (ed.), *The State of Nonprofit America*, Washington D. C.: Brookings Institution.

Salamon, L. M., and Dewees, S., 2002, "In search of the nonprofit sector: Improving the state of the art," *American Behavioral Scientist*, 45(11): 1716-1740.

Salamon, L. M., Sokolowski, S. W., and List, R., 2003, "Global civil society: An overview," Baltimore, MD: Center for Civil Society Studies, Institute for Policy Studies, The Johns Hopkins University.

Salamon, L. M., Geller, S. L., and Sokolowski, W. S., 2005, "Illionis nonprofit employment: An update," Baltimore: Johns Hopkins Center for Civil Society Studies.

Steinberg, R., 1990, "Profits and incentive compensation in nonprofit firms," *Nonprofit Management & Leadership*, 1(2): 137-152.

Twombly, E. C., and Gantz, M. G., 2001, "Executive compensation in the nonprofit sector: New findings and policy implications," *Charting Civil Society*, 11. The Urban Institute.

Van Til, J., 2000., *Growing Civil Society*, Bloomington, IN: Indiana University Press.

Young, D. R., 1984, "Performance and reward in nonprofit organizations: Evaluation, compensation, and personal incentives," Yale Program on Nonprofit Organizations, Working paper No. 79, New Haven.

Chapter 10

非營利組織與政府的互動關係

劉淑瓊

學習重點

▶ 瞭解非營利組織與政府在管制面、政策倡議面及公共服務輸送面等面向的關係。

▶ 瞭解政府在管制面對非營利組織的形塑作用。

▶ 瞭解非營利組織在政策倡議面影響公共政策的策略模式。

▶ 瞭解非營利組織承擔公共服務輸送責任的效益與成本。

摘　要

　　在當今民主社會的實務運作中，民間非營利部門與政府間的關係多維複雜、密切而動態，本章從管制面、政策倡議面與公共服務輸送面等三個介面分析兩者間的辯證關係。在管制面方面，有鑑於一個社會非營利組織的數量、態樣與性格，發揮何種功能，都與這個國家建制出來的規範非營利組織之法令規章具有相當的關聯性，本章簡介並分析晚近對台灣非營利組織運作較有影響的兩項法制規範：《公益勸募條例》與《遊說法》。在政策倡議面方面，本章引用社會運動觀點闡述非營利組織在特定價值的引導下，透過各種具有政治性的活動與代表權威的政府相對抗，從而促成社會發展的動態歷程，以及接受政府經費資助與倡議角色間的權衡。在服務輸送方面，隨著公共服務輸送典範的移轉，政府將服務供應的職能轉由民間承擔，變身為購買者。本章分析此一公共政策的轉向，牽動前述非營利組織與政府在管制面與政策倡議面關係的變化，以及整個公民社會形貌的嬗變。

壹、前言

　　在1980年代以來，西方社會科學研究興起「把國家帶回來」（bringing the state back in）的風潮，將認識論的典範與研究的重心從以個人社會背景特徵、生產方式或階段關係等傳統社會學議題，移轉到將「國家」視為一個影響社會文化現象的重要變數。舉凡國家的自主性、國家機器透過立法和政策所採取的行動，以及國家和社會之間的辯證關係等，都成為重要的研究課題（徐正光與蕭新煌，1996），在這樣的研究風潮影響下，第三部門的研究領域中有關非營利組織與政府間關係的探討乃成為重要課題。在當今民主社會的實務運作中，民間非營利部門與政府間的關係多維複雜、密切而動態，在英國甚至被認為是整個1990年代志願行動中最具關鍵性的觀察重點之一（Kendall & Knap, 1996）。

　　整體而言，非營利部門與政府間的關係可歸納成以下四個主要的介面：一是管制（regulatory）關係：作為整體社會中的一個部門，非營利部門在政府所搭築的法制架構下運作，政府的各種政策、制度、法令與措施都會影響非營利組織的集體生態、個別發展方向、經營思維和活動內容。二是財務關係：政府對非營利組織提供經費挹注與技術支援。三是服務輸送：公部門透過補助或委託方式，將本身生產公共服務的職能移轉給民間非營利組織。四是政策倡議關係：非營利組織以各種社會運動或議會路線手段，影響政府的公共政策，並著力於監督政府的施政作為（呂朝賢，2001；吳怡蕙，2003；Smith & Grønbjerg, 2006）。幾乎每一個非營利組織都會在不同的時間點、不同的公共事務上與政府部門至少涉入上

述四種關係當中的一種，以下分就管制面、政策倡議面與服務輸送面深入探討非營利組織與政府之間的互動關係。在管制面，本章從新制度論的觀點闡述政府的法令與制度設計對非營利組織的治理產生正面的導正與提升作用；但也有可能因過度的規制壓縮了公民社會應有的獨立自主空間。在政策倡議面，非營利組織透過社會運動與智庫的運作主導民意輿論並影響政府決策，但也在「公共服務民營化」的政策下，非營利組織的社會運動策略與力道受到相當的衝擊，形塑出與政府間既依賴又對抗，看似獨立卻又共生的特殊關係。在服務輸送面，本章藉由交易模型分析政府與非營利組織各自從委外的夥伴合作中，所獲得的效益和必須付出的成本。

貳、非營利組織與政府關係：管制面與政策倡議面的分析

一、管制面的分析：新制度觀點

新制度論（new institutionalism）基本上認為非營利組織在政府所架構出來的制度環境中誕生、存續、繁榮，甚至衰亡。一個社會非營利組織的數量、態樣與性格，發揮何種功能，都與這個國家建制出來規範非營利組織的法令規章具有相當的關聯性。簡言之，新制度論者認為非營利組織是政治、法律、制度的環境所共同形塑出來的成品（Smith & Grønbjerg, 2006）。各國政府多以法制規範的形式來提升非營利組織的責信度與治理功能，美國於1969年頒行《稅賦改革法》，1976年訂頒《遊說法》，先後從賦稅、資產管理與遊說等三方面規範基金會的管理與運作，防杜基金會過度累積資產，規制其從事遊說活動的範圍，使它們從私人性質的捐助機構轉型成較具公共性的專業慈善組織（涂瑞德，2003），正是一例。然而，政府的管制作為雖有助於導正非營利部門的發展，但不可否認，非營利部門也極可能因為政府的立法及管理制度的設計，在政策倡議面、財務面與社會面備受壓抑，進而衝擊到非營利部門的穩定度、民主性與健康度（引自 Smith & Grønbjerg, 2006）。

以台灣為例，除尚未完成法制程序的《財團法人法》[1]之外，晚近對於非營利組織運作影響最大的法制規範應屬《公益勸募條例》與《遊說法》。

---

[1] 過去台灣對於財團法人之設立與管理係依據《民法》相關規定及各主管機關依職權所訂定之命令，擬定《財團法人法草案》一方面為因應社會變遷並建構周延整合的法制環境，使政府機關能更有效率地處理財團法人的設立許可及行政監督事項，以落實依法行政原則；另方面也為了防止運作弊端，確實達成鼓勵財團法人積極從事公益、增進民眾福祉之目標，進而促進「公民社會」理念之實踐。該草案共分為「通則」、「設立程序」、「財團法人之機關」、「財產之運用」、「資訊公開」、「主管機關之監督」、「解散清算及賸餘財產之歸屬」、「合併」及「附則」等九章，計五十二條（請參《財團法人法草案》總說明）。

（一）公益勸募條例

有鑑於相關法令年久失修，未能有效規範日益複雜且遊走法律與道德邊緣的募款行為，以致發生若干公益捐款缺乏管理、政府或個人募款引發爭議或是支出不公開、財務不透明的情事，因此政府乃積極研究規範之法制。2006 年《公益勸募條例》正式完成法制作業，是台灣第一部明文要求公益團體將募款所得公開徵信的法案，其立法精神在於透過公開徵信保障捐款人，讓善款得到善用，並規範公益勸募活動的執行與所得。歸納《公益勸募條例》的主要內容除規範勸募主體、遏阻政府專案募款[2]之外，規範非營利組織向外募款應遵守：（1）設定勸募工作費之法定額度，以降低社會疑慮、爭取社會認同；（2）勸募行為規範；（3）勸募所得不得移作他用；（4）資訊公開；（5）限制勸募對象等幾項主要原則。

然而，這項法案通過後在非營利社群內也出現不同的聲音，論者以過去曾發生執政者對若干要加以懲罰或警告的營利型組織祭出查帳手段為鑑，認為此一條例的通過本意雖在繁榮非營利組織，實際上卻代表著「國家擴權，公民社會挫敗」[3]。這樣負面的歷史經驗使得關心公民社會發展的學者擔心《公益勸募條例》不僅增加民間團體勸募的行政負擔，更嚴重的是，它無異賦予國家機器藉由干預民間公益團體募款行動及帳目的機會，進一步箝制非營利組織言論與行動的權力。這對以抗衡、監督國家和市場機制為職志的民間倡議型組織衝擊最大，形成所謂的「寒蟬效應」，可說大開民主倒車。再者，法律的訂定也等同於宣示非營利組織不能自律與互律，拱手讓國家機器介入，「形同公民社會的自我削弱及獨立立場的斲傷」。相對於這樣的疑慮和批判聲音，曾積極參與《公益勸募條例》立法者則認為這是「兩害相權」之計[4]，指出立法的旨意係於實務上遏止募款亂象並導正公民社會發展之迫切需要，且認為在目前台灣的民主進程中，民意機關可發揮強力監督功能，規制行政部門自肥或秋後算帳之不當行動。

有鑑於實務上出現款項「執行用途」和「執行期間過長」之爭議，行政院在 2014 年 2 月 13 日通過《公益勸募條例》修正草案送立法院[5]。修法重點包括以下幾項：（1）增訂勸募之定義；（2）勸募團體被動接受捐贈之收支情形，可依《人

---

[2] 《公益勸募條例》規定勸募發起主體只限公立學校、行政法人、公益性社團法人及財團法人。除此之外，凡個人、其他法人或各級政府機關（構），均不得主動發起勸募。政府機關可以向內部所屬人員勸募，或接受外界主動捐贈，但是不能對外發起募款。不過，在立法期間經過多次折衝，政府仍預留了「遇重大災害或國際救援時，不在此限」的迴旋空間。此外，本法也排除政治及宗教活動的適用性。有鑑於這兩種活動性質特殊，將另訂其他法律規範。在政治活動方面有賴立法中的《政黨法》及《政治獻金法》來規範。惟宗教團體所設立、不涉宗教事務的公益團體和財團法人募款，仍受本法規範。

[3] 如：張晉芬（2006），〈公民社會的挫敗〉，《中國時報》（5 月 6 日）（作者為中央研究院社會學研究所研究員，女學會會員）。

[4] 王榮璋，回應張晉芬研究員〈公民社會的挫敗〉一文，http://cgi.blog.yam.com/trackback/1564760，2006 年 5 月 9 日（作者為前殘障聯盟秘書長，現任立法委員）。

[5] 請參 http://www.ey.gov.tw/News_Content5.aspx?n=875F36DB32CAF3D8&sms=7BD79FE30FDFBEE5&s=B352963F51D426F6。

民團體法》等相關規定辦理，爰刪除函報備查之規定；（3）對重大災害勸募活動予以特別規範，增列應停止勸募活動之機制及其配套規定；（4）明定辦理重大災害勸募活動之必要支出百分比，以確保募得財物能多數用於勸募目的；（5）明定勸募團體應於勸募期間定期辦理公開徵信，並於勸募期滿報主管機關備查並公告，以符責信原則；（6）增訂重大災害勸募活動有不可歸責於勸募團體事由者[6]，其總執行期間不得超過十年；（7）增訂勸募團體於勸募所得財物使用期間應定期辦理公開徵信；（8）重大災害勸募活動應定期將勸募所得財物使用情形報主管機關備查，且勸募活動所得總額達新臺幣三千萬元以上，應辦理會計師專案財務報表查核簽證；（9）增訂勸募團體返還勸募所得之應遵行事項，以及返還後不得適用《所得稅法》之免稅規定；（10）規範勸募必要支出的百分比，例如勸募所得在1,000萬元以下者，必要支出比例爲15%，但如果爲重大災害而勸募，比例降爲5%。

（二）遊說法

爲防止不當的利益輸送，杜絕黑金政治與不法關說，以建立透明的遊說機制，確保民主政治的參與，歷經十八年研議的《遊說法》終於在2007年正式在立法院通過。《遊說法》的主要立法精神在於資訊揭露，將各種以立法或行政部門爲對象的合法遊說活動攤在陽光下。該法令規定對於導正遊說活動的正常化，建構完備陽光法案，建立廉能政府都具有極正面的意義。但由於設計不盡周延，非營利部門普通認爲這樣的法令規制未必可以有效遏止長期被詬病的「密室政治」，卻對於民間公益團體爲法案、政策、議題進行遊說造成相當的障礙，引發不少民間非營利組織的質疑抗議。

簡言之，《遊說法》對於民間非營利組織進行政策倡議產生的衝擊有二：一是法律條文繁複，不僅迥異於過去非營利組織較具彈性的遊說模式，更實質地加重它們進行遊說的成本與負擔。可是同一法律對於有權力在檯面下交換利益的人，像是立委對部會首長的關說、財雄勢大的團體在檯面下進行的密室磋商、透過國會助理進行的陳情、請願及遊說等卻都不在規範之列。再者，經常爲利益團體提供策略的律師及其事務所、大企業或是利益團體的職員，他們都可能實際從事遊說，在目前《遊說法》下都不必登記，顯然不夠周全。二是「敵暗我明」，公益團體在進行政策倡議時若依法照章登記，等於是讓對立的一方完全掌握動態而可及早因應；但相對地，公益團體對於其他利益團體或企業和立法或行政部門檯面下的密室運作卻完全無從得悉，等於因一個不盡公允、周延的立法而處在極爲不利的倡議位置[7]。

6　如：匯差產生賸餘、重建工程發包延宕或災情未如預期嚴重等情事。
7　請參中國時報，2008年8月8日報導，http://news.chinatimes.com/2007Cti/2007Cti-News/2007Cti-

二、政策倡議面的分析：社會運動觀點與智庫政策研究模式

傳統以來非營利組織除被定位為公共服務的替代與補充，提供民眾具創新性、小眾性、非強制性與選擇性的福利服務之外，也肩負監督政府的職責，並且被期待扮演為促進弱勢人口的權益而倡導辯護的角色（Taylor, 1996: 58；O'Connell, 1996: 223）。因此，非營利組織乃成為歷史上影響深遠的價值維護者、改革與倡導者、社會變遷之推動者與社會正義的捍衛者，也是新方案的前鋒。其中，非營利組織被期待藉由社會運動的手段扮演政策倡導的角色，實現公共利益，對社會不正義發揮導正影響力，則更被認為是社會中珍貴的價值（Wolch, 1990；O'Connell, 1996）。

（一）社會運動觀點

「社會運動觀點」（social movement perspectives）認為民間非營利組織在某一特定價值的引導下，透過各種具有政治性的活動與代表權威的政府相對抗。台灣由民間非營利組織所帶動的社會福利運動，從街頭抗爭、倡議辯護、單打獨鬥到合縱連橫、草根服務與分工合作，在解嚴前後不僅開創出本土的社會運動模式，更實質地改變了台灣社會福利的理念、資源配置與立法（蕭新煌與孫志慧，2000）。林萬億（2006）也指出台灣自1980年代以來，由民間社團所發動的「社會抗爭」因政黨民意支持度的消長及弱勢團體與政黨之間的互惠共生等因素而與「政治抗爭」平行發展、相互支援，造就了1990年代初到中期台灣社會福利的擴張。在活躍的民間機構團體帶頭衝撞之下，不但向社會大眾凸顯弱勢團體福利需求的急迫性，也對競逐選票的政黨展示其政治動員實力，因此對向來在政府各部門中居處弱勢的社政單位而言，這股豐沛的社會力雖是批判與抗爭的來源，卻也是擴展福利版圖的有力支柱，也可算是另類的「結合民間資源」（劉淑瓊，1998）。台灣在解嚴後公部門社會福利預算因民間非營利部門的社會運動策略而大幅提高；經費暴增的社政部門又轉過來成為民間團體發展繁榮的資源提供者，兩者關係可說是既對抗又依賴，看似獨立卻又共生（劉淑瓊，2001）。

民間非營利組織接受政府委託成為公共服務的生產者，它的角色也就從施政的監督者、政策的倡議者變成被資助者、被監督者，此一公共服務輸送典範的移轉使得政府與民間的關係面臨關鍵性的轉變，非營利部門是否還能維持應有的獨立性與自主性引發許多的疑慮。「曼瑟法則」（Manser's Law）就指出，「一個機構在社會行動或倡導辯護中的自由度與有效性，與它得自政府公帑的數量成反比」（Manser, 1974，引自 Knapp, 1989）。Lipsky 與 Smith（1989）也憂心非營利

News-Content/0,4521,110502+112008080800264,00.html。中央社，2008年8月7日報導，http://news.yam.com/cna/politics/200808/20080807995470.html。

組織的政治資源被拿來作為取得個別服務契約的籌碼，並且以傳統以來寬廣的社會福利視野作為代價，這對非營利部門的生機來說是極其冒險之事。

除了接受政府公共服務委託而引發的弱化倡議角色之爭議外，非營利組織的「政治立場」也成為另一關注的焦點。台灣的非營利組織在解嚴前後風起雲湧地締造了台灣公民社會的「黃金十年」，但在那之後也走過了所謂的「沉潛的十年」、「轉進的十年」，或是「盤整的十年」。這十年當中，台灣的公民社會較為沉寂，儘管部分倡議團體與社會運動工作者走入社區大學、以社區營造模式致力培植公民意識，維繫公民社會的精神；然不可否認，在各種政治、社會與經濟因素之交互作用下，非營利社群也日漸出現城鄉落差、貧富差距、公信力參差、為執政者「護盤」及組織自主性不足等問題（劉淑瓊，2006）。非營利社群開始警覺到不能因財務現實而大量承接政府委外案，這麼做不僅會造成財務上過度依賴政府，也會因為過度投入直接服務，以及為了與政府維持良好關係而偏廢改革，因此非營利社群試圖透過稅制改革與發展社會企業，獲取多元化經費來源並穩定非營利組織本身的生存條件，進而堅守住作為一個獨特部門所應有的自主性與獨立性。此外，非營利社群也相當程度體認到任何政黨執政都一樣，民間團體不能期待執政者會主動推動善政，非營利組織仍要堅守核心價值，站上社會議題的第一線，站到執政者的對面，展現公民社會的實力，持續扮演施政監督者的角色。總而言之，實證研究顯示，多數關心第三部門的人士多主張，長遠來說，台灣需要一個「公民社會的大戰略」，而這個大戰略並不是由少數的學者專家或精英居高臨下、指引明燈，而是要建構一個平台或論壇，創造更多的機會讓更多非營利組織的領導人與參與者在一次次的互動中集思、撞擊、討論與爭辯，在摒除政黨立場、相互信任與尊重的氛圍中，共同思索台灣公民社會的大未來（劉淑瓊，2006）。

（二）智庫政策研究模式

在公共政策網絡中，行動者藉由各種管道與手段以影響公共政策的決策，捍衛本身的利益，可說是多元民主社會的常態。非營利組織除了透過前述社會運動手段激盪社會風潮達到對政府施壓、左右決策的目的之外，也試圖透過「實證為本」（evidence-based）的研究來影響公共政策的形成與決策。多數的非營利組織會強調研究的客觀性與訴求的「公益性」，然而進行一項嚴謹的研究所費不貲，因此在民主社會複雜的利益糾葛當中，非營利組織的「背後是誰、要什麼、為什麼」經常受到高度關注，因為這常常會影響到政策研究的可信賴度與公益性質。非營利組織種類龐雜，部分非營利組織接受大企業的資助，以「智庫」（think-tank）的名義發表研究報告，並據以向政府提出各種政策建議。這種看似專業而科學的議題操作方式，實際上是在維護企業本身的利益，或宣揚某種特定的意識型態主張，可說是「以研究之名，行遊說之實」的「代理人戰爭」。歸納來說，基金會影響與倡議政策的模式與管道有三：一是董事會成員透過彼此的網絡關

係，提早取得並分享不對外公開的內線資訊以從中獲利或搶得主導民意趨勢的先機。二是策略性選擇資助對象，以建構一個宣揚特定理念的倡議管道，被選定的研究機構或社會運動團體形同它們的「傳聲筒」。第三是資助大規模實驗型政策方案，評估政策的可行性與成效，從而爲各級政府採用而擴及全國，美國近年關於醫療體系與社會福利的改革幾乎都是循此模式推動（涂瑞德，2003）。

參、非營利組織與政府關係：公共服務輸送面的分析

晚近在前述政府與非營利組織的各種關係中，又以政府資助民間非營利組織承擔起服務輸送責任最爲具象、且受到高度的重視。1980 年代隨著意識型態從福利國家主義（welfare statism）遞移到福利多元主義（welfare pluralism），公共服務的輸送典範亦隨之移轉，政府從公共服務的生產撤退，將服務供應的職能轉由民間承擔，政府從供應者變身爲購買者，此一公共政策的轉向，不僅意味著傳統公共行政內涵的轉變，也代表著非營利組織與政府關係的變化，以及整個公民社會形貌的嬗變。

政府與非營利組織之間的福利職責分工基本上反映其獨特的歷史與社會政治脈絡（Kramer, 1990: 255-256）。Smith 與 Grønbjerg（2006）歸納在服務輸送的供給與需求模型下，民間非營利組織涉入政府公共服務生產的現象，可進一步以「市場利基模型」（market niche model）[8]和「交易模型」（transaction model）來深入刻劃與解析。由於近 20 年各國的發展相當程度支持了市場利基模型之論點，但交易模型卻發展出相關豐富的論述與爭辯，對理解兩部門間的辯證關係頗具意義，以下即聚焦於此申述。

一、交易模型下的效益

「資源依存模式」（resource interdependency model），又稱資源交換理論，可說是解釋雙方在交易模型下獲得的效益之最理想論點（Powell & DiMaggio, 1991）。該模型說明組織之間的互動關係是建立在相互交換對己方生存與發展而言重要的資源之上。隨著公共服務民營化的大步開展，政府與非營利部門間的交易關係更見複雜，但大致上仍不脫這個架構。

8　是指在契約、市場與政府相繼失靈之下，非營利組織因特別適合提供某些特定財貨與服務給特定社群的特性，而在市場裡占有一定的利基，從補充性、備位性質轉變成服務供應的主流，並與其他部門鼎立分工，確立非營利組織在現代公共管理中的必要性與不可取代地位，而這也是晚近各國公部門大規模引進民間非營利供應者的主要原因。

（一）政府獲得的效益

對政府而言，從委外可獲得的效益可說以服務供應最具實質性，包括服務數量、服務品質與服務的回應性與可近性之提升。某個程度來說，政府所宣稱的福利施政績效，事實上是由非營利組織開疆闢土、披荊斬棘締造出來的。再者，政府還可以在某些供應者較多的服務領域啓動競爭機制，充分享有「以較低的成本提供更好的服務」的優勢，最終使民眾受益（Savas, 2002；Van Slyke, 2002: 494；Schwartz, 2005: 69）。然而，在擴展服務的同時，此一新的行政安排不僅造成公共權力的分散、責信機制的弱化，民間受託者可因此而卸責（Gilman, 2002；Breaux et al., 2002）；事實上，「民營化」也意外地爲政府帶來責信的移轉與稀釋之「潛功能」。作爲委託者的公部門可以因此順勢規避掉在方案失敗時應有的角色與應負起的責任，造成公共責信的再一次被稀釋（Smith & Grønbjerg, 2006）。

其次，對民選政權而言，「政治支持與正當性的認可」可說是一項可以從委外交易中獲得的重要效益。在現代多元民主社會中，民間非營利組織、政府首長與民意代表之間存在著如環扣般的交換關係，民間非營利組織是民選政治人物——地方政府首長與民意代表的強力選民，它們以其爲弱勢代言的公益慈善形象表達對政策的好惡與對政治人物的臧否，具有一定左右輿論的力道；更重要的是，它們也經常在大眾傳播媒介的議題建構上，在民意機關的質詢、法案訂修及預算審查上成爲頗具影響力的行動者。Lipsky 與 Smith（1989）、Milward（1994）與 Kramer（1994）都注意到，非營利組織，尤其是以滿足社區需求爲職志的社會運動組織在議題倡導的同時，也扮演著「資源創造者」的角色。政府會利用它們在社會問題上的發言權、議題表述與社會行銷能力，以及政治影響力，先讓輿情升溫，提高該問題的政治能見度，並動員落實到行動層次所需的政治支持力，然後政府再以被迫或順勢的姿態以公權力採取行動，美國家庭暴力受虐婦女的庇護方案正爲一例。政府與民間非營利組織「裡應外合」式的聯手出擊模式，創造出「三贏」局面——不僅政府可以成功地提高某些社會問題的資源配置優先性，嘉惠弱勢族群；對政府高級文官本身而言，也是版圖的擴充與重要性的提升，而非營利組織則可因此獲得更多的資源來實現使命。

（二）非營利組織獲得的效益

對多數民間非營利組織而言，政府的經費挹注對組織實現使命與發展繁榮至爲重要，可說是政府所能提供的首要且最實質的資源。其次，民間非營利組織因接受政府的資助而與政府科層體制建立長期而密集互動，雖不免經歷磨合時期，但民間組織也可以因此厚植本身的管理經驗與能量。第三，民間非營利組織這類「制度性組織」（institutional organizations）[9]在此一交易關係中可得到的另一項

9　這類組織生存與發展所仰賴者，不在於生產活動的有效協調與控制，而在於從環境中獲致

效益則是政治支持與存在正當性之認可。尤其是以服務供應爲組織主要活動的社服機構，在服務績效標準模糊、難以測量的現實限制下，外界多以社會的，而非技術標準的基礎之上來評估這類組織的表現，因此來自政府的背書、成爲服務的供應者，對這類組織而言顯得格外重要（Singh, House & Tucker, 1986: 592-93）；此外，接受政府資金挹注、支用來自人民稅收的公帑，也是形構非營利部門正當性的另一有利因素（Smith & Grønbjerg, 2006）。第四，在一個多元民主社會中，各種團體可循不同管道參與政策過程，但部分非營利組織透過與政府的委託—被委託關係架構，不僅從社會服務的邊陲轉進核心，成爲服務供應的主軸；它們也主動而活躍地參與整個政策過程，並在每一個環節產生一定的作用，以促使政府的決策更接近它們的期望。Cho 與 Gillespie（2006）提出了「動力資源論」（dynamic resource theory）來詮釋兩部門之間在時間軸上互動的動態過程（請參圖 10-1 與圖 10-2）。

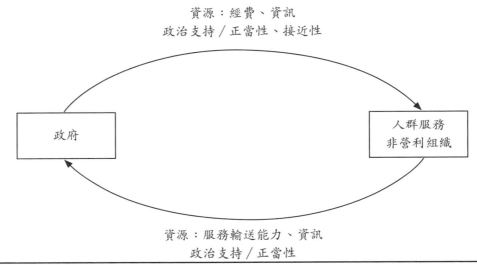

圖 10-1　政府與非營利人群服務組織的關係圖（基本觀點）

資料來源：Cho & Gillespie（2006: 495）修改自 Saidel（1991）

生存所需的正當性（legitimacy）與資源，不論是外在的正當性，或者是主要制度行動者（institutional actors）的支持，制度權威的認可，對於志願性社會服務組織的生存都具有關鍵性的影響力，而與政府之間保持密切而良好的互動關係正是這類組織獲取正當性的一個重要機制（Meyer & Rowan, 1991: 53）。

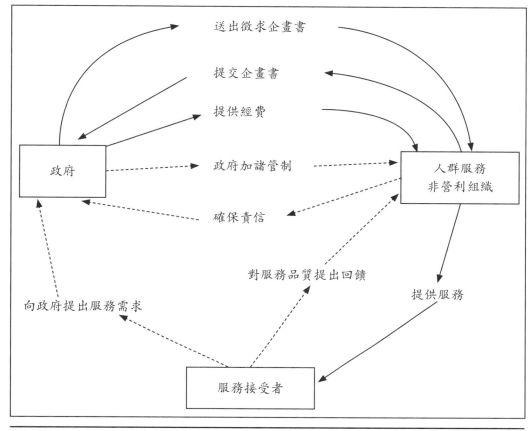

圖 10-2　政府與非營利人群服務組織的關係圖（進階觀點）[10]

資料來源：Cho & Gillespie（2006: 496）

二、交易模型下的成本

（一）政府要付出的成本

政府在委外的交易關係中要承擔三項成本：一是「代理問題」；二是政治壓力；三是收稅的正當性；四是公民權的挑戰。

1. 代理問題

契約委託的兩造本質上是在「委託人—代理人」關係（principal-agent relationships），當中至少隱藏著雙方利益不一、受託者規避監督及落實監督提高交易成本等關鍵問題。在代理關係下，受託者傾向於組織自利、抱持投機態

10　此圖若與本文所提出的三大分析面向相比較，可發現「送出徵求企畫書」、「提交企畫書」、「提供經費」等三項與「服務輸送面關係」有關；「政府加諸管制」一項類同於「管制面關係」。惟本圖未處理到「政策倡議面的關係」，但有「確保責信」一項。本圖還加入「服務接受者」此一行動者，也因而發展出服務面的「提出需求」、「接受服務」及「回饋」等行動。這個比較要特別謝謝匿名審查者的指點和提醒。

度（Johnston & Romzek, 1999；孫本初，2001：17；Van Slyke, 2003）；而委託者則在管理能量（management capacity）[11] 欠缺與資訊不足的雙重弱點下，既無法有效能地管理契約，也無立場、無基礎去向受託者要求責信（Fox et al., 1998；Johnston & Romzek, 1999；Lavery, 1999: 80；Breaux et al., 2002: 93；Van Slyke, 2003）。監督需要耗用人力及其他成本，委託者若真的落實去做將實質地增加交易成本，從而壓縮了民營化原本可以節省的經費。再者，委託制度下在服務接收端的民眾與資助該服務的政府之間距離遙遠而間接，委託者想要在這樣的安排當中，與受託者達到理念相同、利益一致，確實要求對方依約達成方案目標，滿足服務對象的需求並保障其權益，做到民營化所期待的「優質互補、共創多贏」實屬不易。

2. 政治壓力

民營化重視經濟效益，但不表示它可以擺脫政治因素的介入。政府將社會服務委託民間來生產，在支付購買服務的財務成本以及監督的行政成本之外，還要付出政治成本。非營利組織部分受託者因著本身良好的政治關係，往往享有不相稱的影響力，從政府決定要提供哪些服務到得標者的評選、委託條件的訂定，以及監督的內容與形式，在在都對公部門造成一定的政治壓力（Johnston & Romzek, 1999；Hansen, 2003: 2502-04），從而也打擊公務員的自尊與士氣，削弱公部門的職能與國家自主性。「民營化」難以擺脫「政治化」的糾葛，在地方政府公共服務的委外上可說屢見不鮮，Johnston 與 Romzek（1999）在一項美國堪薩斯州社會服務委外的個案研究中即指出，地方政府的社會服務方案最後通常是獨占性地委託給對於此一議題遊說最力的利益團體，嚴重地弱化公部門在此一決策上的市場理性。

3. 收稅的正當性

如前所述，政府雖然可以因委託民間非營利組織提供公共服務而規避公共責信，但這也使得政府雖然善盡職責規劃、支付購買民間服務所需的資源，並做履約管理，但卻因為民眾會認定該服務是由民間機構所提供的，而將功勞歸給受託者，因此不僅施政績效無法得到民眾的認可，連帶也會影響政府收稅的正當性與民眾納稅的意願（Smith & Grønbjerg, 2006）。

---

[11] 所謂的「管理能量」包括人力的配備與能力的裝備，具體言之，在能力建構方面，在委外之前應具備：（1）政策規劃專業知能：學習嚴謹的市場分析技術、合理精確的服務成本計算與委外財務分析；（2）精通相關法令：舉凡政府採購的相關法令、辦法及行政法相關法規均是；（3）發展縝密設計的招標文件、邀標程序、決標標準、磋商議約與居間調解等的經驗、技術與能力；（4）提供受託者各種技術上的協助。完成委外的行政程序之後，承辦人則要能：（1）負擔起管理和監督契約、評估服務成效的責任；（2）具有方案稽核的能力；（3）具備必要的溝通、協商與政治技巧，在一個複雜的政治環境中，有效能地管理方案；（4）在事務官、民選的政務官、及受託者之間扮演橋樑中介的角色（Van Slyke, 2003）。

4. 公民權的挑戰

捍衛公民權益是非營利組織的核心信念之一，但弔詭的是，當契約委託成為政府主要的公共服務輸送方式，國家的職能被掏空（Jessop, 1994），非營利組織在國家重構下承接公部門的角色擔負起服務輸送與社區發展的職責，而成長成為所謂的「影子政府」（shadow state）。Lake 與 Newman（2002）即質疑在影子政府下，非營利組織依其良莠不齊的組織能力、非正義的服務區域界定、任意的個案選擇、不足夠的方案支持、否定個案的需求等，都會使得受服務對象接受服務的權益受到差別待遇，例如：部分個案因受託者的資源不足而被排除在服務之外[12]，或因為服務成本的考量，自行縮小服務地區，或是為極大化組織效益而固守原有的服務對象與地區，凡此都會導致合格服務對象的公民權（citizenship）遭到不當的壓縮。Lake 與 Newman（2002）認為解決之道在於從脈絡因素與結構因素雙管齊下，改善影響非營利部門的範圍與能力。

（二）非營利組織要付出的成本

傳統以來相關文獻討論的重點在於「供應者自主性」與「公共責信」二者間的緊張關係。學者與非營利組織本身都在審慎地思考機構的自主性程度是否將因此而受制，其獨特性與獨立性是否因而喪失（Salamon, 1987；Malka, 1990: 33），非營利機構在本身未來發展的形貌上究竟能保有多少的自主決定權（Lewis, 1993: 191），是否越來越像商業部門或者成為準政府機構（quasi-government agencies）等一連串的問題。

1. 組織自主性與裁量權受限

所謂的「組織自主性」是指組織本身對於目標的設定、內部資源的配置與使用、案主需求的認定、方案的規劃執行與評估、人事管理等，乃至於外部的組織間關係均握有自我導向的權力，這種權力被認為對非營利組織在排拒不欲的外來影響力具有策略上的重要性，也是第三部門之所以又被稱為「獨立部門」的精義所在。從資源依賴觀點來看，一個民間志願服務機構接受政府各種形式的補助，成為政府契約下福利服務的供應者，隨之而來的各種規約與責信要求，將成為接受政府資助經費的副產品。

過度的財務依賴，使得非營利組織無異於公立機構，其命運不可避免地受到福利國家的消長所牽動，而顯得極為脆弱與充滿不確定性（引自 Kramer, 1990: 256）。尤其是在新公共管理的典範之下，接受政府資助的民間非營利組織一方面被要求向商業組織看齊，以搶得競爭的先機；另方面責信要求與績效測量成為政府進一步規制非營利部門的機制，一如利潤之於營利組織與選票之於公部門，非

---

[12] 不論是篩選個案（creaming）、長期被放在等候名單（waiting-list）之中，或是不理想的服務品質都會影響到被服務對象的公民權益。

營利組織從獨立的政府監督者反轉成政府監控與管制的對象；還要隨時調整組織的步調與方向以因應政府經費挹注的多寡，以及不預期的注入與抽離，對非營利組織營運與形貌的衝擊不可謂不大（Harris, 2001；Harris et al., 2001），無怪乎Kramer（1994）要質疑這種形式的合作究竟是「美夢」還是「惡夢」。

2. 資助機制形塑因應行為

民間非營利組織在接受政府契約委託之後的組織變遷，可歸納學者論見為以下數端：一是組織使命目標的扭曲；二是組織角色的變遷；三是組織結構的變革──專業化、政府化與科層化（劉淑瓊，1998）。晚近政府部門秉持新管理主義精神，在資助機制上所進行的兩項重大變革：績效型契約（performance-based contracts）[13] 與抵用券制度（vouchers）[14]，更進一步擠壓非營利組織的生存空間，升高經營管理的不確定性，造成財務上的緊張，也因而改變了因應行為──非營利組織重視服務行銷與控制成本更甚於服務品質的提升，關注可見的「業績」更甚於弱勢個案的權益（Smith & Grønbjerg, 2006），可說是「浮士德式的交易」的再一次顯現。

肆、新發展：夥伴關係與關係式契約委託

一、政府宣示夥伴關係並致力於能力建構

為使各種社會服務更能回應民眾的需求，更能貼近特定的社群與團體，政府必須動員更多的社區參與。以英國為例，政府除肯定非營利組織長期以來的卓越貢獻之外，也明白宣示鼓勵民間部門的參與絕不表示政府要規避投入適足經費的責任，不是為了節省支出才要引進民間資源。政府同時也強調第三部門除了在服務供應之外，更重要的，是政府追求創新的夥伴、是服務規劃的夥伴，也是促進變遷的發動者。因此，政府強而有力地承諾要致力於建構出一個更加繁榮、茁壯與獨立的志願性與社區性部門，並與之建立一個有效能的夥伴關係。

在這樣的理念宣示下，英國在近十年採取兩個具體行動，一是推動「盟約」（Compact）架構[15]，二是投入資源育成民間團體。「盟約」是一項由政府與非營

13　績效型委外（performance-based contracting，簡稱 PBC）是以服務提供的輸出、品質、結果為重點，並將政府提供的經費與受託者的績效連結起來，藉以約束受託者達成績效要求，鼓勵受託者提高服務質量（Martin, 2005）。

14　抵用券制度則是政府不再把經費給受託組織，而是給服務接受者，讓他們可以落實消費者的選擇權，直接在市場購買所需要的服務與訓練，形同讓服務接受者「以腳投票」，決定供應者的競爭勝負（Van Slyke, 2003）。

15　政府希望藉由「盟約」建構出一個更清楚明確而公平的資助程序，志願性與社區性部門獲得充分表達和參與的機會，瞭解對方的優先性與限制性，並以一種建設性的方式處理彼此意見相左

利部門雙方代表共同簽署的文件，也是雙方協議與關係營造的指引。在理念上，受資助的非營利組織理解公部門必須遵守法定的財務支用與稽核程序，並且對公帑運用的方式及成果負起責任。而公部門也認知到民間部門也有自己的政策與內部控管程序。在具體行動上，公部門承諾要做到：清晰明確地公開其資助的優先性與條件；公開與一致地分配資源；清楚地交付支持不同活動所提供的資助範圍，認知到提供服務所需要付出的行政成本，協助民間部門從其他管道獲致資源。而民間部門則承諾要做到：為整體社區的福祉開發並分享其本身資源；運用適當的管理與控制機制、講究責信與財務稽核；提供詳盡誠實的資源以清楚交代補助經費的支用與服務供應的情況（劉淑瓊與彭淑華，2008）。

在長期福利國家典範主導下，儘管政府在公共服務的輸送策略上啟動重大的轉向，然而民間的供應者的質量未必可同步跟上，兼以政策社區式、以使用者為中心的組織受限於其規模與歷史，在購買契約服務及募款市場上，相較於其他大型組織可說競爭力不足（Taylor, 1996）。因此英國政府另一項落實夥伴精神的具體行動，就是認知到儘管公部門對於提升民眾的社會、經濟與環境福祉責無旁貸，但為使各種社會服務更能回應民眾的需求，更能貼近長期被邊緣化的社群與團體，必須要動員更多的志願性與社區型的組織[16]來參與，因此投入可觀的資源進行非營利部門能力建構。英國政府充分瞭解到第三部門關心的是：政府資助的永續性、維持對較小型組織的補助原則、第三部門和不同層級政府間關係、以及第三部門與政府之間缺乏相互瞭解。因此決定積極投入可觀的資源採行一系列能力建構的具體作為，試圖營造一個非營利組織可以成長的空間和機會，對志願性與社區部門提供「對」的支持。

二、關係式契約委託

就像鐘擺一樣，過去在右派民營化思潮下的委外制度設計多強調要體現「競爭產生效率」的新古典經濟論的市場理性，但晚近由於「競爭式的交易型委外」在實務運作上一再曝露出契約委託制「先天不足」的內在弱點，因此有學者提出以「忠僕模式」（principal-steward model）取代「當事人─代理人關係」（principal-agent relations）（Van Slyke, 2007）。也有學者提出 "Relational contracting is 'in'; transactional contracting is 'out'." 的論點（Schwartz, 2005: 69），倡議以「關係型委外」作為管理地方政府與志願性非營利組織間關係的替代方案。所謂的「關係型委外」具有以下的特質：（1）是較軟性的契約型式，其特徵是訂定契約的雙方在達成彼此同意的目標上相互合作的一個協議。（2）協議可訴

之情事，改變各夥伴組織的文化與行為，引導政府與第三部門間建立「有效能的夥伴關係」。

[16] 官方文件上用的名詞是 Voluntary and Community Organizations, VCOs。

諸文字，但它既非高度明細化，也不具備法律的束縛力，可降低詳述契約明細及監督的交易成本。（3）關係式契約相對而言較具開放性格，是委託與受託雙方依特殊的歷史演化之成規而形成社會關係（引自 Schwartz, 2005: 70-71；Beinnecke & DeFillippi, 1999）。

Schwartz 指出「關係型委外」相當適用於社會服務領域，原因是投入社會服務供應的非營利組織較適合發展「關係型委外」所強調的信任為本的關係，再者其開放本質也頗適用於回應特殊的、新案主的需求時所需要的彈性（2005: 71）；與具有良好社會聲望的大型非營利組織建立「關係型委外」成功的機率較高（2005: 81）。問題是這種優質的民間非營利組織數量有限，因此美國政府極為關注信仰與社區型組織（faith and community-based organizations, FCBOs）的生存條件、參與公部門社會服務方案的障礙、以及接受政府補助的機會均等狀況[17]。

不過，Schwartz（2005: 72-78）也指出「關係型委外」存在一些風險，像是：（1）信任的濫用而出現不同形式的欺騙行為。（2）「過度深植」（overembededness）：兩造發展出深摯的友誼關係，委託者可能會容忍「表現不佳」的組織；加上缺乏明確詳細範定的書面契約，受託的非營利組織傾向出現投機行為、藐視規定[18]或自肥[19]。（3）政治濫用：受託者與地方政府的民選官員之間有不當的政治連結。（4）對資源的錯誤期待：非營利組織因接受政府委託而輕忽積極開發其他的經費來源，在財務上過度依賴政府，不僅造成政府的財務壓力，也因政府提供的經費不足或延遲付款而使得本身的發展受到框限。

伍、結論

晚近在政府再造與公共服務民營化的風潮下，政府的職能與角色產生顯著的轉變，使得非營利組織與政府間的界限變得更加模糊，兩部門間也發展出相當微妙而辯證的互動關係。政府可以施展公權力，透過法制與行政措施來規範非營利組織的財務與會務的運作，以確保其公益性與責信度；政府也可以透過資源的挹注要求非營利組織遵從契約規定及回應公部門的相關規定，除提升非營利組織的治理功能並落實法律責信之外，多少也會對非營利組織原有的倡導辯護角色，以

---

[17] 請參 http://www.whitehouse.gov/news/releases/2001/08/print/unlevelfield.html 。另，Unlevel Playing Field（2001）報告則指出這些組織在獲得聯邦支持其慈善工作時所面臨的各種重大障礙，也清楚指出仍待努力之處，請參 http://www.whitehouse.gov/news/releases/2001/08/20010816-3-report.pdf 。

[18] 實務上出現的四種違反協議的行為分別是：不遵守規定（如服務量不足）、不合作（對承辦人表現出專業傲慢）、標的團體的置換（target group displacement）（拒絕服務原定的目標人口群、自行決定服務對象）、財務問題（不正常、不當挪用、政府無法取得相關服務報表）。

[19] 得到額外的經費補助，未依約供應服務時，也未予回繳。

及組織的使命與任務產生一定的衝擊。換言之，握有權與錢的政府對非營利部門的治理具有相當的規制與形塑作用。部分非營利組織因為參與公共服務的生產，提供更多的選擇性，更接近服務使用者，更能掌握其需求，因而在公共政策的制定上也就更具有代表性與發言權，成為政策網絡中的重要行動者。此外，非營利組織也可以利用抗爭、結盟、遊說及訴諸輿論等社會運動與政治動員手段，來影響政府決策的內容、施政的優先性，乃至於委託對象的選擇與委託條件的設計。由企業支持的捐助型基金會則可以透過贊助智庫之研究作為，間接左右政府的政策制定與人事安排以符合企業利益或意識型態主張。這些複雜的關係形構了一個多元動態的社會，但也有賴民主素養的提升與陽光法案和制度化的建構，使得兩部門之間的互動更健康，也更具有建設性與公益色彩。

問題習作

1. 請闡述現代社會非營利組織與政府之間的關係。
2. 請從新制度觀點分析政府的制度如何影響非營利組織的生存與發展？請舉實例說明之。
3. 請從社會運動觀點探討非營利組織與政府間關係的特質。請舉實例說明之。
4. 何謂「曼瑟法則」（Manser's Law）？非營利組織如何在接受政府資助下仍能保持其獨立性與議題倡議動能？
5. 「交易模型」（transaction model）認為政府與非營利組織在委外制度下分別得到哪些效益及付出哪些代價？
6. 請整體分析當前台灣非營利組織與政府間關係的重大課題及因應之道。

參考文獻

中文部分

呂朝賢，2001，〈非營利組織與政府的關係：以九二一賑災為例〉。《台灣社會福利學刊》（電子期刊），第2期，http://www.sinica.edu.tw/asct/asw/journal/T JSW2_2.pdf 。

林萬億，2006，《台灣的社會福利：歷史經驗與制度分析》。台北：五南。

吳怡蕙，2003，〈組織自主性——以高雄市非營利組織為例〉。《網路社會學通訊期刊》，第33期，http://www.nhu.edu.tw/~soeiety/e-j/33/33-09.htm 。

徐正光與蕭新煌，1996，〈瞭解台灣的社會與國家〉。收錄於徐正光與蕭新煌主編，《台灣的國

家與社會》。台北：東大。

涂瑞德，2003，〈基金會與政府、企業的關係〉。收錄於於官有垣總策劃，《台灣的基金會在社會變遷下之發展》。台北：洪建全基金會。

孫本初，2001，〈公部門課責問題之探究〉。《人事月刊》，33 卷 3 期，頁 10-21。

劉淑瓊，1998，《社會福利『民營化』之研究——以台北市政府契約委託社會福利機構為例》。台灣大學國家發展研究所博士論文。

劉淑瓊，2001，〈社會服務「民營化」再探：迷思與現實〉。《社會政策與社會工作學刊》，5 卷 2 期，頁 7-56。

劉淑瓊，2006，《跨越國界的合作：CAFO-Taiwan 五年發展回顧暨非營利組織跨國合作之未來展望》。台北：亞洲區基金會及民間組織議會（CAFO）。

劉淑瓊，2008，〈競爭？選擇？論台灣社會服務契約委託之市場理性〉。《東吳社會工作學報》，第 18 期，頁 67-104。

劉淑瓊與彭淑華，2008，《社會福利引進民間資源及競爭機制之研究》。台北：行政院研究發展考核委員會編印。

蕭新煌與孫志慧，2000，〈一九八○年代以來台灣社會福利運動的發展〉。收錄於蕭新煌與林國明主編，《台灣的社會福利運動》，台北：巨流。

英文部分

Beinnecke, R., and DeFillippi, R., 1999, "The Value of the Relationship Model of Contracting in Social Services Procurements and Transitions-Lessons from Massachusetts," *Public Productivity & Management Review*, 22: 490-501.

Breaux, D. A. et al., 2002, "Welfare Reform, Mississippi Style: Temporary Assistance for Needy Families and the Search for Accountability," *Public Administration Review*, 62(1): 92-103.

Cho, S., and Gillespie, D. F., 2006, "A Conceptual Model Exploring the Dynamics of Government–Nonprofit Service Delivery," *Nonprofit and Voluntary Sector Quarterly*, 35(3): 493-509.

Fox, M. et al., 1998, "An Evaluation of the Medicaid Managed Care Program in Kansas," Report to the Kansas Department of Social and Rehabilitation Services.

Gilman, M. E., 2002, "Charitable Choice and the Accountability Challenge: Reconciling the need for regulation with the first amendment religion clauses," *Vanderbilt Law Review*, 55(3): 799-888.

Hansen, J. J., 2003, "Limits of Competition: Accountability in government contracting," *The Yale Law Journal*, 112(8): 2465-2507.

Harris, M., 2001, "Voluntary Organizations in a Changing Social Policy Environment," Pp.213-228 in M. Harris & C. Rochester (eds.), *Voluntary Organizations and Social Policy in Britain: Perspectives on change and choic*, Houndmills, Basingstoke, Hampshire: Palgrave.

Harris, M. et al., 2001, "Voluntary Organizations and Social Policy: Twenty years of change," in M. Harris & C. Rochester (eds.), *Voluntary Organizations and Social Policy in Britain: Perspectives on change and choice*, Hampshire: Palgrave.

Jessop, B., 1994, "Post-Fordism and the State," in A. Amin (ed.), *Post Fordism, A Reader, Studies in Urban and Social Change*, Blackwell: Oxford.

Johnston, J. M., and Romzek, B. S., 1999, "Contracting and Accountability in State Medicaid Reform: Rhetoric, theories and reality," *Public Administration Review*, 59(5): 383-99.

Kendall, J., and Knap, M., 1996, *The Voluntary Sector in the UK*, Manchester University Press.

Knapp, M., 1989, "Private and Voluntary Welfare," in M. McCarthy (ed.), *The New Politics of Welfare: An Agenda for the 1990s?* London: Macmillan.

Kramer, R. M., 1990, "Nonprofit Social Service Agencies and the Welfare State: Some research considerations," Pp.255-267 in H. K. Anheier & S. Wolfgang(eds.), *The Third Sector: Comparative studies of nonprofit organizations*, Berline: de Gruyter.

Kramer, R. M., 1994, "Voluntary Agencies and the Contract Culture: Dream or nightmare?" *Social Service Review*, March: 33-60.

Lake, R. W., and Newman, K., 2002, "Differential Citizenship in the Shadow State," *Geo Journal*, 58: 109-120.

Lavery, K., 1999, "Smart Contracting for Local Government Services: Processes and experience," Westport, Connecticut: Praeger.

Lewis, J., 1993, "Developing the Mixed Economy of Care: Emerging issues for voluntary organizations," *Journal of Social Policy*, 22(2): 173-192.

Lipsky, M., and Smith, S. R., 1989, "Nonprofit Organizations, Government, and the Welfare State," *Political Science Quarterly*, 104(4): 625-648.

Malka, S., 1990, "Contracting for Human Services: The Case of Pennsylvania's subsidized child day care program: policy limitations and prospects," *Administration in Social Work*, 14(1): 31-46.

Milward, H. B., 1994, "Nonprofit Contracting and the Hollow State," *Public Administration Review*, 54(1): 73-77.

O'Connell, B., 1996, "A Major Transfer of Government Responsibility to Voluntary Organizations? Proceed with Caution," *Public Administration Review*, 56(3): 222-225.

Powell, W. W. Jr., and DiMaggio, P., (eds.), 1991, *The New Institutionalism in Organizational Analysis*, Chicago: University of Chicago Press.

Saidel, J. R., 1991, "Resource Interdependence: The relationship between state agencies and nonprofit organizations," *Public Administration Review*, 51(6): 543-553.

Salamon, L. M., 1987, "Of Market Failure, Voluntary Failure, and Third-party Government: Toward a theory of government-nonprofit relations in the modern welfare state," *Journal of Voluntary Action Research*, 16: 1-2.

Savas, E. S., 2002, "Competition and Choice in New York City Social Services," *Public Administration Review*, 62(1): 82-91.

Schwartz, R., 2005, "The Contracting Quandary: Managing local authority-VNPO Relations," *Local Government Studies*, 31(1): 69-83.

Singh, J. V., House, R. J., and Tucker, D. J., 1986, "Organizational Change and Organizational Mortality," *Administrative Science Quarterly*, 31: 587-611.

Smith, S. R., and Grønbjerg, K. A., 2006, "Scope and Theory of Government-Nonprofit Relations," in W. W., Powell & R., Steinberg (eds.), *The Non-profit Sector: A research handbook*, New Haven: Yale University Press.

Taylor, M., 1996 , "Between Public and Private: Accountability in Voluntary Organizations," *Policy and Politics*, 24(1): 57-72.

Van Slyke, D. M., 2002, "The Public Management Challenges of Contracting with Nonprofits for Social Services," *International Journal of Public Administration*, 25(4): 489-517.

Van Slyke, D. M., 2003, "The Mythology of Privatization in Contracting for Social Services," *Public*

Administration Review, 63(3): 296-316.

Van Slyke, D. M., 2007, "Agents or Stewards: Using Theory to Understand the Government–Nonprofit Social Services Contracting Relationship," *Journal of Public Administration Research and Theory*, 17(2): 157-187.

Wolch, J. R., 1990, *The Shadow State: Government and Voluntary Sector in Transition*, New York: The Foundation Center.

Chapter

11

台灣非營利組織的
法規環境與責信

馮　燕

學習重點

▶ 瞭解我國民法中非營利組織的分類。

▶ 瞭解我國非營利組織的管理與監督機制。

▶ 瞭解他律法規與自律機制。

▶ 瞭解我國公益團體自律機制。

摘　要

　　本章目的在瞭解我國非營利組織的類別、相關法規及整體運作架構，從非營利組織的管理與監督法律與自律規範，來瞭解我國非營利組織成立的基本精神、設立條件、及一般運作狀況。非營利組織具有「不分配盈餘、不以營利為目的」的特質，具有免稅的地位，被視為社會公器，因此必須取得社會大眾的認可與信任，展現組織的責信及維持合法的地位。在本章後半介紹非營利組織公信力的展現，說明政府、企業與非營利組織各自應扮演的社會功能角色及願景，以推動發展公民社會環境，並且從部門互動觀點略為說明非營利組織與社會企業之間的關係。此外，國內非營利組織蓬勃發展，隨之而來的是部門整體自律意識提升，本章最後從非營利組織的自律與他律互動架構，來說明非營利部門自律運動的精神，介紹台灣公益團體自律聯盟的催生與發展，以見證台灣非營利組織走向高標準自律規範的實踐。

壹、我國民法中非營利組織的分類

　　蓬勃發展、活躍有力的第三部門，是建立全民參與，真正民主的「公民社會」（civil society）必備條件之一。因此非營利組織的法律規範是否良好，實關係到整個國家社會發展的前途。

　　我國法制沿用《民法》傳統，是以成文法律的架構執法。規範台灣非營利組織的法源是《民法》，在我們的法律體系中，並沒有「非營利組織」，或「非政府組織」等名詞，該等概念實可見諸《民法》裡面對「公益法人」的規範。

　　在《民法》中對於「法人」的定義為：是指自然人以外，由法律所創設，可成為權利及義務主體的團體。但與倫理上的自然人不同，法律賦予法人者實際上只是「權利能力」而已。法人不能享有生命、身體、健康、自由等自然人的人格權，也不產生身分法上的法律關係，但具有名譽、隱私、信用等人格權。法律創設法人制度，賦予各類社會組織以人格，其目的在便利組織活動，解決實際問題，使團體得以「法人」名義，對外代表全體組成人員從事法律行為（馮燕，2000）。

　　我國的非營利組織以《民法》為其設立的基礎依據，被區分成「社團法人」與「財團法人」兩種類型（圖11-1）。所謂「社團法人」，是指以「人」為主的社會團體，經主管機關許可後向法院辦理法人登記，即成為具有社團法人地位的組織，如各種協會、學會、促進會……等。「財團法人」則是指以「財產」為主，同樣經主管機關許可並向法院辦理法人登記後，則具有財團法人地位的組織，如各種基金會、機構等。

社團法人的特徵爲係結合「社員」的組織，組織本身與組成人員（社員）明確分離，團體與社員均保持其獨立的主體性。社員透過會議參與團體意思的形成，並且監督機關的行爲。社團的財產及負債均歸屬於團體，社團的財產利益，僅有社員權的行使，及社團存續時得利用團體的設備，至於社團解散時剩餘財產的分配，《民法》第四十四條規定，法人解散後，除法律另有規定外，於清償債務後，其剩餘財產之歸屬，應依其章程之規定，或會員大會之決議。但以公益爲目的之法人解散時，其賸餘財產不得歸屬於自然人或以營利爲目的之團體。至於營利社團則以獲得財產利益爲目的，其設立應依公司法等特別法的規定。

財團法人的特徵係集合「財產」的組織，爲達成一定目的而加以管理運用，也就是說財團法人需有一定的捐助財產，按照捐助章程規定，設立財產管理人（董事），依特定目的忠實管理該特定財產，以維護不特定人的公益並確保受益人的權益，在固定目的與組織下，維持財產的繼續不變，不會因爲人事變遷而影響財產的存在與目的事業之經營（馮燕，1996）。財團法人種類很多，如私立學校、研究機構、慈善團體、基金會、寺廟等。下表11-1（頁214）可更清楚看出社團法人與財團法人的異同。

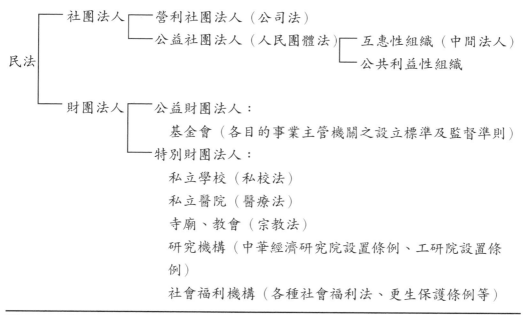

圖 11-1　我國民法傳統下非營利組織的分類

表11-1　社團法人與財團法人之比較

	社團法人	財團法人
成立基礎	人；有社員	財產；無社員
設立方式	兩個以上之自然人或法人的共同發起	一個自然人或法人或依遺囑，即可捐助一筆財產而設立
種類與性質	營利——依特別法（公司法） 公益——主管機關許可設立後，始得向法院登記為法人	公益——主管機關許可設立後，始得向法院登記為法人
內部組織	社員大會為最高決策機關；但平日會務則由會員推選出來的代理機關（理事會）代為處理	由管理人依捐助章程做管理財產之決策與執行
組織及章程之變更	均由社員大會決議	捐助設立者訂定捐助章程，若有不周時，得聲請法院為必要處分
解散事由	共同事由： 1. 違反設立許可條件，主管機關撤銷之 2. 破產（董事向法院聲請之） 3. 其目的或行為違反法律或公序良俗，法院得因主管機關或檢察官或利害關係人之請求而宣告解散	
	得由社員決議隨時解散；或社團事務未依章程進行，法院得因主管機關或檢察官或利害關係人之請求而宣告解散	因情勢變更致目的不能達到時，主管機關得斟酌捐助人之意思，變更其目的、組織，或解散之

貳、我國非營利組織的管理機制

一、政府管理非營利組織的一般性法律規範

政府對非營利組織的管理，大致可以分為（一）設立程序與解散；（二）減免賦稅資格核定；（三）組織結構與運作；（四）徵信報告與審查等四個部分。

（一）設立程序與解散

我國的非營利組織設立，是採雙軌制：由目的事業主管機關核定設立許可，再由法院負責法人登記。一般來說，一個非營利組織的設立包括三個步驟：（1）捐款人或發起人必須向適當的主管機關去申請設立許可，（2）財團法人需設立一個專款帳戶，（3）向地方法院辦理法人登記。向主管機關申請設立許可，應依其設立許可及監督要點（相關法規見表11-2〔頁218〕），檢具相關文件、捐助（組織）章程、和申請書等提出申請。主管機關受理後，或組成審查會審查，或依內部作業程序呈核通過後，發給許可函，並在申請書及附件上加蓋印信，發還申請人並留存備查。一旦獲得主管機關許可，該組織即已具有合法立案之地位，但需完成法院設立登記手續後，才具有法人地位。具法人地位者，始能至國稅局申請該組織之統一編號，以可獲免稅及減稅待遇。

不論是社團法人或財團法人，在地方法院的登記設立程序都是一樣的。然而，財團法人的設立及管理監督要點，會因不同的主管機關而有所不同。在法院登記設立的程序中，非常重視主管機關的核可。

非營利組織的終止及解散情形，有兩種可能：（1）社團法人可以組織本身之自由意志，終止其法人地位而解散。（2）由利害關係人、檢察官、或主管機關要求法院宣告解散，或由主管機關撤銷許可而解散之。

撤銷許可是主管機關監督管理財團法人及社團法人的最後手段，通常主管機關在發現所轄管之公益法人有下列情形時（陳美伶，1991），會依勸告、去函、糾正、限期改善、變更組織（董事會）的順序進行管理，若在一段時間內未得改善效果，才會做出撤銷許可的規定：

1. 違反法令、公共秩序、善良風俗、設立許可條件、捐助（組織）章程。
2. 管理運作方式與設立目的不符者。
3. 董（理）事會之決議顯屬不當者。
4. 財物收支未取得合法之憑證，或未具完備會計帳冊者。
5. 隱匿財產或妨礙主管機關之檢查者。
6. 對於業務、財務為不實之陳報者。
7. 經費開支浮濫者。
8. 舉辦活動未經核准或任意收費者。
9. 董事及職員之報酬過高者。
10. 未依業務計畫執行業務者。
11. 無正當理由停止業務達兩年以上，或兩年以上未向主管機關陳報年度報告決算等資料者。

（二）減免賦稅資格核定

非營利組織的公益特性，使其享有賦稅的優惠待遇。提供優稅福利的政府，往往在稅法中，以非營利組織的功能或目的，作為是否可享優惠待遇的標準。

在我國《所得稅法》第四條第十三款規定：「教育、文化、公益、慈善機關或團體，符合行政院規定標準者其本身所得及附屬作業組織之所得」可免納所得稅。而在財政部根據該條所定之《教育文化公益慈善機關或團體免納所得稅適用標準》中（依據102年2月26日修正版），第二條第一項列出組織需符合所列九款規定，其本身之所得及其附屬作業之所得，除銷售貨物及勞務之所得外，可免納所得稅。

透過財政部對免稅要件之規定，政府可以規範到非營利組織的合法立案、私人利益輸送、業務方向、財物管理及支出比例、和財會制度等。換言之，在稅法的減免規定中，已有相當完備的管理規範，若能完全落實執行查核，當可確認非營利組織的正當營運。

（三）組織結構與運作

非營利組織的特徵之一闡明「具有一個沒有營私與營利的組織結構」，即是指在設立組織時，要求其組織章程中明定組織的管理機構（董事會、理監事會）之組成、職權、任期及運作方法、和對該組織的業務執行、業務檢查的規定。

在世界銀行出版的《非政府組織法的立法原則》（喜馬拉雅研究發展基金會譯，2000）中，提到與非營利／非政府組織的結構與管理有關的法律，除了明定組織章程中應有的條文之外，也應要求組織幹部、員工及董事的責任：

1. 個人需為組織的債務、義務或責任負責。
2. 若因自身刻意或重大疏失，或怠慢職責，而造成的傷害，則幹部、員工或董事需對組織或受到傷害的第三者負責；而組織或受影響者，可向其提出告訴、請求賠償。
3. 法律應要求組織的幹部與董事，對組織有盡到忠誠的義務，在執行其職務時，應細心勤奮，而對組織不向外公開的資訊，有保密之責。
4. 禁止有個人利益之衝突情形發生，並要求公益組織（相對於互惠組織）的幹部與董事，遵守較高的行為操守標準。

至於非政府／非營利組織的活動與運作方面，世界銀行立法研究小組則提供三項具體的建議：

1. 只要其主要目的並非單純從事交易及商業活動，非營利組織應被允許從事合法的經濟、交易及商業活動，來支持其非營利宗旨的實現；惟需確定其利潤或收入不可分配給組織的創立人、會員、幹部、董事或員工。
2. 非營利組織從事任何一種原須獲得執照或許可活動（例如醫療服務、教育、銀行……等），均需遵循相同的執照及許可要求標準和程序。
3. 非營利組織不可從事一般政黨活動範圍內的活動，例如：登記為候選人，或為候選人募款；但不應禁止非營利組織在相關政策議題上，為某個想法相近的候選人背書或提供支持。

（四）徵信報告與審查

我國《民法》中即規定主管機關對法人的業務有檢查權，有些財團法人監督要點，便以列舉方式規定主管機關的檢查項目，包括：（1）設立許可事項，（2）組織運作及設立狀況，（3）年度重大措施，（4）財產保管及運作情形，（5）財務狀況，（6）公益績效，及（7）其他事項。

但世界銀行的立法研究小組提醒我們，有些國家在組織數量增多，非營利部門開始活躍之後，相關的政府機構工作負荷將會過重，因此，需要建立組織責信度（accountability）要求組織運作的透明度（transparency），這個前提成立後，

就更可以促成非政府／非營利組織簡易立案程序的理想了（喜瑪拉雅研究發展基金會譯，2000）。

建立責信度與運作透明度的意義，在使立案完成的非營利組織，爲了取得法律對公益法人的保護，而向主管機關定期提交報告，包括上述業務檢查項目的內容，並因其運作及活動涉及公眾的利益，而須向社會大眾公開資訊，接受社會大眾的監督。因此，非營利組織爲達成責信要求，及透明化運作的目的，勢必須將會務的運作，製作成可供參考的報告，提交報告的對象，大致可以分成下列數種：

1. 組織內部最高管理機構（會員大會或董事會、監察人）
2. 主管機關
3. 稅捐機關
4. 業務相關執照的核發機關
5. 捐助者
6. 社會大眾

二、社團法人的法律規範

社團法人的法律規範以我國的《人民團體法》爲主要依據，其中將人民團體分爲三種：一、職業團體，如工會、商會、農會、公會……等，二、社會團體，如協會、學會、同鄉會……等，三、政治團體，如政黨……等。又規定人民團體之主管機關：在中央及省爲內政部；在直轄市爲直轄市政府；在縣（市）爲縣（市）政府。但其目的事業仍應受各該事業主管機關之指導、監督。

由於我國法制中將社團法人視爲偏向自律法人，《人民團體法》中的內容，僅只限於設立、解散和主管機關對政治團體的監督規定，社會團體的監督則交付會員大會執行。《人民團體法》的通則中將社會團體定義爲：係以推展文化、學術、醫療、衛生、宗教、慈善、體育、聯誼、社會服務或其他以公益爲目的，由個人或團體組成之團體。

爲落實《人民團體法》，主管機關內政部根據母法，頒布了七項附屬法規，以作爲中央主管機關管理人民團體或社會團體的依據，分別是：《人民團體選舉罷免辦法》、《人民團體獎勵辦法》、《人民團體立案證書頒發規則》、《工商團體會務工作人員管理辦法》、《內政部政黨審議委員會組織規程》、《社會團體工作人員管理辦法》和《社會團體財務處理辦法》。又爲了執行其管理行政任務，制定了兩種職權命令：《督導各級人民團體實施辦法》及《社會團體許可立案作業規定》。各級地方主管單位大致亦依循上述各種法規，執行社團法人的管理任務。

三、財團法人的法律規範

財團法人的法律規範，係根據《民法》第三十二條及第五十九條，將對財團法人之許可及業務監督權限賦予財團目的事業行政主管機關，自得在其職權範圍內，具體訂定監督方式與不遵守監督時的處分方法，作為對其所管財團之監督準據。

我國將財團法人視為他律法人，每一目的事業主管機關都訂有設立許可及監督要點，目前共有二十個中央行政機關就財團法人之管理監督，訂頒行政法規。在財團法人的管理監督內容方面包含成立、目的活動、內部管理、責信度及解散，表11-2乃是各部會財團法人監督要點之主管機關及目的事業。

表11-2　中央各部會財團法人主管機關及所定規章

主管機關	目的事業	規章名稱
教育部	以舉辦符合本部主管業務之公益性教育事務為目的。	教育部審查教育事務財團法人設立許可及監督要點（100.01.03）
	以舉辦符合本部主管業務之公益性青年發展事務為目的。	教育部審查青年發展事務財團法人設立許可及監督要點（103.05.02）
	以舉辦符合本部主管業務之公益性體育事務為目的。	教育部審查體育事務財團法人設立許可及監督要點（102.08.02）
內政部	以推動內政相關業務為目的，從事民政、戶政、社政、地政、家庭暴力、性侵害及性騷擾預防、警政、營建、消防、役政、兒童福利、救災、入出國及移民業務或其他內政業務等服務[1]。	內政部審查內政業務財團法人設立許可及監督要點（101.11.19）
外交部	以促進國際合作及發展，加強國際瞭解，提倡國際正義，增進人類福祉及維護世界和平為目的。	外交部主管財團法人設立許可及監督要點（101.07.10）
國防部	經本部或本要點施行前許可設立有關國防事務之財團法人。	國防事務財團法人設立許可及監督要點（101.08.14）
衛生福利部	以從事符合原衛生署主管業務之公益性衛生事務為目的。	衛生財團法人設立許可及監督要點（96.07.10）
	以推動社會福利相關業務為目的，從事婦女福利、兒童及少年福利、身心障礙福利、老人福利、家庭支持、社會救助、社會工作、志願服務、家庭暴力防治、性侵害防治、性騷擾防治業務或其他有關社會福利業務等服務。	衛生福利部審查社會福利業務財團法人設立許可及監督要點（103.01.15）
經濟部	以協助提升經濟發展為目的，從事促進工商經貿、能源資源、產業科技及資訊應用之財團法人。	經濟部審查經濟事務財團法人設立許可及監督要點（101.06.14）

---

[1]　因應政府組織再造，社福業務已於102年7月整併至衛生福利部（內政部組織法修正案迄於105年10月尚未經立法院審議通過），推動社福相關業務的財團法人，其設立及監督之主管機關為衛生福利部，該部亦訂有相關規章，惟內政部所定要點尚未完成修正。

主管機關	目的事業	規章名稱
行政院環境保護署	以從事有關環境保護業務為目的。	行政院環境保護署審查環境保護財團法人設立許可及監督要點（102.02.06）
行政院大陸委員會	以辦理台灣地區與大陸地區人民往來有關事務，並謀保障兩地區人民權益為目的。	行政院大陸委員會審查大陸事務財團法人設立許可及監督要點（102.01.30）
	以辦理台灣地區與香港、澳門居民往來有關事務，並謀保障臺港澳人民權益為目的。	行政院大陸委員會審查港澳事務財團法人設立許可及監督要點（102.03.21）
交通部	須經本部許可設立之鐵路、公路、大眾捷運、郵政、電信、航政、港務、民航、氣象、觀光等有關交通事務之財團法人。	交通部審查交通事務財團法人設立許可及監督要點（103.01.22）
行政院農業委員會	以從事農、林、漁、牧、糧食、農村發展及其他有關農業事務為目的之財團法人。	行政院農業委員會審查農業財團法人設立許可及監督要點（102.05.22）
法務部	指以宏揚法治為目的，從事法制研究、法律服務、矯正服務及司法保護之財團法人。	法務部審查法務財團法人設立許可及監督要點（102.04.11）
財政部	經本部或本準則修正施行前經本部所屬機關許可設立之財團法人。	財政部主管財團法人監督管理準則（89.06.15）
勞動部	以公益為目的，從事有關促進勞資和諧、保障勞工權益、增進勞工福祉、提高勞動力及其他勞工事項等業務之財團法人。	勞動業務財團法人監督準則（96.04.23）
行政院原子能委員會	促進原子能和平用途為目的，從事原子能科學與技術之研究、服務與應用等公益活動之財團法人。	行政院原子能委員會審查原子能業務財團法人設立許可及監督要點（101.03.28）
蒙藏委員會	經本會許可設立或捐助之財團法人。	蒙藏委員會審查蒙藏事務財團法人設立許可及監督要點（102.02.20）
僑務委員會	指以從事僑民公益事務為目的，經本會許可設立，或由其他機關許可設立移轉本會主管之財團法人。	僑務財團法人設立許可及監督要點（103.05.27）
國軍退除役官兵輔導委員會	指本會許可設立辦理有關退除役官兵福利事項與服務照顧之財團法人。	國軍退除役官兵輔導委員會審查退除役官兵福利服務業務財團法人設立許可及監督要點（103.05.09）
科技部	係指促進科學技術發展為目的，從事科學技術研究發展及相關科技推廣或服務為主要業務之財團法人。	科技部審查科技事務財團法人設立許可及監督要點（103.04.10）
文化部	以舉辦符合本部主管業務之公益性文化事務為目的之財團法人。	文化部審查文化事務財團法人設立許可及監督要點（102.10.22）
金融監督管理委員會	係指本要點實施前經財政部暨其所屬機關許可設立隨業務移撥本會及本會許可設立之財團法人。	金融監督管理委員會主管財團法人監督管理要點（103.06.30）

四、勸募法律規範

　　早期我國的捐款法規，沿用的是行政院於 1943 年公布，1953 年修正公布的《統一捐募運動辦法》，該辦法主旨是在規範「凡為提倡國防建設、慰勞國軍，舉

辦公益慈善及文化教育事業發起捐募運動者」，亦即是以規範勞軍捐募的方式，和勞軍捐募所得的收支處理情形。邇後台灣省政府及台北市、高雄市政府亦先後公布《台灣省統一勸募運動實施辦法》和《捐募運動管理辦法》，其內容實不脫行政院所公布辦法的範疇。前內政部社會司曾在1992年曾提出《統一捐募辦法修正條文》（彭懷眞等，1994），直至2006年4月25日，才在民間團體如聯合勸募協會的大力推動下，終於三讀通過《公益勸募條例》，2006年5月17日正式公布，並於同年12月25日公布《公益勸募條例施行細則》，讓民間非營利組織有一個清楚的法規依循（陳文良，2006）。

參、非營利部門秩序的建立

一、公信力與組織行為

從非營利組織管理的角度來看，公信力就是要取得社會大眾的認可與信任，也就是所謂的「責信度」（accountability）。責信度因此是第三部門研究的重要議題，當耶魯大學開始大規模的進行非營利組織研究時，責信度就是當初選擇的兩大主題之一（Hayes, 1996）。Caiden（1988）認爲「責信」就是行爲主體對自己的職權負責，接受外界的批評，並有報告、解釋、說明、反應、坦承的義務與公開帳目。簡單來說，就是具有公開說明組織所獲取各種資源的流向，以及實質運作的成效，是否符合組織宗旨及其社會承諾，以證明是一個可被社會信任（accountable）組織的事實（馮燕，2000）。但是回顧國內外有關非營利組織責信度與公信力的相關研究是如此貧乏，或許可以歸因於雖然民眾對於非營利組織的責信有所要求，但因缺乏具體的監督管道，甚至沒有明確的資訊來源，所以只好相信他們都是從事「共善」的工作，一旦有一個弊案被揭露，其他的組織也會一併受到質疑，非營利組織的社會合法性將受到很重大的挑戰。

管理學大師 Drucker（傅振焜譯，1994）認爲在後資本主義時代，形構社會與組織的原理一定是責信，是未來所有非營利組織都要面對的重要議題；及早順應趨勢將有助非營利組織在現代社會的生存與發展。Rochester（1995）分析責信度的力量源自下列三種權力關係：

（一）結構責信：就是組織治理權力的要求，由明確的組織上下階層關係構成的責信基礎。像是非營利組織內部下屬與其主管間的行政要求，所共同建構出的組織責信度，但是可能只僅限於組織內部行政管理上的監督。

（二）委託責信：就是授權者與代理人間的責任關係，非營利組織中，捐款

人捐助即如同是在委託組織提供服務，這樣的委託關係也是責信力量的來源之一。

（三）社區責信：社區權力是非正式的制度約束，由對社區歸屬感所帶來的自覺性的責任意識，是回應責信要求的基礎。

非營利組織具有服務社會大眾的公共使命，同時又仰賴社會大眾的捐輸營運，並享有「社會公器」（public goods）的免稅地位，因此公信力是非營利組織最重要的資產；如同榮譽是一個人的第二生命，責信度亦是非營利組織的維生要素（馮燕，2000）。非營利組織的責信度不只要依靠外來力量的要求，同時也需要組織內部的自覺，這樣才能促進非營利組織的公信力向上提升。

二、部門間的互動

非營利組織部門在發展過程中，特別需要多加關注的是和政府及企業部門的良性互動關係，不但可以幫忙非營利部門的健全發展，更能經由部門互動而可分工合作地完成公益使命。從非營利組織、政府、企業三個部門本身的社會角色功能、與其他部門之間的關係來看，非營利部門與政府部門間的互動本質，和企業部門與政府部門間的互動本質，最大的差異，是來自財務的輸送方向；而且對非營利部門而言，與企業部門的互動，亦常建立在財務資金上（馮燕，2006；江明修，1994），即是指非營利部門往往是企業公益捐助的對象（參見圖11-2）。

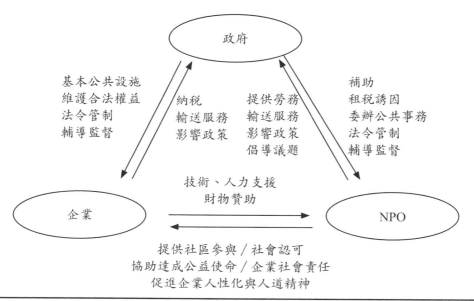

圖11-2　三部門互動內容

資料來源：馮燕（2001），〈從部門互動看非營利組織捐募的自律與他律規範〉，《台大社會工作學刊》，第4期，頁203-241

Wolch（1990）提出三個分配部門（allocative sectors）的概念，認為國家（政府）、市場（企業）、慈善（非營利組織）之間彼此是相互關聯的。企業的市場活動會創造出國家稅收以及為慈善組織帶來可能的捐贈收入；國家透過稅制、政策、法律來規範商業市場的機制與慈善組織，並規定慈善組織的免稅地位與捐款的減稅優惠，這樣的規定為非營利組織帶來資源，然而，國家對非營利組織資源使用的限制，係為要求該等組織建立「責信」，因而對非營利部門有公信力的要求。

整體而言，政府、企業與非營利組織三部門建構起影響人類社會與生活的三角（參見圖11-3），三者在社會脈絡中，各具有不同的角色功能，互動且互補的運作，以促進整體國家與社會的發展，亦有共同追求的目標與願景：

（一）需求滿足：最基本的目標就是滿足社會與人民的需求，三個部門同樣都有意共同擔負起這樣的責任，為社會、人民的福祉而努力。

（二）社會和諧：政府追求社會和諧，獲得人民信賴，以鞏固國家的合法地位；企業追求社會和諧，有更好的投資、工作環境；非營利組織追求社會和諧，因為這是非營利組織的公共使命，讓每個人有更好的生活環境。

（三）國家發展：三部門共同努力的結果是帶來國家長治久安、穩定的發展，有助各部門的永續經營，與保障人民的最佳利益。

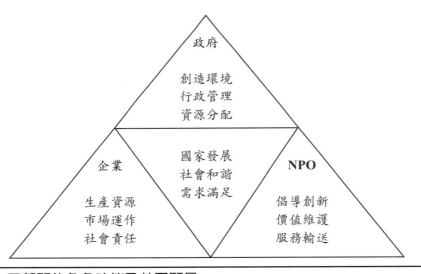

圖11-3 三部門的角色功能及共同願景

資料來源：馮燕（2001），〈從部門互動看非營利組織捐募的自律與他律規範〉，《台大社會工作學刊》，第4期，頁203-241

為了追求共同的目標願景（參見圖11-3），政府部門應致力於公共建設、法律規範等各方面的職責，以創造適合市場運作、人民生活和各類組織生存的社會

環境，並依據法規做到行政管理和監督工作，最重要的，是將其掌握的社會資源做一公正合理的分配。企業部門的功能，除了創造價值、生產資源外，維持市場的有效運作和整個社會的經濟發展，亦為其主要功能，最重要的是在追求利潤的同時，也能夠推動社會良性變遷，善盡企業社會責任，理解企業的生存來自於大環境的整體相互回饋機制。非營利組織部門則是本著其創立使命，運用社會公益資源，朝向解決社會問題而努力，往往是因應政府及企業部門能力不足之處而來（Salamon, 1987），因屬補充性質，故需主動與政府、企業部門建立良好關係，瞭解彼此的態度與期待，在善盡公益使命的終極目標下，推動整體社會環境的公平正義的實現。

　　近年來，社會企業在全球蔚為風潮，概括而言，社會企業是指組織透過商業模式手法來解決社會或環境問題（社企流，2014；胡哲生等，2013）。其組織型態，除一般營利事業（公司）類型外，亦可以非營利組織的型態存在；惟社會企業的營利行為，主要係為達到社會關懷或公益性之目的，故被稱為混合價值（blended value，指經濟與社會雙重價值）的組織。傳統企業與非營利組織的角色功能可以明顯區分，社會企業的特色則是可以促成政府、企業、非營利組織間的緊密互動，創造相互合作的新模式，以致可能將社會的資源做更有效率的運用，以極大化社會的「共善」。目前我國社會企業雖無專法規範，但中央政府制定足以大力推動社會企業發展的政策——行政院社會企業行動方案（行政院，2014）。該方案擬定四大策略扶植社會企業的發展，並致力於營造適合社會企業永續經營的生態環境，分別為：

（一）調法規：依據社會企業發展需求，推動現有法規的調整與修訂。
（二）建平台：加強廣宣倡議，形塑社會企業平台社群，並促進異業結盟增加動力。
（三）籌資金：導入各方資源，挹注社會企業經營活水。
（四）倡育成：建構社會企業育成機制，成立專業輔導團隊。

三、自律與他律

　　非營利組織的健全運作，必須依靠國家法規（外在的他律），來強調非營利組織存在的合法性（喜馬拉雅研究發展基金會譯，2000）。他律最大的規範權力是來自於國家和政府。如前文指出，目前台灣的非營利組織他律法規，除了法源依據於民法總則中的法人規定外，大致可以歸為四類：人民團體法（規範社團法人）、各部會之財團法人設立與監督要點（準則）、優稅法規、及捐募法規（馮燕，2000）。各級政府機關即是擔起制定出一套合理的監督運作機制之責任，以保障非營利組織之公益本質與社會公器之實。至於自律規範，則是由部門本身內部互相約定發展而來。

肆、非營利組織的自律

　　自律是非營利組織專業倫理中很重要的一環，當非營利組織發展到專業化的程度時，建立自律規範是一重要里程碑的表現。然而，專業內的自律規範並不意謂著可以取代正式的法律；遵循適用的法律，是專業基本精神之一。自律規範是由專業人員相互約定，自願遵循的守則，因此政府制定的法規，是非營利組織最低的行為規範標準，而自律規範則是非營利部門在發展漸趨成熟後，自行訂定之較高標準的自我要求規範，向社會大眾證明其運作的效率與效果，以更高的行為標準取得社會公信（馮燕，2004）。對非營利組織內部秩序與發展而言，更重要的是非營利組織本身的自律行為，這也是發展一個自由民主、負責任的公民社會的重要基礎。

一、組織自律的必要性

　　雖然一般社會大眾對於非營利組織多半持正面肯定的態度，但是近幾年來也發生過一些弊案，使得越來越多的人開始關心非營利組織「公共性」與「責信度」的議題。其中有關非營利組織「公共性」的強調，多半是擔心非營利組織成為個人或其他利益團體的藏私工具，對於「責信度」的考量則是來自憂慮社會資源遭到不肖非營利組織濫用。一旦非營利組織喪失「公共性」與「責信度」，便喪失了社會的合法性，即等於失去了生存的根基。

　　因此，一個非營利組織的責信基石，即是對外部及內部都能展現並落實他們被期望的責信要求。在現今台灣整體的非營利組織發展環境漸趨成熟，符合外在他律的規範已經是組織存在的基本條件，社會大眾逐漸要求非營利組織展現高標準的責信，並且由此檢視善款流向與捐款意願，因此非營利組織必須以高標準的自律提升品質，並維持在社會上的公信力。

二、組織自律的層級

　　世界銀行委託的研究小組，在遍訪世界各國的非政府／非營利組織經驗後，將各國非營利組織的自律規範，區分為三個層次（喜瑪拉雅研究發展基金會譯，2000）：

（一）個別組織的自律規範
　　除了遵循主管機關設立許可及監督準則的要求，以及其他適用法令（如勞基法、稅法……等）之外，每一個非營利組織可以視其狀況，制定組織本身的自律規範。規範內容從要求員工、幹部出勤時使用最便宜合理的交通工具，以節撙行

政費用，拒絕接受所有和其職務有關的貴重禮物，或將這些禮物轉交給組織行政部門處置，到自行揭露利益衝突關係，禁止圖利個人的交易等。

　　各個組織可讓內部成員共同參與擬定自律規範，藉由討論、擬定和遵守這些規範，使大家能對組織的價值觀凝聚共識，是相當有意義。另一方面，讓社會大眾知道該組織所有成員，都奉行一套高標準的行事自律規範，不啻爲對捐助者、受益者及其他利害關係者做出有利的宣言，對組織公信力的建立亦極有裨益。

（二）結盟組織的自律規範

　　在非營利組織的發展過程中，常會暫時性或永久性的採用結成聯盟，或謂形成傘型組織的策略。這種策略性結盟組織，爲了達到共同目標，並增強其結盟的組織效率，往往須在結盟時便先尋求盟員之間自律規範的共識，內容包括盟員間權利義務、互動規範、管理情形、資訊揭露規則、籌款方式，到個別運作的專業水準……等。盟員組織授權聯盟本部做盟員稽核，並可對不符規範標準的組織採取處置，甚或除名。傘型組織可以藉由公布符合（及喪失）資格盟員的名單，及奉行較高標準自律規範的結盟組織成員，加強社會大眾對其盟員之誠信度及專業實力的信任。

（三）部門內監督性團體制定的自律規範

　　在如美國等發展較成熟的社會中，非營利部門內會成立特別的非政府／非營利組織（如國家慈善資訊局 National Charities Information Bureau），專門發展出一套非營利組織運作的自律規範，其規範的內容計有：（1）董事會管理、（2）宗旨、（3）業務、（4）資訊、（5）募款及其他尋求財物支援活動、（6）財務管理、（7）年度報告、（8）責信度、（9）預算等九項。並用以審查所有非營利組織，而後公布結果，讓社會大眾、捐款人知悉各受款組織在各自律規範項目方面的表現（NCIB Standards in Philanthropy，引自喜瑪拉雅研究發展基金會譯，2000）。

　　美國國家慈善資訊局（NCIB）自 1996 年起，每年使用非營利組織部門自律清單，來評估各個非營利組織的狀況，並公布「完全符合規範」和「未完全符合（明確指出哪些不合項目）規範」組織的名單。其規範功效雖然不被視爲具法定效力，但的確也具備了很好的提醒功效，引起社會大眾的注意，也促進部分非營利組織的覺醒和修正，間接提升了非營利部門的公信力。

三、自律機制

　　公益組織的責信度是一個有機系統，輿論監督、行政監督和自律機制等是不可或缺的組成部分（周志忍、陳慶云，1999）。非營利組織可以從兩方面著手進行，一是透過建立非營利組織的公信力以維繫公共性，一是健全法律環境以獲得

法律的合法地位，以維繫非營利組織的公共性、合法地位、公信力。要提升非營利組織的責信度，則需要一個有效的監督機制，只單靠法律的監督，是難以保證有效的監督，因此非營利組織的自律就更顯得重要。換言之，自律與他律機制同時運作才能提升非營利組織的責信度，同時也確保社會資源投注於公益事務，進而維繫非營利組織的生存與發展。

DiMaggio 和 Powell（1983）曾指出，制度環境會透過三個機制影響組織運作、結構與生存：

（一）強制性（coercive）機制：由於建立制度規範的來源擁有極大的權力，組織必須遵從這些法律規章。因此組織要存活在現代社會中，首要之務便是遵循國家的法律與規範。

（二）模仿性（mimetic）機制：當制度環境的符號意義模糊，組織的目標不明確，或是技術本身無法掌握時，在這樣的環境中，某些組織會去模仿其他較穩定組織的結構與活動，仿效的目的並非為了增加實質效益，而是為了增加其合法性。

（三）規範性（normative）機制：強調在組織自發地遵守制度性的規範，主要論點是「在各個組織互動過程中所形成的一套價值觀念與行為標準，成為這些組織或組織成員的共同觀點，進而使大家志願地遵循這些法則」，亦即指由非營利組織間形成的內部自律規範。

這三個機制都會影響到組織的運作、結構與生存，如果運用這三個機制的模式，檢視整個第三部門生態環境，強制性機制就是所有國家制定的非營利組織相關法令規範；規範性機制就是非營利組織為反應法律環境，或自然地彼此互動之下產生的一套倫理規範，或自我要求；當某些非營利組織因為遵循規範性機制與強制性機制獲得社會認可，其他非營利組織原本抱持觀望態度，看到這樣的成功經驗，為求社會認可進而仿效、學習，模仿性機制因而產生。整個第三部門因為這三個機制的運行，產生一個有趣的互動與動態循環的過程，形成一股影響部門健全發展的力量，非營利組織生存的環境也因而有所轉變。我們可以說這或許是個理想型態（ideal-type），但也是第三部門向上提升的一個契機。

四、台灣公益團體自律聯盟

（一）台灣公益團體自律聯盟發展的緣起

公益自律聯盟的發起應回溯自民國 2001 年，聯合勸募協會在推動修訂《公益勸募法》的過程中，為民間版法案尋求民間團體共識而召開的公聽會。作者當時代表聯合勸募協會主持會議，亦提出民間團體以自律規範取得公信力的策略方向，頗得與會組織代表們的共鳴。2003 年，作者為蒐集民間組織實務運作現

況，及公益團體對於成立自發性的自律公益組織在理念、意願以及運作上的意見，展開一項行動研究，發現絕大多數非營利組織承認自律的重要，並且期望藉由成立及參與聯盟的方式，以展現自我規範的決心。公益團體對於組織經營與績效要求的輔導需求迫切，也希望有明確的自評指標提供進步的方向，方能以良好的組織運作與服務績效，爭取捐款大眾的信心（馮燕，2005；聯合勸募協會，2003）。

（二）自律聯盟組織介紹

台灣公益組織自律聯盟（簡稱公益自律聯盟），成立於 2005 年 7 月，為一個常設性的社團法人組織，主要的宗旨為提升我國非營利組織之公益績效及社會形象，增進社會大眾對公益團體的認識及信任，其中聯盟主要任務共分為以下六項：

1. 建立自律機制，促成非營利組織資訊公開。
2. 推廣捐款人的權益。
3. 推動建立適合非營利組織生存之法令環境。
4. 推動非營利組織之交流。
5. 促進非營利組織發展相關研究。
6. 其他有利於公益團體發展之工作。

自律聯盟以公益組織為單位，加入自律聯盟的資格為已立案一年以上之公益法人組織，經簽署自律公約、繳交會費及遵守聯盟的自律規範後成為聯盟會員。

聯盟以社團法人的組織架構，在理監事會下，設專職秘書長一人及工作人員數人，負責會務、業務以及財務管理的規劃與執行，以推動聯盟落實自律的目標。自律聯盟的工作區分為幾個階段：第一階段是透明化，也就是提供會員財務及業務報告等資訊揭露的平台。第二階段是宣廣自律，致力於擴增簽約加盟的會員數，並提供諮詢與輔導。第三階段是發展組織自律檢核指標，由盟友會員率先自行評估檢核組織自律狀況，以實質提升組織績效。第四階段則在深化自律，並結合企業社會責任平台以增加公益發展資源。

加入自律聯盟的團體，代表其願意遵從自律精神，可以做到使用自律聯盟的模式，公開財務報表、年度計畫及工作報告，並定期做績效評估，使社會大眾認知自律聯盟成員即是好的非營利組織。在退場機制部分，一旦會員符合以下相關的約定狀況，就必須退出自律聯盟：

1. 提出聲明自願退出者。
2. 經主管機關撤銷其法人資格者。
3. 違反公約規定，經限期改善，未見改善者。

4. 其他經自律聯盟理事會認定有重大違規情事者。

秉持著打造公民社會，建立非營利部門公信力，創造友善發展環境的理念，一群非營利組織專業人員在台灣，於本身極繁重的工作負擔之外，志願群策群力地籌組這個公益自律聯盟，截至2016年中，自律聯盟的盟友已達230家。建立台灣公益自律機制，是一個值得第三部門共同努力的目標，而公益團體自律聯盟的成立，必將成為台灣公民社會發展的重要里程碑。

非營利部門的蓬勃發展有利於公民社會的建立，其中政府的責任是在國家整體的基礎建設與法律規範，形塑一個公平合理的大環境。企業界除善盡企業社會責任（CSR）分享資源外，亦可分享其專長與經驗，促成跨域合作的社企發展，俾利解決社會問題。非營利組織則應善盡公益使命的發揮，以高道德標準的自我要求，善用社會資源，當可達到公平正義的社會願景。

問題習作

1. 促進健全發展公民社會的條件為何？
2. 我國民法中對非營利組織有何規定？
3. 社團法人與財團法人有何異同？
4. 人民團體法的執行法規有哪些？
5. 目前我國非營利組織部門的自律機制為何？有何需突破之處？

參考文獻

一、中文部分

江明修，1994，《非營利組織領導行為之研究》。國科會專題研究計畫。

行政院，2014，《社會企業行動方案》。http://www.ey.gov.tw/News_Content.aspx?n=7084F4E88F1E9A4F&sms=114AAE178CD95D4C&s=C89333D414EA2A7D 。

社企流，2014，《社企力！社會企業＝翻轉世界的變革力量。用愛創業，做好事又能獲利！》。台北：大雁文化。

周志忍、陳慶云，1999，《自律與他律：第三部門監督機制個案研究》。浙江：浙江人民出版社。

胡哲生、梁瓊丹、卓秀足、吳宗昇，2013，《我們的小幸福經濟：9個社會企業熱血追夢實戰故事》。台北：新自然主義、幸福綠光。

陳文良，2006，〈「公益勸募條例」立法推動歷程與觀察〉。《師大社教雙月刊》，第133期，頁

17-27。

陳美伶，1991，《統一財團法人主管機關之可行性研究》。法務部。

喜瑪拉雅研究發展基金會譯，2000，《非政府組織法的立法原則》。台北：喜馬拉雅研究發展基金會。

傅振焜譯，1994，《後資本主義社會》。台北：時報文化。

彭懷眞、陶蕃瀛，1994，《福利機構對勸募法令看法之研究》。中華社會福利聯合勸募協會。

馮燕，1996，《全國性文教基金會分類暨績效統計調查報告書》。教育部社教司。

馮燕，2000，〈非營利組織之定義、功能與發展〉。收錄於蕭新煌主編，《非營利部門：組織與運作》。台北：巨流圖書公司。

馮燕，2001，〈從部門互動看非營利組織捐募的自律與他律規範〉。《台大社會工作學刊》，第4期，頁203-241。

馮燕，2002，《自律與他律——非營利組織與資源捐募規範》。國科會專題研究計畫。

馮燕，2004，〈台灣非營利組織公益自律機制的建立〉。《第三部門學刊》，創刊號，頁97-126。

馮燕，2005，《推動台灣「第三部門公益自律機制」建立之行動研究》。國科會專題研究計畫。

馮燕，2006，〈台灣的企業型基金會〉。收錄於蕭新煌、江明修、官有垣主編，《基金會在台灣》。台北：巨流圖書公司。

聯合勸募協會，2003，《2003年聯合勸募協會推動公益勸法草案調查報告》。未出版組織文獻。

二、英文部分

Caiden, E., 1998, "The problem of ensuring the public accountability of public officials," in G. Joseph, and P. Dwivedi (eds.), *Public service accountability*, New York: Kumarian Press Inc.

Day, P., and Klein, R., 1987, *Five Public Services*, London: Tavistock Publishers.

DiMaggio, P. J., & Powell, W. W., 1983, "The iron cage revisited: institutional isomorphism and collective rationality in organizational fields," *American sociological review*, 48: 147-160.

Hayes, T., 1996, *Management, Control and Accountability in Nonprofit / Voluntary Organizations*, Aldershot, Hants, England: Brookfield, Vt: Ashgate.

Milofsky, C., 1979, "Defining Nonprofit Organizations and Community: A Review of Sociological Literature," PONPO Working Paper-6, Yale University.

Rochester, C., 1995. "Voluntary agencies and accountability," in J. Smith, C. Rochester, and R. Hedley (eds.), *An introduction to the voluntary sector*, London: Routledge.

Salamon, L. M., 1987, "Partner in public service: the scope and theory of government-nonprofit relations," in W. W. Powell (ed.), *The nonprofit sector: a research handbook*, New Haven: Yale University.

Wolch, J. R., 1990, *The Shadow State: Government and Voluntary Sector in Transition*, New York: The Foundation Center.

Chapter 12

非營利組織之租稅

許崇源

學習重點

▶ 瞭解非營利組織租稅減免之基本理論。

▶ 思考國家對非營利組織採直接補助或租稅減免之優
  缺點。

▶ 瞭解我國現行稅捐之主要規定。

▶ 瞭解我國對非營利組織各項租稅之減免項目及要
  件。

▶ 思考非營利組織宜否進行商業行為，瞭解我國對該
  行為相關租稅之規定。

摘　要

　　所得相同、財富相同或情況相同者應適用相同之課稅條件，此乃租稅稽徵上最重要的公平原則，為何非營利組織可以免稅？我國對非營利組織租稅之主要規定為何？值得深入探討。本章從租稅理論及實務運作兩方面，探討我國非營利組織之租稅制度，包括非營利組織免稅之理論及我國非營利組織之租稅規定。

　　有關非營利組織免稅之理論最主要的有稅基定義理論（base-defining theories）及補助理論（subsidy theories）等。稅基定義理論將非營利組織視為捐贈者與受款者間的導管（公益型）或會員間共同的消費行為（互益型），故不宜對代理個體課稅，而捐贈者之所以可在收入中扣除，則因為該款項屬公益捐贈或必要費用，非屬捐贈者之所得，故計算所得時應予以扣除。補助理論則認為非營利組織為社會帶來重要的價值，因此值得補助。一般認為，採取免稅方式補助較政府直接經濟援助之補助方式為佳，因為直接金錢補助對象的決定者是政府，而免稅補助則由納稅義務人決定，且對非營利組織的服務免稅將可讓非營利組織的消費者享受較低成本的服務，有益於社會大眾。相對於直接補助，免稅可減少政府對非營利組織日常作業的干預，非營利組織亦不需忙於向政府請求以爭取更多的金錢補助。

　　我國現行稅目，包括立法院通過，總統公布之國稅及地方稅共18種（及各地方政府所定之地方稅），租稅法律中綜合所得稅、營利事業所得稅、遺產稅、贈與稅、關稅、加值型及非加值型營業稅、貨物稅、特種貨物及勞務稅、菸酒稅、證券交易稅、期貨交易稅等11種屬國稅；地價稅、土地增值稅、房屋稅、印花稅、使用牌照稅、契稅、娛樂稅等7種屬直轄市及縣市稅。本章中說明各稅之主要規定，包括納稅主體、客體、繳納方式及期間等，其中非營利組織減免稅之相關規定亦包含在內。

壹、前言

　　所得相同、財富相同或情況相同者應適用相同之課稅條件，此乃租稅稽徵上最重要的公平原則。但各國稅法皆有對某些特定事項予以減免稅捐之規定，其目的在增進公共利益。惟免稅規定所增進之公共利益是否值得？租稅公平原則之犧牲是否符合比例原則，則必須個案判斷、抉擇。隨著社會的日益發展，人民需求的服務與日俱增，政府已無法滿足人民各式各樣的需求，加上民主多數決的制度，使得部分公共財無法從政府得到滿足。非營利組織的興起，不但滿足了人民各式各樣的需求，更照顧到了社會上的弱勢團體，對國家經濟與社會安全有著直接與間接的助益。因此，很多學者專家主張國家應提供以公益為目的的非營利組

織免稅之優惠，以鼓勵非營利組織提供各式各樣的服務以補政府及市場的不足。

　　我國《所得稅法》第四條第十三款明文規定教育、文化、公益、慈善機關或團體，符合行政院規定標準者，其本身之所得及其附屬作業組織之所得免納所得稅即為一例。惟現代之非營利組織，所關心議題不限於慈善救濟，投入者亦非僅限於擁有財富者，為了組織之永續發展、目的之有效達成，商業行為在所難免，因此對非營利組織之免稅是否影響市場之公平競爭？如果非營利組織是在彌補政府之不足，則由政府因應時代及社會之需求，以直接補助方式是否較減免稅捐方式為佳？常引起爭議。

　　通常所稱非營利組織，除了教育、文化、公益、慈善機關或團體外，亦包括非以公益為目的的中間性團體，如合作社及俱樂部等以社員為基礎的組織，此類組織可否享受所得免稅之優惠呢？此外，除了所得稅外，我國租稅亦包括了各類財產稅、流通稅，是否所有的租稅皆應給予免稅優惠？是否所有非營利組織皆適用同樣免稅規定？若否，則哪些非營利組織得免稅？哪些不得免稅？哪些稅應予減免？哪些稅不應予以減免？減免的標準為何？皆值得深入探討。本章主要包括兩大部分，一則介紹非營利組織之免稅理論，另則介紹我國稅法目前（105 年 10月）對非營利組織之租稅規定，尤其是減免相關部分，希望有助於大家對非營利組織租稅規定之瞭解，亦有助於瞭解大眾對非營利組織之期待。

貳、非營利組織免稅理論的探討

　　非營利組織應否免稅？學者們提出各種理論來說明，最主要的有稅基定義理論（base-defining theories）和補助理論（subsidy theories）。此外，如果非營利組織是在彌補政府之不足，則由政府因應時代及社會之需求，以直接補助方式是否較減免稅捐方式為佳？

一、免稅理論：稅基定義理論

　　稅基定義理論係以課稅基礎之本質，闡述為何非營利組織的收入或財產及捐贈人的贈與並非稅基的一部分，因此非營利組織可以免所得稅及財產稅，捐贈者可以享受捐贈之扣除。例如 Bittker 與 Rahder（1976）將非營利組織視為一個導管（conduit），當捐贈者將錢交給非營利組織保管，就好像捐贈者將錢放在銀行帳戶，這時非營利組織就像銀行，只是為捐贈者管理財產，再轉贈受款人，故非營利組織所收受的捐款收入不應列入課稅所得計算；互益性質的非營利組織（如合作社），對社員之銷售貨物或勞務，如果把合作社視為導管，就好像社員集體一起消費，與他們個別去做並沒有區別，合作社買進及賣出間如有差額（盈

餘），按社員消費額分配，該分配僅屬社員消費成本的節省，既不屬合作社之盈餘，更非社員之投資收益，故不能對該銷售活動課稅，亦不可對社員課徵所得稅，但對非社員的銷售行為則不能免稅[1]。至於捐贈者可享受所得稅捐贈扣除的理由，主要基於所得的定義。在經濟理論下，所得係納稅義務人在某一期間之期末財富（或稱淨資產）大於期初財富之金額加上本期已消費之金額，納稅義務人將其收益移轉給非營利組織組織，不但並沒有增加納稅義務人的財富，亦不能構成消費，所以納稅義務人之捐贈並非所得，自然不屬課稅所得。

當然，稅基定義理論有其疑議，例如捐贈給非營利組織的財產，如果因為並未增加私人的消費或財產而不應課徵所得稅，那稅法又為什麼要規定捐贈的上限？為何捐給非營利組織不須課稅，而納稅人親自捐給窮人則須課稅[2]？如果非營利組織只是一個導管，個別擁有財產要課財產稅，集體也應課徵，則為何政府只對某些非營利組織課徵財產稅（如地價稅、房屋稅等），卻對其他非營利組織減免財產稅？

二、免稅理論：補助理論

以上爭議凸顯稅基定義理論並不能完全解釋現行免稅制度之道理，有些學者於是提出了補助理論，他們認為非營利組織之所以免稅不是因為他們的財產及所得不屬課稅之稅基，而是因為非營利組織為社會帶來重要的價值而不該課稅或需要補助。例如政府提供財貨或服務常是過多的評估與監督，不具效率；政府的行動受議會多數決的影響，往往無法提供全方位的服務及財貨；非營利組織較有能力招募志工，向使用者收費較為合理等。

既然非營利組織需要補助，為何要透過免稅來補助非營利組織，為何不以直接的經濟援助的方式來補助非營利組織呢？反對透過免稅補助者認為，直接補助較能直接針對政府所要補助的對象進行，免稅則容易讓高所得者將獲得更大的分配力量，不但較為不公，政府損失亦較大。但贊成免稅補助者則認為，直接補助對象的決定者是政府，而免稅補助可使決定權下放到納稅義務人，可讓政府離開非營利組織的日常作業，非營利組織也不需忙於向政府爭取更多的補助。至於免稅與直接補助何者損失較大見仁見智，既然政府無法充分提供社會服務，而由非營利組織代為提供，由非營利組織享受租稅上的補助，以長久提供政府無法提供

---

[1] 我國現行規定，對合作社不課徵營利所得稅，但對社員依消費額比例分配之「盈餘」卻課徵綜合所得稅，與此原理顯然不符。

[2] 除了稅基定義理論和補助理論外，另有行政便利（administrative convenience）、主權（sovereignty view）及捐贈等理論，但非營利組織稅捐之減免仍以本文兩理論為主，故文中僅介紹此兩理論，有興趣者可參考許崇源、吳國明（2000）及相關文獻。有些學者以稽徵行政便利之理論解釋本例現象。

的公共服務，有其意義。

　　基本上，凡不符合稅基定義者，當然不屬租稅課徵範圍。值得注意的是，訂定稅法及解釋稅法時，對非營利組織之所得、財產或交易是否符合稅基定義，難免有見仁見智之情況，故仍需於法條中明定。例如合作社之盈餘是否課徵所得稅？如果該合作社之交易對象不是以社員為限，而及於不特定的大眾，則其盈餘與其他組織型態之營利事業，本質上並無不同，即使該合作社形式上不分配盈餘，其實質仍屬利用非社員交易之盈餘補貼社員，不符合免稅之要件。反之，如果合作社之交易僅以社員為限，則我們可將合作社視為社員共同消費的一個導管，合作社購入商品，轉賣社員，其目的在集合眾人之力，以節省消費之成本。但非營利組織通常具有法人身分，是否為一導管實有爭議，而另一方面非營利組織亦扮演了社會服務非常重要的一環，適當的免稅亦為眾所公認。故何者應免與何者不可免仍應依上述原則評估，在稅法上妥為訂定。

三、免稅或直接補助

　　如前所述，有關非營利組織租稅之補助方式應採直接補助或免稅補助在學者間見仁見智。例如蘇慶義（1988），黃世鑫及宋秀玲（1989）主張對公益性高的非營利組織應視其成效由政府支出直接給予補助。但 Weisbrod（1975, 1977）則認為民主制度常將政府施政綁在中間選民的願望上，很多非營利團體無能力遊說政府立法補助。Simon（1987）亦認為政府作業存在過多的評估與監督，其行動受議會多數決的影響，往往無法提供全方位的服務及財貨，故認為免稅補助才是較好的方式。而 Brody（1998）則就主權觀點，認為非營利組織具有其主權，政府應給予免稅優惠以避免非營利組織需向政府遊說、爭取經費的窘境。

　　許崇源、吳國明（2002）曾就此問題徵詢國內會計師、營利事業財務主管及負責人、非營利組織管理者及負責人、學者及稅務人員對此議題之意見。表 12-1 顯示，對公益性組織贊成採免稅補助方式者較多（59.7%），採直接金錢補助方式者其次（28.5%）；對互益性組織則認為不需補助者較多（65%），其次為採免稅補助方式者（26.4%），至於贊成直接補助者則甚少。

表12-1 非營利組織補助方式之意見統計表

公益性組織的補助方式	會計師		營利事業		非營利組織		學者		稅務機關		全部受試者	
	次數	百分比	次數	百分比	次數	百分比	次數	百分比	次數	百分比	次數	百分比
免稅補助	12	60%	20	69.0%	14	53.8%	21	77.8%	19	45.2%	86	59.7%
不需補助	2	10%	4	13.8%					5	11.9%	11	7.6%
直接金錢補助	6	30%	5	17.2%	10	38.5%	5	18.5%	15	35.7%	41	28.5%
其他					2	7.7%	1	3.7%	3	7.1%	6	4.2%
總數	20	100%	29	100%	26	100%	27	100%	42	100%	144	100%
互益性組織的補助方式	次數	百分比	次數	百分比	次數	百分比	次數	百分比	次數	百分比	次數	百分比
免稅補助	5	25%	7	24.1%	11	42.3%	6	22.2%	9	21.4%	38	26.4%
不需補助	14	70%	22	75.9%	11	42.3%	17	63.0%	29	69.0%	93	64.6%
直接金錢補助	1	5%			2	7.7%	4	14.8%	4	9.5%	11	7.6%
其他					2	7.7%					2	1.4%
總數	20	100%	29	100%	26	100%	27	100%	42	100%	144	100%

資料來源：許崇源、吳國明（2002）

參、我國非營利組織之租稅

一、我國現行稅捐

我國現行稅目，如果不計入直轄市政府、縣（市）政府、鄉（鎮、市）公所視自治財政需要，所開徵特別稅課、臨時稅課或附加稅課，共有19種。其中綜合所得稅、營利事業所得稅、遺產稅、贈與稅、關稅、加值型及非加值型營業稅、貨物稅、特種貨物及勞務稅、菸酒稅、證券交易稅、期貨交易稅等11種屬國稅；地價稅、土地增值稅、房屋稅、印花稅、使用牌照稅、契稅、娛樂稅等7種屬直轄市及縣（市）稅（稅目上仍有田賦，但已停徵多年）。對納稅義務人而言，國稅主管機關屬當地之財政部國稅局（或分局、稽徵所；關稅由各關稅局徵收），地方稅則由該地地方稅捐稽徵處（局）或分處（科）負責稽徵。除了上述立法院所訂之國稅、地方稅外，地方政府亦可依「地方稅法通則」開徵特別稅課、臨時稅課或附加稅課，這些稅通常根據當地之特色或需要開徵，如桃園縣、苗栗縣、台北（土城）及台中等針對營建剩餘土石方產生者或處理者徵收營建剩餘土石方臨時稅，向開採土石之土石採取人徵收景觀維護臨時稅等，與非營業組織較無關聯。因篇幅所限，表12-2及表12-3分別彙總我國國稅及地方稅之納稅義務人、課稅客體，繳納方式及繳納期間，其詳細規定請參考相關稅法規定。此外，爲經濟、社會政策，我國亦訂定各項稅捐減免條例，如《產業創新條例》、《文化創意產業發展法》等，本文下節僅介紹與非營利組織較爲攸關者。

表12-2　國稅之課稅標的、繳納方式及繳納期間

稅別	課稅標的（主、客體）	繳納方式	繳納期間（得依法延期）
綜合所得稅	個人之中華民國來源所得（屬地）	申報繳納	獲得所得之翌年5/1-5/31
營利事業所得稅	營利事業所得（屬人及屬地）	申報繳納	獲得所得之翌年5/1-5/31，非曆年制者類推
基本稅額條例（屬前二稅之補充）	因應綜合所得稅及營利事業所得過度減免稅而加徵之最低稅負 #	申報繳納	獲得所得之翌年5/1-5/31，非曆年制者類推
遺產稅	個人總遺產（屬人及屬地）	申報繳納	死亡之日起6個月內
贈與稅	個人總贈與（屬人及屬地）	申報繳納	一年內贈與總額超過免稅額後，每次贈與行為發生後30日內
關稅	進口貨物之收貨人、提貨單或貨物持有人	申報繳納	進口日起15日內
貨物稅	應稅貨物出廠或進口（外銷展覽捐贈勞軍免稅）	申報繳納	次月15日前；進口貨物比照關稅（由海關代徵）
特種貨物或勞務稅	銷售或產製高價特種貨物或勞務而徵收之奢侈稅	申報繳納	產製特種貨物或銷售特種貨物或勞務者應於出廠或銷售次月15日以前；進口特種貨物時
證券交易稅	出售有價證券者	代徵人代徵 *	交割日代徵，次日繳納
期貨交易稅	買賣股價指數期貨、股價指數期貨選擇權或股價選擇權者	期貨商代徵	交割日代徵，次日繳納
加值型及非加值型營業稅 **	銷售貨物或勞務及進口貨物	申報繳納或發單徵收（詳見營業稅法之規定）**	奇數月15日前（零稅率者得申請每月申報退稅）；發單徵收者，每年1、4、7、10月底發單
菸酒稅	在國內產製菸酒或進口菸酒	申報繳納	次月15日前；進口菸酒比照關稅（由海關代徵）

* 代徵人為證券承銷人、經紀人或受讓人。

\# 有關基本稅額條例及其於藝術捐贈之應用，請參考許崇源（2013）。

** 營業稅分加值型及非加值型，各類型中又因業別分課不同營業稅率，詳見《加值型及非加值型營業稅法》規定。申報繳納指應由納稅義務人進行，發單徵收指先由稽徵機關發單。

資料來源：彙總我國稅法規定

表 12-3　地方稅（直轄市及縣市稅）之課稅標的、繳納方式及繳納期間

稅別	課稅標的（主、客體）	繳納方式	繳納期間（得依法延期）
印花稅	銀錢收據（0.4%；收押標金 0.1%）；買賣動產契據（$12）；承攬契據；典賣、讓受及分割不動產契據（0.1%）	貼花或總繳	交付或使用憑證時（稅額巨大不便貼花，得請稅捐稽徵機關開立繳款書繳納）
使用牌照稅	船舶〔總噸位〕車輛〔汽缸總排氣量〕（4月；營業車1年2次）	發單徵收	每年4月（營業車為4月及10月）繳納
地價稅	規定地價土地非供農業用	發單徵收	每年11月1日至11月30日繳納（符合減免條件者應9月22日前提出申請，方可自當年適用）
土地增值稅	移轉土地	申報後發單	契約成立30日內申報，核定後30日內繳納
房屋稅	房屋建築物	發單徵收	每年5月份繳納（變更使用應及時申請）
契稅	不動產之買賣、承典、交換、贈與、分割、或因占有而取得所有權者（除已納土地增值稅之土地），由取得者繳納（購用公定契紙）	申報繳納	契約成立或申請占有所有權之日起30日內
娛樂稅（各地）	娛樂場所、設施、活動所收票價	申報繳納或發單徵收	發售娛樂票時代徵，次月10日前繳納；發單徵收者，月底核定發單，次月10日前繳納

註：地方稅之繳納細節應依各縣市規定辦理
資料來源：彙總我國稅法規定

二、非營業組織之租稅

　　前節所述之我國各類稅捐幾乎皆與非營利組織有關，就地方稅而言，非營利組織如果擁有土地，平時就可能要繳地價稅，移轉時則要繳納土地增值稅；擁有房屋者在買入時要繳契稅，持有期間就可能要繳房屋稅；使用銀錢單據、簽訂買賣動產或買賣、承攬不動產契約時就可能要繳印花稅；擁有交通工具就可能要繳使用牌照稅；提供娛樂可能要代收繳娛樂稅。國稅亦同，雖然綜合所得稅、遺產稅與贈與稅屬個人稅捐，與非營利組織無涉，但捐助人或捐贈人捐贈時，非營利組織應配合處理租稅事項，如收到實物捐贈時，如何評價？應該給予何種憑證？給予補助時應否扣繳等，進出口或生產貨物或菸酒，亦難免關稅、營業稅、貨物稅或菸酒稅等事務，買賣股票與期貨亦與證券交易稅及期貨交易稅有關，但本節僅能就常見之事物簡要介紹（其中有關應納稅捐之彙總見表 12-2 及表 12-3，有關減免稅捐部分見表 12-6）。

　　雖然非營利組織不以營利為目的，但它是一個組織，是否屬非營利組織及其活動是否免稅有其判斷標準。即使美國非營利組織經過申請取得免稅資格，仍須克盡稅務相關義務，各種不同類所得、財產或交易之納稅標準仍有不一，我國當

然亦不例外。美國對非營利組織徵免稅優惠的處理可為四等級，包括非慈善組織（non-charities，如俱樂部、合作社及職業團體等互益性組織）、公共支援型慈善組織（public charities）、作業型基金會（operating foundations）及非作業型基金會（non-operating foundations，或稱支援型機構 grant making organizations）；英國對投入貧窮救助、教育、宗教、社區者免所得稅。我國並未如此區分，在所得稅方面，凡屬教育、文化、公益、慈善機關或團體，符合行政院規定標準者，其本身及其附屬作業組織之所得免稅，其捐贈人之相關所得稅、遺產稅及贈與稅亦可依規定減免稅捐，綜合採取稅基定義理論及補助理論之精神，其他稅捐，除證券交易稅及期貨交易稅因屬投資交易不予免稅外，亦因各機構之特殊屬性及活動性質，選擇性減免稅捐，採取的方式較屬補助理論之精神。

（一）營利事業所得稅

在所得稅方面，我國非營利組織要享受免稅優惠，除了應先經主管機關核准設立外，亦須符合某些要件。根據我國《所得稅法》第四條第一項第十三款規定，教育、文化、公益、慈善機關或團體，符合行政院規定標準者，其本身之所得及其附屬作業組織之所得免納所得稅。依據該標準，教育、文化、公益、慈善機關或團體符合下列規定者，其本身之所得及其所附屬作業組織之所得，除銷售貨物或勞務之所得外，免納所得稅。

1. 合於民法總則公益社團及財團之組織，或依其他關係法令，經向主管機關登記或立案者。

2. 除為其創設目的而從事之各種活動所支付之必要費用外，不以任何方式對捐贈人或與捐贈人有關係之人給予變相盈餘分配者。

3. 其章程中明定該機關團體於解散後，其謄餘財產應歸屬該機關團體所在地之地方自治團體，或政府主管機關指定之機關團體者。但依其設立之目的，或依其據以成立之關係法令，對解散後謄餘財產之歸屬已有規定者，得經財政部同意，不受本款規定之限制。

4. 其無經營與其創設目的無關之業務者。

5. 其基金及各項收入，除零用金外，均存放於金融機構，或購買公債、公司債、金融債券、國庫券、可轉讓之銀行定期存單、銀行承兌匯票、銀行或票券金融公司保證發行之商業本票、上市、上櫃公司股票或國內證券投資信託公司發行之受益憑證，或運用於其他經主管機關核准之項目。但由營利事業捐助之基金，得部分投資該捐贈事業之股票，其比率由財政部訂之（目前標準為80%）。

6. 其董監事中，主要捐贈人及各該人之配偶及三親等以內之親屬擔任董監事，人數不超過全體董監事人數三分之一者。

7. 與其捐贈人、董監事間無業務上或財務上不正常關係者。

8. 其用於與其創設目的有關活動之支出，不低於基金之每年孳息及其他各項收入百分之六十。但符合下列情形之一者，不在此限：（1）當年度結餘款在新臺幣五十萬元以下。（2）當年度結餘款超過新臺幣五十萬元，已就該結餘款編列用於次年度起算四年內與其創設目的有關活動支出之使用計畫，經主管機關查明同意。

9. 其財務收支應給與、取得及保存合法之憑證，有完備之會計紀錄，並經主管稽徵機關查核屬實。

　　非營利組織給付時要注意依《所得稅法》第八十八條及第八十九條及行政院所核定各類所得扣繳率標準規定，善盡給付扣繳及申報（次月十日前或非境內居住者扣繳十天內）之義務，期末（次期初）要注意填發扣繳憑單、寄發（2/10 以前）與申報（1/31 以前）之義務。

　　我國原則上對非營利組織從事銷售貨物或勞務的商業行為進行課稅，但若商業行為以外之支出大於收入時，該不足之數可享受免稅優惠；此外，若該非營利組織為私立學校，則其銷售貨物或勞務所得，可免納所得稅。在捐贈扣除方面，個人對非營利組織之捐贈，其捐贈總額可享受所得稅列舉扣除的優惠，捐贈金額可全數扣除（不是捐贈額的20%），但不得超過所得總額之百分之二十（透過私校興學基金捐贈私校，限額較高）為限；而營利事業對非營利組織之捐贈，亦可在所得額百分之十之限度內列報當年度費用或損失。

　　有關銷售貨物或勞務等商業行為稅捐之計算，我們可用表12-4及表12-5說明。表12-4中，銷售貨物或勞務部分獲利，非銷售貨物勞務收入亦大於支出，故銷售貨物勞務獲利之 $800,000 應稅，非銷售貨物勞務部分（指創設目的的活動）是否免稅決定於是否符合免稅標準，其中很重要的一項是，支出有無達收入之60%，此項比率之計算，決定於該業務是否為非營利本身之創設主要業務，例如財團法人醫院，因創設目的即在從事醫療事務，則創設目的活動支出比率為79.17%（$7,600,000 / $9,600,000），大於60%，故該部分免稅。如果銷售貨物勞務僅係獲取用來支援主要業務之財源，則創設目的活動比率為54.55%（$2,400,000 / $4,400,000，其中銷售貨物勞務所得亦為收入之一部分），小於60%，則創設目的活動部分不能免稅，除非當年度結餘款在新臺幣五十萬元以下，或當年度結餘款超過新臺幣五十萬元，已就該結餘款編列用於次年度起算四年內與其創設目的有關活動支出之使用計畫，經主管機關查明同意方可免稅。表12-5之主要不同在銷售貨物勞務獲利 $800,000，但其中 $ 400,000 用以彌補創設目的活動收支之不足，僅其餘額 $ 400,000 應納所得稅。

表 12-4　銷售貨物勞務獲利，非銷售貨物勞務收入亦大於支出

	非銷售貨物勞務	銷售貨物勞務	合計
收入	$3,600,000	$6,000,000	$9,600,000
支出	2,400,000	5,200,000	7,600,000
損益	$1,200,000	$800,000	$2,000,000

表 12-5　銷售貨物勞務獲利，非銷售貨物勞務收入小於支出

	非銷售貨物勞務	銷售貨物勞務	合計
收入	$3,600,000	$6,000,000	$9,600,000
支出	4,000,000	5,200,000	9,200,000
損益	-$400,000	$800,000	-$400,000

　　教育、文化、公益、慈善機關或團體及其作業組織，原則上應於每年 5 月 1 日起至 5 月 31 日止辦理結算申報，符合免稅標準者，方可免納所得稅；其不合免稅要件者，仍應依法課稅。教育、文化、公益、慈善機關或團體，如符合基本免稅規定要件時，就其所取得之利息收入可以備文檢附法人登記證書影本、主管機關登記或立案證書影本、經主管機關核備之組織章程、董監事名冊及有關資料，向當地稅務機關申請免予扣繳所得稅，經取得免扣繳所得證明函後，即可持以請求金融機構免扣繳其利息收入之所得稅款。另為節省徵納成本，依法立案登記之寺廟、宗教社會團體及宗教財團法人，各行業公會組織及同鄉會、同學會、宗親會及營利事業產業工會、各級學校學生家長會及國際獅子會、國際扶輪社、國際青年商會、國際同濟會、國際崇她社、各縣市工業發展投資策進會等，如無任何營業或作業組織收入，僅有會費、捐贈、基金存款利息且其財產總額或當年度收入總額在新台幣一億元以下者，依財政部之函釋得免申報。

（二）遺產與贈與稅

　　非營利組織不是遺產稅及贈與稅之納稅義務人，故無繳納此稅之問題，但就捐助人或捐贈人而言，捐贈或遺贈給非營利組織的財產符合標準者，免計入贈與總額與遺產總額，根據捐贈教育文化公益慈善宗教團體祭祀公業財團法人財產不計入遺產總額（該機關團體必須是死亡前已成立者才合免稅條件）或贈與總額適用標準。其中要件之一規定，受贈或受遺贈之非營利組織必須在最近一年度亦符合所得稅免稅標準並取得所得稅免稅優惠。

（三）營業稅

　　我國《營業稅法》第八條規定下列非營利組織的銷售行為免稅（此條免稅

與貨物或勞務較為攸關，而非以營利與否為主，本文僅列與非營利組織較為攸關者）：

1. 醫院、診所、療養院提供之醫療勞務、藥品、病房之住宿及膳食。
2. 托兒所、養老院、殘障福利機構提供之育、養勞務。
3. 學校、幼稚園與其他教育文化機構提供之教育勞務及政府委託代辦之文化勞務。
4. 職業學校不對外營業之實習商店銷售之貨物或勞務。
5. 合作社依法經營銷售與社員之貨物或勞務及政府委託其代辦之業務。
6. 農會、漁會、工會、商業會、工業會依法經營銷售與會員之貨物或勞務及政府委託其代辦之業務。
7. 依法組織之慈善救濟事業標售或義賣之貨物與舉辦之義演，其收入除支付標售、義賣及義演之必要費用外，全部供作該事業本身之用者。
8. 政府機構、公營事業及社會團體，依有關法令組設經營不對外營業之員工福利機構，銷售之貨物或勞務。
9. 經主管機關核准設立之學術、科技研究機構提供之研究勞務。

（四）地價稅

我國地價稅減免可分為完全免稅、部分免稅及按特別稅率課徵三類。有關第一類地價稅全部免徵之規定，《土地稅法》第六條及《平均地權條例》第二十五條授權行政院訂定《土地稅減免規則》，該規則第八條規定經辦妥財團法人或寺廟登記、不以營利為目的且其用地為財團法人所有者其用地之地價稅全免，分別略述如下：

1. 私立學校用地、學生實習農、林、漁、牧、工、礦等生產用地及員生宿舍用地。
2. 經主管教育行政機關核准合於私立社會教育機構設立及獎勵辦法規定設立之私立圖書館、博物館、科學館、藝術館及合於學術研究機構設立辦法規定設立之學術研究機構，其直接用地。
3. 經事業主管機關核准設立之私立醫院、捐血機構、社會救濟慈善及其他為促進公眾利益，不以營利為目的，且不以同業、同鄉同學、宗親成員或其他特定之人等為主要受益對象之事業，其本身事業用地。
4. 有益於社會風俗教化之宗教團體，其專供公開傳教佈道之教堂、經內政部核准設立之宗教教義研究機構、寺廟用地及紀念先賢先烈之館堂祠廟用地。
5. 經主管機關依法指定之私有古蹟用地，繼續作原來使用而不違反古蹟管理維護規定且無收益者。

前述私立學校、私立學術研究機構、私立社會救濟慈善各事業其有收益之土地，若將全部收益直接用於各該事業者，其地價稅或田賦得專案報請減免。

有關第二類租稅減免包括，對外絕對公開，並不以營利為目的之私立公園及體育場，其用地減徵百分之五十，而其為財團法人組織者，減徵百分之七十，若該事業租用公地為用地者，該公地仍適用該款之規定；各級農會、漁會之辦公廳及集貨場、依法辦竣農倉登記之倉庫或漁會附屬之冷凍魚貨倉庫用地，減徵百分之五十。

有關第三類租稅減免──地價稅按特別稅率計徵之規定，此類特別稅率計徵地價稅之組織不須經目的事業主管機關核准設立為財團法人即可享受租稅減免。《土地稅法》第十八條規定下列事業直接使用之用地，按千分之十計徵地價稅，但未按目的事業主管機關核定規定使用者，不適用之：

1. 私立公園、動物園、體育場所用地。
2. 寺廟、教堂用地、政府指定之名勝古蹟用地。

上列組織土地依《土地稅法施行細則》第十三條規定必須經按目的事業主管機關核定規劃使用者；其中，寺廟及教堂須為以辦妥財團法人或寺廟登記者為限。

（五）土地增值稅

土地增值稅方面，受贈人為社會福利事業或私立學校財團法人之土地移轉皆可免徵土地增值稅，但須符合《土地稅法》第二十八條之一各款規定：

1. 受贈人為財團法人。
2. 章程載明法人解散時，其剩餘財產歸屬當地地方政府所有。
3. 捐贈人未以任何方式取得所捐贈土地之利益。

（六）房屋稅

根據《房屋稅條例》第十五條規定，私立學校研究機構之校舍辦公室；慈善救濟事業用屋；宗祠、教堂、寺廟；公益社團辦公用屋，及經文教主管機關核准設立之私立圖書館、博物館、藝術館、美術館、民俗文物館、實驗劇場等場所免稅。但以已辦妥財團法人登記或係辦妥登記之財團法人興辦，且其用地及建築物為該財團法人所有者為限。農會儲存公糧倉庫免稅，但自用倉庫及檢驗場僅可減半徵收。

（七）其他各稅

其他各稅之非營利組織相關減免規定彙總如表12-6，不再贅述。但其中必須

問題習作

1. 租稅之最高原則爲公平原則，非營利組織有何理由享受租稅減免？
2. 我國對非營利組織之稅捐稽徵有何優惠？有無可改善之部分？
3. 政府對非營利組織之支持，應採直接補助方式或租稅減免方式爲佳？
4. 非營利組織可否從事商業活動，其所得可否免稅？
5. 我國稅法對非營利組織之稅捐有何優惠？其條件爲何？

參考文獻

許崇源，2000，〈從財稅觀點看「非政府組織法的立法原則」〉。《「非政府組織法的立法原則」研討會會議彙整資料》，頁 24-37。台北：喜瑪拉雅研究發展基金會。

許崇源，2001，〈我國非營利組織責任及透明度提升之研究——德爾菲法之應用〉。《中山管理評論》多季號，頁 541-566。

許崇源、吳國明，2000，〈我國非營利組織租稅問題之研究〉。《財稅研究》，32 卷 5 期，頁 107-121。

許崇源，2013，〈捐畫不必捐稅〉。《藝術認證》，第 48 期，頁 74-77。

許崇源、吳國明，2002，〈我國非營利組織租稅徵免之實證研究〉。《當代會計》，3 卷 1 期，頁 81-99。

許崇源、周筱姿，2004，《促進台灣藝文發展相關稅制研究——以藝文工作者、贊助者及經營投資者爲面向分析》。台北：財團法人國家文化藝術基金會。

黃世鑫、宋秀玲（1989），《我國非營利組織功能之界定與課稅問題之研究》。台北：財政部賦稅改革委員會。

溫慧玟、許崇源，2001，《鼓勵民間推動文化事務之稅制優惠方案研究》。台北：表演藝術聯盟（中華民國表演藝術協會）接受台北市政府文化局委託。

蘇慶義（1988），《我國現行非營利組織徵免稅問題及會計制度之研究》。國立政治大學財政研究所論文。

Bittker, I., and Rahdert, K., 1976, "The exemption of Nonprofit Organizations form Federal Income taxation," *Yale Journal*, 85, no.3, Jan: 229-358.

Brody, E., 1998, "Of Sovereignty and Subsidy: Conceptualizing the Charity Tax Exemption," *The Journal of Corporation Law*, 23(4): 585-629.

Simon, J., 1987, "The Tax Treatment of Nonprofit Organizations: A Review of Federal and State Policies," Pp.67, 89-94 in Walter W. Powell (ed.), *The Nonprofit Sector: A Research Handbook*, New Haven: Yale University Press.

Weisbrod, B., 1975, "Toward a Theory of the Voluntary Non-Profit Sector in a Three-Sector Economy, " in E. S. Phelps (ed.), *Morality and Economic Theory*, New York: Russell Sage Foundation.

Weisbrod, B., 1977, *The Voluntary Nonprofit Sector: An Economic Analysis*, San Francisco: New Lexington Press.

Part 4

非營利組織的
功能與類型

稅目	課稅標的（主、課體）	教育、文化、公益、慈善機關或團體免稅規定
契稅	不動產之買賣、承典、交換、贈與、分割、或因占有而取得所有權者（已納土地增值稅之土地除外），由取得者繳納（購用公定契紙）	各級政府機關、地方自治團體、公立學校因公使用而取得之不動產免徵契稅。
關稅	進口貨物之收貨人、提貨單或貨物持有人	下列各款進口貨物，免稅： 辦理救濟事業之政府機構、公益、慈善團體進口或受贈之救濟物資。 公私立各級學校、教育或研究機關，依其設立性質，進口用於教育、研究或實驗之必需品與參加國際比賽之體育團體訓練及比賽用之必需體育器材。但以成品為限。進口廣告品及貨樣，無商業價值或其價值在限額以下等貨物免關稅；應徵關稅之貨樣、科學研究用品、試驗用品、展覽物品、遊藝團體服裝、道具、攝製電影電視之攝影製片器材、安裝修理機器必需之儀器、工具、盛裝貨物用之容器，進口整修、保養之成品及其他經財政部核定之物品，在進口之翌日起六個月內或於財政部核定之日期前，原貨復運出口者，免徵關稅。
使用牌照稅	機動車輛	專供衛生使用及教育文化之宣傳巡迴使用之交通工具有固定特殊設備及特殊標幟者免稅。 103年5月立法院三讀修正第七條增訂身心障礙者使用車輛免徵使用牌照稅之條件限制，每人1輛部分，車輛以身心障礙者所有為限；每戶1輛部分，則以車輛為本人、配偶或同戶籍二親等以內親屬所有為限；並改採限額免稅，符合免稅條件身障者使用車輛之汽缸總排氣量超過2,400立方公分者，以2,400立方公分之稅額（以自用小客車為例，免稅限額為新臺幣11,230元）。
印花稅	銀錢收據；買賣動產契據；承攬契據；典賣、讓受及分割不動產契據	私校處理公款所發之憑證；領受賑金、恤金、養老金之收據；財團或社團法人組織之教育文化公益慈善機關團體領受捐贈之收據；農田水利會收取水利會收據。
貨物稅	應稅貨物出廠或進口（外銷展覽捐贈勞軍免稅）	參加展覽，並不出售或捐贈勞軍之貨物，免徵貨物稅。
特種貨物或勞務稅	進口、銷售或產製高價特種貨物或勞務	參加展覽，於展覽完畢原物復運回廠或出口者免徵。 公私立各級學校、教育或研究機關，依其設立性質專供教育、研究或實驗之用，或專供參加國際比賽及訓練之用者。 小汽車專供研究發展、公共安全、緊急醫療救護、或災難救助之用者，免徵特種貨物及勞務稅。
菸酒稅	在國內產製或進口菸酒（展覽，於展覽完畢原件復運回廠或出口者免徵稅）	參加展覽，於展覽完畢原件復運回廠或出口者，免徵菸酒稅。

另有證券交易稅、期貨證券交易稅、基本稅額條例，因無特別免稅規定略。

肆、結論

　　本章探討非營利組織之租稅理論與我國對非營利組織之相關租稅規定，理論之探討有助於立法者訂定合理、嚴謹、一致之法令，亦有助於使用者（納稅義務人）對法條之瞭解與應用，更可用以引導、評估我國相關法令之合理性，非常重要。

　　我國稅法對於非營利組織之租稅優惠，主要有符合行政院規定標準者，其本身及其附屬作業組織之所得免營所稅，但不包括其銷售貨物或勞務之所得。惟銷售貨物或勞務以外之收入不足支應與其創設目的有關活動之支出時，得將該不足支應部分自銷售貨物與勞務所得扣除後，其餘銷售貨物與勞務所得再依法繳納所得稅；經認可之文化藝術事業，得免徵營業稅或減徵娛樂稅，但對於合於民法總則公益社團或財團之組織，或依其他關係法令經向主管機關登記或立案者，所舉辦之各種娛樂，其全部收入作為本事業之用者，娛樂稅全免。贊助者方面，我國稅法對於非營利組織之捐贈支出，可於申報綜合所得稅時為列舉扣除額的一部分；企業對非營利組織的捐贈支出作可為捐贈費用。上述捐贈雖有一定限額，但實質影響不大。

　　經國內外比較，我國現行稅法對非營利組織的租稅獎勵，雖然仍有部分可檢討的空間，但整體而言，並不亞於其他國家（見許崇源、周筱姿，2004）。或許，我們所需要的是主管機關或公益團體自律聯盟可加強相關租稅之宣導，及會計與租稅協助。其中，更值得考慮的是，美國將所得稅申報資料（FORM 990）作為公益組織揭露之資料，一方面可由大眾監督其使命與效能之達成，另一方面可宣揚其理念與募集贊助者及捐贈，我國非營利組織資訊之公開亟待改善（許崇源，2001）。

特別一提的是娛樂稅，除該法第四條第一款第一項規定，教育、文化、公益、慈善機關、團體，合於民法總則公益社團或財團之組織，或依其他關係法令經向主管機關登記或立案者，所舉辦之各種娛樂，其全部收入作為本事業之用者，免徵娛樂稅（其收支條件見表12-6）。此外，依《文化藝術獎助條例》第三十條及《文化藝術事業減免營業稅及娛樂稅辦法》規定，公立文化機構、合於民法總則之公益社團或財團或其他經目的事業主管機關立案或法院登記之文藝事業與依法完成營利事業登記之文化藝術事業得就提供展覽、表演、映演、拍賣等文化藝術活動之文化勞務或銷售收入部分，向文建會申請娛樂稅減半課稅，且可免營業稅（本部分不限非營利組織），故藝文事業必須依當時規定及時申請（申請文件應於活動開始之一個月前提出，逾期不予受理。）。民國93年4月台北市頒訂了《台北市演藝團體輔導規則》，賦與藝文事業（非屬財團法人或社團法人）符合不分配盈餘及會計制度健全等特定條件者，得登記為教育、文化、公益、慈善機關團體，取得與財團法人地位相當之受領贈與及所得免稅之租稅優惠。其他縣市也陸續訂有類似規則[3]。

表12-6　我國非營利組織稅捐之減免彙總表

稅目		課稅標的 （主、課體）	教育、文化、公益、慈善機關或團體免稅規定
所得稅	綜合所得稅	個人之中華民國來源所得（屬地）	N/A〔捐贈個人所得作為列舉扣除〕
	營利事業所得稅	營利事業所得（屬人及屬地）	教育、文化、公益、慈善機關或團體，符合行政院規定標準者，其本身及其附屬作業組織之所得免稅。〔捐贈組織亦得作為扣除，其中對國內文化創意事業及活動另有限額規定，見《文化創意產業發展法》規定。〕
營業稅		銷售貨物或勞務及進口貨物	醫療，育養，教育文化勞務，教科書及學術專門著作，職校不對外營業之實習商店、合作社，農、漁、工、商業及工業會售與會員貨物或勞務或代辦政府委託業務，依法組織之慈善救濟事業義賣，義演之全部收入（扣除必要費用）全部供本事業之用者，政府、公營事業及社會團體不對外營業之員工福利社之銷售及研究勞務等免稅。 有關文化藝術事業免徵營業稅及娛樂稅減半規定，請見《文化藝術事業減免營業稅及娛樂稅辦法》

3　有關非營利組織租稅立法原則檢討請見許崇源（2000），有關藝文發展之相關稅制研究，請見溫慧玟、許崇源（2001）及許崇源、周筱姿（2004）。

稅目		課稅標的 （主、課體）	教育、文化、公益、慈善機關或團體免稅規定
娛樂稅		娛樂場所、設施、活動所收票價	凡合乎下列規定之一者，免徵娛樂稅： 1. 教育、文化、公益、慈善機關、團體，合於民法總則公益社團或財團之組織，或依其他關係法令經向主管機關登記或立案者，所舉辦之各種娛樂，其全部收入作為本事業之用者。 2. 以全部收入，減除必要開支（最高不得超過全部收入百分之二十）外，作為救災或勞軍用之各種娛樂。 3. 機關、團體、公私事業或學校及其他組織，對內舉辦之臨時性文康活動，不以任何方式收取費用者。 有關文化藝術事業免徵營業稅及娛樂稅減半規定，請見《文化藝術事業減免營業稅及娛樂稅辦法》
遺產與贈與稅	遺產稅	個人總遺產（屬人及屬地）	N/A〔捐贈死亡前已成立之教育、文化、公益、慈善財團法人不計入遺產總額〕
	贈與稅	個人總贈與（屬人及屬地）	N/A〔捐贈教育、文化、公益、慈善財團法人不計入贈與總額〕
土地稅	地價稅	規定地價土地非供農業用	財團法人或財團法人所興辦業經立案之私立學校用地、為學生實習農、林、漁、牧、工、礦等所用之生產用地及員生宿舍用地，經登記為財團法人所有者，全免。但私立補習班或函授學校用地，均不予減免。 經主管教育行政機關核准合於私立社會教育機構設立及獎勵辦法規定設立之私立圖書館、博物館、科學館、藝術館及合於學術研究機構設立辦法規定設立之學術研究機構，其直接用地，全免。但以已辦妥財團法人登記，或係辦妥登記之財團法人所興辦，且其用地為該財團法人所有者為限。 經事業主管機關核准設立之私立醫院、捐血機構、社會救濟慈善及其他為促進公眾利益，不以營利為目的，且不以同業、同鄉同學、宗親成員或其他特定之人等為主要受益對象之事業，其本身事業用地，全免。但為促進公眾利益之事業，經由當地主管稽徵機關報經直轄市主管機關、縣（市）政府核准免徵者外，其餘應以辦妥財團法人登記，或係辦妥登記之財團法人所興辦，且其用地為該財團法人所有者為限。 有益於社會風俗教化之宗教團體，經辦妥財團法人或寺廟登記，其專供公開傳教佈道之教堂、經內政部核准設立之宗教教義研究機構、寺廟用地及紀念先賢先烈之館堂祠廟用地，全免。但用以收益之祀田或放租之基地，或其土地係以私人名義所有權登記者不適用之。
	土地增值稅	移轉土地	私人捐地供興辦社會福利事業或私立學校（受贈人為財團法人其剩餘財產權歸地方政府且捐贈人未取得任何利益者）免稅。
房屋稅		房屋建築物	私立學校研究機構之校舍辦公室；慈善救濟事業用屋；宗祠、教堂、寺廟；公益社團辦公用屋，及經文教主管機關核准設立之私立圖書館、博物館、藝術館、美術館、民俗文物館、實驗劇場等場所免稅。但以已辦妥財團法人登記或係辦妥登記之財團法人興辦，且其用地及建築物為該財團法人所有者為限。農會儲存公糧倉庫免稅，自用倉庫及檢驗場減半。

Chapter 13

非營利組織與健康服務

陳正芬

學習重點

▶ 瞭解健康服務產業的特性、非營利醫院以及健康醫療基金會出現的背景。

▶ 瞭解台灣非營利醫院的緣起與演變,特別是醫療法訂頒及全民健康保險開辦後對非營利醫院的影響。

▶ 比較分析公立、營利與非營利醫院的經營概況與差異。

▶ 瞭解非營利醫院的發展限制與變遷課題。

摘 要

　　本章首先針對非營利組織的健康服務單位進行完整的介紹，並從一歷史脈絡簡述健康服務非營利組織在台灣的發展、轉型與現況。其次，依據機構屬性（公立、營利及非營利組織）對於健康服務單位進行比較分析，分析面向特別著重三者在分布區域、服務量、以及收費與醫療品質的差異，期能提供讀者關於非營利健康服務組織之樣貌，特別是全民健康保險實施後的影響；再者，介紹兩個醫療事務基金會（醫療改革基金會與罕見疾病基金會）。最後，應用生命週期的觀點檢視我國健康服務型非營利組織的發展，並提出未來可進一步探討的重要議題。

壹、非營利健康服務組織之緣起與發展

一、非營利健康服務組織的緣起

　　許多國家的醫療服務產業都有一個共同點，就是非營利醫院與機構占絕大多數（Sloan, 2000）。為何非營利組織會成為該產業主要的服務提供者？這是因為健康服務具備許多不同於其他產業之特性，致使醫療服務產業中出現許多非營利屬性的服務單位。有鑑於此，在探討非營利健康醫療組織發展脈絡之前，必須先對醫療服務之特性有所認識；歸納現有文獻對於醫療服務特性之分析，其特性可彙整為下列五大特性（Marmor, Schlesinger & Smithey, 1987；盧瑞芬、謝啟瑞，2000a）：

（一）不確定性（uncertainty）

　　與其他產業相比較，醫療產業的品質確認存在很大的不確定性，其不確定性可分為兩分面，一是疾病發生的不確定性（需求面），即消費者自己對健康狀況的變化瞭解有限；另一方面則是治療效果的不確定性，也就是不論是消費者或是醫療服務提供者本身，雙方都無法精確地預測治療的結果，因此，醫療服務產品品質的不確定性明顯較其他產業為高。

（二）保險的介入（insurance）

　　由於醫療服務存在高度的不確定性，消費者有鑑於疾病發生所可能造成的財務風險，就會考慮藉由保險來預防可能發生的經濟負擔；而當消費者具備被保險人的身分後，即是由提供保險的第三者來支付醫療服務的費用。但保險介入醫療服務市場後可能致使道德危害（moral hazard）現象出現，也就是被保險人購買醫療保險後，可能會降低事前預防的注意力，或是被保險人可能會增加事後索賠

的程度，這兩種道德危害現象都會導致醫療服務的需求，進而導致醫療成本之提升；再者，由於病人只負擔其購買醫療服務成本的一小部分，因此病人在市場上搜尋較低價格醫療服務的誘因亦隨之降低。

（三）資訊的不對稱性（information asymmetry）

由於醫療服務的提供必須具備許多醫學專業知識，而在大多數消費者卻相對缺乏專業知識，甚至於對於醫學專業領域可說近於「無知」狀態，而消費者無知（consumer ignorance）亦是醫療服務與其他服務最大的差異所在。當醫療服務提供者擁有比消費者更多資訊的現象，在經濟學領域稱為資訊不對稱；在資訊不對稱的情況下，病患委託醫師為代理人（agent），替病患選擇治療方式，另從法治面觀之，各國醫療體制之所以發展許多醫療管制法規，目的即是為確保病患與醫師之委任代理的信任關係。

（四）外部性（externality）

除了上述醫療品質及結果的高度不確定性之外，醫療服務還有另一項重要的特性，即不同個人之間在醫療服務消費上的相互依存性（interdependence）。這種消費上的相互依存性在經濟學領域並稱為外部性（externality）。外部性又可分為正向外部性（positive externality）與負向外部性（negative externality）。所謂具有正向外部性的財貨是指不僅直接消費者享受到好處，其他人也間接得到益處，後者正好相好；醫療服務市場上最常被引用的負向外部性例子即是傳染病的散播，但透過預防針或預防接種，卻可將負向外部性轉為正向外部性，也就是當我接種了感冒疫苗後比較不會感冒，也降低我周遭的人罹患感冒的風險。

（五）政府干預（government intervention）

正因醫療服務品質的不確定性很高，以及社會大眾在醫療服務消費行為會出現相互依存的特性，加上一般消費者並不具備醫療相關專業知識，遑論對醫療服務品質的監督，故促使政府對醫療服務市場採取許多干預措施。政府干預的目的如下：期待首先藉由醫學教育體制的建立與執照的訂頒來確保醫療服務品質的提供；其次，考量醫療服務市場雖然存在，但由於醫療服務具上述特性，致使市場機能無法充分發揮，導致市場失靈（market failure）現象。因此，為解決市場不存在或市場失靈現象，政府必須積極介入醫療服務市場。

檢視上述醫療服務產業的特性，可以發現上述特性是彼此牽制影響，由於醫療服務具不確定性與外部性，而且大多數消費者本身擁有的資訊不足以對服務的選擇進行判斷，致使政府部門必須採取干預措施，消費者本身也透過保險方式降低醫療服務不確定及資訊不足所可能造成之風險。然而，為何醫療產業中會出現

非營利醫院？許多學者對上述問題提出解釋，主張非營利醫院的出現是為回應醫療服務產業之特性（Sloan, 2000；Weisbrod, 2003；盧瑞芬、謝啓瑞，2000b），彙整後可從政府干預的必要性、消費者的需求，以及服務提供單位等三個面向來討論：

　　首先從政府干預的必要性觀之，由於醫療服務的消費具備外部性，某些疾病若不積極治療或進行事先預防措施，其產生的負向外部性可能會導致社會成本激增，例如傳染病的防制；但若將防制責任完全交由個人承擔，部分不具有購買醫療服務財貨能力者就無法承擔自己的照顧責任，因此政府必須採取干預措施（盧瑞芬、謝啓瑞，2000b）。政府常見的干預措施就是設立公立醫院，但公立醫院不足以完全滿足社會大眾對醫療服務的需求，故會藉由鼓勵非營利組織參與的方式補充政府對醫療服務提供之不足。依據《醫療法》第十六條規定，私立醫療機構達中央主管機關公告一定規模以上者，應改以醫療法人型態設立，即同法第五條規定醫療法人包括醫療財團法人及醫療社團法人。醫療財團法人係指以從事醫療事業辦理醫療機構為目的，由捐助人捐助一定財產，經中央主管機關許可並向法院登記之財團法人。醫療社團法人，係指以從事醫療事業辦理醫療機構為目的，經中央主管機關許可登記之社團法人。而所稱的一定規模，經當時行政院衛生署於 2005 年 2 月 23 日研商醫療法人相關事宜第 11 次會議決議，一定規模指一般病床（包括一般急性病床與慢性病床），所以床位超過 200 床之私立醫療機構一定要轉為財團法人或社團法人之組織型態。財團法人醫院又可分為宗教財團法人醫院、企業財團法人醫院與一般財團法人醫院，而企業財團法人又可依家族控制董事會程度區分為家族財團法人醫院與非家族之財團法人醫院（張力，2012；張樂心、鄭守夏、楊銘欽與江東亮，2004）。

　　其次從消費者的需求面觀之。由於病人很難判斷照護品質的好壞，即醫病關係存在高度資訊不對等的現象，導致一個追求最大利潤的營利醫院可能對病人收取高費用，但卻提供低品質的服務給病人，產生 Hansmann 提出之「契約失靈」（contract failure）問題，即醫院與病人之間的契約沒有發揮應有的功能，確保醫院會提供品質與價格相符的照護服務給病人，加上醫療服務品質的確認存在很大的不確定性，這些因素都導致消費者對於醫療服務提供者的行為期待會高於一般企業家。而由於非營利組織受限於不能分配盈餘的限制，因此獲得消費者的信任，認為該類組織不會投機地利用資訊不對稱之優勢，與醫療服務品質的高度不確定性而占消費者的便宜，相對比較沒有契約失靈的問題，因此較能獲得消費者較多的信任，促使非營利性質的醫院出現。換言之，非營利組織提供醫療服務的主因，乃是因為公眾將其信任加諸在該類組織身上（官有垣，2003；葉宏明，2002）。

　　另一方面，影響消費者使用服務的關鍵因素之一即是價格，自由競爭市場係依照市場機制設定醫療服務價格，但該價格常導致許多低收入者無力負擔，致使

許多醫療服務無法被充分提供，然而低收入者無力負擔的後果可能是生命權的被剝奪，因此除了政府部門的介入外，社會亦需要非營利醫院來提供醫療給低收入者，這解釋了爲何早期的醫院都是非營利性醫院（盧瑞芬、謝啓瑞，2003）。

　　第三個面向是從醫師之服務提供者的角色加以探討，Bays（1983）（轉引自盧瑞芬等，2002）提出非營利醫院最符合醫師的利益的觀點。在美國開放型醫院系統裡，病人不是直接找醫院就醫，而是透過醫師轉介到醫院診療或住院，醫院必須透過醫師帶來病人及服務病人；相較於利潤導向的營利醫院，非營利醫院相對比較不計較成本，所以願意購置好儀器讓醫師使用，也因此最受到醫師的支持。

　　檢視上述三項解釋醫療服務產業以非營利醫院爲主的論述，政府干預及消費者兩個面向的論述似乎較爲符合台灣非營利醫院發展的緣起。下一節即介紹台灣非營利醫院的歷史發展與影響因素。

二、台灣非營利健康服務組織的發展與影響因素

　　西元1865年，英國長老教會馬雅各醫師遠從英國渡海來台，爲醫療傳教造福人群而設立新樓醫院，爲台灣最早的西醫院；而台北馬偕醫院和彰化基督教醫院也是在19世紀末由教會設立，上述三家醫院是台灣現存最古老的醫院。檢視台灣醫療服務組織發展的歷史，從新樓醫院、台北馬偕醫院、彰化基督教醫院、到門諾醫院、嘉義基督教醫院及屏東基督教醫院，至佛教的慈濟醫院，不僅台灣第一家醫院是具非營利組織性質的醫院，且具非營利性質的醫院組織在台灣醫療版圖始終占據很大的份量（葉宏明，2002；劉碧昭，1991）。

　　爲進一步認識台灣非營利性質的醫院組織版圖的變動趨勢，參考楊志良等人對台灣健康照護體系變遷的區分方式，將健康照顧體系的發展分爲公共衛生時期（1945年～1970年）、衛生署設立至醫療網計畫實施前之醫療體系發展期（1971年～1985年）、醫療網計畫開始實施至全民健康保險開辦前之健康照顧體系整合期（1986年～1995年）、以及全民健保實施後的健康照顧與財務整合期（1995年至今），與醫療改革基金會、罕見疾病基金會等非營利組織等五大時期，並解析非營利醫院版圖變動與健康服務類型非營利組織發展的脈絡（江東亮，2003；楊志良，2003）：

（一）公共衛生時期（1945年～1970年）

　　從台灣光復至衛生署成立之前，衛生政策之重點是發展低成本高效益的防疫保健措施與修建日據時代遺留的公立醫療機構，對於私立醫院的設立持採取「自由放任」的管理態度。故財團法人醫院與醫師個人經營的私立醫院快速增加，其中又以非營利性質的宗教醫院成長最爲迅速；除日據時代已設立的新樓醫院、彰

化基督教醫院與馬偕醫院三家醫院，基督教體系的醫院共成立八家[1]，天主教體系亦成立十家醫院[2]；換言之，除了佛教體系的慈濟醫院，現有的基督教與天主教教會醫院在行政院衛生署成立之前皆已存在。截至1970年，台灣的醫院家數已由60家增加到272家，其中公立醫院僅占五分之一（67家），大多數為私立醫院（216家），且以具非營利性質的宗教醫院病床數為主要的醫療服務提供來源[3]（江東亮，2003；劉碧昭，1991）。檢視宗教背景的非營利醫院成立的背景，主要是因當時台灣的醫療資源尚不豐沛，加上民眾購買服務之能力十分有限，民眾大幅仰賴政府部門設立公立醫院及教會醫院提供費用低廉的服務，而教會醫院亦藉由醫療達到宣教的目的（陳鑑江，2002）。

（二）衛生署成立至醫療網計畫實施前之醫療體系發展期（1971年～1985年）

當衛生署於1971年成立後，政府部門積極發展公立醫院，除了在各縣市完成設立一所省立醫院，亦規劃整建國立醫院，如國立台灣大學附設醫院、榮總及三軍總醫院等；隨著台灣經濟的迅速成長，許多民營企業紛紛投資醫院產業，在病患較為集中的都會區設立醫院，或設立保險醫療費用支付額度較高的中大型教學醫院，致使私立醫院亦同步出現大幅擴張的樣貌；其中以台塑企業於1976年成立的長庚醫院最具代表性，不僅成立最早，且影響最大，紛紛為其他企業所效法（如新光、國泰及奇美等財團法人醫院）；值得注意的是，長庚醫院在規劃之初即以1,000床為目標，遠超過當時台灣醫院的平均規模[4]，而其大型化發展的成功模式帶動其他私立醫院的仿效（江東亮，2003；劉碧昭，1991）。

綜言之，之前的財團法人醫院以宗教醫院為主，直至此時期才首度出現企業財團所擁有的財團法人醫院。財團法人醫院又可分為企業財團所擁有或一般性的財團法人所擁有，雖然財團法人醫院不能將經濟利益分配給董事、監察人員及醫院工作人員，但其所有權屬於財團所有；而通常企業財團法人醫院的經營者常將營利事業的管理模式套用在所擁有的非營利事業，由董事會聘請專業經理人負責監督醫院的經營，甚至比公立醫院更為重視經營績效（王媛慧、徐偉初、周麗

---

[1] 包括：1949年在台北市成立的台安醫院、1953年成立的屏東基督教醫院、1954年於花蓮縣成立門諾醫院、1955年於南投縣成立埔里基督教醫院、1958年成立嘉義基督教醫院、1964年成立台東基督教醫院、以及1967年成立高雄基督教醫院及恆春基督教醫院（整理自劉碧昭，1991）。

[2] 包括：1949年在高雄市成立聖功醫院與台中市成立惠華醫院、1952於宜蘭縣成立的羅東聖母醫院、1955年在雲林縣成立虎尾若瑟醫院、1957年再度於雲林縣成立福安醫院，以及澎湖縣成立惠民醫院、1964年於台東縣成立台東聖母醫院、1965年在桃園縣成立的聖保祿醫院與嘉義市成立聖馬爾定醫院、以及1968年於台北縣成立的耕莘醫院（整理自劉碧昭，1991）。

[3] 非營利性質的宗教醫院家數雖然不及由醫師個人設立的醫院，但病床數規模卻遠超過一般私立醫院。

[4] 當時台灣僅有台大醫院及榮民總醫院的病床數超過300床。

芳，2005；夏慈惠，2003；陳明進、黃崇謙，2001），故企業財團法人醫院與宗教財團法人的表現將在後續進一步分析。

（三）醫療網計畫實施至全民健保開辦前之健康照顧體系整合期（1986年～1995年）

然而，由於政府之前對醫療服務市場採取「自由放任」的管理模式，致使1980年代初期出現醫療資源重複投資以及地理分布不均的問題。為加強醫院產業管理的法制化，促進醫院資源的均衡分布與醫療服務品質的提升，衛生署於1985年起實施每五年為一期的醫療網計畫，並於1986年訂頒《醫療法》，使得醫療網計畫取得法源（楊志良，2003）；檢視1986年通過的《醫療法》對醫院設立之規範，明文規範：「醫院之設立或擴充，應經主管機關許可後，始得依建築法有關規定申請建築執照」，揭示政府對於醫院的經營與管理由之前的放任市場自由競爭的策略修正為許可主義；再者，《醫療法》將醫療機構分為公立醫療機構、私立醫療機構及醫療法人機構[5]，但私立醫療機構係指由醫師設立者，且私立醫療機構達中央主管機關公告一定規模以上者，應改以醫療法人型態設立；換言之，當《醫療法》訂頒後，禁止依《公司法》組織所成立的營利機構申請設立醫院，理論上台灣在一定規模以上的醫院並無「營利性醫院」（for-profit）存在[6]。換言之，一般所稱的私立醫院系統，可概分為由私人財團投資設立的財團法人醫院、國內外宗教人士或團體奉獻捐贈設立的財團法人醫院或隸屬教會財團法人的醫院、私立醫學院附設醫院或一般小規模的私立醫院等四大系統（劉碧昭，1991）。

必須進一步澄清的是，目前一般所稱的教會醫院包括基督教與天主教兩大系統。部分的天主教教會醫院是由「修會」[7]所創辦，提供人力及財力支援，醫院的院長皆由神父或修女等神職人員擔任，醫師及護理人員也盡量由修會中的神父、修女及修士擔任，待醫院規模不斷擴大後，才逐步對外聘請醫療人員；另一部分的天主教醫院則由「教區」[8]所設立，「教區」醫院的設立係源自於地方缺乏醫療資源，醫院設立後則由教區主教指派該區神父管理或邀其他修會代為經營，而不

---

[5] 依2004年修訂的《醫療法》第一章第五條規範，醫療法人包括醫療財團法人及醫療社團法人。財團法人醫療機構係指以從事醫療事業辦理醫療機構為目的，由捐助人捐助一定財產，經中央主管機關許可並向法院登記之財團法人；醫療社團法人係以從事醫療事業辦理醫療機構為目的，經中央主管機關許可登記之社團法人。

[6] 依據醫療機構設置標準之規範，醫療服務提供單位的病床在100張以上方能稱為「醫院」，而一般病床數在200床以上的私立醫院必須改以醫療法人設立。

[7] 天主教修會是一種國際性組織，分為男修會（例如耶穌會、方濟各會等）或女修會（例如聖心會或瑪爾大會），其有一些特別的理想或特殊的傳教事業（例如靈修會是從事醫療服務的工作），天主教修會一般自願前往某地方從事服務（陳鑑江，2002）。

[8] 教會組織系統分為「中樞組織」及「地區組織」，「地區組織」是天主教在每一個國家的最高組織，直接管理地區教務的行政組織即稱為「教區」，教區的首長稱為主教（陳鑑江，2002）。

論是由「修會」或「教區」創辦的天主教醫院，多數屬於宗教法人的非營利醫院；而基督教系的醫院則皆由教會所設立，人員任用及經營模式係依單位需求招募所需的相關人才（劉碧昭，1991；陳鑑江，2002），且其權屬別以財團法人醫院居多（台灣教會醫療院所協會，2008）。

有鑑於醫療資源重複投資以及地理分布不均的問題，行政院衛生署為促進醫療資源可以呈現均衡的地理分布樣貌，將台灣劃分為17個醫療區域，並依據《醫療法》審核各區域內醫院之新建與擴建；實施醫療網計畫的主要目的是：對於醫療資源缺乏的區域，將獎勵民間設立醫療機構；但對於醫療設施過剩的區域，衛生主管機關得限制醫院之設立或擴充。但第一期醫療網計畫（1985-1990）還是以輔導公立醫院在資源缺乏區的發展為重心，第二期醫療網計畫（1990-1995）才開始針對私立醫院提出具體規範與獎勵措施，透過設置100億元的醫療發展基金的模式，利用基金孳息補貼民間前往醫療資源缺乏區[9]增設或充實醫療機構貸款之利息（江東亮，2003；行政院衛生署，1990），關於非營利醫院與全國醫療資源分布的關係，亦將在下一節進行分析。

（四）全民健保實施後的健康照顧與財務整合期（1995年至今）

檢視我國醫療服務組織在全民健康保險實施之後的變化，由表13-1分析可知，醫院總家數由健保開辦前的827家大幅減少至2012年的502家，平均每家醫院的病床數由101床增加為269床，顯示醫院有朝向大型化發展的趨勢。進一步檢視不同權屬別醫院在健保開辦前後的變遷趨勢，顯示減少的醫院家數主要是公立醫院與私立醫院兩個權屬別，公立醫院的家數從1990年的95家下降至2012年的82家，其病床數占全國總病床數的42.7%下降至2012年的33.8%；而私立醫院的家數在健保開辦前總計666家，比率高達80.5%，但在健保開辦後不斷減少，其家數在2012年僅剩287家，比率降至57.2%，病床數亦隨著家數萎縮而減少，占全國總病床數的比率從32.9%下降至19.2%；

相對於公立醫院與私立醫院家數及床位數的萎縮，非營利醫院的發展最引人關注，總家數從健保開辦前的66家增加至2012年的133家，病床數占全國總病床數的比例亦從1990年的24.4%提升至2012年的47.0%。其中又以財團法人醫院的急遽發展（新建或擴建）最為顯著，其家數與病床數增加幅度最大，財團法人醫院的家數與病床數自1990年起，每五年都呈現兩位數以上的成長量，尤以全民健康保險開辦後，1995年至2000年間的成長率最高，家數的成長率高達67.8%，病床數的成長率亦高達59.1%；但相對亦必須注意的是，並非所有非營利醫院的家數及病床數都因健保的開辦而成長，如宗教財團法人醫院的成長率卻

9　衛生署於1991年將17個醫療區域再細分為63個醫療次區域，並將每萬人口一般病床數（即不包括精神病床、結核病床與其他慢性病床）少於20張之次區域公告為「醫療資源缺乏區」。

遠不及財團法人醫院,其家數與病床數甚至在健保開辦後出現萎縮的情況,宗教財團法人的家數從 1990 年的 19 家下降至 2012 年的 9 家,其提供的病床數比率從 1990 年的 7.3% 下降至 2012 年的 5.9%,顯示宗教財團法人在醫療市場的競爭能力有待進一步探究。

台灣醫療服務組織的版圖為何在健保實施後出現激烈的改變?盧瑞芬與謝啟瑞(2003)引用 Gertler(1998)對亞洲國家在二次大戰後發展的醫療體制分析模式,說明台灣在早期未實施社會保險之前,主要是透過政府直接經營的公立醫院與非營利性質的醫療組織作為中低收入民眾獲得醫療的主要管道。但隨著全民健保的開辦與醫療服務組織的成熟發展,政府部門以發展社會保險來替代公立醫院的投資;換言之,台灣的醫療體制逐漸從「政府籌資政府提供」的模式轉向「政府籌資民間提供」的策略,將原本對公立醫院的投資轉為全民健保開辦之費用,醫療服務體系的提供方式則採取醫療院所特約制度取代公立醫院直接提供服務的模式;因此,公立醫院不再扮演醫療服務主要供給者的角色,其家數亦由 1990 年的 95 家下降至 2012 年的 82 家,提供的病床數比率從 1990 年的 42.7% 下降至 2012 年的 33.8%。

然而,除上述全民健康保險開辦之政策因素外,另一促使財團法人大型化或連鎖化的因素,實與非營利醫療組織在 1995 年之後租稅上的優惠修正條款密切相關。檢視財團法人醫院可獲得的租稅優惠,除免納所得稅、醫療用地免納地價稅,以及宗教法人醫院免納房屋稅之諸多租稅減免之外,營利事業所得稅的繳交係以支出是否高於收入的 80% 為認定標準;為確保獲得營利事業所得稅的減免,法人醫院於 1995 年成功爭取將「創設目的活動的支出」(興建醫院)納入支出項目之一,而該項支出認定方式已成為法人醫院興建或擴建的動機來源(盧瑞芬、謝啟瑞,2003)。再者,由於政府於 1986 年訂頒《醫療法》後,對於醫院的經營與管理不再容許市場自由競爭,甚至規範一定規模以上的私立醫院必須改以醫療法人型態設立,這些政策因素都促使我國的非營利醫院大幅成長。

綜合上述對我國非營利醫院發展歷史與相關影響的分析,可以發現我國非營利醫院起源於宗教醫院的設立,而這樣的發展歷史亦與歐美國家的醫療發展史十分相似(Marmor, et al., 1987;Schlesinger & Gray, 2006)。但台灣非營利醫院在 1970 年代後的大幅擴張,特別是財團法人醫院如雨後春筍般紛紛成立,其家數與床位數在 2001 年超越公立醫院,確立非營利醫院已成為我國主要的醫療服務提供來源,其發展可謂是與《醫療法》的訂頒及政府的租稅優惠政策存在密切相關。換言之,政府部門對於醫療服務產業的高度干預促成非營利醫院的蓬勃發展,不僅透過《醫療法》的訂頒限制營利機構的加入,亦依規範一定規模以上的私人醫院必須改以醫療法人型態設立,並放寬對非營利醫院營利事業所得稅繳交的認定基準,在在都創造非營利醫院興建或擴建的動機;對照當全民健保開辦的政策契機,顯然當政府部門藉由社會保險制度取代對公立醫院的補助,改由全民

健康保險局此一單一保險人向非公立醫院購買醫療服務時，政府部門有鑑於醫療服務產業具備的不確定性及資訊的不對稱性，因而期待由非營利醫院承擔主要的醫療服務提供角色。而究竟非營利醫院在醫療服務市場上與公立醫院及私立醫院的差異為何，將是下一節將探討的重點，以下將從不同權屬別醫院的分佈區域、服務量、以及醫療收費與醫療品質進行分析。

表13-1　我國醫院在全民健保開辦前後的變遷趨勢與樣貌，1990 年、1995 年、2000 年與2012 年

	1990		1995		2000		2012	
	院所家數	病床數	院所家數	病床數	院所家數	病床數	院所家數	病床數
公立醫院	95 (11.5%)[10]	35,768 (42.7%)	95 (12.1%)	39,922 (39.4%)	96 (14.3%)	40,129 (35.1%)	82 (16.3%)	45,549 (33.8%)
非營利醫院	66 (8.0%)	20,418 (24.4%)	68 (8.6%)	28,046 (27.6%)	80 (12.0%)	38,073 (33.3%)	133 (26.5%)	63,472 (47.0%)
財團法人醫院	22 (33.3%)[11]	11,489 (56.3%)	28 (41.2%)	16,563 (59.1%)	47 (58.8%)	26,349 (69.2%)	62 (46.6%)	39,013 (61.5%)
宗教財團法人醫院	19 (28.9%)	3,481 (17.0%)	18 (26.5%)	4,780 (17.0%)	12 (15.0%)	3,283 (8.6%)	9 (6.8%)	3,720 (5.9%)
醫學院附設醫院	6 (9.1%)	2,872 (14.1%)	6 (8.8%)	3,540 (12.6%)	8 (10.0%)	5,519 (14.5%)	13 (9.8%)	8,607 (13.6%)
其他法人附設醫院	19 (28.8%)	2,576 (12.6%)	16 (23.5%)	3,163 (11.3%)	13 (16.2%)	2,922 (7.7%)	49 (36.8%)	12,132 (19.1%)
私立醫院	666 (80.5%)	27,547 (32.9%)	624 (79.3%)	33,462 (32.9%)	493 (73.7%)	35,977 (31.6%)	287 (57.2%)	25,936 (19.2%)
醫院合計	827	83,733	787	101,430	669	114,179	502	134,957

資料來源：行政院衛生署1990 年、1995 年、2000 年及衛生福利部2012 年的統計資料

貳、台灣公立、營利與非營利健康醫療組織之比較分析

由於醫療服務市場同時存在營利與非營利醫院，一般常見的問題即是：哪一種型態的醫院較有效率？而在台灣，這樣的問題就必須從三個不同權屬別的醫院型態來討論，包括：公立醫院、財團法人醫院及私立醫院。財產權理論（property rights theory）[12] 認為，私立醫院具有分配盈餘及支配廠商資源的權利，如同一般營利廠商，經營目標在追求利潤極大化，因而較有效率；財團法人由於

10　括弧內表示公立醫院在所有醫院中市場占有率。
11　括弧內表示該類醫院在非營利醫院中的市場占有率。
12　財產權包括三項權利：廠商的所有者有決定如何使用廠商資源的權利、保留盈餘的權利、以及出售廠商財產的權利（盧瑞芬與謝啓瑞，2002b）。

不能分配盈餘，經營之目標在於追求效用最大，可能藉由增加服務量、服務品質或其他非利潤的目標來達成；而公立醫院的特色在於當機構的支出超過預算時，單位本身仍可以繼續營運，況且表現特別好的公立醫院可能還必須面臨次年更高的績效標準，因此其效率可能最為低落。因此，財產權理論推測，不同權屬別的醫院會有不同的經營行為（Keeler, Melinick & Zwanziger, 1999；張樂心、鄭守夏、楊銘欽、江東亮，2004；盧瑞芬與謝啟瑞，2000b）。

然而，若單用效率來檢視不同權屬別醫院的差異恐怕不夠客觀，因此我們將分別從分布區域、服務量、醫療收費與醫療品質等三個面向，分析非營利醫院、公立醫院及私立醫院的差異，藉以瞭解非營利醫院在《全民健康保險法》開辦後的發展與變遷。

一、醫院權屬別與分布區域

檢視國內研究醫院分佈區域的相關文獻，均以行政院衛生署劃分的醫療區域來定義醫院的地理市場（江玉琴，1997；江東亮，2003；劉容華、江東亮，2001；謝琇蓮、江東亮，1994）。劃分醫療區的法源為《醫療法》第八十八條：「中央主管機關為促進醫療資源均衡發展，統籌規劃現有公私立醫療機構及人力合理分布，得劃分醫療區域，建立分級醫療制度，訂定醫療網計畫。主管機關得依前項醫療網計畫，對醫療資源缺乏區域，獎勵民間設立醫療機構、護理之家機構；必要時，得由政府設立。」依據第一期訂頒的醫療網計畫，以每萬人口急病病床數少於20張之醫療區定義為「醫療資源缺乏區」；以每萬人口急病病床數介於20與30張之間者，定義為「醫療資源足夠區」；每萬人口急病病床數超過30張者定義為「醫療資源豐富區」。依據行政院在1990年公布的「台灣地區醫療資源分佈規劃計畫」，基隆市、台北市、台中市、嘉義市及高雄市為醫療資源豐富區，而新竹縣、雲林縣、嘉義縣、台南縣及台東縣則被列為醫療資源不足區。

值得注意的是，檢視當時公立醫院、私立醫院與非營利醫院在醫療資源不足區的比率（見表13-2），公立醫院位於醫療不足區的家數共計12家，比率為14.8%，私立醫院位於醫療不足區的家數共計110家，比率為17.4%，而非營利醫院位於醫療資源不足區的家數共計12家，比率最高（19.0%）；非營利醫院中，又以宗教財團法人醫院位在醫療資源不足區的比率最高（36.8%），依序為醫學院附設醫院（16.6%）及財團法人醫院（8.7%）；再者，除了新竹區外，宗教財團法人醫院與財團法人醫院均在醫療資源缺乏區均設立醫院（楊銘欽、江東亮，1992；劉碧昭，1991）。顯示具備非營利組織特性的醫療組織的確是醫療資源不足區主要的服務供給者。即使醫療資源版圖在全民健康保險開辦後有顯著的改變，宗教財團法人醫院分布於醫療資源相對不足區的比例仍是最高，九家宗教財團法人醫院當中，七家都位於醫療資源缺乏區（見表13-3）。

表13-2　1992年台灣地區醫院分布情形：按17個醫療區及權屬別分

醫療區	公立醫院	非營利醫院	財團法人醫院	宗教財團法人醫院	醫學院附設醫院	其他法人附設醫院	私立醫院	總計
總計	81	63	23	19	6	15	631	775
基隆	3	4	1	-		3	12	19
台北	19	15	10	2	1	2	129	163
桃園	3	3	2	1	-	-	31	37
新竹	3	1	-	-		1	23	27
宜蘭	3	3	1	1	-	1	11	17
苗栗	1	2	-	-	-	2	21	24
台中	6	6	-	2	2	2	72	84
彰化	2	3	-	3		1	46	52
南投	3	1	1	-	-	-	17	21
雲林	2	4	-	2	1	1	19	25
嘉義	4	2	-	2	-	-	20	26
台南	6	2	2	-	-	-	64	72
高雄	14	7	2	2	1	2	121	142
屏東	4	3	2	-	1	-	30	37
澎湖	2	1	-	1	-	-	3	6
花蓮	4	1	1	1	-	-	6	12
台東	2	3	1	2	-	-	5	10

註：深色區塊代表醫療資源缺乏區，淺底區塊代表醫療資源豐富區。
資料來源：楊銘欽與江東亮（1992）

表13-3　醫療院所數按權屬別及縣市別分

縣市別	公立醫院	非營利醫院	財團法人醫院	宗教財團法人醫院	醫學院附設醫院	其他法人附設醫院	私立醫院
總計	82	131	62	9	13	49	287
台北市	9	16	10	-	3	3	14
高雄市	10	14	4	2	1	7	68
新北市	5	13	5	2	-	5	40
宜蘭縣	3	5	2	1	-	2	2
桃園縣	5	5	3	1	-	2	24
新竹縣	2	1	1	-	-	-	7
苗栗縣	1	3	1	-	-	2	11
彰化縣	1	9	5	-	-	4	24
南投縣	3	3	1	-	1	1	5
雲林縣	2	6	3	1	-	1	7
嘉義縣	2	2	1	1	-	-	-
屏東縣	4	11	4	-	1	6	12
台東縣	3	4	4	1	-	-	-

縣市別	公立醫院	非營利醫院	財團法人醫院	宗教財團法人醫院	醫學院附設醫院	其他法人附設醫院	私立醫院
花蓮縣	6	4	4	-	-	-	1
澎湖縣	2	1	-	1	-	-	-
基隆市	3	2	1	-	-	1	3
新竹市	2	4	2	-	-	2	2
台中市	6	16	3	-	4	9	43
嘉義市	2	10	2	-	-	-	8
台南市	9	2	6	-	-	4	16
金門縣	1	-	-	-	-	-	-
連江縣	1	-	-	-	-	-	-

註：灰色區塊代表醫療資源缺乏區，健保局每年會依當年度的7月1日每位登記執業醫師所服務之
　　戶籍人數超過4,300人，或其他特殊情況之鄉、鎮、市、區，列為符合醫療資源缺乏地區。
資料來源：衛生福利部（2013）

二、醫院權屬別與服務量

　　台灣於1995年實施全民健保，並採取單一支付制度（single player system）。
由於採行單一保險人制度，全民健保的執行機關中央健保局，在醫院服務市場成
為獨買者（monopsony）的角色，具有相當大的市場力量（market power）；另一
方面，在強制性的單一社會保險制度下，中央健保局亦為健康保險市場的獨賣
者（monopoly）。政府對醫院產業的價格管制措施，會影響到醫院市場的競爭型
態。檢視不同權屬別醫院之間的競爭關係，服務量乃是最常被引用的指標之一。
而有鑑於台灣自實行全民健保以來，健保給付即成為醫院最大的資金來源，故採
用全民健保對醫院部門的給付支出衡量醫療機構費用的成長趨勢，以及不同權屬
別醫院的服務量變動情形（盧瑞芬與謝啓瑞，2003）。

　　表13-4的全民健康保險統計顯示：自全民健康保險開辦以來，整體醫院的
門診與住院服務量均呈現持續成長的趨勢；其次，檢視不同權屬別醫院的服務
量，不論是門診或住院的總成長與平均年成長，非營利醫院申報健保金額量的成
長率皆比公立醫院及私立醫院快，其申報健保金額占總金額的比率亦是最高。進
一步比較非營利組織中各醫院的健保申報金額，以財團法人的健保申報金額最
高，不論是門診或住院，其2006年的申報金額占非營利醫院該類別的比率皆超
過75%；相對於財團法人醫院服務量的急遽成長，宗教財團法人醫院及其他法
人附設醫院在健保開辦所產生的競爭關係下，顯然因應能力遠不及財團法人醫
院，1996年至2001年間的門診與住院申報金額不增反減，又以宗教財團法人醫
院的健保申報金額縮減最為明顯，門診申報金額占非營利醫院的比率由1996年
的14.3%在2001急遽下降至6.5%，住院申報金額亦從12.4%下降至5.6%，幸而
其服務量在2006年得以小幅成長。

表13-4 全民健康保險申報金額之分析：依醫院權屬別（單位：億元）

權屬別	1996 門診	1996 住院	2001 門診	2001 住院	2001 門診 總成長	2001 門診 平均年成長	2001 住院 總成長	2001 住院 平均年成長	2006 門診	2006 住院	2006 門診 總成長	2006 門診 平均年成長	2006 住院 總成長	2006 住院 平均年成長
公立醫院	234(30.1%)	270(37.0%)	317(29.3%)	349(33.9%)	83	16.6	79	15.8	368(28.5%)	396(32.7%)	51	10.2	47	9.4
非營利醫院	300(38.6%)	298(40.8%)	489(45.1%)	479(46.5%)	189	37.8	181	36.2	624(48.4%)	572(47.0%)	135	27.0	168	33.6
財團法人醫院	180(60.0%)	198(66.4%)	366(74.8%)	356(74.4%)	186	37.2	158	31.6	469(75.2%)	433(75.7%)	103	20.6	77	15.4
宗教財團法人醫院	43(14.3%)	37(12.4%)	32(6.5%)	27(5.6%)	-11	-2.2	-10	-2	41(6.6%)	34(5.9%)	9	1.8	7	1.4
醫學院附設醫院	59(19.6%)	42(14.1%)	75(15.4%)	79(16.5%)	16	3.2	37	7.4	97(15.5%)	88(15.4%)	22	4.4	9	1.8
其他法人附設醫院	18(6.0%)	21(7.0%)	16(3.3%)	17(3.5%)	-2	-0.4	-3	-0.6	17(2.7%)	17(2.9%)	1	0.2	0	0.0
私立醫院	244(31.3%)	162(22.2%)	277(25.6%)	202(19.6%)	33	6.6	40	8	297(23.0%)	247(20.3%)	19	3.8	45	9
醫院合計	778	730	1083	1030	305	61	300	60	1289	1216	206	41.2	186	37.2

資料來源：中央健康保險局（1996, 2001, 2006）

此一分析結果與前一節非營利醫院在全民健保開辦後積極擴張版圖的趨勢相互關聯，顯示醫療服務市場的變動亦對醫院的服務量產生明顯的影響；而表13-4的分析結果顯示，在全民健保支付制度朝向加重醫療服務提供者財務風險的趨勢下，非營利醫院，特別是財團法人醫院的反應速度較公立醫院及私立醫院迅速，明顯地以服務量的擴張來爭取生存空間。其次，如前一節分析所呈現的政策方向，顯示政府部門鼓勵非營利醫院逐步取代公立醫院及私立醫院，成為台灣主要的醫療服務提供單位。

三、醫院權屬別、醫療收費與醫療品質

除了服務區域及服務量之外，最能反映醫院經營行為的莫過於醫療收費與醫療品質。但醫療收費主要受到政策環境的影響，包括政府給予非營利醫院的免稅優惠與補助措施，以及全民健康保險的支付制度；但不同於其他非營利組織以捐款收入為營運主要來源，非營利醫院開始正常營運後，其資金來源主要來自於營運所得，捐款收入通常遠小於營運所需（郭振雄等，2006）。全面健康保險的支付成為非營利醫院的主要營運所得來源之一，惟由於現行的全民健康保險的支付制度採取單一付費者制度，雖然支付方式包括論量計酬、論病例計酬、論人計酬、論日計酬等多元方案，但醫療費用的支付方式及標準完全依據《全民健康保險醫療費用支付標準》辦理；換言之，在全民健保體系下的醫療服務市場，醫院可以從事的價格競爭空間不大（盧瑞芬與謝啟瑞，2003）。

但透過張樂心等人（2004）對醫院權屬別與醫療費用的分析，其研究還是發現不同權屬別的醫院之間的醫療收費與醫療品質仍有差異。張樂心等人（2004）選擇兩種論量計酬[13]的疾病（糖尿病與中風）及論病例計酬[14]（剖腹產與闌尾切除）作為對照，分析保險申報與患者自付費用、住院天數，並以病人可以清楚判別的同病再住院及手術後傷口有無發炎作為品質指標，進行醫院權屬別與醫療費用相關性的實證研究。研究結果發現，在控制其他因素的影響後，發現不同權屬別的醫院對於論量計酬疾病所收取的自付價值並無顯著不同，顯示非營利醫院在享有政府的租稅優惠條件下，卻也採取與私立醫院一樣的作法，以提高自付價格的方式來維持其財務收支的平衡；然而，該研究進一步分析醫療品質與醫院權屬別的關係，發現剖腹產與闌尾切除二種手術，不同權屬別的醫院在同病再住院率

---

[13] 論量計酬支付制度（fee for service）是依照實際提供醫療服務的種類及數量支付費用，在世界各國廣為使用，優點是可以自動反應個案的複雜度，且醫師報酬與服務量有關，較不會減少必要的服務；缺點是缺乏節約之誘因，容易導致醫療費用的上漲（陳明進與黃崇謙，2001）。

[14] 論病例計酬（per case or case payment）是依據病例組合分類，而非服務項目訂定支付標準，實施目的是希望醫院能藉由有效率的病人照顧以降低病人的醫療費用（陳明進與黃崇謙，2001）。

及手術後傷口發炎比率雖然沒有呈現統計上的差異；但論量計酬類的中風病人，財團法人醫院的同病再住院率較低，可能意謂著財團法人醫院雖然在收費上與營利醫院沒有顯著差別，但就同病再住院率的觀察，其醫療品質可能較佳（張樂心等，2004）。

參、健康醫療基金會的發展：醫療改革基金會與罕見疾病基金會

隨著台灣醫療產業蓬勃發展與全民健保的實施，大多數民眾因疾病或傷害所產生的醫療費用，多可以透過全民健保給付獲得醫療服務。然而，正因前述提及的醫療服務存在高度的資訊不對稱性，致使民間組織出現倡議空間；依據台灣喜瑪拉雅基金會統計的《台灣主要基金會名錄》（2009）顯示，最早成立的健康醫療基金會為1970年設立的陶聲洋防癌基金會。吳嘉苓（2000）曾分析罕見疾病基金會、醫療人權促進會、浮木濟世會與愛滋感染者權益促進會等四個病患權益促進組織的發展與工作內容，指出四個團體都是在1998-1999年間先後成立，顯示病患權益倡導之非營利組織開始專注醫療資源分配不均、醫病關係權力的不對等，以及醫界與社會大眾對病患的偏見與歧視等議題，透過立法與立委支持，以及觀念宣導方式爭取病患權益。但近年來影響層面最廣，最具代表性的兩個健康醫療非營利組織則為醫療改革基金會與罕見疾病基金會[15]。

罕見疾病基金會於1999年成立，是由病患家長陳莉茵與曾敏傑發起。之前雖已有部分罕見疾病類團體設立，但多著重單一疾病個案與家屬的協助，也較缺乏針對制度面與跨病類權益的行動與倡導[16]；而此議題倡導困境係因罕見疾病人數極少，門診需求量相對低，醫療服務提供單位相對較少設置相關診療專科；即使設立，遺傳專科醫師亦集中於都會區，周邊治療團隊亦缺乏有效整合；另一方面，藥物引進流程繁複與健保給付申請更是困難。據此，罕見疾病基金會則定位於尋求跨病類權益，運作方式強調立法倡導、政策對話與社會教育的間接服務，推動《罕見疾病防治及藥物法》通過以及《身心障礙權益保障法》的修訂，爭取罕見疾病納入健保重大傷病與專款保障；近年來也由原初病患權益爭取逐漸轉移至社會公益促進，例如投入遺傳諮詢教育以及優生保健宣導等（田翠琳，2001；曾敏傑，2003, 2004）。

---

15 依照台灣喜瑪拉雅基金會編製的《台灣主要基金會名錄》，罕見疾病基金會的分類被歸屬於「身心障礙福利」。但考量罕見疾病基金會的倡議身分為病患，倡議對象為健康主管機關，以及參閱創辦人發表文章，本文將罕見疾病基金會歸類於健康醫療類別。

16 包括：1993年成立的關懷地中海型貧血協會、1994年成立的中華民國海洋性貧血協會、1996年成立的中華民國肌萎縮症病友協會與中華民國兒童成長協會、1997年成立的中國民國黏多醣症協會與中華民國運動神經元疾病病友協會等、1998年成立的肌原性肌肉萎縮症基金會等（曾敏傑，2004）。

而醫療改革基金會係於 2001 成立，使命為「推動台灣建立具品質與正義的醫療環境」，長期針對全民健保、藥品政策、醫療品質，以及醫病關係等議題發表建言，並推動醫療資訊透明化、醫療糾紛諮詢和就醫安全宣導活動，為國際病人組織聯盟（International Alliance of Patients' Organization, IAPO）在台灣唯一會員。針對台灣民眾被衛生主管機關與醫界扣上三愛：愛看病、愛吃藥與愛打針的污名，積極倡導衛能增加民眾健康知能的議題，例如：交給民眾一資訊完整的藥袋，讓民眾自己可以檢查自己拿的藥養成讀藥品說明書的習慣，自動成為藥用安全的一環；強調讓民眾拿到完整的病歷資料與檢驗報告，既可增加民眾對自身健康資訊的瞭解，又可以在轉診或需要第二意見時，提供其他醫師參考，有助於提升醫療品質；要求落實手術前同意書的說明與簽署，一方面讓民眾提供自我醫療管理的能力，也期待減少不必要的就醫次數與醫療行為（張芷雲，2014；畢兆偉與石振國，2012）。

綜上觀之，不論是醫療改革基金會與罕見疾病基金會，經費來自社會大眾捐款比例皆超過 50%，顯示台灣社會期待、支持與肯定醫療事務類非營利組織的成立。再者，健康醫療基金會陸續成立，不僅代表「病患權益」越來越獲得重視，更意謂當全民健保代表全體民眾向醫療院所「購買」醫療照顧服務的同時，如何讓全民健保體制與醫療服務提供者更能聽見服務使用者的聲音，瞭解民眾對病患權益的意識與觀點，政策制定者、醫療服務提供者與醫療服務使用者之間的對話顯然必須加強。

肆、意涵與結論──現今醫療服務非營利組織的變遷課題

Mamor（1987）在《非營利部門：研究指南》（*The Nonprofit Sector: A Research Handbook*）一書中探討美國健康照顧服務類型的非營利組織發展概況及其變遷後，其主張可從生命週期觀點（life-cycle perspective）檢視非營利組織角色之轉變；雖然該論述在 15 年後由 Schllesinger（2006）略加修正，但還是可作為我們分析台灣非營利醫院發展的依據。具體而言，從一生命週期的觀點檢視非營利醫院的角色與功能，有助於我們瞭解非營利組織、民眾需求與政策環境三者之間的互動關係。首先，當社會出現新的服務需求時，其初始的階段通常是由民間非營利機構擔任服務提供之先驅者，這是由於新型服務通常十分昂貴，一般民眾無法負擔，因此需要政府補助或企業捐助方能提供，而在政府礙於資源與施政優先順序規劃的限制下，非營利組織恰能彌補社會需求與服務提供之間的落差；但當民眾對健康服務的需求急遽增加，且一般社會大眾亦有能力付費購買此項服務時，非營利醫院就會面臨外在環境的競爭壓力，即私立醫院會依據民眾的需求而加入服務提供的行列，非營利醫院生存的空間不僅會因此受到壓縮，亦會

非營利組織與社會福利服務

邱瑜瑾

學習重點

▶ 瞭解非營利組織在台灣社會福利領域服務的興起與
   發展階段。

▶ 瞭解非營利組織在台灣社會福利領域服務的結構特
   徵。

▶ 瞭解非營利組織在福利服務提供上的角色與功能，
   以及在福利服務上的發展趨勢。

▶ 探討非營利組織在社會福利服務上面對的責信面與
   服務面的問題與改進策略。

▶ 非營利組織在社會福利領域的未來發展與展望。

參考文獻

中文部分

中央健康保險局，1996，《全民健康保險統計》。台北：中央健康保險局。

中央健康保險局，2001，《全民健康保險統計》。台北：中央健康保險局。

中央健康保險局，2006，《全民健康保險統計》。台北：中央健康保險局。

王媛慧、徐偉初、周麗芳，2005，〈我國財團法人醫院經營績效之研究〉。《龍華科技大學學報》，第 19 期，頁 133-153。

田翠琳，2001，〈社會上的弱勢族群：專訪罕見疾病基金會〉。《健康世界》，第 183 期，頁 56-60。

江玉琴，1997，《醫療發展基金對醫療資源分佈及民眾就醫流向影響之探討》。台北：國立台灣大學醫療機構管理研究所碩士論文。

江東亮，2003，《醫療保健政策──台灣經驗》。台北：巨流。

行政院衛生署，1990，《建立醫療網第二期計畫》。台北：行政院衛生署。

行政院衛生署，2007，《中華民國 95 年醫療機構現況及醫院醫療服務量統計年報》。台北：行政院衛生署。

吳嘉苓，2000，〈台灣病患權益運動初探〉。收錄於蕭新煌與林國明主編，《台灣的社會福利運動》，頁 389-432。台北：巨流。

官有垣，2003，〈第三部門的研究：經濟學觀點與部門互動理論的檢視〉。《台灣社會福利學刊》，第 3 期，頁 1-29。

陳明進、黃崇謙，2001，〈全民健保支付制度改變前後公立醫院與財團法人醫院服務量與醫療利益之比較〉。《當代會計》，2 卷 2 期，頁 169-194。

陳鑑江，2002，《台灣之天主教組織特性與教會醫院經營策略取向關係之研究》。國立台灣大學公共衛生學院醫療機構管理研究所碩士論文。

夏慈惠，2003，《財團法人醫院董事會管理機能之研究──以醫學中心為例》。國立陽明大學醫務管理研究所碩士論文。

財團法人喜馬拉雅基金會，2009，《台灣主要基金會網路名錄》。台北：財團法人法人喜馬拉雅基金會。

張力，2012，〈財團法人醫院獲利與醫院救濟服務差異之研究：以不同型態財團法人醫院為例〉。《當代會計》，13 卷 1 期，頁 93-116。

張苙雲，2014，〈全民健保的組織社會學〉。《台灣醫學》，18 卷 1 期，頁 85-91。

張樂心、鄭守夏、楊銘欽與江東亮，2004，〈醫院權屬別與醫療收費〉。《台灣衛誌》，23 卷 2 期，頁 130-140。

畢兆偉、石振國，2012，〈非營利組織社會行銷個案探討：以促進兒童用藥安全為例〉。《中華行政學報》，第 10 期，頁 137-172。

曾敏傑，2003，〈非營利組織醫療改革倡導：以罕見疾病基金會與醫療改革基金會為例〉。收錄於官有垣主編，《台灣基金會在社會變遷下的倡導》。台北：洪健全基金會。

曾敏傑，2004，〈病患權益倡導的參與式行動研究：以罕見疾病基金會為例〉。《東吳社會工作學報》，第 11 期，頁 139-195。

楊志良，2003，〈健康照護體系再造的本土經驗〉。《台灣衛誌》，22 卷 2 期，頁 82-86。

楊銘欽、江東亮，1992，《我國病床供需現況與未來發展之規劃研究》。台北：行政院衛生署八十一年度委託研究計畫。

葉宏明，2002，〈非營利醫院——台灣醫界的最佳選擇〉。《台灣醫界》，45 卷 7 期，頁 52-53。

劉容華、江東亮，2001，〈台灣小型醫院新設與歇業之影響〉。《台灣衛誌》，20 卷 1 期，頁 27-33。

劉碧昭，1991，《教會醫院醫療體系之評估》。中國醫藥學院醫務管理學研究所碩士論文。

盧瑞芬、謝啓瑞，2000a，〈導論〉。收錄於盧瑞芬、謝啓瑞合著，《醫療經濟學》，頁 4-20。台北：學富。

盧瑞芬、謝啓瑞，2000b，〈醫院服務市場的理論〉。收錄於盧瑞芬、謝啓瑞合著，《醫療經濟學》，頁 243-269。台北：學富。

盧瑞芬、謝啓瑞，2003，〈台灣醫院產業的市場結構與發展趨勢分析〉。《經濟論文叢刊》，31 卷 1 期，頁 107-153。

謝琇蓮、江東亮，1994，〈台灣地區醫院歇業與新設之決定因素〉。《中華衛誌》，13 卷 6 期，頁 453-457。

Weisbrod, B. A.，2003，〈非營利醫院的營利主義〉。收錄於江明修主編，《非營利產業》。台北：智勝文化。

英文部分

Gertler, P., 1998, "On the road to social health insurance: the Asian experience," *World Development*, 26(4): 717-732.

Keeler, E. B., Melinick, G., and Zwanziger, J., 1999, "The changing effects competition on non-profit and for-profit hospital pricing behavior," *Journal of Health Economics*, 18: 69-86.

Marmor, T. R., Schlesinger, M., and Smithey, R. W., 1987, "Nonprofit Organizations and Health Care," in W. W. Powell (ed.), *The Nonprofit Sector: A Research Handbook*, New Haven: Yale University Press.

Schlesinger, M., and Gray, B. H., 2006, "Nonprofit Organizations and Health Care: Some Paradoxes of Persistent Scrutiny," Pp.378-414 in W. W. Powell & R. Steinberg (eds.), *The Nonprofit Sector: A Research Handbook*, New Haven: Yale University Press.

Sloan, F. A., 2000, "Not-for-profot ownership and hospital behavior," Vol. 1B, Pp.1141-1171 in A. J. Culyer & J. P. Newhouse (eds.), *Handbook of Health Economics*, Noth Holland: Elsevier Science.

因私人醫院增加而出現的競爭壓力導致營利與非營利醫院的行為越來越趨近。第三階段則是因健康保險的介入而促使外部環境再度改變，也就是當越來越多民眾擁有健康保險時，尋找價格低廉的健康服務不再是民眾主要的考量，另一方面當政府部門為滿足低收入戶或沒有保險者的健康服務需求，開始對公立醫院提供大量的財務補貼時，該政策亦同時降低非營利醫療服務組織存在的重要性，非營利醫療服務組織必須尋求其他的生存策略或是角色扮演的可行性。

當我們運用 Mamor（1987）提出的生命週期觀點檢視台灣非營利醫院的發展與變遷時，非營利醫院確實在台灣民眾對醫療服務有急迫需求，且公立醫院不足的狀況下，彌補社會需求與醫療服務提供之間的落差；值得注意的是，當許多民營企業隨著台灣經濟的迅速成長紛紛投資醫院產業之際，我國衛政主管機關並未像美國容許私人醫院趁機崛起，而是藉由《醫療法》的訂頒限制營利機構申請設立醫院，致使我國的醫療服務產業呈現非營利醫院大幅擴張的特色，甚至在全民健康保險開辦後，公立醫院因政府補助策略之轉向而不再增加，加上私立醫院受限於因經濟規模及醫療法規之限制而無法繼續擴張，這些制度性因素都提供非營利醫院蓬勃發展的有利空間。因此，我國非營利醫院在衛政主管機關政策的強勢引導之下，已成為醫療服務體系的主要提供者，而財團法人醫療機構因具備下列特性：（1）免稅特性：醫療機構可利用購買醫療相關設備與資產，以達到免稅資格；（2）股利發放的限制：不允許發放現金股利，但可進行法令規定的投資[17]；（3）董事會是醫院之最高且唯一決策單位。就企業財團法人醫院而言，由於捐贈者多為相關企業，以營利為目的，容易將其營利之管理模式應用於該企業財團法人之醫療院所，與其他財團法人醫院相比，較會產生較高利潤與低支出，因為企業財團法人醫院之主要捐助者（或相關企業）可能利用關係人交易方式或交叉持股方式，將利潤轉入（出）企業財團法人醫院（張力，2012）。且依據《醫療法》第四十六條[18]的規範，非營利醫院應依據其年度醫療收入或醫療收入結餘提供一定比例的社區公益活動，包括：醫療救濟、社區醫療服務、研究發展、人才培訓及健康教育等；但是，依據郭振雄等人（2006, 2007）分析非營利醫院的社區公益活動情況，許多非營利醫院未達《醫療法》規範之基本標準，但因衛生福利部對於未達規定的非營利醫院並未訂定相對應的罰則，且非營利醫院取得免稅地位的標準亦與其是否提供社區公益活動無關，致使《醫療法》對於非營利醫院必須提供社區公益活動的條文淪為宣示性規範。因此，在台灣探討本

---

[17] 依據《教育文化公益慈善機關團體免納所得稅適用標準》第二條第五款規定，財團法人機構其基金及各項收入，除零用金外，均存放於金融機構或購買公債、國庫債、可轉讓之銀行定期存單、銀行承兌匯票、銀行或票券金融公司保障發行之商業本票、公營專業銀行發行之金融債券或國內證券投資信託公司發行之受益憑證及經依法核准公開發行上市之股票或公司債。

[18] 《醫療法》第四十六條：「醫療財團法人應提撥年度醫療收入結餘之百分之十以上，辦理有關研究發展、人才培訓、健康教育；百分之十以上辦理醫療救濟、社區醫療服務及其他社會服務事項；辦理績效卓著者，由中央主管機關獎勵之。」

議題，始終有一個重要且無法迴避的關鍵爭議點——即「非營利醫院之『名』vs. 『實』」；換言之，部分財團法人醫院以非營利之名、行營利之實的管理理念和作為，經常受到輿論批評。據此，衛生福利部應負起充分監督與管理之責任，建議未來相關統計分析應將財團法人醫院再細分為「企業財團法人醫院」與「一般財團人法醫院」，且力促所有財團法人醫院享有的免稅與融資優惠等與其社會責任一致，並依據財團法人醫院實際從事社區公益活動的內容與額度，決定其免除稅賦的優惠地位，方能具體提高財團法人醫院從事社區公益活動的誘因。

再者，進一步檢視非營利醫院的分布區域、服務量、醫療收費與醫療品質，其服務量雖然位居所有權屬別醫院之首，不可諱言的是，這是基於將所有類型的非營利醫院都視為整體之前提；但實情卻是，相較於財團法人醫院，其他類型的非營利醫院，特別是宗教財團法人的醫院，其服務量與擁有的高科技醫療儀器數都遠遠不及財團法人醫院，但宗教財團法人醫院位於醫療資源相對不足區的比例卻是最高；未來在日漸競爭的醫療服務市場中，是否仍能於醫療資源不足區持續擔負服務提供的角色，恐是政府部門與社會大眾無法袖手旁觀之議題；甚至，不同類型的非營利醫院之間的隱然成形競爭關係，是否會導致某些類型的非營利醫院不得不退出市場，符合 Mamor 所預期的生命週期發展的轉折點，恐是下一階段我國醫療服務型非營利組織必須檢視的重要議題。

問題習作

1. 請你說明醫療服務型的非營利組織乃是因應醫療服務產業的哪些特色而出現。
2. 你認為我國非營利醫院崛起的政策影響因素為何？
3. 請你從醫療分布區域的角度說明非營利醫院與公立醫院及私立醫院之不同之處。
4. 就你所瞭解，醫療服務型的非營利組織未來要面對的變遷課題，包括有哪些？

摘　要

　　本文由歷史、結構、服務與制度四個層面探討台灣非營利組織的發展議題及未來的展望。以下為研究發現與意涵：

一、歷史面：台灣的非營利組織從早期40至60年代在社會福利服務上處於邊陲性的角色，到80年代蓬勃發展的歷史因素，與解嚴的民主化力量推動，及1980年代台灣「社會服務民營化」等因素有關。

二、結構面：非營利組織的發展以社會服務類型的發展最為迅速，此表示台灣的社會服務市場有此需求性，但也表示非營利組織在福利服務上也開始面對同類型福利機構的競爭壓力。

三、服務面：在社會福利的建構上，非營利組織在都市政治與公共政策的實踐角色與建構市民社會的影響力日增。

四、制度面：非營利組織需面對財務責信與服務責信的問題，此皆與健全的組織管理與治理有關。

壹、非營利組織在台灣社會福利服務領域的興起與發展

　　本節概述台灣非營利組織參與社會福利建構之發展階段，從中可窺知台灣非營利組織的發展與社會福利發展史、社會變遷有密切的關係。

一、1940 ～ 1960 年代之前

　　1940年代的台灣社會，一般大眾處於普遍貧窮的生活狀況，早期在台灣社會就有廟宇、地方慈善會、功德會等民間團體擔任貧苦無依者之救濟功能。台灣出現比較完整為貧窮家庭服務的非營利組織是在1950年代韓戰爆發後，台灣開始接受美國政府及國際非政府組織外援時，「基督教兒童福利基金會」（Christian Children's Fund, CCF）香港分會於台灣開辦第一所家庭式教養的「光音育幼院」，收容照顧家庭遭逢變故的貧困失親兒童，此後中華兒童暨家庭扶助基金會成為在台灣兒童與家庭福利服務領域的重要拓荒者。

　　1940-1950年代，本土型非營利組織並不發達，主要是當時政府因應政策與社會發展需求所成立的官方慈善機構，如1948年成立「台灣省立台中市兒童育幼院」，是第一所官辦的育幼院；同年也於台南市成立「台灣省婦女教養所」，到了1970年遷到雲林縣，更名為「內政部雲林教養院」，設立宗旨以收容貧苦無依婦女傳授技藝，是最早把職業訓練融入社會福利機構的重要發展（呂寶靜、王增勇，2004）。在此時期社會福利服務主要是由公部門所供應，非營利組織在社會

福利所擔任的角色，主要是發揮救助貧窮的慈善角色，福利理念是傳統的救濟觀，非營利組織與政府的關係是平行的輸送福利服務。

二、1961～1980年代

1960年代初期，台灣的非營利組織仍以「移植性」的社會服務組織為主，如：紅十字會、基督教兒童福利基金會。但到1960年代後期，民間非營利組織開始朝向「外援組織在地化」與「本土化」發展，例如基督教兒童福利基金會台灣分會到了60年代自立期與70年代本土化後，更發揮社會倡導者角色，擴展到「兒童寄養」與「兒童保護」的權益議題與相關服務。另一非營利組織「世界展望會」在1961-1980年代也是擴大社會服務的範圍，資助的兒童關懷中心遍及全國各山地鄉（原來稱為「計畫區」），深入社區，建立起本土化、在地化的社會工作模式（官有垣、邱瑜瑾，1999）。

1960-1980年代，此時期台灣的非營利組織主要是扮演政府在福利服務上的補充者角色，在功能上仍侷限在傳統慈善的救助工作。在發展上，本土新成立的非營利組織數量很少，非營利組織處於「萌芽時期」，所提供的福利方案是被動的因應社會需求，也未能負起倡導性與改變社會的責任（蕭新煌，2003）。

三、1981～2000年代

1980年代後期非營利組織開始走入另一發展階段：參與政府福利民營化政策。台北市正式與非營利組織有契約性福利服務委託關係是在1985年，台北市政府提供場地設備給受託單位「第一兒童發展文教基金會」作特殊兒童服務，這也是台灣地區第一個社會福利機構「公設民營」的案例。

1987年解嚴之後，許多參與「社會運動」的民間團體開始成立自主性的非營利組織，這些新成立的各種民間基金會和社團法人，吸收了龐大的社會資源，其活動力也構成了「公民社會」的重要基礎。此時期企業型的非營利組織也積極參與社會福利，例如1988年成立的「富邦慈善基金會」參與社會與教育工作，並提供原住民獎助學金，培養原住民部落人才。1980年代後期，台灣的非營利組織已具有援助國外的能力，例如1985年開始，CCF不再接受國外扶助，其他如台灣世界展望會、慈濟基金會、伊甸基金會也開始走向國際救援，這是非營利組織參與社會福利服務很大進展的里程碑（官有垣、邱瑜瑾，2003）。

四、2001年～迄今

2001年之後，台灣的非營利組織參與社會福利所服務的對象更加多元化，

外籍配偶、外籍勞工、原住民、身心障礙者成為社會福利關注的對象。此時期有因應新移民女性權益需求而成立的非營利組織如「南洋姊妹會」，為女性新移民發聲，也有歷史悠久如「賽珍珠基金會」的非營利組織，其由原來服務混血兒對象，因時代背景關係轉以服務新移民女性為主。

近年來社會福利體系與醫療體系所成立或轉型為提供照顧服務的非營利組織增加，照顧服務成為現階段非營利組織發展的重要趨勢。2000年的政黨輪替，社福預算改由地方政府控管；再加上1999年921大地震的資源排擠效應、全球性經濟不景氣，對非營利組織而言，除了要面對福利對象新的問題與需求外，也面臨社會大眾對於非營利組織的「責信」（accountability）要求，以及非營利組織尋求資源與進行革新等之壓力。

貳、台灣非營利組織的社會福利服務結構

一、台灣非營利組織的發展特徵

（一）發展趨勢

近年來台灣第三部門組織的數量有顯著擴張的趨勢，根據內政部統計資料顯示，社會服務及公益慈善團體在2000年底有5,309家，到了2015年底增加到14,604家，十五年間增加幅度高達2.7倍以上（內政部全球資訊網，2016）。從上述的發展趨勢，可見台灣社會福利與慈善團體蓬勃發展之現象。顧忠華（2003）指出台灣現代非營利組織的大量崛起，也代表著向「組織的社會」（organizational society）進一步發展，過去強調以傳統組織形態提供的「非營利」服務和社會運動的團體，逐漸朝向「機構化」、「法人化」轉型，這類型非營利組織的重要性因而大為提升。

（二）區域分布

台灣至2015年底總數14,604家的社會服務及公益慈善團體，其中屬於全國性組織者計3,071個（占21%），屬地域性組織者計11,533個（占79%）。而地域性社會團體卻集中分布在六都的大都會區居多，六都合計6,140個，占全國總數四成二以上。其中以新北市1,747個占首位；高雄市1,552個居次；臺中市993個居第三。其餘五成八分布在縣市層級，其中最多是屏東縣801個；分布數量較少的縣市是連江縣9個，金門縣54個（內政部全球資訊網，2016）。台灣縣市合併後的六都占有社會福利機構資源及服務便利性的絕對優勢，而偏鄉與離島資源差距甚巨，此顯示社會團體的地域性分布之不均衡是相當明顯的結構特質。

二、非營利組織的社會福利服務結構

（一）成立的時間

邱瑜瑾（2006）根據「2002 年台灣的基金會調查研究」分析發現，受調查的 420 家台灣基金會平均成立的時間是 13 年，其中有 59 家屬於「社會福利暨慈善型」基金會，成立時間平均年數為 16 年，大多成立於 1985-1988 年之間。不過，台灣有些類型的非營利組織成立的時間已經超過 30 年，一些天主教與基督教等宗教機構成立的福利服務組織較早，1960 年代開始即已陸續冒出；而在1970 年代，一些世俗性、專業導向的福利服務組織如生命線協會、基督教家庭協談中心等也已出現在北高兩個院轄市（官有垣，2004）。但大體而言，台灣的非營利組織多數成立於 1980-1990 年代，至今將近 20 年，從組織發展的生命週期而言，大多屬於「中壯期」機構，雖然是組織的成熟期，但也開始需要面對變遷環境下的組織變革之挑戰。

（二）服務對象與服務方案

Carson（2002）從「使用者」的觀點來探討社會大眾對非營利組織的意向與期待，發現使用非營利組織的服務對象特質是：（1）女性多於男性；（2）少數族群比白人懷疑非營利組織的執行績效；（3）高教育者傾向使用非營利組織的服務；（4）支持民主黨者比共和黨員更傾向使用非營利組織的服務；（5）身體健康較差者比較傾向信任非營利組織。

台灣的研究資料比較缺乏從「使用者」的角度來分析服務對象的人口特徵，故以服務提供者角度說明之。根據聯合勸募協會贊助非營利組織 94 年度申請 411件服務方案中分析非營利組織主要的服務對象，分析結果顯示以服務身心障礙者占最多數，其次依序是兒童類別、家庭類、罕見疾病，此四類型占了將近六成。在縣市別上，申請方案的縣市以台北市最多，占了三成以上，居第二位的是高雄市只占了 8%，其他縣市很少（聯合勸募協會 2005 年報，頁 11）。由此可見聯合勸募協會贊助非營利組織所進行的社會服務，在區域的分布數量上城鄉差距甚大，「贊助資源集中性」是值得注意的問題。

（三）人力資源

官有垣、杜承嶸（2005）針對 330 家台灣民間團體的研究，發現高達八成社會團體的專職人員數是在三人以下；至於機構的兼職人力，五人以下的機構占了七成八。第三部門的專職人力較少，需部分仰賴志工。官有垣、邱瑜瑾、王仕圖（2005）對教育部主管的教育事務財團法人分析發現，有專職人員的組織只占六成五，且基金會的專職人員數偏低，平均人數是 4.45 人。這兩個研究所發現的非營利組織專職的人力規模相似，大約在 5 人以下。

邱瑜瑾（2006）的分析顯示「社會福利暨慈善型」基金會僱用的平均人數大約爲 35 人，不同於前述二個研究呈現出小規模的人力特質，可見「社會福利暨慈善型」基金會是人力密集的公益事業，人力規模較爲龐大，但是不同組織間的員工人數差異仍然很大，此亦可見部分社會福利型非營利組織已朝向大型化、全國性、科層化的發展趨勢。

參、台灣非營利組織在社會福利服務的角色、功能與特色

一、非營利組織在社會福利領域的「角色功能」

（一）價值維護的角色功能

非營利組織提倡社會更新與向上發展的意識型態或價值理念，進而以教育或實踐行動推動社會變遷，促進人類道德與生活品質的提升，此即承攜「價值維護的角色功能」。例如宗教性和文教性的公益組織，慈濟社會福利基金會、法鼓山文教基金會、佛光山文教基金會等引導社會大眾在精神層次上追求新的認同，強調「心靈環保」，不爲物質慾望所左右，提升人生境界。

（二）改革與倡導的社會功能

非營利組織運用所累積的聲譽和資源展開遊說與群眾動員，促成社會政策與法規的制定或修正，並扮演監督政府與批評者的角色以促成社會變遷，即具有「改革與倡導的社會功能」。 台灣的非營利組織透過三種途徑發揮「改革與倡導的社會功能」，第一種途徑是社會運動者的角色，在 1980 年代起就積極扮演政策倡導者角色，推動各種福利立法。許多弱勢者集結民間團體走向街頭爲弱勢者爭取權益，1980 年代隨著台灣民主化的進展，這一波的動員力量，促成 1990 年《殘障福利法》的修正，代表著福利使用團體參與國家決策的過程的倡導模式（呂寶靜、王增勇，2004）。

除了從社會運動途徑扮演倡議者角色之外，第二種途徑是發揮「制度建構與改革者」角色，在福利民營化的過程中，地方政府在福利業務上常採取制度性委員會，由政府部門、學者與非營利等部門組成政策諮詢的團體，其中可以做政策建議、執行方針、業務改進、法規修正等，一方面展現對話溝通的制度性機制，一方面形塑政策網絡的模式，以吸納不同部門行動者共同參與公共政策，展現民主機制。非營利組織的工作者也以專業者身分進入政府各類型委員會，在中央與地方縣市政府的各種委員會中提供政策建議，或實質協助政府建立福利遞送的新模式，以及監督服務品質（邱瑜瑾，2004）。

第三種方式就是對社會大眾進行社會教育，例如勵馨基金會長期以來，不斷

提倡性別平權，以及對未成年懷孕少女及其孩子的權益進行倡導及服務，這些提倡權益促成社會進步的非營利組織，把福利服務當作一種策略，在實質上卻發揮改造社會環境，促進社會進步，不但有助於增強政府的權能，也促進民主與追求社會正義的目標。

（三）服務提供的角色

近年來台灣邁向多元文化的社會特質，非營利組織所從事的社會福利有更多不同類型的服務群體與服務策略產生。以下僅列舉三項說明之：

1. 傳統領域以「貧窮救援」為主軸——對於貧窮者的服務

「傳統社會福利」以解決貧窮所衍生的社會問題為服務主軸，雖然當今貧窮的脈絡、成因及人口群與以往不同，但是貧富差距仍是每個社會所關懷的重要議題。台灣社會福利型的非營利組織大多有參與貧窮者及其家庭的服務，但是在策略上以贊助獎學金、急難救助金等為主，有系統推動「脫貧方案」的非營利組織並不多。例如「台灣兒童暨家庭扶助基金會」在國內發展一個新的服務方案「脫貧方案——家庭生活發展帳號」，目標是協助受扶助的家庭增加所得，增進工作與家庭適應能力以邁向脫離貧窮。

2.「風險」議題的服務日漸受到重視——對風險社區與高風險家庭提供服務

Beck（1992）認為「風險社會觀點」已經超越傳統的階級觀，風險社會的福利服務觀關心風險的分配，而不僅是階級社會的財富分配問題而已。近年來各國受到全球氣候暖化的影響，水患、地震、風災等不斷，台灣的非營利組織從事社會福利針對長期有困境的「人群」提供較多服務，相較於受到偶發性的風災、豪雨襲擊的「社區」，甚少有一套常態性的服務模式。但台灣921大地震開啟非營利組織大規模的投入在災變社會工作上，並且建立起本土救災的服務模式（劉麗雯、邱瑜瑾、陸宛蘋，2003）。

根據邱瑜瑾（2008）的研究發現，台灣非營利組織所提供的社會風險群之服務以「家庭與婚姻」層面所衍生的案主群為最多；但對於有關「生態與科技層面」衍生問題的案主群是最少提供服務的。非營利組織在面對「社會風險」所扮演的角色以「資源與機會」的提供者為主，故在服務策略上，由早期的個案工作為主的服務模式，逐漸導向「跨機構」的資源連結與網絡建構模式。

3. 福利私有化的主要提供者

根據劉淑瓊、孫健忠（2008）對近十年社會服務委託發展的研究分析，比較1997年與2006年兩個時期資料，歸納出台灣的非營利組織參與政府的委託服務所呈現的服務範圍、服務內容與服務對象的幾項特色：（1）近十年委託服務數量增加，但有明顯的城鄉差距；（2）十年來委託方案的服務對象，以兒少服務最多，但婦女服務在整個社會服務中具邊緣性；（3）非營利組織與政府部門對於

「引進營利組織」參與社會福利的看法，2007年比1996年「同意開放」的比例下降許多，態度趨向保守；(4)非營利組織與政府部門對於「未來社會服務民營化」是一個值得繼續推動的政策具有共識。

邱瑜瑾（2004）在〈社會服務民營化對非營利組織發展的影響〉一文指出，台北市130家參與社會服務民營化的非營利組織，有相當高比例把自身在社會福利的角色定位在「服務提供者」的認知上，此種角色定位一方面代表非營利組織是代替政府作為社會服務公共財的執行者，另方面也意味著政府藉由非營利組織之力量，作為擴大控制公民社會福利需求之界定者。

（四）開拓與創新的角色功能

創新是非營利組織永續經營的主要動力，近年來台灣非營利組織致力於在福利領域之創新發展，以建立組織的服務特色，比較重要的創新的服務有下列數種類型：

1. 組織形式的創新：「社區照顧」發展的新模式——照顧服務勞動合作社

對於非營利組織投入「照顧服務產業」的一個新模式是「勞動合作社」的日益增加。「勞動合作社」的特質在於扮演社會中介組織之角色，合作社屬公益社團法人之非營利組織，強調不以營利為主要目的，改善社員勞動生產條件，增進社員福利與教育機會，以及促進參與公共事務之機會。以社區照顧服務為例，例如「台北市暹宸照顧服務勞動合作社」、「有限責任台灣全人照顧服務勞動合作社」、「高雄縣日新照顧勞動合作社」等是照顧服務員自組合作社，採行自助與互助方式，提供社區中有需求人口群照顧服務為目的（陳佳容，2008）。不過，服務勞動合作社模式，僅在創始、實驗的初階階段，是否能在台灣這塊土地上立足，還有待觀察。

2. 服務策略的創新：新形式的「人力資源策略」——派遣人力

近期非營利組織與政府的合作模式又產生新的變革，這種新的形式就是「福利服務派遣人力模式」的興起，例如台中市「幸福家庭協會」承接台中市政府的「台中市生活危機處遇服務勞務委託案」，「幸福家庭協會」成為派遣單位，方案任務是需擔負起人員招募、人事行政管理、訓練與督導、績效評估等責任。這種新形式的合作模式的優點是：方案的人力素質與服務績效受到社會處的肯定，而且彈性化且多元性的人力運用，對不同人口群的服務可產生較佳的效果（彭懷真，1998）。

3. 開發資源的策略創新：以「照顧服務」為主軸——「協力合作網絡」的建構

長期照顧是政府政策新方向，但是提供「照顧服務」需要多方面的資源體系相互配合。例如林珍珍（2008）以台北市的萬華社區為例，說明長期照顧服務下公私部門協同合作新模式的發展特質。2005年「協力聯誼會」開始推展的第一

個合作方案是「全區老人餐食服務方案」。在這個志願結合的合作場域中，重點在網絡建構，使各單位有溝通平台，以利於非正式資源的共享。此種合作模式的優點是這些協力聯盟的行動者展現了積極的主動性，有別於行政官僚體系的照章行事之被動性。

4. 專業服務的研發與推廣

有些非營利組織把專業服務技能推廣到其他組織，進行專業服務交流，例如心路基金會把研發的「支持強度量表」（SIS）運用於身心障礙者服務，並推廣到其他身心障礙者福利機構。台南市的天主教瑞復益智中心也把從瑞士引進的「律動教育」特殊教學方法，積極推廣到其他相同性質的機構。所以近年來非營利組織日漸會運用資源整合策略來連結資源，並與社區的民眾進行融合，這是在福利服務上很大的進步。

二、近年來非營利組織在社會福利服務發展的特色

（一）以家庭為基礎的服務策略

早期台灣社會服務發展的工作模式是以「個案工作」為主軸，近年來家庭結構變遷，需要服務的弱勢者不僅具有個人需求，也有家庭的困境需要協助，因此以家庭為基礎的服務策略成為非營利組織服務的重要工作模式。根據聯合勸募協會的統計，民國96年度聯勸補助非營利組織家庭類計畫總計130件，占整體申請補助案近四成之多，投入資源約7,200百多萬元。其中，高風險家庭的兒童照顧、家庭支持高居第一，其次為外籍配偶及其子女、家庭生活適應，從機構服務可以發現由家庭衍生的需求，繁複且多元。

（二）以社區為基礎的服務策略：資源共享與社區融合

2000年後有較多的非營利組織採取以社區為基礎的工作模式，積極運用社區資源聯合策略以執行服務計畫，例如勵馨基金會南區辦事處在2007年在台南地區結合民間單位、政府及社會資源直接在弱勢兒少居住的社區設立了14個「府城兒童少年社區照顧支援據點」，讓弱勢兒童與少年能在居住社區接受協助（張乃千，2008）。

在老人福利服務領域上，也從早期的安養院模式朝向「在地老化」的社區照顧模式。福利思潮帶動許多服務老人的非營利組織，增加提供長者的日間托育服務，例如花蓮門諾基金會於2004年開辦社區老人日托服務，為讓長者有休閒的樂趣，2008年規劃「重溫看電影趣」的圓夢計畫，提供長者免費觀賞早期的電影，以溫馨有生命情趣的服務方案，讓長者緬懷往日美好時光（門諾基金會，2008）。

（三）就業與福利並重的服務策略

失業者不再是特定人口群，所以從事社會福利服務的非營利組織也日多趨向與就業服務做整合，積極性就業政策的職業介紹或職業輔導也逐漸成為服務的項目。例如，勵馨基金會北區服務處於2007年起接受勞委會委託進行「弱勢婦女人力提升就職計畫」、「家暴暨弱勢婦女保護型就業計畫」。有些非營利組織向勞委會申請「經濟型、社會型多元就業方案」增加人力與資源，例如信望愛農場多元就業開發方案。所以近年來的非營利組織所執行的方案也逐漸從社政體系延伸到勞政體系，採取了就業與福利並重的服務策略，把政府推動的積極性勞動市場政策落實在福利服務的實務工作上。

（四）強調專業倫理與「自律」

非營利組織的進步所賴以展現的是「自律」性格，因此為促進社會大眾對非營利組織的認識及信任、協助捐款人瞭解非營利組織運作狀況，同時鼓勵非營利組織承諾並實踐組織的使命及責信要求，聯合勸募協會等30個公益團體發起籌組台灣公益團體自律聯盟，於2005年10月正式成立，並訂定宗旨為：推動公益團體財務透明、募款誠信、服務效率、良善治理。初期加入聯盟的非營利組織並不多，但是聯盟近幾年也著力於擴大責信認同，以增加會員數為重要指標，截至2015年底止，已經有219個以上的團體會員加入（台灣公益團體自律聯盟網站2015年資料），顯示強調專業倫理與「自律」是非營利組織實踐組織使命及責信要求重要的信念與行動方針。

肆、制度：非營利組織在社會福利領域發展所面對的議題

近來經濟環境以及政治環境的轉變，為非營利部門帶來許多新的挑戰，本節討論兩個重要的議題：

一、非營利組織責信面問題

（一）面對社會大眾「責信」的要求

Eisenberg（2000）指出美國的非營利組織公共責信欠佳的主要因素在於（1）使命模糊；（2）責任不足，造成有問題的組織運作；（3）公共性不足，混合營利和非營利的服務方案；（4）倫理議題，例如財政醜聞與個人行為問題；（5）公共報告績效不佳等因素所致。因為公共信任降低而產生「合法性」危機。

國內非營利組織是否也同樣面臨責信的壓力？許崇源（2001）在一項社會大眾對非營利組織財務、業務等資訊是否需要公開的研究顯示：受訪者認為應

全部強制公開的占41.6%；向公眾募款者應公開者占21.4%；免稅者應公開占12.3%；鼓勵公開占 20.1%；認爲不必公開者只占1.3%。此研究結果顯示，非營利組織已經面臨到社會大眾對「財務責信」要求的壓力。

（二）非營利組織促進責信的機制

非營利組織在社會服務領域的責信度之建立與非營利組織制度的健全有很大的關係，建立責信機制在於組織制度運作民主化、透明化的程度，其層面包含使命管理、組織治理、與財務運作透明化等面向。以下說明之：

1. 使命的管理

組織使命是其核心價值之所在，非營利組織是否負責任，首先必須檢視其組織行動與其公益使命之關聯性。根據邱瑜瑾（2006）的研究，「社會福利暨慈善型」基金會的主要使命依序分別以「社會福利」、「慈善救助」、「災難救助」、「醫療保健」四者所占的比例最高。這些使命與公益的目標具有相當大的關聯。但是有些非營利組織在發展過程中會產生「使命移轉」的現象，例如過度傾向營利。所以必須檢視組織使命，並與未來發展作深入的探討。

2. 董事會治理結構與功能

非營利組織的董事會具有擔任保護組織與監督的角色，因董事會具有公共性的責任，對於治理功能之發揮扮演關鍵性的因素。根據官有垣、邱瑜瑾、王仕圖（2005）對教育事務財團法人在「董事會任期」上的研究，在接受評鑑的教育事務財團法人535家中，發現其董事會的成員任期以三年爲一任者居絕大多數，比例高達93.5%。其餘二年一任（6.2%）與四年一任（0.4%）的機構合計不到一成。所以董事會任期以三年爲一任的制度模式，已經是教育事務財團法人普遍的共識。不過該類基金會的董事有68.5%已連任四屆以上，可見董事換血的新陳代謝速度極慢，這是值得關注的現象。

邱瑜瑾（2006）對台灣的「社會福利暨慈善型」基金會董事會功能的分析，發現此類型基金會最常發揮的角色是「審核機構的年度業務方案」與「審核與批准機構的預算與決算」，很少發揮決策和規劃的功能，對於與外部環境聯結及建立社會網絡的功能更弱，董事會的重要功能並未完全發揮，屬於「形式性董事會」性質。所以基金會應該每年對於董事會治理成效作整體性評估，才能有助於組織的發展。

3. 財務運作的透明度

許崇源（2001）指出台灣非營利組織的財物資源公開度與透明度不足是「公共責信」不佳的主要因素，這些因素包含：（1）未強制公開非營利組織之活動與財務資訊；（2）未規定應公開之內容；（3）未規定非營利組織之報告編製準則，導致各非營利組織編製報告不能忠實表達實際情況或相互比較；（4）非營利組織之最高權力機構未予以重視。因此對於非營利組織責信之改善有下列建議：（1）

強制非營利組織對外公開其活動與財務相關資訊；（2）由民間團體自我規範或評鑑；（3）統一非營利組織之管理機關及法令；（4）由法律及政府的管制。

二、非營利組織服務面的問題

與過去比較，台灣非營利組織的服務品質是有提升的。不過，從進步的期許言之，非營利組織參與社會福利仍有一些服務面向的問題產生，尚需一些反省。

（一）制度性問題

1. 台灣的服務機構類型在制度化的過程中，愈來愈朝向制度同質性發展，對於少數需求的特殊個案之服務，例如愛滋病、同性戀、遊民服務等，很少有發展的空間。
2. 社工師的認證使非營利組織純粹化為同一屬性的工作團隊，缺乏如心理諮商師、復健治療師、資訊管理等人才。
3. 組織轉型問題。許多服務身心障礙與老人的福利機構，以往是「機構化」的服務模式，如何轉型到現在所提倡的「社區化」模式，在組織發展上面臨了很大的難題。但是也有成功的案例，例如：屏東榮譽之家原是軍方安置榮民的安養機構，日漸轉型為兼具社區化的老人日間照顧機構，成為長照資源體系的一環（邱瑜瑾、林青，2013）。

（二）服務與方案問題

1. 經費取向的服務策略，使非營利組織之服務方案重疊度高。例如：許多非營利組織所提供的外籍配偶服務方案，識字班、社會適應班、外籍家庭兒童課業輔導等。方案應該具有區隔性與差異性才能滿足不同民眾的需求。
2. 沒有明確的組織架構與業務計畫。尤其是在小型的非營利組織，由於沒有穩定的財源下，很難建立有發展性、連續性與長期性的業務計畫，和明確的組織分工。
3. 服務體系的雙重性。非營利組織與營利組織提供同類型競爭，使方案與執行任務面臨了競爭的壓力，例如照顧服務面臨商品化的危機。
4. 機構缺乏專業督導人力，使方案的執行不夠確實而流於形式，影響服務品質。
5. 經費來源有限，影響服務方案的設計規劃，以及執行的成效。
6. 社會工作者在實務上著重個別服務及後勤支援性工作，而使有關組織及倡導性工作日趨邊緣化，亟需培養工作者反壓迫的實踐行動（鄭怡世、陳玟倩，2013）。

（三）資源限制問題

1. 忽視員工權益相關制度的建立，例如建立合理的退撫制度。台灣「社會福利暨慈善型」基金會，雖然是從事社會福利的基金會，有提撥退職金的基金會僅占二成四，顯示絕大多數的社會工作從業員工缺乏退休經濟安全的保障（邱瑜瑾，2006）。

2. 合理的薪給制度與薪資結構，是留住人才的重要因素，雖然社會福利工作者對於助人的工作有一份使命感，但是社會工作人員的流動率高，也是不爭的事實。

3. 員工參與內外部在職訓練的機會：組織要維持活力與創意，需要有制度性的員工進修制度。

（四）服務品質與績效問題

1. 方案評估使用比較性的指標去評量相對的績效，需要具備相似基礎條件的組織作參照團體。但是比較性的組織與方案不容易找到，沒有足夠的遊戲規則及很強的參照團體可以檢視服務績效的優劣。

2. 服務績效評量的問題：台灣的非營利組織從服務提供者的角度喜歡用滿意度調查來表現執行績效，使非營利組織的服務績效無法真正被測量到。因為服務品質至少有四個面向：捐贈人滿意之程度、受益者滿意之程度、組織提供服務之成果、組織提供服務之內涵。「受益者滿意之程度」僅是其中的一種指標，其他三種評估面向常是組織進行服務績效評量所忽略的。

3. 組織面對改進方案與創新服務方案需要付出實驗的經費與時間成本，因此「自律性」的自我改革動機很低，只有政府評鑑「他律性」的要求才略有改善，因此提升服務品質與績效有極大的限制性。

伍、未來發展與展望

一、促進組織的變革

制度論的觀點強調，因為模仿壓力使社會組織有了改變的動力（DiMaggio and Powell, 1983），但是台灣非營利組織的制度同質性、社會工作與相關福利法規範定了工作人員資格取得、專業人員的運用比例，使小型化與缺乏資源的非營利組織更難在專業主義發展模式下生存，非營利組織之間的規模、資源與進入政府決策權力體系的機會差距更加擴大。因此未來非營利組織之間的競爭關係更加明顯，尤其是在社會福利領域要贏得公共信任與大眾的支持，非營利組織唯有不

斷的朝向革新與保持創新的活力，才能找到生存的契機。

二、建立完整績效評估系統與組織創新

外部評估可提供非營利組織創新擴散的機會；內部獨立評估則是扮演控制的功能，因此對於非營利組織繼續創新、適應與運用稀少資源來完成任務，評估仍是主要的工作。例如，台灣聯合勸募協會從美國聯合勸募協會引進「成效導向邏輯模式方案設計」，並於2003年將方案成效的概念導入非營利組織所申請的方案規劃中，希望展現整合社區資源的投資效益（官有垣、陸宛蘋、陳錦棠，2008：9）。因此台灣的非營利組織未來要在社會福利領域上提升更佳的服務品質與創新的服務方案，需要建立一套完整的績效評估機制，並與激勵制度連結，才能獲得服務使用者與員工的信賴。

三、增強非營利組織的權能

（一）強化組織的領導統御機制

由於台灣的社會福利機構社會工作人才的流動率高，對於發展未來的領導者有不利的影響。但事實上，台灣的非營利組織也很少形塑「領導發展方案」去發展新的領導統御機制。所以從階層觀點言之，招募未來的領導者，促進內部的民主化，也是提升服務品質與提高士氣的最佳策略。

（二）增強董事會的效能

非營利組織董事從事人群服務，比營利的董事更需有更多的責任與對組織使命實施的承諾，所以增強董事會效能也是對大眾責信的一環。對於董事會效能的測量指標是：瞭解組織的內涵、建立學習能力、董事會本身的學習成長、認識複雜性、尊重過程，及對未來學習訓練。因此，基金會應該有一套長遠的經營計畫，以制度化「授能」模式轉換組織「人治」的經營特質。

四、資源匱乏時代的生存之道

（一）追求卓越的品質：重視人力資源發展策略

非營利組織追求卓越的品質，重視人力資源發展策略是很重要的發展方向。Mirvis 與 Hachett（1983）指出非營利組織是由強調補償角色（role compensation）、工作結構及理念來吸引員工，而且社會福利屬於「知識產業」的一環，加強員工的在職進修才能提升服務成效。目前台灣非營利組織很少服務單一對象，大多轉型為多元化的服務對象，所以對於員工的教育與專業成長，需加

強多元文化社會工作的專業教育。此外，非營利組織要多鼓勵員工去思考、記錄台灣社會福利發展的軌跡，發展勇於政策辯論的組織文化，此對社會服務歷史的傳承深具重要性。

（二）健全非營利組織財務結構

在非營利組織的生存能力上，除了服務方案要具有發展性與競爭力外，支持財務來源的環境資源意識相當重要。而大多數非營利組織也無附設單位或發展社會事業部門，依賴政府補助財源的比例也日漸提升。因此基金會應該加強其財源「獨立自主」的能力，並且注重服務的成效，設計符合非營利組織特性的會計制度，讓捐助者與社會大眾瞭解其收支與效益，才能對非營利組織的執行有信心。

（三）專業資源連結策略：建立整合型服務方案

非營利組織間建立合作網絡，可以獲致下列功能：第一，可使組織間獲得專業及資源交流機會，促進組織雙方使命的達成。第二，彼此共同追求成長與擴展對社區的影響力。第三，可減少不具生產力的重複性服務，減少資源的浪費，將兩個組織的資源提升為對社區更為有效的利用。第四，增加組織雙方在社區的能見度，以及建立民眾對其崇高目標的支持度（Galaskiewicz & Marsden, 1978）。所以專業服務整合可以使服務成效更為發揮，同時減少服務方案的重疊性。

問題習作

1. 請討論台灣非營利組織興起與不同階段的發展與社會、政治、經濟脈絡之間的關聯性為何？

2. 請討論非營利組織在福利領域之創新發展對組織的影響性為何？並在下列四個面向上的創新，各舉一個非營利組織的例子說明其運作特色為何？（1）組織形式的創新；（2）服務策略之創新；（3）開發資源的策略；（4）專業服務的研發、應用與推廣。

3. 請討論非營利組織的「責信」意涵為何？有哪些策略可以改進非營利組織的「責信面」問題？

4. 台灣的非營利組織在福利服務上遇到哪些問題？有哪些策略可以改進非營利組織的「服務面」問題？

參考文獻

中文部分

內政部全球資訊網頁，2016，〈統計年報──合作事業與人民團體〉。檢閱日期：2016/09/22，網址：http://sowf.moi.gov.tw/stat/year/list.htm。

台灣公益團體自律聯盟網站，〈2015 年會員資料〉。檢閱日期：2015/09/22，網址：http://www.twnpos.org.tw。

呂寶靜、王增勇（策劃），2004，《社會福利的軌跡》。內政部發行，台灣社會工作專業人員協會編印。

邱瑜瑾，2004，〈社會服務民營化對非營利組織發展的影響──以台北市社會福利機構為案例分析〉。《社區發展季刊》，第 108 期，頁 90-108。

邱瑜瑾，2006，〈台灣的社會福利暨慈善基金會〉。收錄於蕭新煌、江明修、官有垣主編，《基金會在台灣──結構與類型》，第十章，頁 307-357。巨流圖書公司。

邱瑜瑾，2008，〈台灣第三部門的社會風險觀、福利服務特質與變遷〉。《社區發展季刊》，第 122 期，頁 62-87。

邱瑜瑾、林青，2012，〈從歷史制度論探討社會照顧機構之組織變遷──以屏東榮家為例〉。《人文社會科學研究》，6 卷 3 期，頁 22-55。

官有垣、邱瑜瑾，1999，〈美國基督教兒童福利基金會對台灣兒童福利發展的影響，1950-1977〉。《國際援助與社會發展研討會》論文集，1999 年 5 月 6-8 日，花蓮：慈濟醫學暨人文社會學院。

官有垣、邱瑜瑾，2003，〈台灣民間組織與政府在國際援助事務的角色探析：現況調查及其政策意涵〉。《中國行政評論》，12 卷 2 期，三月號，頁 55-90。

官有垣、邱瑜瑾、王仕圖，2005，《94 年度教育事務財團法人評鑑計畫評鑑報告》。台北：教育部。

官有垣、杜承嶸，2005，〈台灣民間社會團體的興盛及其在公民社會發展上顯現的特色與問題〉。「轉型期中國公民社會的發展──國際的視角　國際學術研討會」，2005 年 10 月 28-29 日，北京：北京大學公民社會研究中心。

官有垣、陸宛蘋、陳錦棠主編，2008，《非營利組織的評估──理論與實務》。台北：洪葉事業有限公司。

林珍珍，2008，〈長期照顧服務下的協同合作模式──以台北式萬華區為例〉。《台灣社會福利民營化的發展歷程回顧與展望──政府與民間福利分工的探討研討會論文集》，頁 49-62。台中：東海大學社工系。

許崇源，2001，〈我國非營利組織責任及財務公開問題研究──非營利組織應加強資訊公開並研訂一般公認會計原則〉。《主計月刊》，第 550 期，頁 43-47。

張乃千，2008，〈感恩有你〉。《勵馨基金會會訊》，第 77 期，頁 5-6。勵馨基金會出版。

陳佳容，2008，〈合作社參與社會保障制度之可行探討〉。《新世紀社會保障制度的建構與創新：跨時變遷與跨國比較論文集》（下冊），頁 259-283。嘉義：台灣社會福利學會、中正大學社會福利系。

彭懷真，2008，〈非營利組織從事社會工作人力派遣之經驗──以幸福家庭協會承接台中市生活危機處遇服務勞務委託案為例〉。《台灣社會福利民營化的發展歷程回顧與展望──政府與民間福利分工的探討研討會論文集》，頁 19-48。台中：東海大學社工系。

鄭怡世、陳玟倩，2013，〈台灣民間社會福利組織社會工作人員工作內容與比重之探討：以聯

勸補助組織為例〉。《聯合勸募論壇》，2 卷 2 期，頁 23-50。台北：中華社會福利聯合勸募協會。

劉淑瓊、孫健忠，2008，〈社會福利民營化下政府與民間的相互解讀：1997 年與 2007 年的比較〉。《台灣社會福利民營化的發展歷程回顧與展望——政府與民間福利分工的探討研討會論文集》，頁 91-107。台中：東海大學社工系。

劉麗雯、邱瑜瑾、陸宛蘋，2003，〈九二一震災的救援組織動員與資源連結〉。《中國行政評論》，12 卷 3 期六月號，頁 139-178。

蕭新煌，2003，〈基金會在台灣的發展歷史、現況與未來展望〉。收錄於官有垣主編，《台灣的基金會在社會變遷下之發展》，頁 13-22。台北：洪健全基金會出版。

顧忠華，2003，〈社會運動的「機構化」：兼論非營利組織在公民社會中的角色〉。收錄於張茂桂、鄭永年主編，《兩岸社會運動分析》，頁 1-28。台北，新自然主義。

聯合勸募協會，2005，〈助人有效益——愛心助人成果圖表分析〉。《聯合勸募協會 2005 年年報》，頁 10-11。台北，聯合勸募協會。

英文部分

Beck, U., 1992, *Risk society: towards a new modernity*, trans. M. Ritter, London: Sage.

Carson, E. D., 2002, "Public expectation and nonprofit sector realities: A growing divide with disastrous consequences," *Nonprofit and Voluntary Sector Quarterly*, 31: 429-436.

DiMaggio, P. J., and Walter W. P., 1983, "The iron cage revisited: institutional isomorphism and collective rationality in organizational field," *American Sociological Review*, 48: 147-160.

Eisenberg, P., 2000, "The nonprofit in a changing world," *Nonprofit and Voluntary Sector Quarterly*, 29: 325-330.

Galaskiewicz, J., and Marsden, P. V., 1978, "nterorganizational resource networks: formal patterns of overlap," *Social Science Research*, 7: 89-107.

Mirvis, P. H., and Hacket, E. J., 1983, "Work and work force characteristics in the non-profit sector," *Monthly Labor Review,* 106(4): 16-20.

Chapter 15

非營利組織與社區、社會改革

顧忠華

學習重點

▶ 瞭解非營利組織在社區中可能扮演的角色。

▶ 對於社區營造及社區大學從事之工作有進一步認識。

▶ 瞭解非營利組織對於台灣的社會運動及社會改革的貢獻。

▶ 認識社會改革的議題設定、策略選擇及組織動員等方式。

▶ 瞭解公民社會的理論觀點,並應用於詮釋非營利組織在社區改造及社會改革上的台灣經驗。

　　非營利組織往往充滿使命感、高舉著進步的大纛，不斷推動各個領域的改革。小到聲氣相通的草根社區，大到涵蓋全人類的全球範圍，都可以是非營利組織實踐理念的場域，本章便是針對非營利組織在這些領域中的作為，進行實例的分析，並加以理論解釋。

　　社區是人們聲氣相投的生活世界，也是複雜社會的縮影，不少非營利組織立足於社區之中，經營多樣性的議題，俾能提升社區生活品質、促進社區公共利益，屬於第一線的實務工作者。台灣自1960年代開始，引進聯合國推廣的社區發展理念，鼓勵普遍成立社區發展協會，但是在培力社區居民自主參與公共事務方面，成效較不顯著。1995年起，政府推動社區總體營造政策，希望透過空間景觀的改造，達到凝聚社區居民共識的目的，也帶動非營利組織積極投入各種社造工作，蔚成風潮。1998年第一所社區大學正式開設，為社區終身學習開啟了新頁，也使相當多進步性的議題能夠在社區大學的平台中傳播，對於塑造現代公民文化產生一定的作用。

　　對於倡議型的非營利組織而言，將社會改革作為組織宗旨，是一個持續不斷的過程，也是挑戰社會主流價值、爭取對話和說服的機會。台灣在1987年解除戒嚴前後，曾經有許多社會運動風起雲湧，衝擊了當時的威權體制，其後許多社運團體紛紛轉型為非營利組織，繼續追求改革目標。而台灣走向民主化，代表了各種類型的非營利組織皆有表達訴求的權利，在百家爭鳴中共同推動社會進步，譬如非營利組織可藉由審議民主的實踐方式，啟動民眾的學習動機，提高參與公共治理的興趣。本章由議題設定、行動策略、組織動員及結構變革四個方面，分析非營利組織與社會改革的相關性，同時亦借重國外經驗，強調非營利組織參與社會改革亦是「全球治理」的重要發展趨勢。

　　最後，本章針對公民社會的理論與實際作了扼要陳述，並輔以社會資本、公民不服從、搭便車等等專有名詞的討論，來鋪陳對於台灣經驗事實的解釋。非營利組織持有的普世價值和社會改革信念，屬於人類所共享，也超越了國界。但是台灣非營利組織在社區改造和社會改革的種種努力，都為台灣公民社會的成長與茁壯作出了貢獻。台灣非營利組織未來努力的方向，最重要的任務應強化組織本身的體質，確立內部民主機制，並以公開、透明的責信作風，取得社會的公信力，再務實地進行各種社會溝通，說服愈來愈多人認同改革的理念與目標，如此才能共同打造台灣成為美麗家園。

壹、前言

　　非營利組織在現代社會中，扮演了日益重要的角色，也發揮了滿足多元需求的功能，但是非營利組織最大的特色，乃是非營利組織往往充滿使命感、高舉著進步的大纛，不斷推動各個領域的改革。小到聲氣相通的草根社區，大到涵蓋全人類的全球範圍，都可以是非營利組織實踐理念的場域，本章便是針對非營利組織在世界舞台——尤其在台灣這塊土地——上，進行過的種種改革行動，作一番扼要的敘述，讓大家體會到非營利組織為何會被管理學大師彼得‧杜拉克（Peter Drucker）形容是在「從事改變人類的事業」，更是「全球治理」（global governance）不可或缺的關鍵力量。

　　從社會分工的角度來看，政府組織的任務在有效運用稅收，制定良好的公共政策並提升人民生活品質，企業組織則是不斷改良創新產品，滿足消費者需求。相對地，有一批人組成非營利組織，並不是為了增進自己的利益，卻是為了倡議某些公共議題，或是為了維護弱勢者的權益，譬如說：台灣有著各式各樣的環境保護團體，包括荒野保護協會、野鳥協會、溼地保護聯盟、主婦聯盟……等等，所有參加的成員都希望提倡環保意識，阻止生態的破壞；又如不少社會福利團體，包括勵馨基金會、伊甸基金會、兒童福利聯盟、殘障聯盟……等等，都是以照顧社會較需要幫助的一群人作為設立宗旨，他們籌措資源，投注在相對弱勢者身上，等於促進了社會的整體福祉。這類有組織的行動，背後都具有改善現狀、追求公平正義的崇高目標，而現代社會便是在這些非營利組織的集體努力下，彙集改革動力來共同解決接踵而至的種種問題。

　　所以，非營利組織不管它的規模大小，都有著「點化人心、改變世界」的志向，不過，俗諺又云：「千里之行，始於足下」，如果能夠將精力投注在周遭的社區，由身邊做起，對於落實社會改造的志業，常會產生令人驚嘆的效果，因為這種日常生活模式的改變，反而帶有最真實的意義。非營利組織如何從草根做起，我們先由觀察一個社區的改變開始。

貳、台灣非營利組織的社區參與

　　台灣目前存在著六千多個「社區發展協會」，這是 1965 年我國引進當時聯合國基於開發、進步及現代化思維推動的社區發展概念，訂定「民生主義現階段社會政策」，其後並於 1968 年頒行《社區發展工作綱要》，由政府依據此一綱要主導成立的社區型組織。1995 年行政院文建會又提出「社區總體營造」的構想，掀起了一波新的風潮。「社區總體營造」借鏡於日本經驗，強調結合行政、專業與社區居民的自發性，採取由下而上的參與式規劃模式，進行社區景觀和建築的

改造運動，並逐步擴展到文化創意產業、福利社區化等種種生活領域。「社區總體營造」政策推動至今，確實激起許多非營利組織投入社區的各項建設，帶來了生活面貌的改變，以下的案例，或可說明此一改變過程需要多種條件配合，絕非政府或非營利組織一廂情願便可獲致成果，其間隱含的學習機制，更值得所有存心助人者咀嚼再三，方能夠讓非營利組織尋求最佳的手段來達成目的，不致徒勞無功。

1999 年 9 月 21 日，台灣發生了規模 7.3 級的大地震，為協助災後重建，文建會於 2002 年起，選擇了 60 個社造點實施為期兩年的《921 震災重建區社區總體營造計畫執行方案》，其中的「金鈴園社區」即是其中之一。該社區位於草屯鎮草溪路上，大地震後，金鈴園社區中的幾戶民宅經過了密集的互動，開啟了草溪路進行社區總體營造的契機。這個社區爭取成為文建會的社造點後，廖俊松教授描述了居民們動員的情形：

> 幾位核心成員討論後決定仍以社區環境空間的綠美化為營造主軸，並以家戶為單位，爭取社區居民的認同；另方面亦以「一戶一道菜」之聚餐方式來活絡鄰里情誼。參與的家戶多起來之後，委員會推動社區命名與標誌票選，不但成功命名「金鈴園」此一社區新名稱，票選出代表社區精神之棟樹與標誌，也順利發行社區內商家流通使用之 VIP 認同卡，激動社區居民的參與熱情。（廖俊松，2004：138）

「金鈴園社區發展協會」在社區營造的創意和行動上不斷推陳出新，包括規劃社區論壇、社區資源調查、以及出版社區刊物，並誘發了社區居民的學習動機，開辦各種才藝課程，積極打造一個「互助、生態、藝術特色兼具的金鈴園社區」。廖俊松總結此一社區營造的實例經驗，提出四項觀察，認為社區參與的落實必須依靠：（1）工作團隊的健全；（2）社區參與目標的擬定；（3）社區居民間的信任與共識形成；（4）社區居民的培力（廖俊松，2004：136）。

金鈴園社區的故事，是一群居民覺醒後，自發組織起來，跨越了種種障礙，共同營造出美好的願景。但是這只是六千分之一，台灣大多數的社區發展協會不一定有能力激發起居民參與公共事務的意願，遑論進行「培力」。當然，台灣另外有為數不少的「社區型」非營利組織，在成員的組成以及任務的界定上，這類組織追求的目標與社區總體營造並無二致，只是它的活動範圍比較不限於地理上的特定社區，在關注的層面上，有時也連結到更廣泛的公共議題，可以稱作是廣義的「公民社會組織」（Civil Society Organizations, CSOs）。譬如新港文教基金會、仰山文教基金會、新故鄉文化基金會、好鄰居文教基金會……等等，都在推動社區意識的提升及社造人才的培訓，新港文教基金會甚至連續舉辦國際藝文活動，促使社區走向「國際化」。又如中華民國社區營造學會、都市改革組

織（OURS）、崔媽媽基金會、乃至兩百多個社造單位共組的台灣社造聯盟，則是對於各項公共政策發揮了非營利組織擅長的遊說和監督功能，同時也提供專業服務，讓改革的理念能夠透過實踐，產生更大的說服力。

　　無論是「社區發展協會」之類的社區內非營利組織，或是行動範圍可能超越單一地域，但仍然以關心社區公共事務為己任的社區型非營利組織，一般來說都強調透過居民的參與，能夠活化社區的公共生活，打造一個理想的家園。事實上，所謂的「公民社會」不需要是唱高調式的道德要求，而是可以在日常生活中踐履的互動關係，特別是在「社區」的人際網絡中，如果能建立起「公共信任」的機制，不讓各種資源淪為私人侵占的對象，就等於跨出了改革的一步。2006年村里長選舉前夕，由中華民國社區營造學會等四十幾個非營利組織共同發起「社區民主營造」運動，並以鄭晃二教授（2005）編寫的《先把社區做好》作為教材，在全台灣各社區辦理了十餘場工作坊，鼓吹社區的經營必須「上緊社造發條」，而居民也應該以候選人是否能落實照顧弱勢福利、改善公設品質、重視環境生態、提供學習資源等社造政策來加以選擇，則可視作是推動基層行政改革的倡議。

　　談到社區與非營利組織的關係，不能不提及台灣近年來興起的「社區大學」。由地方政府以公設民營方式創辦社區大學，是1994年四一○教育改革運動的領導者黃武雄教授提出的主張，並在1998年9月28日開辦了第一所台北市文山社區大學，到2016年為止，全台灣共有84所社區大學，另有14所部落社區大學，而學員總數超過32萬人，蔚為台灣最普及的成人教育管道之一。

　　社區大學的經營模式，大多數是由縣市政府委辦，民間財團法人、社團法人或私立學校承辦，當初推動社區大學的核心成員，主要是基於教育改革和社會運動的理念，因此特別以「解放知識、催生公民社會」作為宗旨目標，並設計學術性、社團性和生活藝能三大類課程，希望學員能夠經由均衡學習，培養出現代公民的知識素養，同時又有能力進行公共事務參與，成為整體提高台灣人民「世界觀、批判力與自信心」的重要動力。社區大學在公共倡議方面成果顯著，舉其犖犖大端者如：

　　　永和社區大學的生態教育園區獲得2006年福特環保獎，2007年台南社
　　　大也相繼得到此一殊榮，而嘉義社大小夜鷹巡守隊榮獲2007年國家青
　　　年公共參與獎，都是正式受到公開肯定的例子。至於社區大學各式各樣
　　　在地的公共關懷，包括宜蘭社大對社區營造的深入經營、基隆社大對海
　　　洋學的投入、新竹社大在資訊教育方面的國際援助、苗栗社大發起的關
　　　機運動、中彰投社大的流域整治、高高屏社大的地方學深耕、台東南島
　　　社大在原住民文化方面的傳承與創新，以及全國社大的志工們活躍在地
　　　方文史、社會福利、生態環保、公衛醫療等等領域的紀錄，在在都顯示

了社區大學已成爲公民行動的培力基地，鼓勵更多社區居民走出「私領域」，積極關心周遭的公共議題。（顧忠華，2008：6）

社區大學的例證，代表了現代概念下的「社區」，不太可能重回到以血緣、親族關係爲主的型態，而是愈來愈走向「事緣社區」（community of interest），甚至發展出借重高科技搭建起來的「虛擬社區」（virtual community），使得全球性的議題得以超越地理界限來互相溝通。

歸結來說，在政府、企業和非營利組織構成的三部門模型中，非營利組織具有著私人性、非利潤分配性、自治性、志願性與追求公共利益等五項特徵，使之成爲「獨特的中介與中距層次結社，與市場、國家有所區隔，在非營利組織的優勢與社會資本的凝聚下，有助於公民社會的形成」（李宜興，2008：58）。當然我們也必須承認，非營利組織由於未擁有公權力，以致不少較具有公共意識的政策和行動，仍需要政府採取指令式措施或提供補助誘因，才能夠獲致成果，但這種「外力」的介入，也使社區的動員究竟是否來自居民的自主性，受到一定的質疑。有志從事社區改造的非營利組織，首要之務還是應擴大參與、深耕社區，並深化「培力」過程，激發出社區居民自行承擔公共責任的信心與熱情，方能達到社區成員充分自治的終極目標。

參、台灣非營利組織與社會改革的關聯性

自從 1980 年代中葉開始，台灣逐漸脫離原有的「威權主義國家」型態，在政治及社會生活方面，起了若干明顯的變化，其中最爲關鍵的一環，無疑是 1987 年的解除戒嚴。經過一連串的修法與釋憲，台灣一步步走出「非常時期」的陰影，而各種潛伏已久的「社會力」紛紛湧現，造成解嚴初期的「社會運動」風潮。

社會運動所釋放的能量，多少反映了台灣在「非常時期」積蓄下來的怨氣，但是在這些不平則鳴的動力減弱後，若缺乏結構性的誘因，以及資源的持續供應，一些以「求償」或具體訴求爲目標的社會運動，很快便消聲匿跡。以蕭新煌所列舉 1987-1989 出現的十七種社會運動爲例，分別是：消費者保護運動、反污染自力救濟運動、生態保育運動、原住民人權運動、婦女運動、教師人權運動、新約教會抗議運動、老兵返鄉運動、老兵福利自救運動、殘障及福利弱勢團體抗議運動、農民運動、政治受難者人權運動、勞工運動、反核電運動、台灣人返鄉運動、以及客家人權益運動等（蕭新煌，1989）。這其中有三分之一以上皆達成目的後解散，其餘的則大都由「地下組織」走向「機構化」，成爲台灣「第三部門」或「公民社會」的中堅組織（顧忠華，2012）。

　　觀察台灣的經驗現象，我們可以發現，為了滿足愈來愈多元的不同需求，社會運動團體若執著於集體行動的模式，不設法轉型為非營利組織，很可能會無以為繼。因此「社會運動」風潮雖然沉寂下來，但大部分與西方「新社會運動」（New Social Movements, NSMs）相類似的議題仍由特定的組織繼續賦予關心，其參與成員則逐漸以中產階級為典型，並與反對黨不再保持「資源依賴」關係。伴隨著台灣社會的「民主化」，一般的政治活動日漸由政黨來承擔，此時社會運動與政黨的分化，也愈益明顯。

　　換句話說，政黨與非營利組織在本質上即有差異，政黨取得政權後，基於各方利益平衡的考量，不太可能完全傾向某種社會階層，而通常是採「多元主義」的原則，讓不同利益團體透過遊說來分配各種資源。無論民進黨或國民黨執政，民間非營利組織的改革主張，由環保生態、教育改革、社會福利、少數族群、文化保存、司法改革、人權保障、稅制改革一直到勞工、農民權益的爭取，都難以百分之百的實現，所以非營利組織始終站在體制外，批判政府施政。

　　不過，隨著參與式民主本身的演進，對於社會改革議題的操作也有愈來愈多樣的策略和方法，以「審議式民主」（deliberative democracy）的推動為例，台灣近年來便舉行了多次「公民共識會議」、「願景工作坊」或「公民對話圈」等等帶有「公共領域」（public sphere）性質的審議活動。這些審議過程強調以一般民眾為主體，重視「常識」與「專家知識」之間的平等溝通、對話，經過審慎的諮詢和討論後，共同對於公共議題作出集體決議，且分別呈現有共識及無共識的意見，在某幾個議題上，甚至成為政府單位決策的依據[1]。

　　眾所周知，非營利組織的定義十分廣泛，並且各個組織皆有自身的特定宗旨及定位，不一定非要具有社會運動色彩的非營利組織，才對「社會改革」或「社會倡議」有所關切。尤其在一個多元的社會中，只要有需要，一群有共同利益或志趣者都可以利用「結社自由」，組織成各類型的社團，形成社會網絡。事實上，改革和倡議不是專屬於社會運動團體，舉例來說，被稱為「四大國際社團」的扶輪社、獅子會、共濟會、青商會，不能被視作是社運團體，但這些社團在例行性的公益捐贈活動外，通常也會設定年度的「倡議目標」，為社會改革盡了一份心力。

　　歸納起來，非營利組織與社會改革的關聯性，可以反映在議題設定、行動策略、組織動員及結構變革四個面向上，分述如下：

　　第一、議題設定：非營利組織存在的目的，既不是為了利潤，也不是為了權

---

[1]　如行政院衛生署的代理孕母政策，以及國科會設置宜蘭科學園區所在地，即是將公民共識會議的決議當作重要參考，這當然不排除某種挾民意為政策「背書」的思考，但是若在討論進行中未明顯引導，多少還是展現了公民參與的精神。相對來說，非營利組織自行籌辦的審議民主活動，其教育意義常大於影響決策之功能。近幾年更興起「參與式預算」的風氣，將地方政府的公共建設預算交由公民審議，落實公民參與的理念。

力，此時組織本身的使命和願景，應該被所有成員視作是最重要的核心價值，並爭取獲得社會認同的最大化。以「人本教育文教基金會」爲例，其成立宗旨是倡議「以人爲本」的教育理念，基金會爲了達到此一目標，往往會針對特別爭議的現象，如學校中的體罰問題，設定成引起大眾注意的議題，讓社會輿論持續檢討學生是否受到不當的管教。而不同的婦女權益團體，曾經分別設定如《民法》夫妻財產制修訂（婦女新知基金會）、家庭暴力防治（現代婦女基金會）、終止雛妓（勵馨社會福利基金會）等議題，進行公開宣導，並獲得廣大迴響。議題的設定，由經營管理的技術角度而言，屬於「社會行銷」的應用範圍，設定成功與否則關係到社會影響力的大小，如世界展望會年年舉辦的「飢餓三十」活動，可以喚起群眾體會到「人飢己飢」的博愛精神，也傳達了宗教的普世關懷，這種能將具體議題和組織宗旨密切結合的設計，對於推廣非營利組織的價值理念有相乘效果。

第二、行動策略：非營利組織在議題設定上，需要善於運用媒體通路，這也是考慮行動策略時，經常優先採取的「公關（或造勢）策略」。記者會、媒體發表會、行動劇、現場陳情或抗爭，都是爲了吸引媒體報導，讓更多人得到相關資訊的手段。除此之外，非營利組織在面對政府和立法機關時，多半會選擇「遊說策略」，來參與政策的制定，或是通過立法實現社會改革。由於民主政治的遊戲規則中，包括了各種「利益團體」或「壓力團體」的遊說，非營利組織往往成爲其中的當事人，必須與其他勢力周旋。以環境保護團體來說，他們的對手常是大型開發案的財團企業，或是期待開發利益的在地民眾（如蘇花高速公路的爭議），因此在策略上需要更加靈活，才能確保其倡議的理念受到社會多數支持。但光是立法不足以解決複雜的個案問題，何明修即描述，《環境影響評估法》在1994年通過後，並無法清除各種公害污染的抗爭，反而是將抗爭的層級直接指向環保署，因此，「體制外的抗議仍是台灣當前環境運動的主要路線」（何明修，2003：61）。從溫和到激烈、從說服到衝撞、從單打獨鬥到策略聯盟，台灣非營利組織表現了豐富的創意，運用各種策略將所關心的議題「輸入」到公共領域，尋求公眾的認同，並期待達成訴求目標[2]。

第三、組織動員：社會運動的「資源動員論」特別強調，任何成功的動員都需要各種資源的配合，包括領導者、組織分工、經費籌措、以及方案執行，在在得投入人力、物力、時間和協調成本。此種觀點適用到所有組織的活動企畫

2　以「聯盟」的組織形式來說，不少非營利組織的正式名稱便是「××聯盟」，如台灣環境保護聯盟、台灣青少年福利聯盟、全國家長團體聯盟等，但另一種形式則是特定議題的結盟，如社會立法運動聯盟、公民媒體改造聯盟、泛紫聯盟、台灣廢除死刑推動聯盟……，這類聯盟通常是由某一非營利組織號召組成，參與的組織之間只存在著鬆散的合作關係，也不一定持久，但在相互呼應議題主張或改革訴求上，有時確能產生擴大聲勢的效應，使得目標較易達成，因此亦成爲台灣第三部門熟悉且慣用的行動策略之一。

上，但非營利組織在從事社會改革時的「成本計算」，可以較不考慮市場的對價交換，因為在價值理念的號召下，經常能夠吸引到一批志工義務參與，其工作時數不必換算成金錢薪資，無異於「壓低」了活動成本。但非營利組織若聘僱專職人員，加上辦公業務等固定開支，即必須重視財務規劃，才能夠維持組織的永續經營。比較之下，台灣的宗教團體在募集資源方面相對成功，而聯合勸募協會的勸募理念，則似乎尚無法改變一般民眾直接針對個案捐款的習慣，也因為台灣的捐款集中於慈善用途，以倡議社會改革為鵠的的非營利組織，不易發展出較大規模，只能類似中小企業般，僅靠少數人力資源來經營組織及籌劃動員。不過，隨著科技的進步，「網路動員」的方便性有所提升，如網路連署、影音傳播、部落格寫作，乃至「公民新聞」等等新興的趨勢，或許也將成為非營利組織以與時俱進方式，更有效推動社會改革的利器。

第四、結構變革：早期對於社會運動的理解，是將「勞工運動」視作是最重要的社會衝突力量，而激進的勞工組織甚至以「階級革命」作為推翻資本主義秩序的手段，並在某些國家奪取了政權。全球人類歷經兩次世界大戰及冷戰的對峙，逐漸形成全球分工體系，配合社會福利制度的普及，似已大幅減低了社會革命的可能性，代之而起的「新興社會運動」，基本上反映了現代社會的結構性問題，包括環保、生態、貧窮、族群、社區、人權、婦女等等，皆非短期可迎刃而解的深層社會矛盾。亦因此，非營利組織在社會改革議題上，所追求的也不是立竿見影的特效藥方，反而更著重在「治本式」的結構變革，這需要一方面透過論述，進行社會價值觀的重建，另一方面持續訴諸行動，不放棄深化改革進程的任何機會。我們若借鏡歐洲經驗，他們在環保意識、社會平等以及民主治理方面都樹立了典範，這中間非營利組織的倡議功不可沒，讓多數歐洲民眾願意參與公共事務的治理，共同維護高水準的生活品質。

總之，社會改革的目標理想性高，不可能一蹴可及，但也端賴有林林總總的倡議型非營利組織不斷地指出改進的方向，台灣社會方得以在個人和集體的層次，學習到如何修正我們的思想意識和行為模式，共同打造一個更合理的生活秩序。時至今日，「全球治理」也已提到了意識層面，並要求「全球思維、在地行動」，如聯合國「全球治理委員會」便大聲疾呼全球民眾必須覺醒，才能遏止各式各樣威脅人類生存的風險，這其中非營利／非政府組織實擔負起舉足輕重的角色。非營利組織面對快速變遷的全球社會，無論在經營管理或使命達成方面，都有可能會遭逢重大挑戰，此時亦需要展現學習能力，提高組織效能，以適應週遭的政治、經濟、法律、社會環境，否則不但社會改革的目標行將落空，恐怕連組織本身也有難以為繼的危機。

肆、結論：非營利組織與台灣公民社會的成形

　　環顧人類過去的歷史，維生和營利常常占據了人們的大半心思，而社會的進步也以非常緩慢的速率行進，一般民眾完全沒有機會接觸到公共議題的討論，遑論參與治理。進入到「現代性」（modernity）的情境後，傳統社會由少數精英壟斷決策權力，並抱持「（愚）民可使由之，不可使知之」心態的形勢大幅逆轉，現代的公民社會是一個「民智已開」的社會，有時甚至民間的資訊比政府更加豐富，觀念也更為開放、先進，所以引領社會進步的力量，不再是少數政治精英的特權。相對於三部門模型中的政府部門，企業部門與非營利部門更具有創新的意願與能力，對於公共政策的敏感度往往還超過官僚化的政府相關機構，在相互競爭與制衡下，形成了「去中心化」的公共治理模式。

　　美國學者沙樂門（L. Salamon）便曾指出，1980 年代出現了「結社革命」（association revolution），在世界各國的結社數量都成長快速，而台灣在 1987 年解嚴後，各種類型的非營利組織紛紛成立，象徵著民間的「社會力」蓬勃發展（顧忠華，2012）。這些現象反映「公民社會」不再只是紙上談兵的理論概念，它已經屬於我們在身邊可以具體觀察到的經驗現象，活生生地運作著，何明修便認為，經過了豐富的政治實踐，「『公民社會』的概念已經不再是某種深奧的學術名詞，而是成更廣泛公共論述的核心元素」（何明修，2007：35）。學者們進一步發現，台灣公民社會在民主化過程中，扮演了兩種不同的角色：

> 首先在民主化及民主轉型階段，運動型等團體挑戰國民黨威權體制，進而促成威權體制的瓦解；但到了民主鞏固的階段，各種不同類型的非營利組織藉由參與民主治理過程，也深化了台灣民主的基礎。（Hsiao, 2006: 226；轉引自丁仁芳，2007：19）

　　凡此種種說法，印證了一項事實，台灣的公民社會逐漸擁有一定程度的自主性，不再依附在國家之下，也和市場邏輯若即若離，而倡議社會改革的非營利組織經常採取靈活的策略，與政府和企業部門維持一種「既合作又對抗」的關係。由成熟公民社會的立場來看，非營利組織最可貴的特質，在於它的自發性、自治性與積極性，非營利組織在法治原則下，充分發揮結社自由、集會自由、言論自由等自由權與公民權的效益，抗議不符合公平正義的政策及法律。

　　這些非營利組織推動社會改革，並不是出於純粹的自利，也不宜用過度道德化的「利他主義」來解釋，較妥當的剖析方式，是採取法國學者托克維爾（A. Tocqueville）的觀點，他在《民主在美國》一書中，形容美國人喜愛結社的原因，乃出自一種「正確理解私益」的態度。因為每個人不把「自利」的範疇限縮在狹隘的「私領域」內，反而清楚地認識到，自己能否在一個公平合理的大環境

下，發揮個人最大的專長，才符合最佳的自我利益。基於這種能將自利與公共利益連結起來的正確價值觀，多數美國民眾願意花時間精力參與由社區層次、國家層次到全球層次的公共治理，並在認知上充分理解這樣做同時也在維護自己的「私益」。舉例來說，美國的社區生活有嚴格的規範，個別家庭不能任意使自家庭園荒廢不顧，否則管理委員會有權處罰，其理由便是：社區景觀髒亂，必然影響到房地產價格，也就損害到集體利益，所以維持社區整體生活品質，屬於所有成員的義務，不能任由私人推卸責任。

不可否認，處在全球化的時代，有太多的國外經驗可以作爲充實知能的寶庫，值得台灣非營利組織虛心學習。21 世紀是非營利組織擅揚的舞台，包括國際反地雷組織和孟加拉的「鄉村銀行」都得到了諾貝爾和平獎的肯定，可見無論從事的是社區改造、或是社會改革，只要群策群力、堅持到底，總可以見到聚沙成塔的效果，一點一滴改變了不合理的現狀。

非營利組織持有的普世價值和信念，屬於人類所共享，也超越了國界。遺憾的是，台灣由於不被聯合國承認爲會員國，過去幾十年許多在聯合國附屬組織，如世界銀行、聯合國教科文組織、國際開發總署支持下所搭建的國際非政府組織交流平台，或在其領導下全球同步進行的公益活動，台灣都無緣參與。這使得台灣的非營利組織帶有較多的本土性，在視野上有時則不免相對封閉，但從正面來思考，這亦顯示了台灣非營利組織的獨立性與獨特性，能夠在惡劣的環境下自行摸索出「愛拼才會贏」的生存之道。尤其對於倡議型的非營利組織而言，它們自己既「鑲嵌」在本土的社會文化之中，卻又企圖改變這整個社會文化結構，實在很難擺脫無力感的侵襲。好在非營利組織可能欠缺人力物力等資源，最豐沛的倒是信心、毅力與勇氣。即便從解嚴後算起，部分「老牌」的社運組織都有了 20 年以上的資歷，其領導階層也個個成爲沙場老將，這些組織對於改革的主張未嘗動搖，就算受到打擊，仍是愈挫愈勇，絕不退縮。

值得一提的是，自從 2008 年二次政黨輪替後，出現了一波波新型態的社會運動，針對土地徵收、生態污染（反核四）、軍中人權及兩岸協議等議題，動員了大量群眾走上街頭，並實質改變了相關的政策。尤其是 2013 年因爲洪仲丘下士被虐死案，公民 1985 行動聯盟號召了 25 萬人於凱達格蘭大道上靜坐，終於促成不合理的軍事審判法的修正；2014 年的 318 太陽花學運，更是由大學生和非營利組織共同占領立法院長達三個星期，迫使兩岸服務貿易協議無法快速通過，創下歷史先例（林秀幸、吳叡人，2016）。

這些大規模的社會運動，其發起團體如公民 1985 行動聯盟、黑色島國青年連線等，都不是正式組織，卻能夠利用社群網站等新科技媒體，廣泛傳播理念，產生出集體行動的最大效果，掀起了巨大的改革能量。而在事件告一段落後，不少有意延續改革議題的非營利組織紛紛成立，也爲倡議領域注入了年輕新血，成效如何，則需繼續密切觀察。至於 2016 年第三次政黨輪替後，台灣的非營利組

織和社會運動如何面對新的政治形勢，也是值得關注的議題。

總之，台灣非營利組織未來努力的方向，如果設定的議題是以社區改造、社會改革為主，最重要的任務應強化組織本身的體質，確立內部民主機制，並以公開、透明的責信作風，取得社會大眾的公信力，再務實地進行各種社會溝通、對話，說服愈來愈多人認同改革的理念與目標。只要台灣社會願意聆聽多元的聲音，並且對於是非對錯能夠理性地評斷，相信改革和進步的力量終會有所累積，何況非營利組織的改革訴求常以「知其不可而為之」作為出發點，最後也不妨認知到「成功不必在我」的可貴，一棒一棒將改革的火種傳遞下去。

問題習作

1. 請扼要敘述「社區發展」和「社區總體營造」的政策背景及實施狀況，政府和非營利組織分別扮演了哪些角色？
2. 你是否聽過「社區大學」？請舉實例說明社區大學可能帶給社區的正面或負面影響。
3. 對於台灣非營利組織與社會運動的關係，你如何評估？如果沒有社會運動，台灣的社會是否會更加不平等、不符合公平正義？
4. 你如何理解「社會改革」？請舉出你認為最具有社會改革意涵的議題？並請舉出哪些非營利組織在從事社會改革任務。
5. 有人認為，「公民社會」是西方概念，不適用於台灣或華人社會，你同意這種說法嗎？理由何在？
6. 非營利組織的任何活動，是否都有利於公民社會的發展？能否舉例說明非營利組織如何能讓台灣的公民文化更加成熟，以提升公共治理的品質。

參考文獻

丁仁芳，2007，〈公民社會與民主政治的相互建構——日本與台灣近年組織性公民社會發展之比較〉。《台灣民主季刊》，4 卷 2 期，頁 1-32。

林秀幸、吳叡人主編，2016，《照破：太陽花運動的振幅、縱深與視域》。台北：左岸文化。

何明修，2003，〈民間社會與民主轉型：環境運動在台灣的興起與持續〉。收錄於張茂桂、鄭永年主編，《兩岸社會運動分析》。台北：新自然主義。

何明修，2007，〈公民社會的限制——台灣環境政治中的結社藝術〉。《台灣民主季刊》，4 卷

第 2 期，頁 33-66。

李宜興，2008，《社區型基金會與台灣公民社會的發展——以嘉義新港文教基金會為例》。國立中正大學社會福利研究所博士論文。

林勝偉、顧忠華，2006，〈「社會資本」的理論定位與經驗意義：以戰後台灣社會變遷為例〉。《國立政治大學社會學報》，第 37 期，頁 113-166。

陳東升，2006，〈審議民主的限制：台灣公民會議的經驗〉。《台灣民主季刊》，3 卷 1 期，頁 77-104。

廖俊松，2004，〈社區營造與社區參與：金鈴園與邵社的觀察與學習〉。《社區發展》，第 107 期，頁 133-145。

廖錦桂、王興中主編，2007，《口中之光：審議民主的理論與實踐》。台北：台灣智庫。

鄭晃二，2005，《先把社區做好——縣市社區營造政策白皮書》。台北：中華民國社區營造學會。

蕭新煌，1989，〈台灣新興社會運動的分析架構〉。收錄於徐正光、宋文里合編，《台灣新興社會運動》。台北：巨流。

顧忠華，2008，〈社區大學與本土教育〉。收錄於社區大學全國促進會編，《社大十年成果豐收，社大運動十週年重要議題回顧專刊》，頁 6-8。台北：社區大學全國促進會。

顧忠華，2012，《顧老師的筆記書 II：公民社會‧茁壯》。台北：開學文化。

當代台灣地區非營利組織與宗教的一般性考察

王順民

學習重點

▶ 瞭解宗教信仰現象作為一項整體性的社會事實。

▶ 瞭解宗教、宗教教務以及宗教信仰的相關概念。

▶ 瞭解宗教福利、宗教類非營利組織的概念內涵。

▶ 瞭解當前台閩地區各個宗教附屬事業機構概況。

▶ 瞭解宗教類非營利組織的發展限制與變遷課題。

摘　要

　　基本上，「宗教」不能自外於整個社會，因此，諸如慈善、醫療、教育與文化等，便成為宗教經常用以鑲嵌於整個社會的一種方便法門抑或是運用手段；連帶地，扣緊現實的生活層面，亦指陳出來宗教與非營利組織兩者之間的確是隱含著某種的選擇性親近，特別是宗教團體亦試圖透過下屬單位、附屬事業或是外部組織的建制性作法，藉此用來突顯出宗教類非營利組織的主體意義和發展特色。

　　本章的鋪陳架構如下：一方面將從規範性層次出發以思索宗教、宗教福利以及非營利組織三者之間可能的貫通與落差，事實上，這樣的論述探究將有助於還原「宗教」的內在意義，藉此避免陷入宗教團體以及宗教類非營利組織的名實論辯；至於，落實在工具性層次的組織性運作，本章也試圖就當前台閩地區各個宗教的附屬事業機構及其所衍生出來的相關意涵，作進一步的描述與討論。最後，回應於非營利組織與宗教的關懷旨趣，本章亦提出相與關聯的命題思考，藉此深究兩者結合之後各種預期與非預期性的發展後果。

壹、前言：宗教信仰作為一項整體的社會事實

　　基本上，相應於政、經、社會與人文環境的快速變遷，當代台灣地區的宗教信仰呈顯出以下幾種的發展趨勢：

　　首先，截至 2013 年為止，台灣地區共計有近 15,369 間的寺院教堂以及 1,581,439 名的信徒人數，不過，如果是回應泛信的屬性特徵，包括道教、佛教與民間宗教在內的信仰人口，遠遠超過官方統計的信徒人口數目；其次，調查當前台灣地區幾個主要宗教類基金會的發展概況，指出：基金規模在 1 千萬元以上的宗教類基金會共計有 23 家，不過，排名第一、第二和最後一名彼此之間卻是相距差了 11 倍、250 倍之多，這亦顯現出來落差極為不對稱的發展態勢。（請見表 16-1）

表 16-1 當代台灣地區宗教類基金會概況一覽表

名稱	設立日期	許可機關	基金數額	基金來源	工作人員	宗教屬性
佛教慈濟慈善事業基金會	1980.01.19	內政部	25,051,743,670	社會大眾捐款（100%）	專職：1,062 人	佛教
行天宮文教基金會	1995.12.04	教育部	220,000,000	----	專職：9 人 兼職：10 人	佛教
法鼓山文教基金會	1992.03.17	教育部	216,007,287	個人捐贈（100%）	專職：117 人 兼職：4 人	佛教
伊甸社會福利基金會	1982.12.01	內政部	132,773,622	其它	專職：947 人 兼職：225 人	基督教
世界展望會	1964.01.09	內政部	118,538,200	----	專職：502 人 兼職：3 人	基督教
法鼓山社會福利慈善事業基金會	2001.03.07	內政部	110,000,000	企業捐贈（100%）	專職：15 人	佛教
基督教論壇基金會	1985.09.24	台北市政府新聞處	85,710,000	----	專職：22 人	基督教
瑪利亞社會福利基金會	1988.11.23	內政部	80,000,000	個人捐贈（100%）	專職：179 人 兼職：21 人	天主教
佛陀教育基金會	1985.01.03	教育部	79,000,000	大眾（20%）、個人（80%）	專職：24 人	佛教
湧泉慈善基會	1996.11.13	內政部	72,000,000	其它（湧泉寺捐助）	兼職：19 人	佛教
天主教善牧社會福利基金會	1994.06.20	內政部	63,176,025	社會大眾捐款（100%）	專職：137 人 兼職：4 人	天主教
佛教蓮花臨終關懷基金會	1994.07.30	衛生署	52,000,000	----	專職：4 人 兼職：3 人	佛教
台北市基督徒救世會社會福利事業基金會	1988.03.28	台北市政府社會局	51,595,892	----	----	基督教
台灣基督教福利會	1966.03.16	內政部	50,327,086	其它（房租收入）	專職：2 人	基督教
基督教都市人工作群社會福利事業基金會	1989.02	內政部	31,900,000	個人捐贈（100%）	專職：5 人 兼職：5 人	基督教
天主教曉明社會福利基金會	2001.05.22	內政部	30,000,000	社會大眾捐款（100%）	專職：22 人	天主教
世界宗教博物館發展基金會	1994.03.08	內政部	30,000,000	個人捐贈（100%）	專職：5 人	佛教
利伯河社會福利基金會	1998.04.20	內政部	30,000,000	宗教團體（100%）	專職：4 人	基督教
門諾社會福利慈善事業基金會	1997.06.14	內政部	30,000,000	門諾醫院（100%）	專職：87 人 兼職：3 人	基督教

名稱	設立日期	許可機關	基金數額	基金來源	工作人員	宗教屬性
勵馨社會福利事業基金會	1988.05.03	內政部	30,000,000	大眾（49%）、政府（50%）、義賣（1%）	專職：133 人 兼職：5 人	基督教
佛光山文教基金會	1988.03.26	教育部	28,000,000	佛光山寺（100%）	專職：7 人	佛教
天主教光仁文教基金會	1990.01.24	教育部	19,906,863	教會捐助（100%）	專職：6 人	天主教
中華民國基督教女青年會文教基金會	1999.02.01	教育部	10,000,000	機構（100%）	兼職：4 人	基督教
覺風佛教藝術文教基金會	1988.02.12	新竹市政府	10,000,000	其它	專職：3 人 兼職：1 人	佛教

資料來源：財團法人喜瑪拉雅研究發展基金會（2005）

　　准此，隨著台灣社會的快速變遷，包括佛教在內的宗教團體以及宗教現象正以各種不同的面貌，具現在人們所身處的生活世界裡，進而成爲一項整體性的社會事實（holistic social fact），就此而言，宗教與非營利組織相與結合的議題旨趣，自然是有它論述與研讀的重要性。

貳、相關概念敘介

　　扣緊「宗教」與「非營利組織」的議題論述，我們先行就某些概念作基本的澄清、說明，這其中包括有宗教、宗教福利以及宗教類非營利組織各自的操作性定義及其所相與對應的論述意涵。

一、「宗教」其及相關論題

（一）不同文化觀點底下的宗教意涵

　　從字根上來說，中國宗教的「宗」者指的是宗祖、宗廟；「教」者則爲教訓、教化而有上施下效之意，因此，「宗教」意指的是以宗廟所祭拜的祖先爲其規範，藉以用來教化後世，就此而言，人與祖先（神）的關係是一條連續譜，人神之間的關係是可以轉變的（曾仰如，1995：72）。至於，西方的 "Religion"，'Re' 是「再」；'Ligion' 是 link（結合），准此，Re-Link 是人與神的再結合，但是，由於人是自上帝處斷裂出來的，因此，西方宗教是藉著儀式、教牧或者中保，以使個人得與神再一次地溝通、交會與聯繫，就此而言，人與神是二個截然不同的存在，本質上是無法轉變同時也是不可能超越的。

不過，即便是出自於不同文化詮釋觀點的宗教意義，但是，宗教作為一種人們的鄉愁以及心靈的最後依歸，這卻是一項不爭的事實，連帶地，各項宗教福利作為所帶動產生的預期性後果之一，便是提供了一種同一性的心理樞紐，據此滿足了人們服從與敬畏的內在需求，因此，「宗教」對於共同意志（general will）之公共哲學的建構，是有它正面且積極的影響效應。

（二）宗教本質的廓清

就某個層面來看，宗教的本質隱約包含著對於各種「交換關係」的探討，並且人們也試著從中找出可以改善或是相互討價的空間，藉以增加交換關係所能帶來的各種福祉。然而，不論是把宗教的本質解釋成是「選擇」、「交換」或「比較」，這同時意指著對於「個體」的尊重，並且將這種交換擺放在個體與社會的互動過程當中。因此，關於宗教本質的廓清，一方面指涉的是要將各種具實的宗教現象當成一項整體來加以考察，藉此瞭解這些現象的本質、運作以及生活性的層面；另一方面則是要貼近宗教行為本身所隱含的脈絡情境，如此一來，才能更為同理信眾個別且主觀的信仰意義。

（三）宗教信仰的轉化能量

宗教信仰本身亦兼具有和合轉化的力量，像是基督新教倫理不僅是一種工作態度的重建，更是一種全面性的生活與倫理實踐，因此，扣緊慈善工作，西方的清教徒正是將這種新教倫理擴及到像是醫院、學校（含女子、高等教育）、YMCA、醫學院等等全面性的倫理實踐（吳寧遠，2000；Lai, 1992）。

（四）結社性的宗教型態

當宗教從個別的信仰行徑，轉型成為結社性質的組織型態之際，此一結社後的宗教團體已經蛻變成為某種的非營利組織，並且藉由寺廟、宗教社團法人、宗教非法人團體或是宗教財團法人等等不同的身分資格，以出現在真實世界裡；連帶地，關乎於「宗教」的神聖本質，自然也有可能會在建制性的組織化過程當中，被掩蓋、偽裝乃甚至於進行某種的去神聖化，不過，即使不能再從事業單位的名詞稱謂，以直接窺探究竟，但是，上下從屬彼此之間的互動關係還是存在著某種程度的依附性。

二、「宗教福利」及其相關論題

關於由寺廟或教會團體所推行的各項人群服務工作，考量到宗教本身的角色功能與活動特性，大致上可以將「宗教福利」區分成下列幾種的類型樣態：（王順民，2001）

（一）宣化事業：是指為宣布教義、發揚教旨以達到社會教化目的所經營的事業，計有（1）出版社、雜誌社；（2）圖書館；（3）演講集會；（4）電台、電視台。

（二）宗教性事業：係指有關宗教性質的相關活動，計有（1）中元普渡、作醮、神明生日慶典；（2）傳戒受戒；（3）動物放生。

（三）學藝事業：為培育人才、宣揚教理與研究真道所舉辦的事業，計有（1）學校；（2）傳習所；（3）撰譯所。

（四）濟眾事業：為求濟助老人、孤兒、殘疾與急難者等所舉辦的事業，計有（1）冬令救濟、急難救助、施粥、奉茶、施棺；（2）養老院；（3）育嬰院；（4）收養院。

（五）衛生事業：為救濟病患防止惡疫蔓延，特舉辦下列事業：（1）醫院；（2）免費義診、配贈藥物。

（六）土木事業：為興盛公共事業，援助公益，特舉辦下列事業：（1）道路、堤防的建設；（2）橋樑的設置。

（七）社區事業：係指為配合社區發展，而專門興辦的事業，計有（1）長壽俱樂部；（2）托兒所、幼稚園；（3）社區活動中心、圖書館、公共設施；（4）興辦社區活動；（5）獎助學金；（6）發展觀光事業。

（八）公益事業：係指為配合變遷社會需要，而提供的各項福利服務，計有（1）環境保護；（2）反毒、拒煙；（3）器官捐贈、骨髓移植、大體捐贈；（4）淨化選舉；（5）反對婚前性行為、反墮胎、反安樂死、反對死刑與防治自殺；（6）心靈淨化、心六倫。

顯然，以上兼具宗教性質或是由宗教團體所推動的各項人群服務事業，雖然已經涵蓋社會救濟、衛生保健、福利服務、社會教育、社區發展以及休閒文化，並且兼具有「社會安全」（social security）發展藍圖的雛型，但是，就宗教團體及其福利服務彼此之間的對應關係來看，無論是規範定義或是實際作為，由佛教團體所推行的社會福利工作（Buddhism-related social welfare）抑或是所謂的教會社會工作（Church social work），相當程度上還是集中在急難救助、濟貧、醫療、教化、出版、公益活動與舉辦共修活動等方面，也就是說，主要是偏重在殘補、消耗、邊緣以及社區在地性質等等的福利服務模式，就此而言，對於「宗教福利」操作性定義的解讀理當是要就「服務與照顧連續進程」（continuum of care and service）的命題思考上，進行對於宗教福利典範的重新建構。

最後，上述的「宗教福利」類型學也可以對照現行政府公部門用以獎勵宗教團體所興辦、贊助的公益慈善或社會教化事業，在該項促進寺廟、教會或是宗教團體的獎勵要點裡，其所界定出來的公益慈善及社會教化事業如下：

（一）公益慈善事業

1. 兒童福利：設置托兒所、育幼院、兒童收容教養、兒童康樂中心等兒童福利機構及推動兒童保護工作等事項。
2. 少年福利：設置少年輔導、服務、收容教養及育樂等福利機構、推動保護工作、獎助學金、職業訓練等事項。
3. 婦女福利：推動婦女福利服務、職業訓練、親職教育、婦女保護及安置、婦女成長教育等事項。
4. 老人福利：設置老人安養及育樂服務機構及其他老人福利等事項。
5. 身心障礙者福利：設置身心障礙者福利機構及提供身心障礙者教養、職業訓練、就業、諮詢、育樂、復建等服務及資助促進身心障礙者福利服務發展等相關事項。
6. 社區福利：社區公共設施、生產福利、文化體育及精神倫理建設等事項。
7. 一般福利：低收入戶生活扶助、醫療救助、急難災害救助、冬令救濟、清寒學生獎助、巡迴醫療義診等事項。

（二）社會教化事業

1. 社會教化：舉辦宗教、生活、文化、藝術、資訊、健康、人際關係等講座，辦理反毒品、反雛妓、宣導活動或設置中途之家等事項。
2. 文化建設：興辦學校、圖書館、出版優良刊物、電化弘法教育、活動中心文康育樂設施、配合地方節慶、舉辦傳統優良民俗技藝活動、加強文化資產與古蹟之保存，維護宣揚工作及各種語文教學研習等事項。
3. 端正禮俗：推行國民禮儀範例、倡導婚喪喜慶節約、改善不良喪葬及其他習俗事業等事項。
4. 其他事項：其他有益於社會教化、淨化人心等事項。

顯然，兩相對比之下，無論是從對象別、事務別或者層次別來看，宗教團體對於公共領域之公共服務的範疇界限（boundary）為何？這還是有其商榷討論的必要；連帶地，扣緊「宗教福利」作為一種規範層次與活動領域的論述解讀，相關聯的命題思考還包括有：

（一）從個體層次來探討宗教福利及其相關作為對於信徒以及一般民眾的認知意義？
（二）從集體層次來檢視宗教福利該種隱含著「宗緣」性質的宗教集結行動，其所開展的社會連帶關係如何被建構以及能否順利運作？特別是「福利服務工作」在這當中所扮演的樞紐機轉？
（三）從整體層次來深究各項宗教福利作為的輸送過程當中，所可能衍生出

來預期與非預期性的發展後果？至於，衍生出來的論述思考還包括有宗教類非營利組織及其社會資本發展的互動關聯？

三、「宗教類非營利組織」及其相關論題

基本上，「宗教」或者宗教制度設計的原意，不全然是為了推動濟助之類的慈善工作，充其量也只是某種宗教義務的實踐；再者，即使是宗教福利工作的努力施為，也不必然一定要透過建制性的團體型態或是非營利組織，方能展現出來，因此，宗教、宗教福利、宗教團體以及宗教類非營利組織，彼此之間是存在著某種的結構性跳躍，而這也使得關於宗教類非營利組織及其相關論題，是有必要擴及到以下的討論：

首先，扣緊西方宗教的發展脈絡，關於「教會社會工作者」（Church social worker）與「信徒社會工作者」（Christian social worker）這兩者之間的概念差異，是必須要被區別出來的（Garland, 1994）。其中，前者係指由教會團體贊助的社會工作機構中的工作人員（the church-sponsored social services agencies），因此，這裡所指涉的是機構本身的專業性（the professional practices），而非宗教自身的神聖性，同時，專業人員也不全然非得有相同的宗教背景；至於，後者所突顯的是社福機構專業人員個人的信仰理念及其行動的哲學基礎，也就是說，社會工作僅是個人信仰表現或神聖誡命的一部分。不過，上述兩者也經常會交互地出現在近代台灣教會福利服務的發展模式裡，像是早期傳教士同時扮演神職與專職的雙重角色（特別是醫療與教育事工方面），以及後來的宗教社福組織已相繼轉型成為人群服務的專業機構。

其次，回應到本土宗教所特有的生態環境，指陳出宮廟社會服務的背後主要還是關聯到本土宗教的信仰特性，這是因為本土宗教係以寺廟本身的祭祀責任，來作為從事公益慈善工作的考量原則，如此一來，對照於西方宗教係以專職的專業人員、專責的非營利組織以及專業的管理技術來從事社會服務的運作模式，那麼，本土宗教這種主要是取決於神祇靈驗性並且是以祭祀圈或信仰圈而來的社會服務工作，彷彿就是「神明」祂自己在從事濟世救人的工作，而這也彰顯進行關於宗教類非營利組織的命題考察時，西方宗教與本土宗教所呈現出各自落差極大的發展態勢。

參、非營利組織與宗教──規範性層次的思辨

就組織型態而言，能否將宗教團體所附屬的事業單位，直接等同於一般世俗之非營利或營利的機構屬性，這一點是有待深究的，畢竟，宗教組織背後所深植

的使命宗旨（mission），將使得宗教團體所隸屬的事業單位，隱含著某種的神聖特質，而非是直接對價關係的利潤取向，特別是藉由宗教教義的神聖性轉化，昇華並且擴大了宗教類非營利組織的影響層面，比如寺院、宮廟或是教會所附屬的殯葬服務，主要是因為將生老病死等等的生命解脫結合在一起，藉此增益了該人群服務事業單位本身的神聖性，進而超脫了營利或非營利的狹窄性思考；再者，兼具宗教奉獻色彩的醫療院所，也因為宗教教義本身所扮演轉轍器的引導作用，藉而使得教會醫院、佛教醫院在治病與醫心上，產生了正面的激勵效應（王順民，2001；尉遲淦，2000）。

其次，對於宗教團體及其附屬單位是否可以直接援引非營利組織所慣常使用的詮釋觀點，這一點也是需要被討論的，特別是關乎於使命目標、領導型態、權力結構、運作規劃、市場區隔、產品組合、行銷策略、人力資源、組織績效、發展模式、風險規避以及永續經營等等的管理課題，非營利組織背後之宗教性與非宗教性的根本差異，還是需要進一步廓清的，尤其是回應宗教世界裡人治式的神聖魅力統理（charismatic domination），點明了：從營利組織、非營利組織到宗教屬性的非營利組織，其間的貫通與落差，在在都有它從抽象理論推演到實務操作上的重新思考。

肆、非營利組織與宗教——工具性層次的爬梳

依據內政部的統計，台灣地區共有包括道教、佛教、理教、軒轅教、天帝教、一貫道、天德教、儒教、太易教、亥子道、彌勒大道、中華聖教、宇宙彌勒皇教、先天救教、黃中、玄門眞宗、天道、天主教、基督教、回教、天理教、巴哈伊教、眞光教、山達基教會、統一教、摩門教等等28種的不同宗教（內政部統計處網站，2014），這其中統計2013年幾個主要宗教的教務概況，得出：在依各個宗教皈依規定而來的信徒人數統計部分，前五名分別為道教、佛教、一貫道、天主教與基督教在內的五大宗教，這其中在寺廟教堂數以及信徒人數方面，道教（9,451座；814,306名信徒）、基督教（2,543座；396,689名信徒）、天主教（723座；182,655名信徒）、佛教（2,369座；152,286名信徒）以及一貫道（221座；18,098名信徒）為其信仰的大宗。

至於，官方政府將宗教團體所提供的社會服務歸納成醫療機構（含診所、醫院等二類）、文教機構（含大學、專科學校、職校、中學、小學、幼稚園托兒所與其它等七類）以及公益慈善機構（含養老院、身心障礙教養院、青少年輔導院、福利基金會、社會服務中心與其它等六類）這三種不同屬性的事業機構，所有宗教社會服務的總體發展概況請見表16-2。

表16-2　台閩地區各宗教社會服務概況

	組織別	2008 年	2009 年	2010 年	2011 年	2012 年	2013 年
醫療機構	醫院	24	25	24	26	26	27
	診所	11	12	12	12	10	11
	小計	36	37	36	38	36	38
文教機構	大學	11	11	11	12	13	12
	專科	5	5	4	4	5	5
	職校	3	2	2	2	2	3
	中學	25	26	26	25	27	30
	小學	15	17	16	13	19	21
	托兒所幼稚園	352	375	345	343	339	324
	其它	555	576	525	525	529	516
	小計	966	1,012	929	924	934	911
公益慈善事業	養老院	26	26	23	22	22	24
	殘障教養院	27	29	38	31	34	33
	青少年輔導院	13	11	12	13	11	10
	福利基金會	70	71	69	73	65	90
	社會服務中心	139	127	119	118	123	118
	其它	225	223	174	212	202	192
	小計	500	487	435	469	447	467

資料來源：內政部統計處網站（2014）

　　事實上，扣緊台灣地區宗教福利發展的歷史性考察得出：光復以來宗教團體所從事的社會服務工作主要是與整個台灣的社會脈動息息相關，亦即，從光復初期台灣匱乏經濟環境所提供的施展空間，使得以教會為主的宗教團體只能先從關乎民生問題之醫療、衛生與救濟工作做起，然後再透過學校教育以提高民眾的知識水準；至於，為了因應台灣經濟結構在民國五十年代後期的變化，有關生活與經濟的輔導，便成為西方宗教接續而來的發展重點，這其中包括有職工青年的就業輔導以及山地農漁牧業的產銷與互助儲蓄。最後，對照於台灣國際地位、外交環境的改變，西方宗教（特別是台灣基督長老教會）則由以往社會救濟職能轉化為社會行動或社會改革職能，不僅使其社會服務事工與人權理念緊密結合，同時更提供變遷社會的服務需求，像是原住民勞工、不幸婦女、漁民、農民等等的社會關懷（王順民，2001, 1999）。

　　相形之下，包括道教與佛教在內的本土宗教，就其實際所從事的福利服務發展趨向而言，本土宗教還是脫離不了西方宗教原有的發展模式，亦即，主要還是扣緊醫療、教育之社會服務的發展軌跡，這也使得本土宗教福利服務的思考主軸一直突顯個體之「生存需求」（survival-based needs）的滿足，優先於對於整體「安全需求」（security-based needs）的維護，同時，本土宗教團體在醫療、教育工作上的興辦經常也是建基在主事者個人的認知圖像上，不過，值得注意的

是，即使是相同的濟眾事業，但是，本土宗教亦轉爲深耕和充實原有的福利服務內含，像是近年來佛光山信託基金星雲大師教育基金所推展的「三好校園實踐學校」；法鼓山聖嚴法師所發起之「心六倫」的新倫理運動；以及證嚴法師慈濟志業的建制化工程等。

伍、結論：當代宗教類非營利組織的變遷課題

基本上，對照於「宗教」在歷史時空中所展現的豐富性與多樣性，這使得對於「宗教」與「福利」選擇性親近的關懷旨趣，乃是在於提供一個開放性的論述場域與對話機會，畢竟，關於「宗教－福利」的議題思索是一種持續不斷的歷史性對話，也就是說，宗教永遠會是一種未完成的社會文化議題（an incomplete socio-cultural agenda），而所謂的「宗教－福利」理當可以作爲我們思考切入的一個策略點，對此，關於宗教類非營利組織的變遷課題包括有：

一、宗教的意義、本質與功能的典範性思考，這當中除了西方與本土宗教的區別析辨外，也要衍生到制度性宗教與擴散性宗教的整體性討論。

二、宗教與福利兩者之間分合關係的進一步廓清；連帶地，宗教福利類型學之規範層次與工具層次的分殊意義，也有它重新檢視的必要。

三、宗教團體應否界定爲非營利組織的根本探究，特別是宗教團體之公益性與營利性的區隔性？顯而易見的是，「非營利組織－宗教」兩者的和合，將會因爲世俗與神聖的不同切面和透視角度，以致產生截然不同的論述結果。

四、宗教團體附屬目的事業之組織型態、功能屬性、作業模式、經營管理、資源整合、服務績效、競合互動、公共關係、法令規範以及法律地位的通盤性探究。

五、宗教團體附屬事業組織的輔導策略與管理機制分析。

六、宗教類非營利與營利組織之政治經濟分析。

誠然，宗教團體經常被當作某種的非營利組織，但是，如果是將非營利組織相關的概念內涵擺置在對於宗教團體的論述解讀時，除了突顯出宗教團體本身所專有的神秘、神魅特質以及終極關懷的核心價值外，理當也要嚴肅地看待此一「神聖性」的標準尺度，畢竟，宗教團體倘若將自己的公益目的不再只是視爲宗教時，那麼，「神聖性」的標舉就不能無限上綱，這是因爲：落實在非營利組織的建制化目標時，透明管理主要還是用以檢視宗教類非營利組織的重要判準，至於，攸關到宗教與宗教團體超越理性的那一部分，非營利組織的有限理性自然是要退卻到一旁，藉此讓宗教類非營利組織保留應有的神聖性！

陸、結論之外：宗教之於非營利組織的延伸性思考

一、從非營利組織之使命利他與公共利益的兩難談起──關於慈濟內湖社會福利園區的開發

　　針對慈濟基金會希望能夠在台北市的內湖區建蓋一棟可以容納2,000人的「慈濟內湖社會福利園區」，不過，也由於該計畫區位係屬於保護區，因此，關乎到土地使用一事，亦引發諸如一旦開發之後，萬一發生土石流或地震的話，是否可能會釀成重大災害，而有違及到保護區的精神？再者，以往並沒有大型開發變更的前例，因此，倘若慈濟案闖關通過的話，是否也會大開保護區開發的先例？至於，建蓋該棟十層的社會福利大樓，非為經濟發展用途使用，亦恐有《都市計畫法》的適法存疑？最後，慈濟社會福利園區位於山坡地，面積亦超過1公頃，因此，有其接受環境影響評估的必要？准此，扣緊程序正義而來的行政流程，除了更益增加慈濟社會福利園區開發的困難外，也因而引發非營利組織之於使命利他與公共利益的兩難弔詭議題探討。

　　誠然，基於使命感的任務自許，非營利組織自身亦嘗試著藉由各種不同的建制化措施，從而達到慈悲濟世或博愛世人的服務宗旨，只不過，一則非營利組織本身濃郁的人治色彩，多少會讓該項神聖魅力的領導型態，被迫要去面臨到社會變遷而來的各項發展課題，這其中包括有從理想到現實、從管理到治理、從目標到手段以及從利益到利害的諸多拉扯，就此而言，內湖園區的開發之於慈濟世界的必要性以及之於娑婆環境的正當性，相當程度上，彼此之間的爭論還是不聚焦的，相反地，癥結點乃是在於長久下來所可能積累的若干弔詭，比如：興起壯大之後的非營利組織，要如何保有起心轉念的初衷，藉以避免淪為某種專斷或霸凌的慈善父權主義？再者，基金會本身的行善作為，又要如何架接在制度性善行的機制設計底下，以讓此一準公共財得以發揮出更多的社會效能？至於，回應於財團法人的關懷旨趣，那麼，無論是非營利抑或是基金會的組織運作，更有它福利與營利以及節稅目的和合理利得的名實之辨？最後，標舉營利部門之於履行企業社會責任之際，那麼，非營利組織所投以利人、利己和利社會的關懷行動，又有哪些需要責付的公益倫理？

　　職是之故，慈濟內湖園區的開發爭議，除卻工具層次的技術變革外，所謂公共性（publicness）的界域範疇，這會是問題的爭議或真義所在，誠然，對慈濟來說，社會福利大樓的建蓋，是有它運籌帷幄和訓用合一，以利益眾生的迫切性，只不過，該項無緣大慈與同體大悲的慈濟使命，又要如何從可能會危及到他人利益的「消極性利他原則」以進化到可以在沒有危險的情境底下，以奉行眾善的「積極性利他原則」？至於，從信徒到異端、從正信到泛信以及從佛教到其它，要如何讓「宗教」本身所涵攝的尊重、包容精神，得以落實成為一種的人倫

分際，那麼，之於神聖領域的敬畏和謙卑以及之於世俗領域的自律和課責，點明出來關於內湖園區，既不是一場的諸神論戰，也不是用以掀起土地開發的潘朵拉，而是攸關到公民社會、公民治理與公民責信的文明化，已經進展到什麼程度。

二、靈性與社會工作——非營利組織人群服務裡宗教力量的無形轉頻

當世道淪喪、人心不古，總是又為紛亂的時局，增添更多現世間的運作難題，這其中自然包括對於弱勢族群的看顧與守候，只是，這樣的護持或供養，倘若是還原回到無形力量的轉頻拉扯，那麼，非營利組織在進行關乎到人群服務背後所可能糾結的宗教性及其和合關係，亦有它嚴肅以對的必要。

誠然，無論是過去所慣稱的「案主」抑或是現在所通稱的「服務使用者」，在某種層面上來看，相較於主流社會而來的常態性裁判，這群特殊與特定的標地人口族群（target population），大都是有狀況、負向能量、情緒糾纏以及越陷越深的，就此而言，任何方便法門的解決對策，宜要有它世間學與靈性學的不同路徑，特別是要如何直指所謂「了因解果化當下」的關懷旨趣。畢竟，一方面，事發的當下，是有它必須要設置停損點的止惡目的，因此，無論是兒童受虐、少年偏差、婚姻暴力、老年棄養抑或是身障安置等等的人身遭遇，要如何避免風爆與戕害不斷的擴大，這會是標舉有限理性的必要作為，以此觀之，「化當下」的操作意義，無非是需要即時進行包括個人與家人或親人、第一代與第二代或第三代、物質範疇或精神範疇以及有形或無形等界面，以進行包括家系圖、關係圖和生態圖之生態環境、問題診斷、需求評估、資源盤點、處遇計畫的化除對策以及涉及到生態系統、認知行為或優勢充權的理論內涵。

另一方面，回應於醞釀、發微、過程、轉成、歷程、情境、衝突到事發之後的不可收拾性，固然是用以突顯冰凍三尺的累積效應，但是，從過去世、現在世到未來世而來的拉扯加乘，這又未嘗不是彰顯「了因解果」的內在性、串聯性以及因緣果報性，如此一來，現行世間事、社工人以及關懷情的處遇模式，就只能處於殘補、枝微以及善後的消極層次，而無法施以必要的轉頻、轉調與轉化，對此，要如何避免靈性層面的欲念牽動到行為舉措的不當產生，那麼，觀念充權的靈性教化，是有它嚴肅以對的必要，事實上，這種回歸到宗教行止的因果解讀，已經是超脫悲觀與樂觀的人性誘因，而是學習一種達觀以看待個人累世累業的賡續意義，如此一來，所謂的橫逆困境，這何嘗不是一種命運轉換的契約。

對此，俗世的「社工」與神聖的「靈性」之相與結合的同時，若干的轉折，是需要嚴肅看待的，這其中包括有：

1. 從現在世到過去世、未來世
2. 從世間到冥間
3. 從有形到無形
4. 從外在到內理
5. 從陰沉到昭陽
6. 從靜止到動態
7. 從物質到精神
8. 從血肉到靈魂
9. 從表相到靈性
10. 從停損到利益
11. 從紓困到解脫
12. 從情境到轉頻
13. 從一代到多代
14. 從他助到自修
15. 從相關到因果
16. 從緣起到共業

三、關於濟貧卡在個資法的宗教福利思考

每逢歲末寒冬之際，宗教團體總會循往例舉辦冬令救濟之類的慈善舉措，只是，現今開始受制於《個人資料保護法》，這使得慈善救濟的標定對象，不再如過去般地可以透過集體造冊以方便善款的發放，乃甚至於出現「照顧窮人，怕什麼個資法？」、「紅包發不完！」之類的情緒發言，誠然，架接在文明化的進步意涵，這使得關於濟貧卡在個資法一事，是有它商榷、議論之處。

基本上，對於慈善團體非對稱的施惠行徑，是要給予相當程度的肯定，只是，該項行之如儀的固定舉措，要如何讓智慧得以提點悲行，藉此達到更多的行善效用，或許，單就清寒家庭的造冊請領救濟金一事，雖然是可以透過公權力的制度性把關，以方便濟助作業的順利進行，但是，這當中所隱含《社會救助法》的運作限制情形，亦點明出來民間部門宜要針對來源、數量及其各種非預期性的發展後果，以思謀另外可行的濟眾方式。就此而言，如何相應於變遷社會以使所謂的宗教福利，能夠展現出不同的概念內涵，特別是從捐棺、施粥、濟助到其它偏向於滿足基本需求為主的福利服務模式，以朝向有規避風險和預防發展的另類思考。

准此，民間慈善團體面對公部門因應於個資法的依法行政舉措，一方面，要如何在制度上路的轉銜階段，思謀必要的對應措施，像是化被動為主動的出擊，以將定時定點的濟眾行為，轉換成為以寺廟祭祀圈為主的在地關懷模式，畢竟，

寺廟、教會等等宗教團體，就其數量多、資源夠、可及強、方便接近以及潛力無限的屬性特色，關乎到一套安全守護網的體系建構，宗教組織不僅不能有所迴避，更是需要展現出較為積極的入世關懷行動；連帶而來的是，也要將個別性的行善舉措以提升到制度性善行的層次，藉此賦與冬令救濟更多的人文意涵！

總之，因為個資法所造成人群服務工作的運作難題，相當程度上，還是要回到個資法的立法用意，畢竟，個資法的初衷仍然還是在於個人隱私的「保護」，而非是對於個人資料的「保密」，因此，依法行政的政府公部門，是不應該讓民眾產生消極不作為以免除可能刑責處分的觀感；至於，包括宗教團體在內的非營利組織，在標舉公益服務的關懷行動，也不能忽略了在濟眾行善的背後，是有它觀念教化的深層意義，畢竟，施與受的兩造，理應是一種互為主體的彼此觀照，而非只是淪為各自的慈善霸權或福利依賴！

四、關於開放宗教財團法人可投資買股之延伸性思考

針對開放宗教財團法人可以投資股市、購買債券型基金一事，估計全台約略會有三千個宗教財團法人適用，而粗估可以投資金額更是高達數百億元，只是，因為資金係來自於信徒、教友的捐贈，因此，各個宗教法人多數還是持以相對的保守態度。

誠然，主管機關的該項權宜措施用意為何？究竟是要解決什麼問題？可以解決到什麼地步？及其後續可能的衍生性問題又為何？其旨趣乃是在於擴充宗教事業目的之定義範疇嗎？係為彰顯對於宗教財團法人的組織自主性？抑或是得以正視到宗教財團法人對其財產經營的迫切性需要？甚或是投資的獲利所得同樣也是施作於公益用途上？而諸如此類的命題思索，固然有它程序正義之充分條件的正當性，但是，還原回到實質正義的必要條件，那麼，問題的癥結點就不全然只是聚焦在對於資金本身的活化與活用，而是何以需要以及會累積那麼多到花用不完的資金？以此觀之，任何形式的宗教信仰，雖然有其個別關懷旨趣的追求，但是，亙續不變的還是信眾本身的自我超越。

准此，這裡的論述真義所指陳出來的是：當神聖領域裡的個別信仰行為，已經聚結成為隱含集體性意義的宗教信眾行為時，那麼，取之於十方大眾的奉獻、捐贈，早已因為蛻變成為建制化的各種組織型態，而產生質量均變的弔詭情形，就此而言，還原回到信仰本身的初衷，所謂奉獻和捐贈行為本身的主體性意義為何？而當這些宗教財成為宗教團體一項重要的收入來源時，其反思的機制設計，是否也要有它回到信徒本身以進行比例原則的自我反省？

其次，此一只開放給宗教財團法人，在安全、可靠的原則底下，於法院登記財產總額，並且扣除設立捐助總額及不動產之後的30%額度以內，須建立投資評估、管理及停損等相關機制，同時須經董事會決議和報請主管機關備查之後，

才可投資於股市及債券型基金。對此，一方面宗教財團法人本身的內控機制，是否可以做到數字上的可管理性，特別是攸關轉投資的專業把關，顯然，這一點還是有待商榷；至於，包括財團法人、社團法人以及一般宮廟、教會在內的所有宗教組織，背後所糾結的神聖氛圍、主導詮釋、救贖需求以及認知機制，斷然是不同於其他世俗性質的法人組織，因此，在進行相關要求的他律規範，理應是要一視同仁地施用在任何型態的宗教團體。

最後，除了他律的管理機制外，所謂宗教事業目的之操作性定義，亦有它商議之處，對此，關於信徒的奉獻捐贈之於經常財、隨喜財；固定財、消耗財；公共財、私有財等的論述思辨，還是存在思辨、議論的空間，誠然，取之於大眾、用之於十方，倘若轉投資的獲利所得也是用於公益性質，那麼，當前宗教目的事業資金運用之施行範圍、服務對象、績效管理、服務責信，更該有它全盤檢討的必要，就此而言，開放宗教財團法的資金運用，已然不是關注所在，而是更多的投資效益和資金累積，究竟是要傳達哪些教化意涵？

問題習作

1. 宗教福利的類型樣態包括有哪些？
2. 請你舉出台灣社會裡西方宗教的教會福利模式以及本土宗教的宮廟福利模式，各自的演變模式以及所隱含的結構性意義？
3. 就你所瞭解宗教類非營利組織未來要面對的變遷課題，包括有哪些？

參考文獻

中文部分

王孝雲、王學富譯，1992，《宗教社會學》。台北：水牛出版社。

王順民，1994，〈「宗教福利服務之初步考察——以「佛光山」、「法鼓山」、「慈濟」為例〉。《思與言》，32卷3期，頁33-76。

王順民，1999，《宗教福利》。台北：亞太圖書出版社。

王順民，2001，《當代台灣地區宗教類非營利組織的轉型與發展》。台北：洪葉文化事業有限公司。

王順民，2006，〈當代台灣地區非營利組織的社會行銷及其相關議題論述〉。《社區發展季刊》，第115期，頁53-64。

王順民，2007，〈「宗教」與「福利」之選擇性親近的迷思與弔詭——從佛教崇信現象談起〉。

收錄入於周平、齊偉先主編,《宗教與社會的世界圖像》,頁227-248。嘉義:南華大學教育社會學研究所。

吳寧遠,2000,〈非營利組織法令與宗教組織法令〉。收錄於鄭志明主編,《宗教與非營利事業》,頁207-234。嘉義:南華大學宗教文化研究中心。

陶在樸,2000,〈台灣宗教發展的系統動力學模型〉。收錄於鄭志明主編,《宗教與非營利事業》,頁95-122。嘉義:南華大學宗教文化研究中心。

財團法人喜瑪拉雅研究發展基金會,2005,《台灣300家主要基金會名錄2005年版》。台北:財團法人喜瑪拉雅研究發展基金會。

尉遲淦,2000,〈從佛教觀點看殯葬管理──以佛光山為例〉。收錄於鄭志明主編,《宗教與非營利事業》,頁123-144。嘉義:南華大學宗教文化研究中心。

曾仰如,1995,《宗教哲學》。台北:台灣商務印書館。

英文部分

Garland, D. R., 1994, "Church Social Work," Pp.475-483 in *Encyclopedia of Social Work (19th)*, Washington, DC: NASW Press.

Lai, W., 1992, "Chinese Buddhist and Christian Charities: A Comparative History," *Buddhist-Christian Studies*, 12: 1-33.

非營利組織的政策倡導——台灣經驗的回顧

Chapter 17

韓意慈

學習重點

▶ 瞭解非營利組織政策倡導的定義及重要性。

▶ 瞭解非營利組織政策倡導的分析面向：觀點與目標、資源與策略及結果與影響。

▶ 瞭解台灣不同領域之非營利組織進行政策倡導的相關經驗。

▶ 瞭解非營利組織政策倡導的困境與爭議。

摘　要

　　非營利組織進行政策倡導亦即：組織透過一系列規劃與行動的過程，不僅對既有社會政策提出挑戰，並對新政策提供建議，最終目的是維護社會大眾的公共利益。為使相關領域的學習者易於瞭解整體脈絡，本文從源起、過程及結果三大面向來介紹非營利組織的政策倡導，並以台灣近年來的倡導行動經驗為例證。從政治解嚴以來，歷年來台灣的非營利組織政策倡導經驗可謂風起雲湧，涵蓋了社會福利、勞工、婦女、公共衛生、環保等議題。過去豐富之相關文獻，多半從單一組織個案的角度進行分析；本文則將過去的實證結果放在政策倡導的分析脈絡中，以幫助讀者進一步探討並檢視政策倡導的相關意涵。

　　本文指出政策倡導行動的源起面向涵蓋三個分析單元：社會背景脈絡、組織使命與觀點、及折衷的倡導目標。倡導行動的過程面向則探討組織的資源與策略。至於倡導行動的結果面向，除了關注直接的倡導目標是否達成之外，倡導行動的後續影響也值得觀察。本文期能透過分析面向的介紹，以及台灣實證倡導經驗的回顧，並點出當前非營利組織進行政策倡導時的困境與爭議，與此領域的研究新趨勢。透過西方非營利組織的概念及台灣倡導經驗的相互參照，期許能作為讀者未來從事或分析政策倡導行動的一股助力。

壹、前言

　　從政治解嚴前後直到今天，20多年來台灣社會有許多具政策倡導意涵的行動，例如80年代的消費者保護基金會推動消費者保護運動、殘障福利聯盟推動《殘障福利法》、環境保護聯盟推動環境保護運動、及董氏基金會推動《菸害防治法》等。90年代婦女團體推動《兒童及少年性交易防制條例》、《性侵害犯罪防治法》、《家庭暴力防治法》、《民法親屬篇修正案》及《性別工作平等法》等；老人福利團體推動《老人福利法修正案》；勞工及社會福利團體推動《國民年金法》；兩千年以後移民／移住修法聯盟推動新移民人權的議題，及野草莓、樂生療養院等青年社會運動，並以核能議題為中心的環境保護運動等等（蕭新煌，2010a）。這些活動時常引起民眾的關注及政府的回應，但從組織及行動的角度，這些行動有什麼共通性？論者以為台灣非營利組織的大量興起，可謂社會運動制度化、專業化與機構化的一種現象（顧忠華，2010），故兩者有其概念上的重疊性。本文將援引相關社會運動的例子，但從非營利組織研究的角度切入，探討組織作為行動者，在對社會政策提出建言的一系列動態過程中，值得吾人進一步瞭解的內涵。

　　對台灣的非營利組織而言，從事政策倡導行動有多普遍？相關研究中提供

具體數據者並不多，僅一份針對大台北地區250家民間組織進行調查的研究指出（蕭新煌，2004），有四分之一組織曾經參加抗議或倡導性活動，其中有六成以上曾與其他民間組織合作進行倡導。以訴求而言，這些倡導行動的訴求包含：「引進新觀念」、「舉辦活動」、「提出關心公共政策的呼籲」、「改變政府政策」、「展望進一步的社會改革」及「加強公民意識」等；其常用的倡導方式為「從事與官員的對話」、「向政府提出建言」、「籌辦討論政策議題的座談」、「連署請願書」、「召開記者會」和「發動靜坐抗議與示威」等（蕭新煌，2004）。根據該份研究，僅大台北地區便有六、七十個組織進行政策倡導的相關行動，顯見相關活動之蓬勃。

　　為瞭解非營利組織政策倡導在台灣社會所扮演的角色，本文將首先由非營利組織作為政策倡導者的重要性、政策倡導行動的目的與功能、及在公共政策過程中的角色，來思考政策倡導的意涵；其次，本文將援引過去台灣社會中政策倡導行動的實例，以討論政策倡導的各個分析面向：起源、過程、及結果；最後在總結中並進一步思考非營利組織政策倡導的困境與爭議、及未來研究趨勢。

貳、何謂非營利組織政策倡導

　　如何理解非營利組織進行的政策倡導行動？我們可以從三個廣泛的切入角度來思考：非營利組織為何要進行倡導？什麼是倡導行動？和組織進行倡導行動的功能。首先，本書談的非營利組織，在從事政策倡導行動，和其他組織來進行倡導有何不同？論者以為，非營利組織作為政策倡導者，和一般利益團體、壓力團體之不同，在於非營利組織所處的特殊地位。西方非營利組織學者Salamon, Hems和Chinnock（2000）認為非營利組織最適合於推動社會現狀的改變，原因為非營利組織處於政府與市場之外，為介於個人和廣泛政治過程的中介站。是故，當組織投入政策倡導，便能將組織關切的公益主題推展到社會大眾，推動政策的改變，進而達到廣泛的社會改革。也就是說，非營利組織獨立於政府之外，並且與市場有所區隔，其地位最適合將人們組織起來，提出利於社會改革的公共意見，向政府提出建言。

　　其次，何謂倡導行動？倡導（advocacy）此用語的原意來自法律領域，意指律師為當事人的利益而進行辯護的過程（程韻舫，2004；葉琇珊，1992；Fox, 2001）。由於美國1960年代的公民權運動，倡導的意義自此被進一步擴大運用了；首先，倡導不僅是維護個人利益，也延伸到捍衛社會中弱勢團體的利益；其次，倡導不僅根據既定的法律，也可以挑戰與改變遊戲規則；最後，倡導可以針對法律尚無法處理的社會問題，如公權力濫用與社會排除的議題等（Fox, 2001）。可見倡導一詞可運用的層次早已由個人至團體、由法律至超越法律、甚

至廣泛的社會問題。

　　組織若進行政策倡導，對於社會將造成何種意義？從過去倡導行動的實際功能吾人能進一步瞭解，例如：美國的社福機構透過倡導行動能達成的是：影響相關法令的制定、促使政府改善服務、取得政府經費、及提供服務對象額外的利益（Kramer, 1981）。國內的研究也發現最早起始於民國四、五十年代，台灣各志願福利機構普遍而言皆已開始扮演倡導者角色，歷年來所扮演的角色同樣涵蓋了上述四種倡導功能（王永慈，1987）。特別是台灣在解嚴之後，非營利組織透過倡議行動，推動了各種領域中若干法規與政策的革新，其中有些服務／福利型的組織開始吸收政府釋出的資源從事社會福利服務外包服務，也開始有了專業化的提升（蕭新煌，2011）。無論從西方或台灣的經驗與文獻，非營利組織政策倡導對於社會改革與社會福利的促進皆具重要的意義。

　　綜上所述，可見廣義來說，政策倡導的主要意涵爲對社會正義的提倡，其行動來自代表弱勢團體及公共利益的非營利組織，目的是透過一系列規劃與行動的過程，對既有社會政策提出挑戰、或對新政策提供建議；藉著這個改變政策的過程，可以影響機構、社區或社會的公共利益，進而保障與促進社會大眾的權益。

參、非營利組織政策倡導行動的分析架構

　　上述對政策倡導意涵的探究，幫助我們瞭解政策倡導的規範性角色；本文進一步提出以下分析架構，以幫助讀者審視不同政策議題、不同組織間，政策倡導經驗中的相似處。此分析架構可分爲政策倡導的起源、過程、與結果三個面向。

一、分析面向一：政策倡導行動的起源

　　政策倡導的「起源」分析面向，包含倡導行動背後的社會背景、觀點及目標；也就是說，欲瞭解政策倡導行動爲何會出現，可以先由當時的社會背景因素、該組織投入倡導行動的主要觀點、以及組織之觀點與社會主流價值折衝後所設定的目標來探討。其中，政策倡導的觀點，反映出該組織的宗旨、願景或過去的行動歷史，是一個對社會問題較爲長遠的解決藍圖；而政策倡導的目標，則是考量現實社會背景因素後較爲具體可行的行動方案。

（一）社會背景因素

　　首先，政策倡導行動與當時的社會背景因素息息相關，最明顯的例子，就是台灣由於1987年解除戒嚴令，宣告威權政治的結束，及對自由結社禁令的消除，使得民間社團紛紛成立，關切當時攸關民生的許多社會問題，而有80年代

末期開始的各項倡導行動，例如：對環境保護的倡導行動、婦女運動及消費者保護運動。這也就是學者所稱：台灣社會運動的黃金年代（蕭新煌，2010）。以社會學用語便是「政治機會結構」，如：選舉與代議機制、政策參與管道、官民協力治理的出現，即台灣社會運動的重要背景因素（何明修，2011）。除此之外，社會背景因素還可以包括社會大眾的意向與經濟發展程度等其他因素；例如，消費者文教基金會於1980年代成立，並倡導《消費者保護法》等行動，主要亦受惠於當時台灣社會上中產階級興起、社會大眾在性格、價值觀與行為上的轉變、社會意向上消費型態的改變，加上重大事件的刺激（江金山，1985）。又如學者分析近年來青年社會運動的興起，與台灣近年來高度資本主義社會引發的不公義現象有關（管中祥，2013）。因此，分析政策倡導活動首先必須瞭解背後的社會背景因素。

（二）政策倡導的觀點

除了社會背景的影響，不同的政策倡導組織根據該團體對議題的不同主張，自然形成不同的倡導觀點與目標；這不僅代表不同領域的政策倡導團體自然多關注於不同的政策，例如勞工倡導組織關注於勞動政策、老人福利團體倡導老人福利政策，也代表當不同觀點的組織關注於相同的政策時，其不同的倡導觀點也可能導致衝突的行動。以1997-2001年台北市廢除公娼制度爭議事件為例，過去同樣自稱為婦女團體的不同組織，也因為觀點的不同產生不同的倡導行動，形成對於廢娼政策的贊成與反對兩大陣營，爭議出現的主要立基點在於雙方對剝削的定義有很大的分歧（韓意慈，1999）。從文化社會學的角度，探討倡導行動中的觀點，亦接近討論社會運動中的框架（frame）（Snow & Benford, 1992），也就是行動組織一種簡化與濃縮外在世界的詮釋架構（引自何明修，2005）。

（三）政策倡導的目標

雖然，倡導組織的觀點形塑倡導的行動的方向；然而，組織從原有的倡導觀點出發，到實際上從事的倡導行動目標之間，常常存在著修正的色彩，這往往是倡導團體對社會現況或政府回應的妥協或策略。舉例來說，在家暴法倡導過程中歷經不同階段，最終由於具爭議性的性別平等觀點被隱藏、妥協，才促使政府部門也加入法案的研擬，最終成功地促成《家庭暴力防治法》立法（林芝立，2004）。因此，欲分析政策倡導行動的觀點與目標，除了需要從組織所處的社會背景脈絡來探討，尚須瞭解不同倡導行動與社會主流價值的折衝與妥協。張靜倫（1999）比較《兒童及少年性交易防制條例》、《性侵害犯罪防治法》、《家庭暴力防治法》、及《兩性工作平等法》四個法案，發現前三項法案因為法案目的與社會主流價值相符、爭論性低，因此比起《兩性工作平等法》較容易通過。我們可以發現倡導行動的「起源」面向，除了將整個行動放在所處的社會背景下看待，

瞭解該組織對社會問題的原有觀點之外，並應考慮倡導的觀點與社會接受程度之間的互動關係。

二、分析面向二：政策倡導的過程

本文將政策倡導的「過程」分析面向，主要區分為倡導組織的資源與倡導行動的策略。倡導行動中，非營利組織如何運用其所擁有之資源，足以影響倡導活動的發生，以及後續倡導策略的選擇，進而影響倡導的結果。

（一）政策倡導的資源

哪些資源有利於組織進行政策倡導？從廣義的角度來看，政策網絡學者 R. A. W. Rhodes（1990）指出五種組織資源：（1）權威：決定了自行或授權其他組織決定政策的權力；（2）資金：決定了組織具有的財力資源；（3）正當性：指出該組織是否具有民意基礎；（4）資訊：意指制定政策所需的各種資訊與取得資訊的能力；（5）組織資源：包括所具有的人員、技術、土地、硬體設施與設備是否具有優勢的條件。Rhodes 認為當一個組織擁有的資源越多，也就越具有權力，因為該組織可以透過與其他組織進行交換，取得優勢地位和較大的裁量權，來主導政策過程的關鍵。更具體的以政策倡導行動中，單一組織所需具備的資源來談，韓意慈（1999）則將政策倡導的資源，歸類成「組織的內部資源」與「組織的外部資源」。組織內部的資源包含人力資源、財務來源、組織型態、決策模式；而組織外部資源則包含：是否加入聯盟、是否成功運用媒體、及是否掌握與決策者接近的管道。

1. 組織的內部資源

上述架構中，倡導組織的財力與人力豐富與否，顯然足以影響推動倡導行動的難易程度。首先，此財力不僅牽涉到資金來源是否豐厚，也牽涉到資金來源的比例，如：政府補助款若占比例太高，恐將影響對政府的倡導行動；來自某財團的資助過多，也可能導致倡導組織不願加入影響財團利益之政策的倡導行動。其次，對於倡導人力資源的分析，除了瞭解倡導人數多寡，也可以瞭解諸如領導者的特質、專業人員的比例、會員組成的背景等質的面向。例如90年代婦女團體的政策倡導，獲益於代表社會菁英的律師與教授等（姜誌貞，1998）。

組織的型態也會影響到決策的方式與因應變動的能力，進而影響政策倡導的結果，可以視為倡導的內部資源。例如，去中心化組織指的是科層化程度較低的組織，其決策方式多為由下而上。這些組織其成員的共識程度高，易於形成共同的決策，也由於組織型態非正式化，而維持了更大的彈性，足以應付倡導行動中的變化。另一方面，科層化的組織則較能吸引

專業化的人力，有利於組織資源的維持，也較能扮演內部成員增加時的協調功能。此外，Jenkins（2006）也指出有愈來愈多的組織建立不同的分支機構，以運用不同組織型態進行不同功能的倡導活動。其舉 Lune 和 Oberstein（1999）研究美國紐約市防治愛滋病的非營利組織結盟為例，其組織中科層化組織分支機構提供日常的專業服務，去中心化組織型態的分支機構則以抗議活動為主，而專業研究的分支機構則進行相關研究。

2. 組織的外部資源

就外部資源而言，是否加入聯盟、是否成功運用媒體、及是否掌握接近決策者的管道均為重要的倡導資源。鄭怡世、紀惠容（2001）指出非營利組織透過聯盟，形成具專業能力的有力集合體，足以將弱勢族群的意見、經驗轉化為政策語言與專業論述，而掌握到特定議題的解釋權與主導權，進一步在倡導過程扮演重要的角色。從台灣近年來老人政策倡導的歷史中，也看到聯盟所扮演的重要角色（陳正芬，2002）。而勞工運動等團體也普遍運用聯盟這種方式來克服單一團體資源之不足（孫友聯，2012）。盛盈仙、盧國益（2013）研究女權倡議網絡推動跨國之性別主流化運動，指出包含：聯合國婦女地位委員會暨民間團體會議、婦女發展網絡、非政府組織婦女論壇等所提供的平台，均成為組織進行倡議的外部資源。

其二，媒體作為組織進行倡導之外部資源，是由於組織能透過媒體以掌握對社會事件的解釋權力，進而影響社會大眾的認知。在政策倡導的過程中，一旦個人意見形成普遍性的輿論，政策決策者在民意的考量下，往往必須關注與回應。因此政策倡導團體無不競相運用媒體資源，以獲得大眾關注，並對政策提出看法，進而達到組織政策倡導的目的。例如，罕病基金會多元地善用各種媒體，使媒體有助於其社會與立法倡導的推動（曾敏傑，2004）。此外，近年來各組織也透過拍攝紀錄片、微電影的方式擴大其對話的人口群。而網際網路的興起，更成為非營利組織從事倡導行動的外部資源，引發研究上的討論與實務上的運用（蕭遠，2011；李宇美譯，2011；韓意慈，2013b）。

第三，是否掌握政策決策管道的可近性，亦指倡導組織與決策的立法、行政部門的接近程度。政策倡導行動的成功，通常有賴於與決策管道間維持密切的聯繫。具體來說，如倡導組織與立法委員、或政府部門承辦人員能維持資訊交換的關係，當立委要質詢、提案時會來詢問倡導團體的主張，或政府部門承辦人員會與倡導組織交換意見，甚至提供重要的政策執行進度，都裨益於組織進行政策倡導行動。如果非營利組織能參與一些例行性的政府部門委員會，則更能直接對政策提出建言與規劃的意見。台灣於2008年實施了《遊說法》，依法規定向行政官員及立法委員進行遊說必須提出申請。雖此法並未徹底執行，但仍對組織進行倡導行動的可近性，造成某種程度的影響（韓意慈，2013a）。

（二）政策倡導的策略

政策倡導行動中最引人注意的一環，即倡導組織透過何種策略引起決策者及社會大眾的注意，進而達成倡導的目的。因此，相關研究中，探究政策倡導策略的文獻非常豐富，研究者對政策倡導策略的不同分類方式很多，第一大類為按照倡導對象加以區分，第二大類為依據倡導策略的影響因子加以分類者。前述以倡導對象區分，可分為直接與間接影響策略。直接或內部倡導策略，意指直接影響政治成員，如行政、立法、司法部門；而間接或外部倡導策略，則指間接影響政治成員，也就是針對社會大眾進行的倡導策略。

上述針對倡導策略對象的二種分類雖然簡明，然而可以發現實際上有許多行動難以單獨歸類於直接／內部或間接／外部策略，例如舉辦公聽會可能是同時邀請決策關鍵人士與媒體，故同時具有兩類倡導策略的特質。因此本文進一步介紹由倡導策略的影響因子來區分的多種倡導行動，Berry（1977）首先提出困窘與對抗（embarrassment & confrontation）、資訊（information）、影響選民與施壓（constituency influence & pressure）、及司法（law）四種策略[1]。

1. 困窘與對抗策略

困窘與對抗策略最容易引起媒體的關注，成為報導議題的焦點。困窘與對抗策略之基本假設認為，倘若非營利組織能將公共政策的缺點充分揭露，則能夠有效地刺激決策者去改變此政策，而達到政策倡導的目的。在過程中更可進一步藉由行政官員或民意代表反應出的防衛行動，一方面刺激政府對政策的關注，另一方面也製造問題的衝突性，以使得問題能被更多的社會大眾所關注（Berry, 1977）。台灣的政策倡導行動中，處處可見運用困窘與對抗策略的例子。例如：1999年10月，行政院國民年金制度規劃小組以九二一震災救災重建造成財政吃緊為由，通過暫緩施行國民年金之決議，殘障福利聯盟與老人福利推動聯盟等民間社福團體發起「搶救國民年金聯盟」，共召開兩次記者會、發布三次新聞稿，標題如「撕破國民年金官方版的假面具」、演出行動劇、並發動兩次請願活動（程韻舫，2004），藉此對決策者造成壓力。

然而，困窘與對抗策略的運用，也可能帶來反效果。首先，可能引起有利益衝突之其他團體的攻擊性反應。非營利組織的呼聲可能在尚未取得社會大眾支持之先，即已遭受利益衝突的其他團體「封殺」。其次，經常遭受困窘的官員或民意代表，可能因此產生敵對的態度。如此，反而不利於組織接近決策的核心，更會使非營利組織直接參與政策過程的機會降低。第三，民眾也可能會對於使用此種策略的非營利組織，產生「吹毛求疵，大驚小怪」的負面印象，而影響大眾對組織的支持度（江金山，1985）。另外，前述指出2008年《遊說法》的實施，使

---

[1] 此分類也廣泛地被國內的研究者所引用（江金山，1985；王千美，1992；蔡淑萍，1992；簡徐芬，1994；傅麗英，1985；韓意慈，1999）。

得欲依法行事的非營利組織，將不易執行困窘與對抗的倡導策略。

雖然如此，困窘與對抗策略仍是政策倡導團體最常用的策略之一，因為一旦體制內的倡導不可得，倡導團體也只有以抗爭的方式來引起社會關注。例如，2002年勞工等社會團體「反健保雙漲」行動中，社會團體先嘗試體制內的溝通，但是全民健保封閉的決策體系，及行政院對健保雙漲政策的強硬態度，迫使社會團體走向體制外抗爭，最終採取示威遊行的激烈抗爭手段，並採取更尖銳的言詞批判政府（黃政偉，2005）。而近年來全國關廠工人連線代表數百名遭雇主惡性倒閉的勞工，經歷向政府抗爭十多年未有善意回應，以致曾於2012年以臥軌等激烈抗爭的方式來凸顯訴求（王顥中、陳偉綸，2013）。可見決策者的回應也會進一步影響倡導組織的策略選擇。

2. 提供資訊

非營利組織使用資訊策略，係基於組織相信政府的錯誤作為，來自於缺乏適當的資訊所致；因此，達成政策倡導的關鍵，在於提供給決策者有用的資訊。採用此種策略背後的哲學，較不具有敵意、或憤世嫉俗的想法，並認為決策者具有開放的胸襟、滿懷善意，並願意為「正確」的政策而努力。此種策略比較接近上述的「內部策略」，亦即此策略是有賴於政府官員等決策者的善意（Berry, 1977: 269）。

台北市廢除公娼制度爭議中，贊成廢娼的婦女團體陣營，即大量運用提供資訊的倡導策略。不論是透過婦權會的提案、拜會市政府、遊說三黨市議員等等行動，背後都顯示資訊策略的意涵（韓意慈，1999）。在非營利組織倡導國民年金的過程中，倡導組織則試著從自己的經驗提供意見、做出條文對照表、擬說帖、召開座談會，也邀請專家學者加入，與其有密切的互動（程韻舫，2004）。然而上述資訊策略運用，其限制是有賴決策者對該組織之接納度、及對倡導訴求的認同度而定，倡導組織運用資訊策略時通常只能等待時機、因勢利導，如情勢可為，其所提供的資訊將可被決策者接納、反映在政策內容上。可見提供資訊是屬於較為被動與耗時的倡導策略。

3. 影響選民與施壓

非營利組織運用「影響選民與施壓」策略，是最符合「壓力」團體形象之策略。其主要目的是選定某一具有民意基礎、選票壓力的政策決策者、或選定特定選民，並試圖影響此決策者或選民。此策略可運用廣泛的宣傳計畫，以塑造某種公共意見，或藉由對某選區內選民的動員，形成對該選區內決策官員或民意代表的重大政策壓力（Berry, 1977: 233-238, 268）。自從網際網路的設備與應用普遍，近年來台灣乃至於世界上許多地方的各種倡議活動中，透過網際網路網站、論壇、社群網站等媒體，藉由上傳影片、號召集會、快閃活動等作為，引起群眾的關注，已經成為有效而不可或缺的一種運作策略。

以1997年台北市公娼事件為例，反廢娼婦女團體由於財力不足，沒有資源

實施刊登廣告等媒體宣傳；而其組織內的會員人數不多，亦不利直接動員會員來塑造民意，以給予政府決策人士壓力。此婦女團體陣營為達到影響選區——即台北市民眾的目標，因而改採其他方式：第一，結合公娼後援會中的「社區組」，至台北市各個社區參與各個社區讀書會，藉面對面的方式座談討論，以爭取社區居民對廢娼緩衝兩年的支持。第二，藉由選舉前之敏感時機，大力抨擊前市長陳水扁，企圖使之迫於選票壓力而有所回應。第三，透過密集的行動，塑造公娼議題成為媒體上的熱門議題，如此除了三黨候選人必須針對公娼議題加以表態之外，競爭的候選人為了與前市長的施政作出區隔，便會對廢娼政策大加抨擊，如此便有利於反廢娼婦女團體的倡導目標（韓意慈，1999）。

然而，選區影響與施壓的策略運用也有其限制，其有賴一個民主的政治環境，並且，此策略還必須考慮與政黨間關係的拿捏。倡導組織針對某政黨的政治人物爭取支持，可能令對手政黨覺得被倡導組織排斥，而反過來反對倡導組織的訴求。但不論如何，與政黨結盟仍是許多倡導組織的必要手段。在台灣的反核運動中，反核團體在歷屆選舉中，不是直接參選，就是幫反核候選人站台；1994 至 1995 年更發動罷免擁核立委的連署活動。反核團體一直與民進黨保持合作的關係，因為其需要政治菁英的政治資源（何明修，2004）。最後，政策相關資訊的複雜度，也往往考驗此倡導團體運用此一策略。不論國民年金法案、或全民健保的議題，倡導組織都發現由於民眾、媒體、甚至立法委員對相關的專業資訊所知有限，使之難以運用選區影響與壓力的策略（程韻舫，2004；陳怡礽，1997）。

4. 司法性策略

Berry（1977: 267）指出：司法性策略意指在政策制定環境之外，非營利組織依循司法系統與途徑進行影響公共政策的活動。由於司法部門並非決策機關，司法性的策略在台灣非營利組織的倡導過程中，多作為後援策略，並且由於法律程序冗長，其主要用意常不在最後結果，而在於短時間透過媒體散布決策者被提告的訊息，而對決策者造成壓力。例如，老人福利聯盟曾至監察院控告內政部社會司失職（吳玉琴，2000）；而於美麗灣度假村抗議事件中，台灣環保聯盟於2007 年提起命美麗灣公司停工之公民訴訟（戴興盛、康文尚、郭靜雯，2013）。

總而言之，上述的四種政策倡導策略，在實務運作上經常混合運用。因此在分析政策倡導的過程中，可以觀察到團體很少會只使用其中的一種策略，也很少會同時使用每一種策略，倡導過程中多採取混合運用的方式進行。此外，隨著倡導環境的條件轉變，倡導組織也可能先後採取不同的策略。例如：1988 年董氏基金會為了倡導菸害防制觀念提出了禁菸法草案，初期以選區影響與施壓策略為主，透過活動與媒體宣傳，倡導菸害防制觀念，試圖影響選區民眾的態度。至1996 年美國柯林頓總統將尼古丁列為成癮性藥物，此一國際事件引發大眾關切

與討論；以及當時的立法院新會期開議，存在通過新法案的社會壓力，董氏基金會遂轉變政策倡導策略，將對象鎖定為立法委員，透過不斷拜訪與溝通，亦即提供資訊的策略來達成倡導目標（黃雅文，1998）。在歷年來環境保護的運動中，如，反國光石化、反核四等議題，非營利組織也交互運用困窘與對抗、司法、提供資訊等策略來達成其倡導行動的訴求（何思瑩，2013；范碩銘，2007）。

三、分析面向三：政策倡導的結果

政策倡導的結果面向，可以分成短期的結果與長遠的後續影響兩方面。政策倡導的理想結果，是達到非營利組織政策倡導的原始目的，也就是本文一開始談到之政策倡導的功能，包含：成功訂定立法或行政規章、提升政府方案的品質、取得及維繫政府的補助款、和協助案主取得特定利益（Kramer, 1981）。例如：《兒童及少年性交易防制條例》的立法，由勵馨基金會主導，於1993年由八位立法委員提案，九十九位委員連署，完成三讀，前後歷時不到兩年（紀惠容、鄭怡世，1998）。《老人福利法》於1997年的立法與1999年的修法過程中，老人福利聯盟積極倡導，促使決策者接受建議（吳玉琴，2000；陳正芬，2002）。又如近年來，醫療改革基金會2012年推動的監督藥局方案，號召志工及社區民眾以神秘客方式調查藥局品質，在發現藥局違規率高之後，進而從事召開記者會、舉辦宣導講座、社福團體圓桌論壇、製作影音網頁等倡導行動，結果引發輿論、醫藥團體、立委及政府重視，成功地促成社區藥局評鑑、優良藥局資訊公開及強化違規查核等制度變遷（劉淑瓊、朱顯光、張銘芳，2013）。

雖然文獻上顯示許多成功的政策倡導經驗，然而不成功的政策倡導事實上多於文獻上所記載。究其原因，除了個別組織內部的領導與經營管理不佳等因素外，與三大因素有關。首先，倡導的不成功往往來自資源（資金）的缺乏。研究指出在美國，代表窮人與弱勢者團體的倡導聲音是最薄弱的，這反映了由於會員捐款有限，這些組織缺乏資金，使其無法運用適當的倡導策略，例如聘請專業的倡導人員、或使用大眾傳播媒體策略（Bories & Krehely, 2003；Verba et al., 1993）。學者也以小而美、窮而有志來形容台灣的非營利組織（蕭新煌，2010b），因此台灣多數倡導行動的不成功，與資源的限制很有關聯。

其次，政治資源的轉變也是政策倡導失敗的原因之一。蕭新煌（2004）談到2000年前後台灣政黨輪替後，民進黨與倡導型非營利組織間關係的變化。其指出在1996年以前，從勞工、社會福利、婦女、原住民、反核與環保運動中，民進黨均與倡導組織發展出策略性聯盟；然而隨著執政角色的變化，民進黨逐漸在政治考量上遠離昔日倡導型民間組織的絕對理想。

再者，欲倡導的政策內涵之專業性若太高，超過一般民眾可以理解，則往往難以透過政策倡導行動來達成。台灣的國民年金立法中，倡導行動遇到的困難，

便是對選民來說，專業的風險分擔、所得重分配的概念太難以理解，大部分選民只關心年輕要繳多少錢、年老可領多少錢等。甚至關心國民年金這議題的立委太少、且大都僅僅著重在政府的財政考量，因此遊說或溝通對話均不順利。而選民的無知更加使得政客有操弄的空間，使非營利組織的倡導非常困難（程韻舫，2004）。

在後續的影響方面，不論非營利組織倡導行動的目的是否獲致成功，我們還可以觀察更長遠的後續影響。Lofland（1996: 348-353）指出直接的後續影響可能包含對其他政府、法案、政策等系統的改革、倡導團體獲得在該議題上的代表性、或引發新一波的倡導行動。此外，對社會大眾而言，倡導行動也可能間接創造出主流文化的新項目（如：美國 60 年代的民權運動）、引發規範、文化印象與象徵的轉變（如：女權運動）、造成人際互動層次的轉變、重新形塑社會階層、文化的澄清與再肯定。第三，就該倡導議題與組織而言，後續影響為倡導議題形成學術研究的風潮，或倡導組織成為後來之倡導團體的楷模。最後，負面的影響則可能是倡導行動淪為大眾嘲笑的對象，甚至是引發社會上的不安或暴動。

以 1997-2000 年台北市廢除公娼爭議為例，就政策的結果來看，反對廢娼的婦女團體雖然爭取到廢娼緩衝兩年，然而公娼制度最終還是在台北市廢除了。雖然直接的結果並未成功，但後續影響仍然持續，使得台灣社會中後續關於婦女議題的討論聲音更加多元；這可以從 2002 年檳榔西施及 2004 年代理孕母議題討論中，觀察到延續自 1997 年公娼事件中倡導團體的不同論述角度。可見政策倡導的結果面向，除可分析短期的結果，後續影響也是值得觀察與分析。

肆、結論：政策倡導的進一步思考

本文探討非營利組織的政策倡導，從功能與目的等規範性意涵，談到分析架構的三大面向：起源面向、過程面向、與結果面向，藉著與相關研究的參照，期能呈現出台灣近年來在政策倡導上的蓬勃發展現象。然而，值得進一步思考的是非營利組織從事政策倡導的新挑戰，包括弱勢族群的主體性、及倡導組織與政府的關係。本段將探討上述議題並作總結。

一、弱勢族群的主體性

所謂弱勢族群的主體性，亦即重視由弱勢族群自身角度與利益提出倡導訴求，並且在倡導行動中儘可能由弱勢族群主導。過去政策倡導行動往往牽涉到專業組織為弱勢族群（案主）伸張正義，因此需注意倡導組織內部的異質性：專業的倡導工作者關心倡導行動是否有效、是否能達成組織的長期目標；而案主關

心的卻往往是短期的自身權益與利益。隨著近年來抗爭者的主體性受到更多的重視，學者已開始反省台灣80年代的婦女運動組織，批判這些婦運先驅者有著教育、階級的優勢，因此偏向都會、專業思考的溫和倡議策略，少有草根動員的組織模式；基層女性向來停留在「被動員」的消極參與，尤其在服務取向的團體中，弱勢者主要作為「受助者」、「被代言人」，而非倡導行動中的主體（范雲，2003）。隨著議題的多元，倡導組織若未重視弱勢者的主體性，則倡導行動將出現很大的侷限性。在新移民女性團體從事政策倡導行動的經驗中（陳怡潔，2005），及精神障礙者家屬協會參與社會運動的研究中（鄭舒文，2006），也有相關的反省。

二、倡導組織與政府的關係

依賴或自主，一向是非營利組織研究中探討公私部門關係的重要課題。由於台灣特殊的政治發展歷程，使得解嚴前後至政黨輪替之前，各社會運動及倡導組織與民進黨的關係頗深（何明修，2004；李丁讚、林文源，2003；蕭新煌，2004；孫友聯，2012）；在過去研究政策倡導的文獻中，多半具體的提到倡導行動過程中與民進黨的合作與掙扎。如：葉琇姍（1992）就提到殘障聯盟運作中政治立場的困境。雖然殘障聯盟自視為超黨派的組織，也尋求國民黨及民進黨兩黨的支持；但因其主張較符合在野的民進黨，使之披上政黨的色彩，並進一步影響其對政府籌措經費的能力。韓意慈（1999）也談到反廢公娼婦女團體因反對陳水扁的色彩太強烈，而被認為是親國民黨、新黨，使其倡導主張被弱化，並因此阻礙其接近決策核心（民進黨執政的台北市府）的管道。而社運與民進黨的合作與結盟關係，在民進黨執政八年前後，產生的微妙轉變，也受到許多討論（孫友聯，2012；蕭新煌，2010a）。

值得一提的是全球化的快速變遷，使得非營利組織的倡議行動也不再限於一國之內的組織與其政府。既然資本主義全球化下所產生的社會問題，如人口販賣、勞工、環保等議題，不再是單一國家或政府能加以改善的，則更多的發展在於跨國倡議網絡與跨國政府的抗議行動。如陳信行（2005）研究台灣工運團體支援中美洲工人運動的經驗，並探討當代各國勞動管制體制的弱化等變遷。研究結果雖指出當地政府對勞動法制的管制仍具有重要影響力，然亦指出由於資本主義全球化使各地工人的命運日益相近，各國的跨國倡議行動也顯得愈加重要。

本章嘗試整理近年來台灣非營利組織的各項倡導行動，以具體介紹政策倡導行動的內涵與分析架構，惜因篇幅有限尚未進一步探討不同的理論典範與脈絡。此外，尚有一些有趣的議題值得未來研究進一步探討，如新科技、全球化趨勢對政策倡導組織策略運用的影響，國內外研究者已開始注意這些新發展，並主張應

擴充過去倡導行動的分析架構。如國內研究者陳怡潔（2005）談到聯盟運作中，網路 e 化（即電腦、網際網路的普及）強化了台灣南北組織之聯繫；McNutt 和 Boland（1999）發現美國社工專業協會全國的分會，均已運用新科技來進行倡導活動。而全球化趨勢也帶給非營利組織政策倡導一大挑戰，國際非營利組織如何面對全球化後國家角色的弱化、及產業與勞動力的跨國遷移，如何進行新型態的政策倡導，則是新興的研究課題（Gnaerig & MacCormack, 1999；Phillips, 2002）。

簡而言之，非營利組織進行政策倡導為透過規劃與行動的過程，對既有社會政策提出挑戰、或對新政策提供建議，目的是維護社會大眾的公共利益。而分析政策倡導行動可以從源起、過程及結果三大面向來談。倡導行動源起牽涉大環境的社會背景，可以探討非營利組織原有對社會問題的分析觀點，及因應現實而設定的倡導目標。倡導行動的過程涵蓋資源與策略，非營利組織依據內部的財力、人力、組織型態及決策模式，及外部的聯盟、媒體、管道可近性等資源，運用困窘與對抗、提供資訊、選區影響與施壓、司法等不同的策略來進行倡導。至於倡導行動的結果與影響除了直接的倡導目標是否達成以外，還包括後續更長遠的各種影響，包括引發新一波的倡導行動、塑造新的社會文化價值等。然而，非營利組織從事政策倡導也有困境與爭議值得我們進一步思考。本文提供由過去非營利組織政策倡導經驗所歸納出的架構與類型，但希望讀者亦瞭解政策倡導活動的多元、及面對瞬息萬變之社會環境新趨勢，實務上仍有許多案例尚有待研究者及實務工作者的關注。

問題習作

1. 何謂非營利組織進行的政策倡導行動？試舉出三個近年來你所觀察到的例子。
2. 政策倡導團體從事倡導行動時，如何從長遠觀點轉化成近程目標？試舉例說明之。
3. 非營利組織從事政策倡導行動時，有哪些內外資源會影響倡導的行動？
4. 非營利組織從事政策倡導可以運用哪些策略？這些策略背後的假設為何？
5. 試就你所熟悉的領域，分析一個政策倡導行動的各項策略。
6. 當今非營利組織的政策倡導有哪些新的挑戰？試討論之。

中文部分

王千美，1992，《利益團體遊說活動隊政策制定的影響》。國立政治大學公共行政研究所碩士論文。

王永慈，1987，《我國志願福利機構環境與角色之探討》。國立台灣大學社會學研究所碩士論文。

王顥中、陳偉綸，2013，〈全國關廠工人連線臥軌抗爭即時報導〉。《苦勞網》。網址：http://www.coolloud.org.tw/node/72746。

江金山，1985，《公共利益團體影響公共政策之研究：消費者文教基金會的個案分析》。國立政治大學公共行政研究所碩士論文。

何明修，2004，〈當本土社會運動遇到西方的新社會運動理論：以台灣的反核運動為例〉。《教育與社會研究》，第 7 期，頁 69-97。

何明修，2005，《社會運動概論》。台北市：三民書局。

何思瑩，2013，〈反國光石化運動〉。收錄於管中祥主編，《公民不冷血，新世紀台灣公民行動事件簿》，頁 90-118。台北：紅桌文化。

吳玉琴，2000，〈民間推動老人福利政策之倡導角色〉。《研考雙月刊》，24 卷 1 期，頁 48-55。

呂泰宏，2003，《台灣環保團體的運動策略——政策網絡分析》。國立東華大學環境政策研究所碩士論文。

李丁讚、林文源，2003，〈社會力的轉化：台灣環保抗爭的組織技術〉。《台灣社會研究季刊》，第 52 期，頁 57-119。

李宇美譯（Clay Shirky 著），2011，《鄉民都來了，無組織的組織力量》。台北：貓頭鷹出版。

林芝立，2003，《國家與社會的互動——家庭暴力防治法立法過程研究》。國立政治大學政治學研究所碩士論文。

紀惠容、鄭怡世，1998，〈社會福利機構從事社會立法公益遊說策略剖析——以「兒童及少年性交易防制條例」立法過程為例〉。《社區發展季刊》，第 84 期，頁 164-177。

范雲，2003，〈政治轉型過程中的婦女運動：以運動者及其生命傳記背景為核心的分析取向〉。《台灣社會學》，第 5 期，頁 133-194。

范碩銘，2007，《民主化下台灣的社會運動外部策略研究》。國立政治大學國家發展研究所碩士論文。

姜誌貞，1998，《非營利組織政策倡導之研究——以婦女團體為例》。東吳大學政治學研究所碩士論文。

夏曉鵑，2006，〈新移民運動的形成——差異政治、主體化與社會性運動〉。《台灣社會研究季刊》，第 11 期，頁 1-71。

陳正芬，2002，〈老人福利推動聯盟在未立案養護機構法制化過程中的倡導角色之分析〉。《社會政策與社會工作學刊》，6 卷 2 期，頁 223-267。

陳怡礽，1997，《台灣民主轉型之利益團體政治——以全民健康保險政策為例（1986-1997）》。高雄醫學院行為科學研究所碩士論文。

陳怡潔，2005，《新移民人權的倡導歷程——「以移民／移住人權修法聯盟」為例》。國立台北大學社會工作學系碩士論文。

陳信行，2005，〈全球化時代的國家、市民社會與跨國階級政治——從台灣支援中美洲工人運動的兩個案例談起〉。《台灣社會研究季刊》，第 60 期，頁 35-110。

張靜倫，1999，《顛簸躓仆來時路——論戰後台灣的女人、婦運與國家》。國立台灣大學社會學研究所碩士論文。

曾敏傑，2004，〈病患權益倡導的參與式行動研究：以罕見疾病基金會為例〉。《東吳社會工作學報》，第 11 期，頁 139-196。

傅麗英，1995，《公民參與之理論與實踐：民間教育改革團體的個案研究》。國立政治大學公共行政研究所碩士論文。

程韻舫，2004，《台灣第三部門政策倡導之研究——以國民年金為例》。國立政治大學公共行政研究所碩士論文。

黃政偉，2004，《台灣社會團體 2002 年反對「健保雙漲」行動過程之分析》。國立陽明大學衛生福利研究所碩士論文。

黃雅文，1998，《我國非營利組織議題倡導策略之研究》。國立台灣大學政治學研究所碩士論文。

葉琇姍，1992，《社會工作的倡導觀點——理念與實務之探討》。國立台灣大學社會學研究所碩士論文。

管中祥，2013，〈導論：即便消失了，我們仍舊存在〉。收錄於管中祥主編，《公民不冷血，新世紀台灣公民行動事件簿》，頁 14-20。台北：紅桌文化。

劉淑瓊、朱顯光、張銘芳，2013，〈財團法人台灣醫療改革基金會——號召民眾參與發覺社區用藥風險暨監督藥局品質計畫〉。《聯合勸募論壇》，2 卷 2 期，頁 135-144。

蔡淑萍，1992，《我國公共利益團體影響教育政策過程之研究》。國立台灣師範大學教育研究所碩士論文。

鄭怡世、紀惠容，2001，〈非營利組織間的聯盟——以社會福利組織為例〉。《社會工作學刊》，第 8 期，頁 97-111。

蕭新煌，2004，〈台灣的非政府組織、民主轉型與民主治理〉。《台灣民主季刊》，1 卷 1 期，頁 65-84。

蕭新煌，2010a，〈台灣社會運動的挑戰與突破〉。收錄於蕭新煌、顧忠華主編，《台灣社會運動再出發》，頁 3-10。新北市：巨流。

蕭新煌，2010b，〈台灣第三部門發展的八大趨勢〉。收錄於蕭新煌、顧忠華主編，《台灣社會運動再出發》，頁 251-262。新北市：巨流。

蕭新煌，2011，〈第三部門在台灣的發展特色〉。收錄於蕭新煌、官有垣、陸宛蘋主編，《非營利部門：組織與運作（精簡本）》，頁 35-45。新北市：巨流。

戴興盛、康文尚、郭靜雯，2013，〈台灣環評制度設計與執行爭議——反思美麗灣案〉。《國家發展研究》，第 12 期，頁 133-178。

韓意慈，1999，《非營利組織政策倡導角色之剖析——以台北市廢除公娼事件中的婦女團體為例》。國立中正大學社會福利研究所碩士論文。

韓意慈，2013a，〈非營利組織決策者認知的法規障礙——遊說法與倡導行動的研究〉。《社會政策與社會工作》，17 卷 2 期，頁 1-37。

韓意慈，2013b，〈網際網路時代的非營利組織研究——實證研究的文獻檢視〉。《資訊社會研究》，第 24 期，頁 56-73。

簡徐芬，1994，《公共利益團體影響政策制定過程之研究——以消費者文教基金會為例》。國立政治大學公共行政研究所碩士論文。

顧忠華，2010，〈台灣社會運動再出發的時代意義〉。收錄於蕭新煌、顧忠華主編，《台灣社會運動再出發》，頁 11-23。新北市：巨流。

Berry, J. M., 1977, *Lobbying for the people: The Political Behavior of Public Interest Groups*, Princeton, New Jersey: Princeton University Press.

Boris, E., and Krehely, J., 2002, "Civic participation and advocacy," in L. Salamon (ed.), *The State of Nonprofit America*, Brookings Institution.

Fox, J., 2001, "Vertically integrated policy monitoring: A tool for civil society policy advocacy," *Nonprofit and Voluntary Sector Quarterly*, 30(3): 616-627.

Gnaerig, B., and MacCormack, C. F., 1999, "The challenge of globalization: Save the children," *Nonprofit and Voluntary Sector Quarterly*, 28(4): 140-146.

Kramer, R. M., 1981, "The Improver Role and Advocacy," in *Voluntary Agencies in the Welfare State*, CA: University of California Press.

Jenkins, J. C., 2001, "Social movement philanthropy and the growth of nonprofitpolitical advocacy: Scope, legitimacy and impact," Pp.51-66 in E. J. Reid and M. D. Montilla (eds.), *Exploring Organizations and Advocacy: Strategies and Finances*, Washington, DC: The Urban Institute.

Jenkins, J. C., 2006, "Nonprofit Organization and Policy Advocacy," in W. Powell (ed.), *The Nonprofit Sector: a Research Handbook (2nd ed.)*, New Haven: Yale Unversity Press.

Lofland, J., 1996, *Social Movement Organizations*, New York: Aldine de Gruyter.

Lune, H., and Oberstein, H., 1999, "Embedded systems: How location guides from in state-nonprofit relations," Unpublic paper, National Development and Research Institutes, New York.

McNutt, J. G., and Boland, K. M., 1999, "Electronic advocacy by nonprofit organizations in social welfare policy," *Nonprofit and Voluntary Sector Quarterly*, 28(4): 432-451.

Rhodes, R. A. W., 1990, "Policy networks: a British perspective," *Journal of Theoretical Politics*, 2: 293-317.

Salamon, L. M., Hems, L. C., and Chinnock, K., 2000, "The nonprofit sector: For what and for whom?" Working Papers of the Johns Hopkins Comparative Nonprofit Sector Project, 37, Baltimore: The Johns Hopkins Center for Civil Society Studies.

Truman, D. B., 1963, *The Governmental Process*, New York: Alfred A. Knopf.

Phillip, R., 1999, "Is corporate engagement an advocacy strategy for NGOs? The community aid abroad experience," *Nonprofit Management & Leadership*, 13(2): 123-137.

Part 5

非營利組織的跨國比較

Chapter 18

台灣與日本非營利組織之比較

林淑馨

學習重點

▶ 瞭解台灣與日本非營利組織的概念、發展背景、現況與法制規範。

▶ 比較台灣與日本非營利組織在概念、發展背景、現況與法制規範之差異。

▶ 探討影響台灣與日本非營利組織發展差異之原因。

摘　要

　　相較於歐美，台灣與日本非營利組織在發展速度與背景上有部分相似。但若觀察分析兩國非營利組織的定義與分類、發展歷程、組織規模、以及法制規範的情形，卻又發現其仍有相當的差異性。關於非營利組織一詞所代表之意涵，基本上在兩國是相同的，然關於「非營利組織」與「第三部門」用語，在我國雖是可以混合使用，但在日本則分屬不同概念，無法混為一談。

　　此外，兩國非營利組織的緣起雖有些不同，但組織開始有非常明顯的成長卻幾乎都在 70 年代後期與 80 年代中期。若比較兩國非營利組織，雖然其規模皆不如歐美，屬於規模較小者，但因我國非營利組織是屬於「微小型」，且以「微型」居多，服務領域主要以「教育、社福與文化藝術」為主。相較之下，日本非營利組織無論在人力或財力方面都較具規模，傾向於「中小型」，服務範圍是以「保健、醫療、教育與文化藝術」為主。特別值得注意的是，日本自阪神大地震後積極建構非營利組織發展環境，制定《特定非營利活動促進法》，落實非營利組織的法制化。反觀我國，卻因各種因素，相關法制遲遲未能通過，可能會影響非營利組織未來之健全發展。

壹、前言

　　80 年代，由於福利國家過度擴張的結果，造成政府沈重的財政負擔，使福利國家均面臨財政危機的威脅。另外，由於官僚體系所形成的效率不彰，無法迅速因應外在環境的改變及滿足民眾日益多元的需求，致使公共服務的供給發生改變。在此背景下，如何運用各種公益團體、各類型基金會等不以營利為目的之組織，使其能有效率、迅速、彈性地協助政府提供公共服務，用以彌補傳統由政府部門提供單一服務的缺陷，乃成為日後非營利組織發展的重要契機。

　　相較於歐美各國，日本非營利組織的發展顯然遲了許多。60 年代後期，日本民間所從事的公益活動雖然多以公害防治、環境生態保護、消費者保護等議題為主，而後逐漸延伸至社會福利、文化教育、健康醫療、國際交流等領域，但此一時期「非營利組織」一詞卻尚未被使用。直到 80 年代，受到政府財政危機的影響，將有關政府或民間企業無法提供的公共服務交由非營利性的組織去執行的構想才逐漸被導入日本社會。但遲至 90 年代，「非營利組織」一詞才流傳於日本國內，普遍為民眾所接受。然而，真正導致非營利組織迅速發展的契機卻是 1995 年 1 月 17 日所發生的阪神大地震。該地震雖帶給日本嚴重的損失，但卻也因而促使以公民為主之志願性活動興起，同時喚起日本社會對於非營利組織的重視與關心。

相較於日本，非營利組織的概念正式落實於我國，並開始蓬勃發展，應始於80年代。在這之前，受到政治制度的封閉與當時法令的限制，多數的非營利組織僅是政府為宣傳政令而設立，或是地方仕紳慈善行為的延伸；80年代以後，受到經濟起飛、生活水準提升、社會風氣開放以及政治自由化的影響，非營利組織乃開始大量產生（蕭新煌、孫志慧，2000：482）。特別是1999年所發生的921大地震，由於非營利組織發揮快速動員和救災能力，致使災後各界開始正視非營利組織的存在與重要性，同時也促使非營利組織有如雨後春筍般紛紛成立。

基於上述台灣與日本非營利組織在發展速度與背景的相似性，在本章中欲以此兩國為對象，分別從非營利組織發展的背景、組織規模與特性，以及法制規範面來進行比較，並探討兩國非營利組織發展之差異。

貳、台灣非營利組織的概念、發展概況與法制

一、定義與分類

若檢閱非營利組織的相關文獻發現，不論台灣或日本，有關非營利組織的定義最廣為人引用者，不外乎是美國約翰霍普金斯大學教授Salamon的定義。根據Salamon（1987, 1992）的說法，非營利組織的構成包含正式組織（formal）、民間的組織（private）、不從事盈餘分配（non-profit-distributing）、自主管理（self-governing）、從事自願服務（voluntary）與公益的屬性（philanthropic）等六項特性。此外，Wolf對非營利組織所下的定義也常為各國研究者所引用。根據Wolf（1999）的說法，非營利組織的定義必須具備下列幾項要素：如公益使命、為正式合法的組織、接受相關法令規章的管理、不以營利為目的、組織享有稅賦上的優惠、具有可提供捐助人減（免）稅之合法地位。

在我國，雖也有不少學者對於非營利組織一詞進行歸納整理，然而基本上都脫離不了Salamon與Wolf所提出之概念。然而，即便未有統一的解釋，一般我國在提到非營利組織的定義時多會依其所屬法源——《民法》來進行討論。《民法》的「法人篇」中根據法人的成立是以「財產」或「人」為基礎而區分為「財團法人」與「社團法人」；前者可以分成公益財團法人（如基金會）與特殊財團法人，後者包括公司、商號等營利社團法人，以及依人民團體法而設立的公益社團法人與中間社團法人。其中，營利法人當然被排除在非營利組織之外，基金會、公益社團法人也鮮少有爭議，但中間社團法人與政府捐資成立的財團法人因只服務己身之會員，且公共利益屬性不強之組織，究竟可否視為是非營利組織，有學者認為是必須加以考量的。

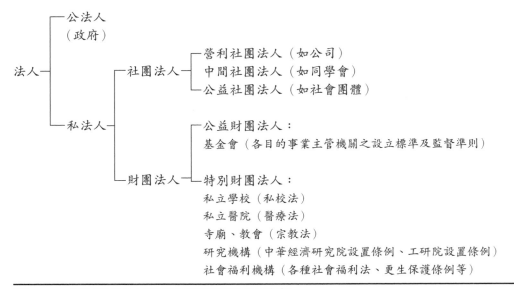

圖18-1　我國民法中非營利組織的規範法制

資料來源：作者參考馮燕（2000：80）與吳培儷、陸宛蘋（2002：166）的論文製成

二、發展歷程

根據學者的文獻整理分析（蕭新煌、孫志慧，2000：481-484；馮燕，2000：8；馮燕，1993：38），我國非營利組織發展歷程約可以整理如下。

（一）慈善濟貧時期（～至1950年代末）

是指由鄉紳、家族或宗教寺廟集結而成的慈善濟貧模式。根據文獻記載，台灣有資料可考的早期基金會，首推清朝道光十三年成立的東勢義渡會，當時成立的目的是資助渡船基金，之後有地方慈善會、功德會等組織的產生。到了近代，較著名的是民國三、四十年代所成立的「台中縣私立漢雲慈善會」與「林熊徵學田基金會」，其業務規模較小，活動範圍僅限於鄉里的慈善服務，與現代基金會型態的差距很大。

（二）國際援助時期（1960年代～1970年代）

這階段的非營利組織多是由國際組織給予經濟協助而成立的，以「移植性」、「無競爭性」與「俱樂部形式」的組織居多。另一類移植團體是以「純俱樂部形式」來運作，如青商會、扶輪社、獅子會等。由於這些組織都具國際性質，其成員大多只有少數的中產階級人士和上流社會的精英分子才得以加入，與目前一般對非營利組織的認知有所不同。

（三）萌芽時期（1970 年代～ 1987 年）

70 年代以後，由於台灣經濟起飛，國民生活品質改善，中小企業開始加入慈善救濟的行列，於是有許多企業型基金會陸續成立。然研究指出，1976 年以前，台灣純民間人士成立的基金會，其數目不到七十家[1]，代表性者如「陶聲洋防癌基金會」、「洪健全教育文化基金會」等。到了 80 年代，由於經濟迅速成長，人民衣食無虞，開始注意到社會狀況有改善之必要。由於許多新的社會問題單靠政府是無法獨力解決，因而需要社會力量的協助，代表性的組織有「佛教慈濟慈善事業基金會」、「消費者文教基金會」等，因而 80 年代可說是台灣的非營利組織之萌芽期。

（四）發展時期（1987 年之後～迄今）

1987 年政府宣布解嚴以後，人民權利意識日益覺醒，加上《人民團體法》、《集會遊行法》等法令的修訂，激勵民間組織相繼設立，如「主婦聯盟基金會」、「人本教育文教基金會」等皆是在 1987 年所成立。之後如「安寧照護基金會」、「門諾社會福利慈善事業基金會」等組織陸續成立，其所關心的議題也變得十分多元，例如教育、環保、婦女、勞工、人權等。爾後，受到 921 大地震的影響，許多民間團體積極投入救災的行為與發揮之動員力量，引起社會大眾高度的關注，致使台灣非營利組織的發展更加蓬勃。

三、發展現況

（一）社團法人

根據內政部統計資料發現，台灣地區全國性人民團體數中社會團體的成長數量與速度較全國性政治團體與職業團體而言是最為快速的，從民國八十五年至一○二年間，成長相當快速；而職業團體與全國性政治團體成長幅度較小；換言之，若依照團體類別區分，我國社會團體成長速度最快，職業團體次之，全國性政治團體最慢，其所占之比例也是社會團體最多，職業團體居次，全國性政治團體最少（參照表 18-1）[2]。

---

[1] http://www.how.org.tw/books/BookIntro.asp?CTID=%7B9C50AC6B-3A2F-4C08-8CF7-07DC1383B055%7D&NoteType=Memo3，檢閱日期：2008/02/06。

[2] 資料來源整理自中華民國統計資訊網之中央所轄人民團體，http://www1.stat.gov.tw/ct.asp?xItem=15492&CtNode=4789&mp=3，檢閱日期：2014/06/04。

表 18-1　民國 81-104 年台灣地區全國性人民團體數

年（季）	全國性政治團體	職業團體	社會團體
民國 81 年	24	308	1,536
民國 82 年	26	303	1,740
民國 83 年	28	305	2,011
民國 84 年	29	302	2,275
民國 85 年	29	298	2,390
民國 86 年	31	297	2,668
民國 87 年	33	308	2,897
民國 88 年	33	314	3,279
民國 89 年	33	314	3,964
民國 90 年	34	354	4,407
民國 91 年	36	365	4,930
民國 92 年	36	374	5,467
民國 93 年	39	365	5,997
民國 94 年	40	373	6,565
民國 95 年	42	407	7,150
民國 96 年	43	414	7,796
民國 97 年	43	419	8,542
民國 98 年	43	421	9,252
民國 99 年	43	428	9,248
民國 100 年	43	507	10,298
民國 101 年	43	514	11,172
民國 102 年	44	525	11,750
民國 103 年	46	534	12,363
民國 104 年	47	544	14,371

資料來源：作者整理自中華民國統計資訊網

　　根據內政部統計資料發現，我國全國性社會團體類型與數量，以學術文化團體最多，社會服務及慈善團體次之，再來是經濟業務團體、體育團體、醫療衛生團體、宗教團體等。由下表 18-2[3] 可以發現，全國性社會團體成長速度相當快速，社團法人的類型也十分多元化，顯示著我國社團法人之發展已經邁入了另一個新紀元。

3　資料來源整理自中華民國統計資訊網之中央所轄人民團體，http://www1.stat.gov.tw/ct.asp?xItem =15492&CtNode=4789&mp=3，檢閱日期：2016/09/23。

表18-2 　民國81-104年台灣地區全國性社會團體類型與數量

年（季）	合計	學術文化團體	醫療衛生團體	宗教團體	體育團體	社會服務及慈善團體	國際團體	經濟業務團體	同鄉、校友會及其他團體
民國81年	1,536	447	155	87	143	227	105	311	61
民國82年	1,740	490	167	109	160	283	101	354	76
民國83年	2,011	546	197	135	180	343	110	440	60
民國84年	2,275	578	221	171	197	426	117	496	69
民國85年	2,390	606	248	158	249	408	114	499	108
民國86年	2,668	639	269	232	272	450	125	551	130
民國87年	2,897	684	300	244	286	510	131	601	141
民國88年	3,279	754	315	269	340	607	133	687	174
民國89年	3,964	972	358	323	402	774	129	804	202
民國90年	4,407	1,049	390	355	443	918	130	899	223
民國91年	4,930	1,173	426	397	486	1,049	136	990	273
民國92年	5,467	1,295	471	455	531	1,135	142	1,109	329
民國93年	5,997	1,428	514	524	574	1,239	147	1,203	368
民國94年	6,565	1,570	591	574	624	1,345	149	1,321	391
民國95年	7,150	1,707	641	633	668	1,475	161	1,443	422
民國96年	7,796	1,838	698	683	718	1,661	166	1,546	486
民國97年	8,542	1,960	751	750	779	1,872	170	1,678	582
民國98年	9,252	2,060	794	827	847	1,973	176	1,768	807
民國99年	9,248	1,964	825	884	934	2,010	141	1,804	686
民國100年	10,298	2,154	900	1,053	1,017	2,263	147	1,964	800
民國101年	11,172	2,373	975	1,163	1,087	2,411	147	2,107	909
民國102年	11,750	2,534	1,015	1,231	1,128	2,511	148	2,217	966
民國103年	12,363	2,639	1,061	1,282	1,190	2,643	151	2,373	1,024
民國104年	14,371	3,405	1,234	1,317	1,229	3,071	237	2,630	1,248

資料來源：作者整理自中華民國統計資訊網

（二）財團法人

　　我國的財團法人多以基金會的名稱設立，除了其實務的運作不需要會員組織外，與社團法人並沒有太大的不同。我國絕大多數的財團法人都不是資助型基金會[4]，而是運作型基金會[5]，這也構成我國獨特的非營利組織文化（台灣亞洲基金會，2001：25），其中又以企業或企業主捐助成立的基金會數量較多。蕭新煌等人（2006）在其著作中即清楚地勾勒出我國基金會的型態與特性。倘若從其設立宗旨與運作方式來分類，我國基金會約略分為以慈善救濟、社會福利為宗旨的慈善福利獎助基金會、以宣傳、教育為主的文化教育基金會、以學術研究、獎勵為

4　所謂「資助型基金會」意指主要是基金會以捐款給其他民間機構或政府單位，協助其實施公共服務，此乃屬於「資助型基金會」（財團法人台灣亞洲基金會，2001：20）。

5　所謂「運作型基金會」意指基金會本身直接從事公共服務的遞送，屬於「運作型基金會」（財團法人台灣亞洲基金會，2001：20）。

主的學術研究獎勵基金會、以產業、經濟發展爲宗旨的財政經濟基金會、以政治、民意、國際交流等事務爲主之基金會等五種類型。

國內目前有關財團法人的個別性研究雖然不少，但整體性調查則較爲缺乏，例外的是，蕭新煌等人（2006：5-6）在2002年以台灣2,925家基金會爲樣本進行問卷調查，最後得到420份有效問卷，因而整理歸納出我國的基金會有歷史短、人力薄弱、主要基金來源爲民間的個人捐助，且以「微小型」基金會居多等特徵。

四、法制規範情形

隨著非營利組織所扮演的角色之重要性與日俱增，政府對於非營利組織的行爲規範，如稅法的各項租稅減免規定，以及組織設立、治理行爲、責信要求等監督法則，對非營利組織的發展與功能發揮更是影響深遠（官有垣，2000：78）。然而，截至今日，我國雖然基於擔心非營利組織相關法令的制定會影響民間團體的自由發展，尚未建立一套明確的非營利組織法制規範，但從中央各部會與地方各處局的多層監督，和稅務機關、地方法院與行政機關的多軌監督來看，我國有關非營利組織的法制規範似乎並未因此而減輕或寬鬆。基於此，爲瞭解現階段我國有關非營利組織規範之情形，僅能從其主管機關之監督機制、租稅減免優惠制度，以及非營利組織發展法草案，與剛通過不久的勸募法案來進行介紹。

（一）主管機關之監督機制
1. 社團法人

在社團法人的法制規範中提到，我國的社團法人的主管機關是指人民團體會務組織之主管機關，依《人民團體法》規定，在中央爲內政部，直轄市爲直轄市社會局，縣市爲縣市政府。其目的事業應受各該事業主管機關之指導、監督，但目的事業主管機關有可能不只一個，而係涉及兩個以上。由於《人民團體法》對於社團法人的設立要件、會員與職員等皆有明確的規定，而《民法》第五十九條也提到公益社團法人的設立需經由行政機關之許可，顯示我國社團法人的成立是採許可主義。

2. 財團法人

現行法令中以財產爲設立基礎之財團法人，其制度運作的主要依據爲《民法》，部分則另以特別法（如《私校法》）規範之。基本上，《民法》賦予財團法人之主管機關設立許可權（第三十條）、業務監督權（第三十二條）、必要處置權（第三十三條）與撤銷許可權（第三十四條）等四項行政監督權。但因《民法》中僅爲原則性之規定，各政府主管機關基於管理的需要，又分別制定了相關監督準則與辦法，甚至還有機關另行制定監督作業要點，不但種類繁多，內容龐

雜,加上法規繁簡不一,標準有別,往往使得許多非營利組織無所適從。目前世界各國對於非營利組織的設立程序,約分為自由設立制、登記報備制與許可批准制三種方式(江明修、梅高文,2002:30)。如檢視《民法》第二十五、三十與五十九條[6]的規定得知,我國對於財團法人之登記是採取許可批准制,必須經主管機關之許可方能登記,非經登記,不得成立。其中,又因許可之主管機關為目的事業主管機關,登記之主管機關為其所在地之法院,更顯示出其監督機關的複雜性。

(二)租稅減免優惠

租稅的優惠是指國家基於特定的社會目的,透過稅制上的例外或特別規定,給予特定納稅義務人,減輕租稅債務之利益的措施(封昌宏,2006:16)。為了鼓勵國人從事公益贈與,我國稅法中對於捐贈非營利組織之款項,有扣抵優惠之規定,現行稅法對於捐贈者的扣抵優惠,以個人之綜合所得稅、遺產及贈與稅以及營利事業之所得稅為主;如個人對於教育、文化、公益、慈善機構或團體之捐贈,可申報扣抵所得稅金額(列舉扣除額),然總額度最高不得超過綜合所得稅總額20%,但有關國防、勞軍之捐贈及對政府之捐贈,則不受金額限制(馮燕,2000:85)。

而有關非營利組織免稅的規定,根據財政部發布之《教育、文化、公益、慈善機關或團體免納所得稅適用標準》規定,凡上述團體符合行政院規定標準者,其本身之所得及附屬作業組織之所得,除銷售貨物或勞務之所得外,免納所得稅。另外,有關免稅之特別要件還包含:盈餘分配之限制、目的事業之限制、基金及收入運用之限制、不正常財物關係之限制、目的業務支出之限制與會計紀錄完備。

(三)公益勸募條例

如上所述,我國有關非營利組織的相關規範非常模糊,而《非營利組織發展法草案》也遲未通過,以致影響我國非營利組織的健全發展。幸而2006年5月立法院三讀通過《公益勸募條例》,取代戰時制定施行超過五十年以上早已不合時宜的《統一捐募運動辦法》,意味著我國非營利組織發展環境之建構終於向前邁進一小步。

《公益勸募條例》共有三十二條,其定位為普通法,立法精神是「促進社會公益,保障捐款人權益」,而制定的主要目的是為了將勸募行為管理提升至法律位階,將募款活動管理予以法制化,並使募款行為公開透明化,藉以保障捐款

6　《民法》第二十五條:「法人非依本法,或其他法律之規定,不得成立。」第三十條:「法人非經向主管機關登記,不得成立。」第五十九條:「財團法人於登記前,應得主管機關之許可。」

人的權益。因此，在《公益勸募條例》中採備查制（不涉對外勸募予以低密度管理）與許可制（涉向外勸募給予高密度管理）之雙軌制，期望在「資訊公開、流向透明」的遊戲規則下，建立公開的平台。也因之，《公益勸募條例》的制定對於我國日後非營利組織的發展應有其實質的助益。

參、日本非營利組織的定義、發展概況與法制

一、定義

大抵而言，有關日本的非營利組織所指涉的概念大致脫離不了上述 Salamon 和 Wolf 所言之內容，一般多指獨立於政府或民間企業之外，從事各種非營利活動的非政府或民間組織。其與私人企業不同的是，強調組織不從事盈餘分配（藤田由紀子，1998；山內直人，1999）。此外，非根據《民法》所設立的公益法人、學校法人、社會福利法人、醫療法人、宗教法人等法人或具有法人資格的一般團體也包含在非營利組織的範疇之內（牛山久仁彥，1998；今田忠，2000）。

然而，即便日本非營利組織一詞在概念上和內容上與其他國家有共通之處，但有部分學者認為，前述 Salamon 和 Wolf 所提示之非營利組織的定義（構成要素），係根據西方國家標準而整理的，對於現代非營利組織研究的發展雖有重要貢獻，但是否惟有這些要素才足以表達非營利組織的概念與本質，卻是值得深思[7]。從現實的觀點來看，上述的定義因僅能適用在特定國家，卻無法用以完全解釋日本的非營利組織（藤田由紀子，1998；塚本一郎，2001a；加藤洋二郎，2001；田中敬文，2002）。塚本一郎認為，西方學者對於非營利組織的定義基本上是以「從事盈餘分配與否」作為判斷該團體是否為非營利組織的重要指標，但如此的標準卻未必適用於日本社會。因此，塚本一郎認為，在考量日本現實環境的情況下，有必要重新定義日本的非營利組織，以符合現況。上述將協同組合或共濟組織排除在非營利組織範圍外的說法被視為是「狹義的非營利組織」，主要包含醫療法人、社會福利法人、學校法人、公民活動團體（志願團體）、特定非營利活動法人（NPO 法人）、財團和社團等公益法人等。反之，將協同組合或共濟組織納入非營利組織範圍內者，乃稱為「廣義的非營利組織」（塚本一郎，2001a, 2001b）。

相形之下，日本內閣府對該國非營利組織所代表的意涵有更明確、詳細的

7　對此，中正大學教授官有垣在〈非營利組織研究的本土化〉一文中也表達了同樣的看法，認為根據西方學者觀點而整理出的定義，是否是一個適當的標準，足以用來判斷台灣社會裡哪些團體或機構是非營利組織，乃值得進一步探究（官有垣，2000：7）。

區別。如圖18-2所示，日本非營利組織的概念可以粗略分為廣、狹兩義，如再予以細分，由內而外，依次有「最狹義」、「狹義」、「廣義」、「最廣義」四種類型。所謂「最狹義的非營利組織」，係指根據《特定非營利組織促進法》所設立之十二項（後改為十七項）特定非營利活動法人；「狹義的非營利組織」乃是指公民活動團體等；「廣義的非營利組織」是指社會福利法人、《民法》上的公益法人等，而「最廣義的非營利組織」所涵蓋的範圍相當廣泛，除了上述各項團體、法人的集合外，還涵蓋不以營利為目的卻從事盈餘分配之互助性組織（如協同組合、共濟組織等）在內。

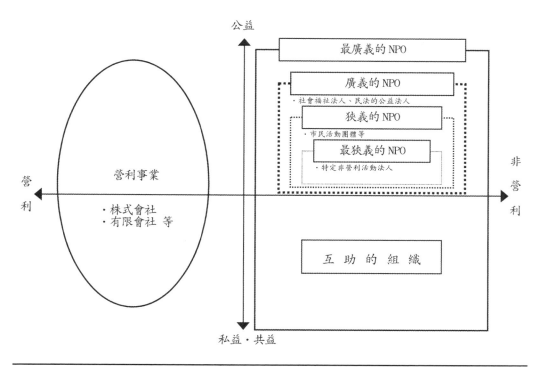

圖18-2　日本非營利組織的概念圖

資料來源：內閣府，2001，《市民活動団体等基本調查（平成12年度経済企画庁委託調查）の概要》，http://www5.cao.go.jp/seikatsu/2001/0409kokuseishin/ref2.html，檢閱日期：2003/12/12

　　綜合以上分析得知，非營利組織本身的概念會因個別國家的時空條件差異而有所不同。在日本，所謂的非營利組織是指依《非營利組織法》、《民法》、各種特別法規所設立的「特定非營利活動法人」、「公益法人」、「宗教法人」、「醫療法人」、「學校法人」等具有法人格之組織，另外也包括不具有法人格之公民活動團體與各種協同組合。

二、發展歷程

由於國內目前對於日本公民社會的相關介紹或研究不多，但非營利組織的發展與其公民社會的發展卻又有著密不可分的關係，基於此，作者先整理日本民間公益活動的發展如下：

（一）戰前的民間公益活動

日本民間公益活動的發展很早，由於受到古代律令制度的影響，發展出相互監視與連帶責任的社會型態，進而衍生出相互扶持的社會機能。加上以佛教為基礎的慈善活動盛行，開始積極地進行造橋、鋪路、濟貧等慈善事業，對民間公益活動的發展帶來影響。爾後，隨著傳教士的到來與傳教活動的展開，即使基督教與佛教的教義有所不同，但對貧民與孤兒等弱勢群眾的關懷卻是相同的。由於基督教積極設立養老院、育幼院、收容所、痲瘋醫院、綜合醫院等，逐漸獲得民眾的信賴，信徒也日益增加，直接帶動慈善事業的推廣。因此可以說，戰前日本民間的公益活動在傳統律令制度的規範下，發展出居民相互扶持的社會模式，之後又受到佛教與基督教等宗教慈善的教化，對該國日後民間公益活動的發展影響甚為深遠（總合研究開發機構，1994：6-10；早瀨昇，2005：25）。

（二）民間團體的法人化：戰後～ 1970 年代後期

二次世界大戰後，伴隨占領政策的制定，日本出現一些以公民、居民活動為主軸的民間非營利團體，除了傳統的宗教慈善外，公民館活動或兒童會活動等新型態的居民活動也日益蓬勃。另外，隨著經濟開始高度成長，表彰性質的財團法人或強調科學技術開發的財團法人也紛紛成立，顯示此時的日本社會正萌出新型態的民間公益活動之新芽。但整體而言，因日本政府試圖將民間非營利組織納入官方的行政制度中，公民所扮演的角色仍屬有限，多僅止於公害防治、反對開發、自然環境保護等反對運動的參與，代表著這時期該國公民社會的發展還未到達成熟的階段。

（三）民間非營利團體的出現：1970 年代後期～ 1990 年代

隨著時代的改變，民眾需求的日益多樣，許多社會服務不但市場無法供給，連根據政府指示而提供服務的民間非營利團體也難以因應，最後不得不由民眾自己組成團體來解決。在這段時期內，除了被視為是政府的替代或補充機關，而被制度化的民間非營利團體外，還出現了另一種以志願性團體或公民團體等為主的非制度化型態之民間非營利團體。

此外，自 80 年代開始，許多居民開始關心福利、教育、社區營造、環保等與自身息息相關的議題，同時也意識到單靠政府所提供之公共服務已無法令民眾

感到滿足，唯有靠本身自發性的組織與活動才能解決上述的困境，因而促使民間非營利團體的興起。

（四）大量非營利團體的出現與特別法的制定：1998 年～現在

日本民間團體的發展在阪神大地震時受到很大的衝擊。1995 年 1 月所發生的阪神大地震不但暴露了政府行政部門的僵化與缺乏效率，更證明了單靠政府部門一己之力很難應付多元而複雜的現代社會需求，日本社會也因而意識到民間非營利團體所能發揮的影響與重要性。因此，大地震之後，許多非營利團體陸續成立。但因日本公益法人的規定相當嚴格，法人格的取得十分不易，直接限制了民間非營利團體的發展。在此背景下，朝野多體認到有必要賦予小規模非營利團體法人格，因此在政黨協商並取得共識後，於 1998 年 12 月三讀通過《特定非營利活動促進法》，並在翌年實施。至此，日本民間公益團體的發展開始有較明確的方向，並奠定法制化的基礎。

三、發展現況

根據平成 19 年度（2007 年度）日本總務省所公布的資料顯示，該國社團法人與財團法人的設立約有七成以上是在 70 年代以後，尤其以 70 年代中期到 90 年代中期為最多（總務省，2007：21）。而關於日本非營利組織的發展現況，若根據社團法人與財團法人的分類來觀察之，首先以 2005 年的社團法人而言，每一社團法人的平均會員數是 1,056 人，其中，有將近 41% 的社團法人有 1 至 99 名的會員，而僅有約 15% 的組織擁有超過 1,000 名以上的會員（參考表 18-3）。之所以產生如此的差距，主要乃是因日本有少數超大規模組織存在，拉高整體平均值，實際上如取其中間值，則平均每一組織僅有 149 人，顯示日本的社團法人仍以小型組織為主。

至於財團法人方面，參考表 18-4 發現，日本財團法人的規模以超過 1 億日圓而未滿 10 億日圓者居多，共有 4,407 個，占整體 35.0%，其次是 1 千萬日圓以上 5 千萬日圓未滿的組織，共有 3,377 個，占 26.8%，第三是 500 萬日圓未滿的組織，有 1,674 個，占 13.3%。以 2005 年而言，平均每一財團法人擁有 4 千 3 百萬日圓（折合約 1 千 2 百多萬台幣）的財產規模。因此，就整體財團法人之規模來看，日本的財團法人以「中小型」[8]組織占大多數。又，若檢視法人分布領域發現，無論是社團法人或財團法人，其分布以「保健、醫療」領域為最多，約占

8　本文中關於非營利組織規模之區分，是採用蕭新煌、江明修、官有垣主編之《基金會在台灣：
　　結構與類型》之分類。其將基金在 500 萬以下者稱之為「微型基金會」，500 萬至 1,000 萬者稱
　　之為「小型基金會」，1,000 萬至 3,000 萬者稱為「中小型基金會」，3,000 萬到 5,000 萬者稱為
　　「中型基金會」，5,000 萬以上者稱為「中大型基金會」（蕭新煌、江明修、官有垣，2006：6）。

15.1%，其次是「教育」，占11.3%，「職業、勞動」為第三，占8.2%，「藝術、文化」居第四，占7.7%，至於「社會福利」則占7.5%，排名第五。

表18-3　日本社團法人的規模

所轄官廳		以社員規模來區分（單位：人）						合計會員數	平均會員數
	社團法人數	0	1-99	100-499	500-999	1000-4999	5000以上		
國所管	3,710	7	1,210	999	442	798	254	7,233,716	1,950
都道府縣所管	9,082	18	4,034	3,208	935	702	185	6,196,587	682
合計	12,677	25	5,191	4,188	1,347	1,487	439	13,384,763	1,056
	比率(%)	0.2	40.9	33	10.6	11.7	3.5		
去年合計	12,479	39	5,188	4,234	1,341	1,486	461	14,506,744	1,138
	比率(%)	0.3	40.7	332	10.5	11.7	3.6		

資料來源：總務省（2006：41）

表18-4　日本財團法人的規模

所轄官廳		以基本財產規模來區分（金額單位：日圓）						基本財產合計金額（百萬日圓）	基本財產平均金額（百萬日圓）
	財團法人數	500萬以下	500萬以上未滿1000萬	1000萬以上未滿5000萬	5000萬以上未滿1億	1億以上未滿10億	10億以上		
國所管	3,131	280	100	533	257	1,371	590	2,722,891	870
都道府縣所管	9,495	1,399	523	2,860	1,183	3,046	484	2,354,669	248
合計	12,586	1,674	620	3,377	1,435	4,407	1,073	5,071,828	403
	比率(%)	13.3	4.9	26.8	11.4	35.0	8.5		
去年合計	12,792	1,723	622	3,479	1,454	4,449	1,065	5,062,506	396

資料來源：總務省（2006：42）

四、法制規範

　　日本民間公益團體的起源雖早，但因受到傳統社會結構、集權政治的限制和缺乏具有誘因制度的影響，民間團體的發展有限，初期對於民間團體法制環境之建構較不完備，同時採取消極態度。整體來說，目前日本影響非營利組織發展的相關法制可以從公益法人制度、NPO法、稅賦優惠措施等共三大面向來探討。茲分述如下（林淑馨，2007：84-94）：

（一）現行的公益法人制度

日本現行公益法人制度基本上是依據《民法》所制定的。《民法》第三十四條之規定，所謂公益法人是以（祭祀、宗教、慈善、學術、技藝等）公益為目的，並獲得主管機關許可之「不以營利為目的之財團法人或社團法人」。另一方面，基於《民法》特別法所設立的公益法人數也相當多。所謂特別法是根據公益法人的特定活動領域或活動內容所制定，如學校法人、社會福利法人、宗教法人、醫療法人、更生保護法人、特定非營利活動法人等。

（二）NPO 法

1998 年 3 月於眾議院通過的 NPO 法，一般被視為是《民法》第三十四條公益法人的特別法，其主要的制定目的在於規範從事「特定非營利活動」的團體。該法共 50 條，分總則、特定非營利活動法人、稅法上的特例與罰則及附則。其重要的內容有下列三項：第一、明確規定被賦予法人格之對象與活動範圍；第二、對於非營利團體取得法人格的過程有清楚規定；第三、對於 NPO 法人之結構與運作、解散甚至是行政監督等都有明確規範。

（三）稅賦優惠措施

現階段日本為促進非營利組織發展所提供的稅賦優惠措施有二：一是公益法人與 NPO 法中的稅賦優惠。基本上，財團法人、社團法人或基於《民法》特別法所設立的學校法人等公益法人皆是法人稅中所指稱之法人。但是這些法人如經營獲利事業，仍然負有納稅之義務，亦即需從獲利事業所得到的利益乘以一定稅率，以作為需繳納的法人稅金額。但如果社團法人、財團法人或學校法人等將從營利事業中所獲取之利潤提撥部分到非營利事業，則此部分被視為是對非營利事業的捐款，乃可以獲得減免。至於 NPO 法人的營運範圍則被限定在 NPO 法中所規定的十七項之內，在此之內所經營的事業基本上不用課稅。二是地方稅的減免。關於地方稅中的法人稅課徵與否，規定無論是 NPO 法人或是公益法人，只要從事稅法上的獲利事業都採取原則課稅。

肆、台灣和日本非營利組織的比較分析

有關台灣和日本非營利組織的定義、發展歷程與現況，以及法制規範內容已在前面兩節中進行介紹整理。在本小節中，作者欲針對兩國之非營利組織的相關概念與作法進行深入的比較分析，並進一步探討兩國非營利組織發展之差異。

一、非營利組織的定義與範圍

如前所述，無論台灣或日本，有關非營利組織的定義都是以 Saloman 和 Wolf 所提出的論述爲基礎，皆強調組織爲獨立於政府與企業之外，以公益爲主而不從事盈餘分配的事業特質。然而，不同的是，雖然目前國內對於非營利組織一詞尚未有具體的統一性定義，但相關論述幾乎全盤引用國外的論述與定義，鮮少有質疑與爭議。反觀日本，該國學界對於 Saloman 所提示之非營利組織構成要素，卻有較多的批判，認爲歐美對於非營利組織所下之定義無法通盤解釋該國的非營利組織，如非以營利爲目的之協同組合或共濟（互助）組織等無法被納入非營利組織的範疇中，因而考量本國現實環境，把協同組合或共濟（互助）組織納入非營利組織範圍者定義爲「廣義的非營利組織」。

此外，不同於歐美和我國將非營利組織一詞與第三部門視爲是相同的概念，並混合使用，日本的非營利組織概念雖與其他國家大同小異，但卻無法和第三部門的概念互通或混爲使用，因爲在日本，第三部門一詞被定義爲「由公共團體（地方自治體）和民間團體共同出資，採股份公司型態，共同經營的組織，用以提供具有公共性和效率性的服務」。簡言之，亦即是公私部門共同出資所組成之組織，與一般所指稱之非營利組織應具有私人的、自主性概念有所不同，此爲日本與其他國家在非營利組織概念上最大差異之處。

二、非營利組織的發展背景與現況

（一）背景的差異

若觀察我國與日本非營利組織的發展背景發現，我國非營利組織的產生是由於鄉紳、家族與宗教寺廟等自發性的集結，而表現出一種鄉里慈善濟貧行爲，區域性強且規模較小。爾後雖然有國際組織來台設立非營利組織，但因其規模較爲龐大，且部分屬於俱樂部形式，參與之民眾相當有限。直到 80 年代解除戒嚴之後，本土性的非營利組織才逐漸萌芽，甚至到了 921 大地震後乃眞正喚起民眾對非營利組織的關心和參與。

至於日本非營利組織的緣起，初期是在傳統律令制度的規範下所發展出來的居民相互扶持的一種社會型態。戰後受到經濟成長的影響，財團法人的成立多是以表彰性質或科技開發爲主，直到 80 年代，以關心福利、教育、社區營造、環保等多樣議題的非營利組織才逐漸出現。到了 1995 年受到阪神大地震的衝擊，於 1998 年通過《特定非營利活動促進法》，才促使日後該國非營利組織迅速成長。

綜觀上述，兩國非營利組織發展的背景雖有些許的不同，相較於我國是緣起於鄉里家族的自發性慈善濟貧模式，日本則是因受到律令規範所衍生出之被動式

居民互助型態。然而，即便有上述背景之差異，導致兩國日後非營利組織迅速
發展的因素卻是相同的，亦即皆是因受到大地震的影響，才促使政府正視非營利
組織存在的意義與重要性，也因而使社會大眾更加體認到非營利組織所發揮之功
能，進而直接帶動日後非營利組織的蓬勃發展。

（二）規模與活動範圍

由以上所述得知，我國與日本的非營利組織在規模上雖然同屬於「微小型」
的組織。但實際上仍有些許之差異。以我國基金會型態的非營利組織而言，基
金額度在 500 萬元以下者占將近五成，顯示我國非營利組織傾向於「微型」的格
局。而其活動範圍主要是以教育為主，將近占七成，而社會福利和慈善居次，占
五成，藝術文化排第三，有三成八，此意味著我國的非營利組織是以「教育福利
和文藝」為主要使命。

至於日本，若以財團法人為例，由於其每一財團法人有一千多萬台幣的財
產，為「中小型」規模。另外，在活動領域方面，日本非營利組織的活動範圍以
保健、醫療、教育、文化與藝術、以及社會福利的領域為最多。由此可見，我國
與日本的非營利組織無論在規模與活動領域方面上，皆有程度上的不同。或許因
日本為一高齡化社會，長期照護服務需求較大，因而其非營利組織的活動領域以
保健、醫療與社會福利為最多。反觀我國，或許受到早期社福類非營利組織的設
立門檻（三千萬元）高出文教類非營利組織（一千萬元）的影響，以致登記以文
化教育為服務範圍的非營利組織較多。

（三）收入來源

比較我國與日本非營利組織的收入來源發現，兩國有很大的差異。以我國基
金會型的非營利組織而言，其收入來源多依靠民間個人捐助（達六成五），基金
的規模以三千萬以下為最多，幾占一半，而三千萬以上至一億者居次。相形之
下，日本非營利組織的經費來源則多倚賴自營事業，約占整體經費的六成，其次
分別為會費和政府補助。而組織規模以超過一億日圓未滿十億日圓者居多，約占
三成五，一千萬以上未滿五千萬居次，占二成七，平均每一財團法人的財產規模
為四千三百萬日圓（約一千一百萬台幣）。因之，整體而言，日本非營利組織的
規模顯然比我國要大的許多。

三、非營利組織的法制規範與影響

承上，如比較我國和日本非營利組織發展的背景發現，兩國皆因遭逢大地震
而引起發展契機與國人的重視，且有關非營利組織的法制規範在 1998 年以前，
也可以說是非常相似，皆緣於《民法》中對公益法人的規範。惟不同的是，日本

在阪神大地震後，因有感於公民團體的重要性，在取得各政黨的共識下，迅速地於1998年通過《特定非營利活動促進法》，並於同年底實施。整體而言，《特定非營利活動促進法》實施後所帶來之正面影響包括：取得法人格的非營利組織的數量明顯增加、活動領域的擴大與多樣化，同時提高社會大眾對非營利組織的信賴（林淑馨，2007：102-106）。但另一方面，原本期待非營利組織在取得法人格後可以獲得民眾較多的捐款，用以解決組織資金來源的不充裕問題，最後卻證明了非營利組織的收入並不會因法人格的取得而有明顯增加。

反觀我國，雖也於1999年歷經921大地震，但因主管機關內政部不支持非營利組織法的制定，《非營利組織發展法草案》至今未能通過。有關非營利組織的法令規範目前仍分散在各主管機構的相關法規中，呈多頭馬車的狀態。有學者即批評：「目前我國各政府機關對於財團法人監督準則或辦法之內容規定可說是極為繁瑣複雜，監督管制的範圍極為廣泛……。可說是到了層層管制、事事監督的地步。在這種情況下，財團法人不免失去其獨立性與自治性，若是政府再藉由干預式的經費補助或不平等的委託契約等來干涉非營利組織的運作，則恐將形成非營利組織對政府機關的單向依賴。」（江明修、梅高文，2002：31）2006年雖然頒布並實施《公益勸募條例》與《公益勸募條例施行細則》，但因該條例僅能提升勸募行為管理至法律位階，使募款活動管理法制化，並保障捐款人的權益，雖能促進非營利組織的發展，但對於建構健全非營利組織的發展環境而言，其所能產生之直接影響恐怕有限。

伍、結論

總結以上所述，若比較兩國非營利組織發現，雖然其規模皆不如歐美，屬於規模較小者，但因我國非營利組織是屬於「微小型」，且以「微型」居多，服務領域主要以「教育、社福與文化藝術」為主。相較之下，日本非營利組織無論在人力或財力方面都較具規模，傾向於「中小型」，服務範圍是以「保健、醫療、教育與文化藝術」為主，顯示兩國非營利組織的發展歷程雖然相似，但因社會發展與民眾需求之差異，致使其規模與活動領域方面有所差別。

惟值得注意的是，我國與日本非營利組織發展最大的差異在於法制規範面向。事實上，在1998年以前，兩國有關非營利組織的規範都是以《民法》為基礎。但自從1998年底《特定非營利活動促進法》公布實施以來，無論是日本的中央或地方政府都積極建構非營利組織的法制環境，以促進非營利組織的發展。反觀我國，雖然在921之後政府與社會大眾皆肯定民間團體的重要性，然因政府認知的不同，青輔會所擬的《非營利組織發展法草案》至今尚未能通過，以致無法提供我國非營利組織明確的發展方向。因之，作者認為，藉由日本經驗發現，

該國近年來非營利組織的發展並未因相關法制的訂定而受到限制與影響，相反地，在《特定非營利活動促進法》實施以後，該國非營利組織無論在質或量方面都有顯著的提升（林淑馨，2007：64），這或許可以作為我國在檢討非營利組織法制環境建構時之參考。

問題習作

1. 台灣非營利組織的定義與分類為何？
2. 試簡述台灣非營利組織發展的歷程與現況。
3. 試簡述台灣非營利組織法制規範情形。
4. 日本非營利組織的定義為何？
5. 試簡述日本非營利組織發展的歷程與現況。
6. 試簡述日本非營利組織法制規範情形。
7. 試比較台灣與日本非營利組織之發展差異。

參考文獻

中文部分

吳培儷、陸宛蘋，2002，〈台灣非營利部門之現況與組織運作分析〉。《康寧學報》，第4期，頁159-211。

官有垣，2000，〈緒論：非營利組織研究的本土化〉。收錄於官有垣編著，《非營利組織與社會福利》，頁1-18。台北：亞太。

林淑馨，2005，〈日本型公私協力之析探：以第三部門與PFI為例〉。《公共行政學報》，第16期，頁1-31。

林淑馨，2006，〈日本地方政府的非營利組織政策：以三重縣與神奈川縣為例〉。《公共行政學報》，第21期，頁39-72。

林淑馨，2007，《日本非營利組織：現況、制度與政府之互動》。台北：巨流。

封昌宏，2006，《非營利組織租稅優惠的法律分析——兼評私立學校租稅優惠問題》。國立成功大學法律學研究所碩士論文。

陸宛蘋，1999，〈非營利組織之定義與角色〉。《社區發展季刊》，第85期，頁30-35。

黃世鑫、宋秀玲，1989，《我國非營利組織功能之界定與課稅問題之研究》。台北：財稅部賦稅改革委員會。

馮燕，1993，《非營利組織的社會角色：兼論理念》。文教基金會研討會，台北：教育部社教司。

馮燕，2000，〈非營利組織的法律規範與架構〉。收錄於蕭新煌主編，《非營利部門：組織與運作》，頁75-108。台北：巨流。

蕭新煌、孫志慧，2000，〈台灣非營利部門的未來〉。收錄於蕭新煌主編，《非營利部門：組織與運作》，頁481-495。台北：巨流。

蕭新煌、江明修、官有垣，2006，《基金會在台灣：結構與類型》。台北：巨流。

日文部分

山內直人，1999，《NPO最前線》，東京：岩波書店。

今田忠，2000，〈官・公・民・私－日本のNPOの来し方、行く末〉，塩澤修平・山內直人編，《NPO研究の課題と展望2000》，頁9-32，東京：日本評論社。

內閣府，2001，《市民活動団体等基本調査（平成12年度経済企画庁委託調査）の概要》，http://www5.cao.go.jp/seikatsu/2001/0409kokuseishin/ref2.html，檢閱日期：2003/12/12。

牛山久仁彦，1998，〈民間非営利組織（NPO）と行政〉，辻山幸宣編著，《住民・行政の協働》，頁60-85，東京：ぎょうせい。

加藤洋二郎，2001，〈NPO概念についての一考察〉，《中京経営紀要》，第1期，頁109-122。

田中敬文，2002，〈NPOと行政とのパートナーシップ〉，山本啓、雨宮孝子、新川達郎編，《NPOと法・行政》，頁184-211，東京：ヴミネル書房。

早瀬昇，2005，〈NPOの現代的意義〉，山岡義典編著，《NPO基礎講座（新版）》，頁2-37，東京：ぎょうせい。

経済企画庁国民生活局，1998，《日本のNPOの経済規模》，東京：大蔵省印刷局。

塚本一郎，2001a，〈現代社会とNPO〉，《地域経済研究センター年報》，第12期，頁33-39。

塚本一郎，2001b，〈福祉社会とNPO〉，《地域経済研究センター年報》，第12期，頁95-100。

総合研究開発機構，1994，《市民公益活動基盤整備に関する調査研究》，東京：総合研究開発機構。

総務省，2006，《公益法人に関する年次報告（平成18年度）》，http://www.soumu.go.jp/menu_05/hakusyo/koueki/2006_honbun.html，檢閱日期：2007/5/2。

総務省，2007，《公益法人に関する年次報告（平成19年度）》，http://www.soumu.go.jp/menu_05/hakusyo/koueki/2007_honbun.html，檢閱日期：2008/4/30。

藤田由紀子，1998，〈NPO〉，森田朗編，《行政学の基礎》，頁233-247，東京：岩波書店。

英文部分

Salamon, L. M., 1987, *The Nonprofit Sector: A Research Handbook*, New Haven, Conn.: Yale University Press.

Salamon , L. M., 1992, *America's Nonprofit Sector: A Primer*, New York: Foundation Center.

Wolf, T., 1999, *Managing A Nonprofit OrganizationManaging A Nonprofit Organization*, New York: Simon & Schuster.

Chapter 19

兩岸三地第三部門之比較

陳錦棠

學習重點

▶ 本文嘗試從第三部門之概念和特徵、法規、責信、
與政府及市場之關係、以及內部之審計和監察制度
等七個面向探索中國內地、香港及台灣兩岸三地第
三部門之現況和發展。希望讀者閱畢這篇文章後，
除了對中、港、台之第三部門有更深之認識和瞭解
外，亦對第三部門之動態與外界制度之相互關係有
所掌握。

摘　要

　　本文的內容是基於一項「中、港、台兩岸三地第三部門的研究」¹結果整理而成。由於文章字數之限制，本文之重點只放在從七個面向來比較中、港、台之第三部門發展及現況。這七個面向包括：（一）概念和特徵；（二）法規；（三）與政府之關係；（四）與市場之關係；（五）審計及監察制度；（六）人員架構及管理和（七）內部治理等。

壹、前言

　　中國內地、香港與台灣的第三部門從發展背景、特徵、法規環境，以至治理模式及與政府與市場的關係都有許多異同之處。本文之重點是基於一項對兩岸三地第三部門的比較研究，瞭解他們的異同，從而導引出在第三部門研究中一些重要的討論課題，例如第三部門跟政府及市場的關係、機構²的內部管治情況、對機構的監察等。對三地第三部門的比較，將集中在七方面：（1）概念特徵；（2）法規；（3）公共與監察制度；（4）第三部門跟市場的關係；（5）審計及監察制度；（6）人員架構及管理；和（7）內部治理及決策機制。

貳、三地第三部門之概念及特徵

一、三地第三部門的基本概念

　　對於第三部門的基本概念及其運用，三地大都沿用國際對「第三部門」的基本概念，而其他如「非營利組織」、「非政府組織」、「民間組織」等概念經常與「第三部門」交替使用。現時，許多學者及學術研究都對「第三部門」作出定義，較多人認同及使用的主要為美國約翰霍金斯大學所提出的第三部門「結構—運作系統」模式定義³。根據這個定義，「第三部門」主要有以下五個特徵：有系統管理的公共團體、民間性、非營利性質、自我管理以及志願性質。

　　至於第三部門的分類方面，由於發展背景及外在環境都不同，故三地不同學

1　研究名稱為〈福利社會化下中國內地社會組織的演變〉。2002-2004年進行。此研究項目由香港理工大學資助。

2　本文將第三部門內各類組織統稱為「機構」。

3　可參閱 Lester Salamon and Helmut Anheier, *Defining the Nonprofit Sector: A Cross-national Analysis* (Manchester; New York: Manchester University Press, 1997)，第33-34頁。

者使用不同的分類系統來瞭解第三部門。香港方面,主要沿用國際非營利組織分類系統（International Classification of Nonprofit Organization, ICNPO）,並加以演變而將香港第三部門組織分成14類別（表19-1）。不過,在這須說明香港自上世紀80年代後政府對非營利組織多稱爲「**非政府組織**」。中國內地方面,清華大學NGO研究所王名教授因應中國內地的實際情況,提出另一個系統性的分類法（圖19-1）。當中,王名把中國不同種類的非營利組織的屬性作了分類和整理,但在用語上將非營利組織稱爲「**民間組織**」,也由民政部下的民間組織管理局作爲主管機關。而台灣方面,「**非營利組織**」的稱謂則比較普遍。其中財團法人係依據其目的事業向其目的主管單位立案,因此財團法人的分類多依主管單位來分,社會團體則在內政部的分類亦與ICNPO的不盡相同（見表19-2）。

二、三地第三部門的發展背景及特徵

基本上,第三部門的發展模式主要有兩種:「民間主導」及「政府主導」。其中,香港與台灣的第三部門較接近西方民間組織的「民間主導」模式,即先由民間動員開始,然後政府漸漸將之制度化。至於中國內地的第三部門則爲「政府主導」模式,即先由政府開始提供照顧服務,然後漸漸將功能分散出來。因此,香港和中國內地第三部門的發展,突顯兩個完全不同的發展模式。

不過,近年各地政府在社會福利方面的負擔越來越大,提供社會福利服務的責任漸漸轉移到第三部門,讓政府在這方面的角色越加淡化。例如,上世紀90年代中國內地政府提倡「政社分家」的「社會福利社會化」政策,極大推動了第三部門的發展。而香港政府除了要第三部門更突出其在社會福利服務的角色,更鼓勵商業機構涉足這個範疇,這也反映出政府對第三部門的管理概念正在轉變。而台灣政府近年雖然大幅提高社會福利方面的預算,但第三部門組織同時提倡加強彼此的聯繫及互動,發起策略聯盟或建立資訊平台,以加強第三部門整體的合作與團結,從而維持一貫對政府的低度依賴。

表19-1 國際非營利組織與香港第三部門分類之比較

國際非營利組織類別	香港第三部門類別
1. 文化與娛樂 Culture and recreation	1. 藝術與文化 Arts and culture
	2. 體育 Sports
2. 教育與研究 Education and research	3. 教育與研究 Education and research
3. 醫療 Health	4. 醫療服務 Health services
4. 社會服務 Social services	5. 福利服務 Welfare services
5. 環境 Environment	6. 環境 Environment
6. 法律、倡議及政治 Law, advocacy and politics	7. 公民反倡議 Civic and advocacy
7. 慈善媒介及自願促進 Philanthropic and intermediaries and voluntarism promotion	8. 政治 Politics
	9. 法律及法律服務 Law and legal services
	10. 慈善及中間媒介 Philanthropic and intermediaries
8. 國際活動 International activities	11. 國際及跨國 International and cross-boundary
9. 宗教 Religion	12. 宗教 Religion
10. 商業及專業協會、工會 Business and professional associations, and unions	13. 社區組織 District and community-based
11. 發展與房屋 Development and housing	14. 專業、工業、商業及工會 Professional, industry, business and trade unions
12. 其他 Not elsewhere classified	

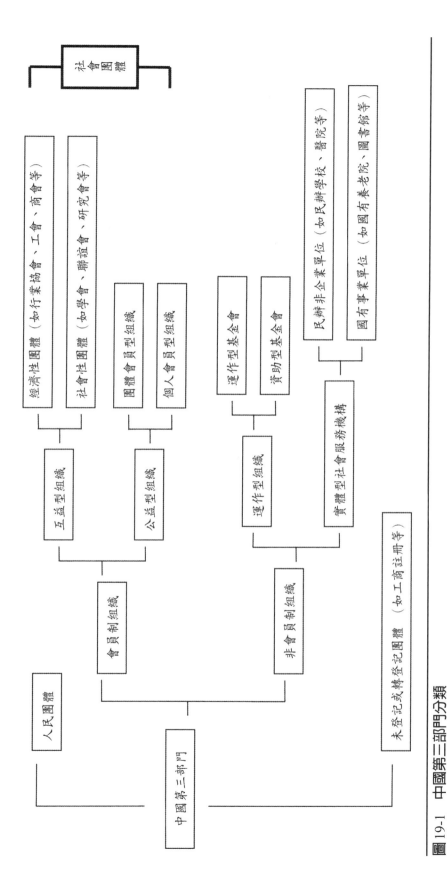

圖 19-1　中國第三部門分類

資料來源：王名、劉國翰和何建宇著，《中國社團改革：從政府選擇到社會選擇》，北京，社會科學文獻出版社，2001 年，第 229 頁

表19-2 國際非營利組織與台灣社會團體分類之比較

國際非營利組織類別		台灣社會團體類別	
1. 文化與娛樂	Culture and recreation	1. 文化（文學、藝術）、體育	Culture (literature, arts) and sports
2. 教育與研究	Education and research	2. 學術	Academic
3. 醫療	Health	3. 醫療衛生	Health
4. 社會服務	Social services	4. 社會服務	Social Services
5. 環境	Environment	5. 環境	Environment
6. 法律、倡議及政治	Law, advocacy and politics	6. 政治、政策倡導（如關注婦權、人權、消費權等團體）	Politics and policy advocacy (Promoting woman rights, human rights, consumer rights, etc)
7. 慈善媒介及自願促進	Philanthropic and intermediaries and voluntarism promotion	7. 慈善	Philanthropy
8. 國際活動	International activities	8. 國際活動	International activities
9. 宗教	Religion	9. 宗教	Religion
10. 商業及專業協會，工會	Business and professional associations, and unions	10. 經濟業務、工商團體（如工業總會、商業總會、同業公會）	Business and professional associations, and unions
11. 發展與房屋	Development and housing	11. 聯誼性質（如宗親會、同鄉會、同學校友會）	Social bond
12. 其他	Not elsewhere classified		

三、三地各類型第三部門機構的特點

本文對非營利組織（香港統稱為非政府組織，而中國內地則謂民間組織）的分類，主要是參考及按中國內地政府現行的分類方法，將非政府組織分為社會團體（簡稱社團）、基金會以及民辦非企業單位。下文中，將以這套分類標準作為「分析工具」，對香港、台灣的情形與中國內地進行比較，從而勾劃出三地非政府組織的異同及特點。

1. 社會團體

根據中華人民共和國法規，社團是指中國公民自願組成，為實現會員共同意願，按照其章程開展活動的非營利性社會組織。成立社會團體應當經過其主管單位審查同意，並依照有關條例的規定進行登記。社會團體亦應當具備法人條件。在中國內地，社會團體的種類多元化，如學會、志願者團體、促進會、同學會等都屬此類。

香港第三部門的情況跟中國內地的有些不同，香港的社團、基金會及民辦非企業單位的界定並非如中國內地般以法規來規範，香港的第三部門機構可透過《社團條例》和《公司條例》註冊，因此基金會可以是有限或無限公司名義的，也可以是一個社團。故是次的比較研究，社團主要是指基金會及民辦非企業單位以外，不論以《社團條例》和《公司條例》註冊，提供社會福利服務的團體。香港提供社會福利服務的社會團體所提供的服務大多受個別地區變化所影響，包括地區的人口特徵及經濟，而這些社團並非全都接受政府津貼。

而台灣的「社團法人」則是以社員為成立基礎、財政上依賴會費經營的社會團體。非營利的社團法人可以分為「公益性社團法人」以及「中間性社團法人」。前者是指以非特定社群利益為目的之社團，例如社會服務團體等；後者則是指那些以會員互利為目的之團體，包括同鄉會、同學會、宗親會等。

2. 基金會

在中國內地，基金會是指利用自然人、法人或者其他組織捐贈的財產，以從事公益事業為目的，按照國家頒布條例的規定成立的非營利性法人。基金會分為「公募基金會」和「非公募基金會」。前者按照募捐的地域範圍，又可分為全國性公募基金會和地方性公募基金會。

香港的基金會大多是扮演慈善及中間媒介的角色，即一方面從公眾籌集資金，另一方面則提供社會服務的運作型基金會。基金會可由公眾自發組成，亦可由企業、傳媒、政府或相關部門、個人名義等成立。他們資助的範疇包括社會服務、文娛康樂、體育項目、藝術發展、青年事務等。

台灣的基金會歸類為「財團法人」，是透過財產集合而成立的，財產多數由個人、團體或企業捐贈。台灣的基金會可再分為運作型、贊助型及社區型。運作型基金會會向特定對象提供直接服務，贊助型基金會則向機構提供資助且自身並

不提供服務，而社區型基金會是在一定的地理範圍內集中為特定社區提供直接或間接服務。

3. 民辦非企業單位

在中國內地，民辦非企業單位是指企業事業單位、社會團體和其他社會力量以及公民個人利用非國有資產舉辦的，從事非營利性社會服務活動的社會組織。其種類包括民辦的醫院、學校、研究所、養老院、劇團等。

嚴格來說，香港並沒有與民辦非企業單位形式一樣的機構提供社會服務，政府會以津助的方式來資助非營利組織，2001 年亦以「整筆撥款」方式來資助。較為相似的則有為長者提供電訊照顧（telecare）服務的長者安居服務協會。它是以企業模式經營、提供社會服務的機構，其提供的服務是收費的，而且要面對來自其他提供相似服務機構的競爭。政府並不是直接資助機構，它以資助方式予服務提供者，再由服務使用者以購買方式使用服務。

在台灣，與民辦非企業單位較為相像的是「機構法人」，即依《民法》規定辦理登記或依其他法規取得法人資格的機構。這種機構有具體的硬體機構與軟體的服務，它的成立具有特定的目的，設有代表人或管理人，具一定的名稱，以及持有獨立的財產。例子包括育幼機構、老人機構、私立博物館、美術館等等。

參、三地第三部門之法規

一、三地第三部門中，各類型機構所依據的法規

香港的非政府組織主要以《社團條例》及《公司條例》註冊，其中以後者註冊居多；個別非政府組織有相關的條例所規範，例如保良局及東華三院就分別受《保良局條例》及《東華三院條例》所規範。

中國內地第三部門方面，社團需根據《社會團體登記管理條例》註冊，而民辦非企業單位及基金會分別以《民辦非企業單位登記管理暫行條例》及《基金會管理條例》註冊。其他關於第三部門的條例包括：《社會團體印章管理規定》、《民辦非企業單位印章管理條例》、《取締非法民間組織暫行辦法》、《科技類民辦非企業單位登記審查與管理暫行辦法》、《體育類民辦非企業單位登記審查與管理暫行辦法》、《社會團體分支機構、代表機構登記辦法》、《稅務登記條例》等。

台灣的非營利組織所依據的法規分為三類。第一種法規是根據政府各部會所訂定的財團法人監督要點，明訂會務包括董事會應如何運作、業務部分組織應該有怎樣的服務和流程、以及財物包括資源吸收如募款應通過哪些法律的規範、財務收支有關的稅法、組織內部的會計制度等。第二種法規是與業務有關的，如服務對象和內容相關的，涉及一些保護、福利法和處理辦法。第三種是與財稅相關

的法律，包括組織本身與捐助者的所得稅，以及其他十七種稅法的優惠規定。例如營業稅法、娛樂稅法、所得稅法和土地稅法等。

二、有關法規對機構的運作、管理及發展所帶來的影響

在香港的情況，不同法規對非政府組織的影響主要有三方面：首先，《社團條例》雖然對非政府組織的監管較寬鬆，但組織所需承擔的法律責任卻較大，風險也較大。第二，非政府組織不論是以「社團」或「有限公司」名義進行活動，都可能會使公眾對組織的印象產生負面的影響。第三，對非政府組織的監管（如提交年檢材料及登記程序）上，《社團條例》比《公司條例》較寬鬆。

中國內地方面，除了針對各類型的法規外，政府對非政府組織採取登記管理機關和業務主管單位「雙重管理」的政策來作出監管。其中，前者負責機構的成立／註銷登記、年度檢查等，而後者則主要負責社會團體的審查、指導機構遵守憲法、法律、法規、國家政策和章程開展活動、負責社會團體年度檢查的初審，以及協助登記管理機關和其他有關部門查處社會團體的違法行為。近年，深圳率先作出改革，取消雙重管理措施，深圳市內的民間組織只須在民間管理局登記即可。

台灣方面，法規對非營利組織兼具促進及限制的作用。其中限制包括政府對非營利組織的成立、業務執行範疇的規範、會務及財物的監督，以及組織解散終止的部分。另外對非營利組織的資源面則如服務地區及對象之範圍。至於法規的促進作用方面，政府規範化的一般效果是引導組織內部做更好的管理，從而提升機構的公信力，並為其帶來更高的認受性。

三、三地第三部門機構的治理

除了「雙重管理」的概念外，中國內地對第三部門的治理或監察有另一特色，就是「掛靠」制度。簡單來說，中國內地所有非政府組織都需要有掛靠單位的同意才可以成立及運作，否則有可能被政府視為非法組織而遭取締[4]。非政府組織可掛靠於政府部門或人民團體，這些部門或組織以業務主管單位的角色來監督機構。

事實上，中國內地有很多仍未註冊登記的非政府組織。他們為能夠得以運作，會去尋找政府部門或政府認可的機構如大學的學系或研究所為掛靠單位。但

---

[4] 根據《取締非法民間組織暫行條例》第二條，凡未經批准而擅自開展社會團體籌款活動，或未經登記而擅自以社會團體或民辦非企業單位名義進行活動的民間組織，均被視為非法民間組織而隨時被取締。因此，未有登記註冊的民間組織需要建立渠道讓政府瞭解他們的運作，避免遭到取締。

是，這些掛靠單位並非組織的業務主管單位，而就算機構掛靠後，他們都沒有法人地位，因此仍有可能被取締。並且，由於掛靠單位需要對組織的運作及財政審計負責，有些情況是前者對後者有較大管理權及決議否決權。

香港與台灣對第三部門的治理並沒有如中國內地的「雙重管理」及「掛靠」制度，對大部分的非政府組織如基金會、社團及民辦非企業單位的監管較少，亦較少干預其運作及服務的提供。然而香港政府對接受資助的非政府組織購買服務時卻有一定的制約。近年來，台灣與香港政府不約而同引入投標制度來選擇社會福利服務的提供者，這些欲投標的機構均需要提交詳細的投標書，標書中需訂明有關機構在提供服務時如何有效配合政府訂立的規範，例如香港的《服務表現監察制度》，該制度是政府評估社會福利機構的服務表現的主要依據。

肆、三地第三部門跟政府的關係

一、政府對非政府組織管理的影響力

在香港的第三部門中，不同類型的非政府組織受到來自政府的影響力都不同。其中，提供社會福利服務的社團所受的影響程度較高，因為這些社團有接受政府的津貼，所以政府無論在社會福利政策的改變還是津貼模式的轉變等都對他們造成影響，影響範圍包括津貼水平、機構的政策與及服務的開發和發展等。這種關係通常較為單向，政府往往都是單方面制定政策及作出安排，而社團多是被動接受而未有充分的商討。政府跟這些社團是買家與賣家的關係，二者有常規性合作，而關係亦有制約性，都是受制於社會服務契約。

至於基金會及民辦非企業單位與政府的關係則比社團較疏離及間接，因此影響程度較低。基金會在香港由於多是獨立運作，又鮮少接受政府資助，可以說跟政府並無直接關係，政府對其影響力亦最少。兩者關係為合作伙伴關係，只有非常規性的合作，亦沒有如社團般的制約性關係。

民辦非企業單位並非直接受政府的資助，兩者合作是基於商業的買賣合約制，交易過程是基於商業原則，買賣的價錢都是雙方同意的。政府是可以自由拒絕購買，選用其他私人服務；機構亦可以自由選擇，當然亦可選擇拒絕政府購買服務。整個過程是一種買賣關係，不是津助或必然收入，亦沒有一種正規的政府制約，因此，相對來說機構受政府的影響力較基金會為多，但又比社團的少，可能受到的影響主要為政府改變跟機構所提供服務的有關政策。

與香港的情況不同，中國內地的非政府組織跟政府的關係是密切的。這種密切關係主要體現在登記管理機關、業務主管單位或掛靠單位的角色中，兩者對組織的成立及運作有很大的影響力，若沒有登記管理機關的轉介，組織就不能尋找

業務主管單位完成註冊；而沒有業務主管單位的批准，組織亦不能合法地成立；若組織需要開拓新服務，或每年完成的年檢工作及財政報告，都需要業務主管單位通過，否則組織有可能被取消註冊；部分非政府組織又會邀請政府官員作為理事會成員，無形中提高政府對機構的監督程度及決策的角色，可見政府對中國內地第三部門的影響程度十分高。

在中國內地，三類機構中，以公募型基金會與政府關係最緊密，因為基金會會接受與政府關係密切的部門的撥款、和政府共同合作開展一項資助工程、由與政府關係十分密切的人來擔任基金會的主要負責人等，無形中增加政府對基金會的影響。而社團及民辦非企業單位與政府的聯繫較少，前者通常只是年檢時和有關政府部門有聯繫，也有少量社團通過承接課題、專案等和政府建立比較密切的關係；而後者平時與政府亦沒有太多直接的聯繫，只有部分民辦非企業單位通過接受政府的委託、承接政府的服務項目以及由政府購買其服務等各種形式，與政府建立了契約關係。

台灣方面，政府對各類非營利組織的影響僅在訂下一般性的法律規範，而對其成立的目標及運作的具體內容並沒有直接的影響或干預。儘管非營利組織一般將服務對象的需求、機構使命與及履行本身宗旨放在首位，在運作的過程中仍會受到政策的影響。在第三部門中無論基金會或是社會團體，政府提供服務的品質，以及政策的資助重點及方式，均直接影響其運作模式、服務內容以至長遠發展目標。

二、政府向機構提供的資助

在香港，社團的資金多來自政府，占機構的收入比例大約一半，有些甚至高達百分之六十；基金會則有少部分資金來自政府撥款，或其對個別項目的資助；而民辦非企業單位並沒有接受政府資助。各類型非政府組織的財政來源詳見表19-3。

中國內地的非政府組織大多都沒有得到政府的資助。從表19-4可以看到，基金會接受政府資助的比例較大，成為前者一個財政來源之一；其實部分社團如經濟性及社會性團體，以及會員制的公益組織都有接受政府的財政資助，但占機構整體收入的比例很少，部分社團成立時會得到政府於財政以外的資助，例如提供辦公場地、房屋、項目資助等，但這種情況並不常見，因此第三部門機構對政府財政上的倚賴性不大。

台灣的基金會，其財政來源主要是來自捐贈及募捐，其次是來自政府的補助，其中贊助型的企業成立之基金會，其開銷主要來自其母公司。相對而言，社團法人則較依賴會費，以及透過對外服務收費、政府補助、競投政府專案及其他機構的補助維持運作的經費。

表19-3　香港各類非政府組織的財政來源

機構	財政來源	機構	財政來源
1. 教育與研究	● 政府	8. 法律及法律服務	● 政府
2. 福利服務	● 政府 ● 公益金、賽馬會慈善基金	9. 社區組織	● 捐款 ● 政府
3. 醫療服務	● 政府	10. 慈善及中間媒介	● 籌款 ● 政府
4. 環境	● 籌款	11. 專業、工業、商業及工會	● 會員 ● 收取費用
5. 公民及倡議	● 公益金 ● 個人籌款 ● 海外捐贈	12. 宗教	● 物業 ● 信徒捐贈
6. 政治	● 會員 ● 政府 ● 籌款	13. 體育	● 政府 ● 會員
7. 國際及跨國	● 海外籌款 ● 本地籌款	14. 藝術與文化	● 政府 ● 公司捐贈

表19-4　中國內地各類非政府組織的財政來源

非政府組織類別		財政來源
互益型組織	經濟性團體	● 會員收入為主
	社會性團體	● 會員收入為主
公益型組織	會員制公益型組織	● 會員收入為主
	基金會	● 外國基金會 ● 企業捐贈 ● 社會捐贈 ● 業務主管部門或政府資助
	民辦非企業單位	● 外國基金會 ● 服務性收入 ● 企業捐贈
未登記或轉登記團體		● 外國基金會 ● 服務性收入 ● 社會捐贈

三、政府監督機構的模式

在香港，由於政府與不同類別非政府組織的關係之性質皆不同，因此前者對後者的監督模式亦有異。以社團為例，政府對機構的監督較嚴謹，機構要定期提交常規服務的報告予政府審批，若機構希望提供新類型的服務，政府亦會作出監督，例如會安排外來的監察機構視察。民辦非企業單位則因為機構與政府是商業合作關係為主，政府可選擇是否購買機構的服務，標準就是機構的服務成效。基金會是較為獨立，而且與政府的關係最少，因此政府對其運作並沒有明確的限制

及制約。至於社會服務方面，香港政府於1999年推出「服務表現監察系統」，規定所有政府資助的社會服務機構均須根據項目質素標準制定政策。

至於中國內地的第三部門方面，政府監督非政府組織的方式主要有兩個，一是透過對機構在政策和協調方面提供協助，二是機構接受政府部門的業務管理。另外，部分非政府組織會邀請政府有關部門官員加入其理事會或顧問小組，這不但讓機構的運作較暢順，更可讓政府官員藉機監督機構內部運作，藉此加強跟政府官員的溝通。近年來，政府多以政府採購方式購買服務，並以第三方評估方式，另聘獨立單位來評估服務的水平。

在台灣，政府對所有法人機構都扮演著監督者的角色，監督範圍包括其董事會、業務以至財務。另外，法人機構需向主管機構呈繳年度財務報告及業務工作成果報告。除了扮演監管者的角色，台灣政府同時對法人機構提供重要的經費補助來源。政府在推出政策方案時亦會諮詢民間組織的意見。

伍、三地第三部門跟市場的關係

一、非政府組織所提供服務的市場性

綜合來說，香港、中國內地及台灣第三部門的市場性並不高。香港提供社會福利服務的社團多會因應社區的需要而推出服務，然而因其有接受政府的資助，所以面對的競爭並非十分激烈，故他們提供服務的價格並不是由市場決定的。跟社團差不多，基金會市場性的程度有限，主要原因是基金會提供的服務多集中在個別問題，或撥款多集中某一個範疇，因此並不完全是市場主導。而民辦非企業單位因為組織的服務主要因市場需求而提供，且政府並非直接資助機構，故此服務的價格需要貼近市場的價格，加上機構要與其他提供類似服務的商業機構競爭，而且政府是否選用機構為服務提供者需視乎其服務成效，這都突顯機構的市場性。

中國內地方面，非政府組織的市場性亦不算高。普遍來說，「成本效益」等市場經濟管理的概念在中國內地的機構仍未成熟地發展，面對來自其他組織的競爭並不直接及激烈，服務的價格亦鮮有由市場機制決定。跟香港情況相似，民辦非企業單位跟市場的關係比較密切，開始引入收費等市場運作模式，亦開始面對其他組織的競爭。但這只屬起步階段，第三部門的市場性仍有待慢慢地建立。

台灣非營利組織的理想性在三地中可算是最強的。相對於迎合市場要求，大部分機構均以履行使命、宗旨和配合服務對象需要為機構發展最重要的考慮因素。組織之間的關係一般是合作而非競爭，主要是建立同類組織的聯盟及不同類

型服務之間的轉介。即使隨著政府對福利團體的資助方式轉爲競投專案撥款，同類的機構之間競爭加劇，但同類組織聯盟仍是主導的互動模式。

二、非政府組織跟企業的關係

台灣、香港及中國內地第三部門中，非政府組織與企業關係的共通點就是，它們都主要建基於後者對前者的捐贈。這個關係對雙方的發展有一定幫助，非政府組織當然可因得到捐贈而獲得更充裕的資源，而企業亦可透過捐助非政府組織來履行社會責任，並增加企業在公眾心目中的形象。

中國內地的非政府組織跟企業的關係較多，基金會及部分民辦非企業單位都有接受企業捐贈。以上海爲例，根據中國社會科學院於2000年對上海市營業額前1,000名排名中的503家企業進行的研究[5]，66.6%於1999年曾有過捐贈，然而平均捐贈額僅爲營業額的0.392%，遠低於政府所提供3%的稅務優惠。

香港跟中國內地的情況相似，基金會及民辦非企業單位都有接受企業捐助，有時更會與企業合作籌辦項目。但這種合作關係的例子並不常見，非政府組織跟企業的關係仍以「捐贈者─受贈者」的方向爲主導。近年來，香港的第三部門也在嘗試打破這一關係框架。2002年香港社會服務聯會推行的「商界顯關懷」計畫就是促進香港工商界與第三部門的緊密合作的例子。

台灣NGO與企業的關係，一方面台灣各大企業多會設立基金會推動公益活動，再方面企業在企業社會責任的驅動下，也積極地參與公益活動。近年來非營利組織邁入社會企業的運作，也更與企業關係更密切，兩個部門之間也有較大的模糊地帶。

三、企業與非營利組織的關係

近年來，第三部門與私人企業領域（private sector）互動關係的相關討論愈發熱烈，私人與公共領域間的界線也越來越模糊。這個發展趨勢在香港及中國內地都有出現。在香港的情況可從三方面體現：第一是商界跟社會服務機構的合作關係開始確立。第二，可能有越來越多社會服務機構以民辦非企業單位這種形式出現。第三，「內部市場」[6]的概念開始在第三部門中漸漸確立，這亦令私人與公共領域的界線漸漸模糊。

---

[5] 盧漢龍，〈上海企業捐贈社會公益研究報告〉，載於馬伊里和楊團主編，《公司與社會公業》，華夏出版社，2002年，第36至62頁。中國社會科學院於其後亦進行了多項有關上海企業捐贈的研究，可瀏覽 http://www.social-policy.info/articles.htm。

[6] 「內部市場」（internal market）是政府的一種優惠及保護政策，目的是在競投的機制下，只局限予某些類別的組織或單位，可是這些同類的機構或單位仍以競投的原則取得服務合約。

　　至於中國內地方面，國有企業、私營企業開始介入社會服務領域，企業和非營利機構以混合經濟的組織形式共同開辦社會服務機構。這種模式的出現在一定意義上表明中國內地的私人與公共領域間的界線開始模糊。不過，與香港不同的是，中國內地第三部門中，「內部市場」的概念並不明顯，社會服務鮮有以投標形式分配，競爭較少，服務及資源分配仍以行政機關爲主。

　　在台灣，隨著「社會企業」（social enterprise）的推展，民間組織和企業公司亦開始有較多的關聯互動。部分基金會具有相當強的企業背景，甚至是由企業創立。亦有個別組織由於提供就業服務的關係，安排其服務對象到不同的企業機構裡工作。但除了這些社會企業的例子外，非營利組織較少鼓勵企業界直接參與服務，而政府亦較少主動促進雙方（以至三方）之間的合作。

陸、三地第三部門之監督察及審計制度

一、非政府組織的監察及審計制度

　　在三類非政府組織中，香港政府主要對接受其津助的非營利組織，採用《服務表現監察制度》，以16個服務質素標準來進行有系統的評估，而對於其他的組織，並沒有進行有系統的評估。這些沒有接受政府津助的機構，主要透過《社團條例》、《公司條例》，或其他相關法規來受到監督。但無論機構是否接受津助，他們大多數每年都會編寫年度工作報告。

　　審計方面，主要分爲內部及外部審計。多數非政府組織都有專人或部門負責內部的財政及審計，除此以外，他們每年都由獨立的審計公司進行審計，並寫成財政及審計報告。這些年度工作報告及財政／審計報告，除了要依照法規的規定提交予有關的行政部門外，亦會向公眾公開，以提供透明度及對公眾的問責性。

　　至於中國內地的情況與香港不同，基於「雙重管理」制度，所有非政府組織都受到政府的監督及評估，一方面組織每年都要向其登記管理機關及業務主管單位提交年度工作報告，另一方面，有些組織甚至有政府官員出席其會議，行使監督評估的職能，因此，中國內地政府對非政府組織的監督及評估程度比香港的大得多。

　　中國內地非政府組織多數都設立財務制度，並定期向董事會、理事會匯報財務狀況，或向捐款人報告款項的使用情況；組織亦要由其他審計公司或會計事務所進行財務審計，但有些情況是組織的財政審計需要到稅務部門指定的會計事務所進行，相較來說，中國內地第三部門機構財政審計的獨立性比香港低。至於非政府組織的年度工作報告及財政／審計報告則較少向公眾公開，或可供參閱的渠道有限，令公眾較難得到組織的資料。

在台灣，法人組織一般都設有審計及監督制度，此為對公眾交代（責信）的制度。這類制度主要包括兩種：一種是呈交給立案政府機關的財務和服務報告，這些大都是事後報告；另一種是發行給會員或公眾查閱的報告，以季報或年報的形式發放。兩類報告的形式化程度因組織的規模而異。在呈交政府機關的報告方面，基金會會委託獨立會計師、律師或由內部財務小組負責財務報告及相關程序；在提供會員或公眾查閱的報告方面，組織可透過網頁、簡訊、季報、會員大會手冊、會訊或告示板將工作報告和訊息提供公眾查閱及參考。

二、機構服務質素的監控制度

對於服務質素的監督，香港非政府組織的自我監管機制是重要的一環，這個機制包括由主管定期跟同事正式討論員工的表現、年終由主管或其他工作伙伴對員工進行評估、邀請服務使用者出席聽證會或焦點小組表達他們對服務機構的意見、服務質素問卷調查等。除此之外，組織亦會透過外在的監督機制來改善服務質素，例如由學術機構或專業評估機構為機構進行有系統的評估，又或者進行同儕審查。社會服務及教育機構，政府對所有受資助的組織均要求進行服務或教育質素的評估及審查工作，社會服務以內部及外部評審為主，而中小學校則由教育部門進行外評工作。

自我監督機制在中國內地的非政府組織服務質素監控方面亦十分重要，組織會通過對員工的年度考評來評估員工的服務質素，又或者針對服務的性質而作出相應的監督。但組織卻較少聽取服務使用者意見的渠道，部分民辦非企業單位有時會向服務使用者進行諮詢，然而以聽證會或集點小組等來收集意見的方式不太普遍。另外，部分機構會邀請外國基金會或民間組織進行專業評估。

在台灣方面，部分組織每年會進行服務滿意度調查，也會在個案結案時進行格式化的調查，從而瞭解服務對象的觀感。另一些組織則設有職工意見反饋制度，進行員工滿意度調查，以及在委員會中討論員工投訴。亦有透過問卷調查和結案報告瞭解服務對象的意見，服務對象亦可作電話申訴。評估指標方面，主要是參考活動參加人數、品質和工作人員表現及服務對象滿意程度等。

柒、三地第三部門之員工架構及管理

一、機構的員工架構

香港的社會服務機構大多聘用達到專業資格的註冊社會工作者。註冊社會工作者的專業資格由《社會工作者註冊條例》規範，並由「社會工作者註冊局」負

責執行。要成爲註冊社會工作者，必須完成註冊局認可的本地或海外專上學院的社會工作文憑或學位，或擔任社會工作職位達一定年期，才合乎資格申請。

至於在非政府組織中的架構，大多都使用由政府制定的「福利科層」（welfare bureaucracy）的專業架構，在這個架構下分爲多個職級，包括社會工作助理、高級社會工作助理、總社會工作助理、助理社會工作主任、社會工作主任、高級社會工作主任、總社會工作主任及首席社會工作主任，每個職級都清楚訂明學歷、資歷要求、所需經驗，以及薪金水平。不過，機構亦可以自行制定「社會工作」職位名稱及薪級，政府在這方面並無限制。

至於中國內地，中國政府並沒有一套如香港般有系統及完整的社會工作者註冊法規，上海率先制定有關守則對註冊社會工作者作出規範。2008 年，中國內地進行社會工作人員的水平考試。現時分別設有初級社工師及中級社工師的考試制度，對高級社工師之方案亦會在未來時間出台。在員工架構方面，中國內地有與香港類似的「福利官僚」架構，在這個架構的職級有主任、副主任等，相對香港的「福利官僚」架構而言，就不夠全面，加上職級並沒有清楚的學歷及工作要求，員工職級的升遷，人治色彩較重。

台灣的非營利組織無論在員工的招募任命、薪酬確定及考評方面，都有一定的制度。例如在員工的招募方面，機構大都訂明員工學歷的要求，亦會考慮應徵者對服務對象的態度。薪金標準方面，一般都是與學歷、年資或考評掛鉤，此外亦會參照同類非營利組織的水平。機構一般已制定員工工作表現的考評制度，包括頒布工作人員守則，規定出勤狀況、請假制度、工作相關要求及保密原則等。機構會定期爲員工做一次考評，員工的每年敘薪，一部分是根據該考評成績而定。考評除了評估員工基本的專業職能、工作是否配合要求外，也考慮員工與團隊的配合。

二、組織架構的專業性

香港及台灣非政府組織的架構有一定程度的專業性。例如香港的「福利科層」確立了清楚的職能分類體制，各職級有明確的工作內容及所需要求，員工的升遷或調任多根據其學歷、經驗、表現等來決定。而且員工多爲註冊社會工作者，曾接受專業培訓，累積一定的實習及工作經驗，因此員工較專業化及職業化。

雖然中國內地非政府組織的架構也有職務分類以及根據職務而訂立的職責和權利及義務，但分工的專業化程度仍然很低。事實上，目前中國內地多數省市並沒有要求員工具有某種專業訓練的資格規定，但是專業培訓和職業資格認定工作已經起步，個別機構會對員工進行定期或不定期培訓。

捌、三地第三部門之內部治理及決策機制

一、機構的治理架構

香港跟中國內地的非政府組織相似，他們的治理架構主要分爲兩層：董事會及管理委員會。董事會有時會稱爲董事局或理事會，名稱因機構而異。董事會主席主要由互選產生；至於管理委員會則由總幹事負責管理，總幹事會從機構以外聘請或內部調任。

香港非政府組織的董事會成員多爲專業人士，而組織會因應其服務性質及需要而加入其他背景人士，但董事會中通常不會有政府官員作爲有投票權／決策權的成員。中國內地非政府組織的董事會亦多由專業人士組成，但亦有部分機構的董事會成員來自組織的掛靠單位或政府部門。

至於董事會及管理層的分工方面，香港及中國內地的非政府組織有一定差異。香港非政府組織的管理層（總幹事）主要負責制訂發展計畫，以及爲組織的服務草擬建議書；而董事會則負責提供組織的方向及服務目標，並爲總幹事提出的建議作最後決定。兩者基本上維持著互相信任的關係，董事會對總幹事的干預較少，故總幹事有較大的自由度及獨立性。

而中國內地非政府組織的決策權較集中理事會，他們主要討論服務宗旨、決定服務項目、聽取財務及工作匯報等，而管理層則負責執行工作，較少參與重要決策工作。值得一提的是，在許多情況下，中國內地非政府組織管理層的負責人同時是有投票權的理事會成員，令理事會及管理層間的分工情況變得十分含糊。

台灣的相關法規明定財團法人須成立董事會，而社團法人則須成立理事會。這些董事會或理事會成員多是具較高社會地位，或擁有較高教育程度的專業人士。部分團體會策略性地針對其運作需要而邀請不同類型的專業人士進入董事會。贊助型基金會一般較少考慮董事的特定專業或教育背景，所邀請的董事成員大都是德高望重和有相當社會地位的。社團法人所成立的理事會中，理（監）事都是由會內人士推薦，透過會員公開選舉產生的。理事會成員可包括與社團工作相關的專業人士、創會的元老、從社員培養出來的成員、以及曾在民間組織工作而對社團運作熟悉的成員等。

二、員工在決策過程中的參與程度

香港的非政府組織多鼓勵由下而上的決策過程，故員工有較多機會參與決策，包括在建議書的制訂過程、服務的推行計畫等，都可以體現員工的參與。而且組織亦提供較多渠道予員工跟主管溝通，例如職員大會、定期會議、面議等，讓員工反映意見。

反之，中國內地非政府組織的決策過程大多是由上而下，決策多由理事會及秘書長／主任負責，員工主要執行工作，故較少參與決策的機會，但他們仍有渠道向主管反映意見，包括每月例會、工作研討制度等。

台灣非政府組織的決策過程則兼備由上而下及由下而上兩種，採用哪種模式視具體議題而定，而兩種模式通常是彼此互動的。部分組織的決策模式是由管理精英作決策，但過程中工作人員具提案權。亦有董事會或理監事會定期舉行會議，討論由管理層及工作人員就個別議題提交的方案，並作出決策。部分贊助型基金會的決策模式是合議制，董事會主要是審批向其基金會申請贊助的案子，但很大程度參考秘書處的意見。而社區型基金會標準的民主決策參與模式則是每兩星期參與工作幹部會議，與專職員工及義工共同決定重大事情。此外亦有採取團隊共治的模式，一方面理事長為最高負責人，另一方面理監事會亦與企劃小組討論制訂組織方案的方向和大綱。

三、非政府組織的決策模式

香港非政府組織的決策模式大多為主管／總幹事主導，他們負責組織發展方向及計畫的制訂、服務建議書的草擬等重要環節，最後才由董事會審批及通過。不過，一些歷史悠久的慈善機構如保良局、東華三院，以及一些有教會背景的社團，董事會則在決策過程中的角色較為主動，機構的發展方向及運作事宜皆由他們決定。

至於中國內地的非政府組織則以董事主導較為普遍，董事會主要負責決定服務項目、機構的發展路向、審查工作質量、協調各類關係等重要工作，而主管／主任則負責員工的管理、執行工作的細節等項目。

在台灣，董事會或理事會是第三部門組織最重要的決策機關，機構的重要決策一般都需要由董事會或理事會通過。但董事會或理事會的參與程度和主導角色因機構而異，一種是由管理層及工作人員作主導，就個別議題提交方案，然後由董事會或理事會決定是否可行；另外一種是由董事會或理事會主動提出建議，然後由工作人員執行。

玖、結論

　　本文透過七個不同的面向，對香港、中國內地及台灣第三部門的特徵、法規、責信與監督制度、與市場的關係、審計及監察制度、員工架構及管理，以至內部管治及決策機制等各方面作概括性的比較分析，初步勾勒出三地非政府組織之間的異同。由於篇幅所限，有關的背景未能詳細解釋，不過從七個面向之分析和討論來看，兩岸三地的第三部門雖存在三地社會環境不同的體制，但是三地的第三部門卻有同一理想，就是促進社會更和諧、更進步。

問題習作

1. 嘗試從概念和法規解釋中、港、台兩岸三地對「第三部門」之相同與相異之地方。

2. 政府、市場、第三部門可說是鼎足三立，嘗試從體制上分析中、港、台兩岸三地第三部門與政府及市場之關係和互助。

3. 資源及體制是影響第三部門之元素，嘗試從資源依賴及新制度論等觀點分析中、港、台兩岸三地第三部門之現況。

參考文獻

中文部分

王名（編），2003，《清華發展研究報告2003：中國非政府公共部門》。北京：清華大學出版社。

王名、劉國翰、何建宇，2001，《中國社團改革：從政府選擇到社會選擇》。北京：社會科學文獻出版社。

吳錦良，2001，《政府改革與第三部門發展》。北京：中國社會科學出版社。

邵金榮，2001，《非營利組織與免稅：民辦教育等社會服務機構的免稅問題》。北京：社會科學文獻出版社。

俞可平等，2002，《中國公民社會的興起與治理的變遷》。北京：社會科學文獻出版社。

崔玉、楊團，2004，〈公司與社會公益研討會綜述〉。載於馬伊里、楊團（編），《公司與社會公益》。北京：華夏出版社。

鄧國勝著，2001，《非營利組織評估》。北京：社會科學文獻出版社。

《社會團體登記管理條例》

《民辦非企業單位登記管理暫行條例》

《基金會管理條例》

《取締非法民間組織暫行條例》

《中華人民共和國企業所得稅暫行條例》

英文部分

Chan, K. T., 2004, "China's Experience in Fostering Tri-partite Partnership," paper presented in the conference organized by the Central Policy Unit, Hong Kong Special Administrative Region, on "Tri-partite Partnership among Government, Business and the Third Sector", 5 July, 2004, available at http://www.cpu.gov.hk/doc/en/events_conferences_seminars/20040705%20Dr.%20KT%20Chan.pdf

Ding, Y., Jiang, X., and Qi, X., 2003, "China," Country paper presented in the Asia Pacific Philanthropy Consortium's Conference on "Governance, Organizational Effecitveness, and the Non-profit Sector," Sept 5-7, 2003, available at http://www.asianphilanthropy.org/staging/about/CHINA1.pdf

Pye, L. W., 2003, "Civility, Social Capital, and Civil Society: Three Powerful Concepts for Explaining Asia," *The Journal of Contemporary History*, 29: 763-77.

Salamon, L. M., and Anheier, H. K., 1997, *Defining the Nonprofit Sector: A Cross-national Analysis*, Manchester; New York: Manchester University Press.

Salamon, L. M., 1999, *Global Civil Society: Dimensions of the Nonprofit Sector*, The Johns Hopkins Centre for Civil Society Studies.

網頁資料

Philanthropy and the Third Sector in Asia and the Pacific, Section of China, http://www.asianphilanthropy.org/countries/index_2.cfm?country=2

中華人民共和國民政部，http://www.mca.gov.cn

中國公益訊息網，http://www.ngorc.net.cn/index/indexnew.php

中國民間組織網，http://www.chinanpo.gov.cn

中華慈善總會，http://61.135.129.154:8082/wzdefaultservlet

福特基金會，http://www.fordfound.org